材料科学与工程专业实验实训

主　编　狄玉丽　郑　飞　张　浩

副主编　焦　钰　张万明　郑春梅

西南交通大学出版社

·成　都·

图书在版编目（CIP）数据

材料科学与工程专业实验实训 / 狄玉丽，郑飞，张浩主编. --成都：西南交通大学出版社，2024.1

ISBN 978-7-5643-9674-9

Ⅰ. ①材… Ⅱ. ①狄… ②郑… ③张… Ⅲ. ①材料科学 - 实验 - 高等学校 - 教材②工程技术 - 实验 - 高等学校 - 教材 Ⅳ. ①TB3-33②TB-33

中国国家版本馆 CIP 数据核字（2024）第 005702 号

Cailiao Kexue yu Gongcheng Zhuanye Shiyan Shixun

材料科学与工程专业实验实训

主编／狄玉丽　郑　飞　张　浩

责任编辑／李　伟

封面设计／GT 工作室

西南交通大学出版社出版发行

（四川省成都市金牛区二环路北一段 111 号西南交通大学创新大厦 21 楼　610031）

营销部电话：028-87600564　028-87600533

网址：http://www.xnjdcbs.com

印刷：成都中永印务有限责任公司

成品尺寸　185 mm × 260 mm

印张　23.5　　字数　587 千

版次　2024 年 1 月第 1 版　　印次　2024 年 1 月第 1 次

书号　ISBN 978-7-5643-9674-9

定价　68.00 元

课件咨询电话：028-81435775

PREFACE 前　言

为满足应用型院校材料科学与工程专业的实验教学需求，适应时代发展的要求，培养具有扎实专业知识和较强动手能力的材料科学技术人员，编者特编写本书。

全书共两部分，第一部分为专业基础实验实训，第二部分为无机非金属材料方向实验实训，将材料科学与工程专业的基础实验课程和无机非金属等方向专业集群课程进行综合，详细讲解了合成、加工、性能测试及表征、应用的相关知识和实验，是面向材料科学与工程专业的必修课教材。为了体现应用型高校的要求和特点，本书编写时注重以下几个方面：第一，重构实验项目，针对现有实验实训开设过程中的实际情况，系统梳理课程群开设目标，根据材料科学与工程专业培养要求，对课程群所涉及知识一一对应实验项目，并将实验项目分门归类。第二，增强学生的创新科研能力，实验项目重构过程，通过系统梳理攀西特色，引导性开设探索实验项目、趣味实验项目，使学生在课程实验操作的基础上，渴望创新科研，具备创新科研的能力。第三，保障学生的实践能力和动手能力，实践是学生培养最重要的环节，通过教材指导、实验开设，使学生具备动手能力、独立思考能力、团队协作能力、理论联系实际能力、工程实践创新能力。第四，提升学生的专业技能大赛能力，通过教材指导，学生在完成大量探索实验及创新科研后，能进一步参加省级、国家级专业技能大赛，包括“材料设计大赛”“大学生创新创业大赛”“挑战杯”“全国高校大学生金相大赛”等。

本书为西昌学院立项建设教材，由西昌学院狄玉丽、郑飞、张浩担任主编，焦钰、张万明、郑春梅担任副主编。编写人员分工如下：狄玉丽编写第一章至第三章；张浩编写第四章和第五章；张万明编写第六章；焦钰编写第七章；郑飞编写第八章至第十二章；郑春梅编写第十三章。

在本书编写过程中，编者还参考和借鉴了其他院校和老师编写的相关书籍，谨在此一并表示最诚挚的谢意。我们希望本书能对材料及相关专业的实验教学工作起到积极的作用，但由于编者能力和水平的限制，书中不当之处在所难免，恳请各位专家和读者批评指正。

编　者

2023 年 6 月于西昌学院

CONTENTS 目 录

第一部分 专业基础实验实训

PART ONE

专业基础实验实训

材料科学与基础实验

材料科学与基础实验主要包括6个实验内容，学生通过实验可熟练掌握金相制样的方法、步骤和原理，并通过实验能够快速分析不同含量碳钢、铸铁、重要有色金属材料的显微组织结构，能够通过实验加强理论知识的积累。

实验一　金相显微试样的制备

金相显微分析是研究材料内部组织的重要方法之一。借助金相显微镜研究和观察金属内部显微组织结构，首先要制备出能用于显微分析的样品——金相显微试样。制备的金相显微试样质量的好坏，直接影响到组织观察结果。如果样品制备不符合特定的要求，就有可能由于出现假相而产生错误的判断，导致整个金相显微分析得不到正确的结论。因此，学会制备金相试样是金属材料研究的基本功之一，需熟练掌握。

一、实验目的

（1）熟悉金相试样的制备过程及原理。
（2）掌握金相试样的制备方法。

二、实验原理

一个合格的金相试样需满足以下五点：
（1）具有代表性，即所选取的试样能代表所需要研究和分析的对象；
（2）浸蚀要适合、组织要真实；
（3）无划痕、无污染物；
（4）无变形层、平坦光滑；
（5）夹杂物完整。
金相显微试样的制备包括取样、夹持与镶嵌、平整与磨光、抛光和浸蚀5个步骤。

（一）取　样

取样的部位应具有代表性，所取试样能真实反映材料的组织特征。取样部位要根据金相分析的目的来取。金相试样截取部位确定后，还需确定金相试样的磨面。磨面一般分为横截面和纵截面，这两个截面研究的目的是不同的。

横截面主要研究：试样从中心到边缘组织分布的渐变情况，表面渗层、硬化层和镀层等表面处理的深度及其组织，表面缺陷以及非金属夹杂物在横截面上的分布情况，即类型、形态、大小、数量、分布和等级等。

纵截面主要研究：非金属夹杂物在纵截面上的分布情况、大小、数量和形状，以及金属的变形程度，如有无带状组织的存在等。

截取时应根据材料的性质和要求来决定截取的方法，常用的试样截取方法有：① 电切割，包含电火花切割和线切割，适用于较大的金属试样切割或有一定形状要求时采用。② 气切割（氧乙炔火焰），适用于较大金属试样的切割。③ 砂轮切割机切割，使用范围较广，主要用于有一定硬度的材料，如普通钢铁材料和热处理后的钢铁材料。④ 手锯或机锯，适用于低碳钢、普通铸铁和非铁金属等硬度较低的材料。⑤ 敲击，适用于硬而脆的材料，如白口铸铁、高锡青铜和球墨铸铁等。

试样一般可用手工切割、机床切割、切片机切割等方法截取（试样大小为ϕ12 mm×12 mm圆柱体或 12 mm × 12 mm × 12 mm 的立方体）。不论采用哪种方法，在切取过程中均不宜使试样的温度过高，以免引起金属组织的变化，影响分析结果。

（二）夹持与镶嵌

若试样尺寸过小（如薄板、丝材、金属丝、碎片、钢皮以及钟表零件等）不易握持或要求保护试样边缘（如表面处理的检测、表面缺陷的检验等），则要对试样进行夹持或镶嵌。图 1-1-1 所示为金相试样的夹持与镶嵌方法。

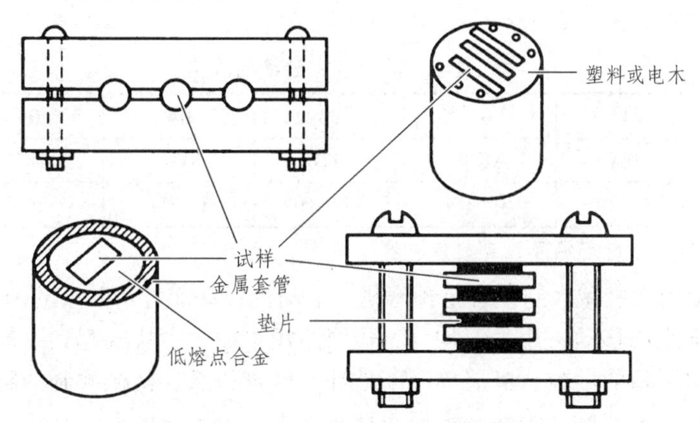

图 1-1-1　金相试样的夹持与镶嵌方法

1. 夹　持

夹持试样时要利用预先制备好的夹具装置。制作夹具的材料一般选用低碳钢、不锈钢和铜合金等。主要根据被夹试样的外形、大小及夹持保护的要求来选定机械夹具的形状。将试样进行夹持的优点是方便；缺点是磨制试样时易在缝隙中留下水与浸蚀剂，试样表面极易受到污染，造成假象。因此为保证浸蚀效果，最好将试样从夹具中取出后再浸蚀。

2. 镶　嵌

镶嵌一般用于一些体积较小、外形不规则的试样。镶嵌不仅有利于制样，而且使表面缺陷及边缘得到保护。镶嵌时必须依据下列原则：① 不允许影响试样显微组织，如机械变形及加热。② 镶嵌介质与被镶嵌试样的硬度、耐磨性需相近，否则对保护试样边缘不利。③ 镶嵌介质与被镶嵌试样有相近的耐蚀能力，避免在浸蚀时造成试样被强烈腐蚀。

（三）平整与磨光

1. 平　整

平整又称粗磨。由于手锯或锤击所得的试样表面很粗糙，同时切割后的试样由于机械力的作用，表层存在较深的变形层，或由夹具夹持的试样，这些都需要用砂轮机进行平整，从而得到一个平整的表面。由于砂轮机的转速极快，易产生很大的热量，并且接触压力越大，产生的热量也越大，变形也越大，故操作时应手持试样，且前后用力均匀，接触压力不可过大，以防过量发热及机械变形。磨制时不断冷却试样，以保证试样组织不因受热而发生变化。另外，凡不做表层金相检验的试样必须倒角。软材料操作时要用锉刀锉平，不能在砂轮机上平整，以免产生较大的粗磨痕与大的变形层。平整完毕后，必须将手和试样清洗干净，防止粗大砂粒带入下道工序，造成较深的磨痕。

2. 磨　光

磨光又称细磨，其目的是消除粗磨留下来的深而粗的磨痕和变形层，为抛光做准备。磨光通常在砂纸上进行，可分为手工磨制与机械磨制。手工磨制采用金相砂纸，机械磨制采用水砂纸。无论是金相砂纸还是水砂纸，都是由纸基、黏结剂、磨料组合而成的。手工磨制是将砂纸铺在玻璃板上，左手按住砂纸，右手捏住试样在砂纸上做单向推磨。金相砂纸由粗到细分许多种，其规格可参考表 1-1-1。

表 1-1-1　常用金相砂纸的规格

金相砂纸编号	01	02	03	04	05	06
粒度序号	M28	M20	M14	M10	M7	M5
砂粒尺寸/μm	28～20	20～14	14～10	10～7	7～5	5～3.5

注：表中为多数厂家所用编号，目前没有统一规格。

目前，普遍使用的机械磨制设备是预磨机。电动机带动铺着水砂纸的圆盘转动，磨制时，将试样沿盘的径向来回移动，用力要均匀，边磨边用水冲。水流既起到冷却试样的作用，又可以借助离心力将脱落的砂粒、磨屑等不断地冲到转盘边缘。机械磨制的磨削速度比手工磨制快得多，但平整度不够好，表面变形层也比较严重。因此，要求较高的或材质较软的试样应该采用手工磨制。机械磨制所用水砂纸规格与手工湿磨相同，可参考表 1-1-2。

表 1-1-2　常用水砂纸的规格

水砂纸序号	240	300	400	500	600	800	1 000	1 200
粒度/目	160	200	280	320	400	600	800	1 000

注：表中为多数厂家所用编号，目前没有统一规格。

（四）抛　光

抛光的目的是消除试样磨面上经细磨后所留下的微细磨痕，以获得光亮的镜面。金相抛光可分为机械抛光、化学抛光和电解抛光三种。

1. 机械抛光

机械抛光是在专用的抛光机上进行。抛光机主要由电动机和抛光盘（ϕ200 ~ 300 mm）组成。抛光盘转速为 300 ~ 500 r/min，其上铺以细帆布、呢绒、丝绸等。抛光时在抛光盘上不断滴注抛光液。抛光液是将 Al_2O_3、MgO 或 Cr_2O_3 等细粉末（粒度为 0.3 ~ 1 μm）溶于水中的悬浮液。抛光前要将细磨后的试样用水冲洗干净，以避免将不同粗细的砂粒带进抛光盘，影响试样制备。抛光时，手握试样务求平稳，施力均匀，压力不宜过大，并从边缘到中心不断地做径向往复移动，待试样表面磨痕全部消失且呈光亮的镜面时，抛光方可结束。非金属夹杂物试样抛光时，应将试样在抛光盘上不断地转动，这样可以随时改变磨面的抛光方向，防止非金属夹杂物磨拖产生拖洞，拖洞的产生是单向抛光的结果。

2. 化学抛光

化学抛光是依靠化学溶液对试样表面的电化学溶解，而获得抛光表面的抛光方法。化学抛光操作简单，就是将试样浸在抛光液中，或用棉花浸沾抛光液后，在试样磨面上来回擦拭。化学抛光兼有抛光和浸蚀作用，可直接显露金相组织，供显微镜观察。普通钢铁材料可采用以下抛光液配方：草酸 6 g、过氧化氢（双氧水）100 mL、蒸馏水 100 mL、氟氢酸 40 滴。

温度对化学抛光影响很大，提高温度，会加速化学抛光的速度，但抛光速度太快也不易控制抛光质量，而抛光速度太慢，生产效率会降低。所以，某种化学抛光剂对某一种钢都有一定的最佳温度，温度控制得当，能提高化学抛光的效果。

钢中含碳量对抛光时间也有影响，含碳量越高，所需抛光时间越短，含碳量越低，所需抛光时间越长。这是由于随着碳含量的增加，钢中碳化物也相应增加，单位面积内的微电池也越多，反应速度就越快。

3. 电解抛光

将试样放在有电解质的槽中作为阳极，用不锈钢或铅板作为阴极。在接通直流电源后，阳极表面产生选择性溶解，逐渐使表面凸起部分被溶解，而获得平整的表面（即被抛光）。该方法目前应用渐广，因为它速度快且表面光洁，抛光过程中不会发生塑性变形（机械抛光不可避免地发生塑性变形层，影响显微分析结果，有时要反复抛光、腐蚀才能把变形层除去）。其缺点是工艺过程不易控制。

（五）浸　蚀

光学金相显微镜是利用磨面的反射光成像的。金相试样抛光后，在金相显微镜下，由于非金属夹杂物、游离石墨、显微裂纹、表面镀层以及有些合金的各组织组成物的硬度相差较大（如复合材料中的陶瓷增强物等），或由于组织组成物本身就有独特的反射能力，所以可以利用抛光磨面直接观察并进行金相研究。而大多数组成相对光线均有强烈的反射能力，在金相显微镜下无法观察到组织。因此，要鉴别金相组织，首先应使试样磨面上各相或其边界的反射光强度和色彩有所区别。这就需要利用物理和化学的方法对抛光磨面进行专门处理，将试样中各组成相及其边界具有不同的物理、化学性质转换为磨面反射光强度和色彩的区别，使试样各组织之间呈现良好的衬度，这就是金相组织的显示。

浸蚀按金相组织显示的本质可以分为化学与物理两类。化学方法主要是浸蚀方法，包括化学浸蚀、电化学浸蚀及氧化，这些都是利用化学试剂的溶液借助化学或电化学作用显示金属的组织。物理方法是借助金属本身的力学性能、电性能或磁性能显示出显微组织，采用光学法、干涉层法和高温浮凸法等几类。有些试样还需要两者的结合才能更好地显示组织，如借助金相显微镜上某些特殊的装置（如暗场、偏光、干涉、相衬和微差干涉衬度等光学方法），以及一定的照明方式来获得更多、更准确的显微组织信息。

化学腐蚀方法可分为浸蚀法、滴蚀法和擦蚀法，如图 1-1-2 所示。

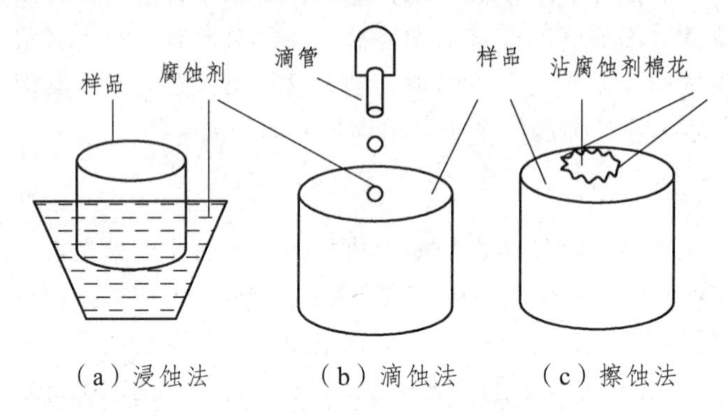

图 1-1-2　化学腐蚀方法

1. 浸蚀法

将抛光好的样品放入腐蚀剂中，视具体情况，抛光面可朝上或朝下。不断观察表面颜色的变化，当样品表面略显灰暗时，即可取出，充分冲水后冲酒精，再快速用吹风机充分吹干。

2. 滴蚀法

一手拿样品，样品表面向上，用滴管吸入腐蚀剂滴在样品表面，观察表面颜色的变化情况，当表面颜色变灰时，再过 2 ~ 3 s 即可充分冲水后冲酒精，再快速用吹风机充分吹干。

3. 擦蚀法

用沾有腐蚀剂的棉花轻轻地擦拭抛光面，同时观察表面颜色的变化，当样品表面略显灰暗时，即可取出，经充分水冲和酒精清洗后，再快速用吹风机充分吹干。

经过上述操作后，浸蚀完成，金相样品的制备即告结束，这时要将手和样品的所有表面都完全干燥后，方可进行显微镜下观察和分析金相样品的组织。

三、实验设备及材料

（一）仪器与设备

切割机、砂轮机、预磨机、抛光机、吹风机、金相显微镜等。

（二）耗　材

金相砂纸（或水砂纸）、玻璃板、滴瓶、玻璃皿、浸蚀剂、抛光液或研磨膏、竹夹子、脱脂棉等。

（三）化学试剂

硝酸、苦味酸（三硝基苯酚）、氢氟酸、三氯化铁、磷酸（配电解抛光液）、无水乙醇。

四、实验内容与步骤

（1）每人制备 4 个试样，其中，普通碳钢退火态（20 钢、45 钢、T12 钢）任选 1 个、铸铁（灰铸铁或球墨铸铁）任选 1 个、非铁金属（铜及铜合金或铝及铝合金）任选 1 个、钢的普通热处理试样 1 个。

（2）用砂轮机打磨碳钢、铸铁和普通热处理后的试样，获得平整的表面，并倒角。采用手工磨制、机械磨制和机械抛光对试样进行磨光和抛光。

（3）采用手工磨制法对非铁金属试样从粗到细磨光，采用电解抛光方法进行抛光。

（4）对已经抛光好的所有试样先借助金相显微镜在明场、暗场、偏光和微差干涉衬度条件下进行夹杂物、石墨形态等的分析观察。

（5）配制 4%硝酸酒精溶液（用于浸蚀钢和铸铁）、碱性苦味酸钠水溶液（用于浸蚀退火 T12 钢）、三氯化铁水溶液（用于浸蚀铜及铜合金）和 0.5%氢氟酸水溶液（用于浸蚀铝及铝合金）。将浸蚀后的试样在金相显微镜下进行分析观察表征。

（6）对 T12 钢退火态分别采用 4%硝酸酒精溶液（冷浸蚀）和碱性苦味酸钠水溶液（热浸蚀）进行浸蚀，分析观察浸蚀效果。

五、实验报告要求

（1）简述实验目的、实验内容、实验步骤、实验原理。

（2）简述金相显微样品的制备过程（仅叙述机械抛光及一般化学浸蚀）。

（3）简述金相试样磨光的方法与注意事项以及抛光的原理。

六、思考题

（1）为什么晶界浸蚀之后是黑色的？显微镜下观察到的黑白图像一般反映什么情况？在暗视场下晶界和晶粒内各为什么颜色？

（2）在二相组织中有一相浸蚀后观察是黑色，另一相为白色，这两相在电化学性质上有何差别？

（3）怎样鉴别浸蚀后观察时发现的直线形的影像是组织本身的特征还是磨痕或划痕？

实验二　金相显微镜的构造和使用

光学金相显微镜是观察分析材料微观组织最常用、最重要的工具。它是基于光在均匀介质中做直线传播，并在两种不同介质的分界面上发生折射或反射等现象构成的。根据材料表面上不同组织组成物的光反射特征，用金相显微镜在可见光范围内对这些组织组成物进行光学研究并定性和定量描述。金相显微镜可显示 0.2 ~ 500 μm 尺度的微观组织特征。而扫描电子显微镜与透射电子显微镜则把观察的尺度推进到亚微米以下的层次。本实验主要讲述光学金相显微镜的工作原理、功能、使用方法及维护。

一、实验目的

（1）了解金相显微镜的光学原理和构造。

（2）操作金相显微镜，调节焦距至形成清晰图像。

（3）操作金相显微镜，变换物镜和目镜，以不同放大倍数观察金相试样。

（4）计算观察金相试样的放大倍数。

二、实验原理

（一）金相显微镜的光学放大原理

金相显微镜是利用光线的反射原理，将不透明的物体放大后进行观察的。最简单的显微镜由两个透镜组成，将物体进行第一次放大的透镜称为物镜，将物镜所成的像再经过第二次放大的透镜称为目镜。金相显微镜的放大成像原理如图 1-2-1 所示。

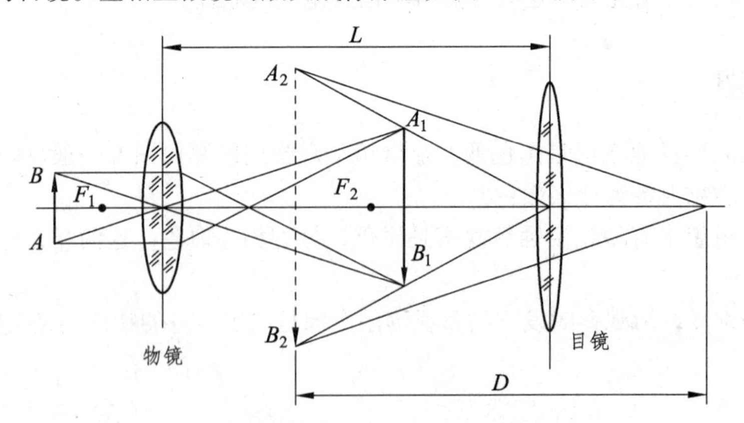

图 1-2-1　金相显微镜的放大成像原理

由放大成像原理图可见：设物镜的焦点为 F_1，目镜的焦点为 F_2，L 为光学镜筒长度（物镜与目镜的距离），D = 250 mm 为人的明视距离。当物体 AB 位于物镜的焦点 F_1 以外，经物镜放大而成为倒立的实像 A_1B_1，而 A_1B_1 正好落在目镜的焦点 F_2 之内，经目镜放大后成为一个正立放大的虚像 A_2B_2，则两次放大倍数各为

$$M_{物}=A_1B_1/AB$$

$$M_{目}=A_2B_2/A_1B_1$$

$$M_{总}=M_{物}M_{目}=(A_1B_1/AB)(A_2B_2/A_1B_1) \quad (1\text{-}2\text{-}1)$$

即显微镜总的放大倍数等于物镜的放大倍数乘以目镜的放大倍数。目前，普通光学金相显微镜的最高有效放大倍数为 1 600 ~ 2 500 倍。

（二）主要性能指标

1. 放大倍数

显微镜的放大倍数为物镜放大倍数 $M_{物}$和目镜放大倍数 $M_{目}$的乘积。金相显微镜的主要放大倍数一般是通过物镜来保证的，物镜的最高放大倍数可达 100 倍，目镜的放大倍数可达 25 倍。在物镜和目镜的镜筒上，均标注有放大倍数，放大倍数常用符号“×”表示，如 100×、200×等。

2. 鉴别率

金相显微镜的鉴别率是指它能清晰地分辨试样上两点间最小距离 d 的能力。d 值越小，鉴别率越高。根据光学衍射原理，试样上的某一点通过物镜成像后，看到的并不是一个真正的点像，而是具有一定尺寸的白色圆斑，四周围绕着许多衍射环。当试样上两个相邻点的距离极近时，成像后由于部分重叠而不能分清为两个点。只有当试样上两点距离达到某一 d 值时，才能将两点分辨清楚，如图 1-2-2 所示。

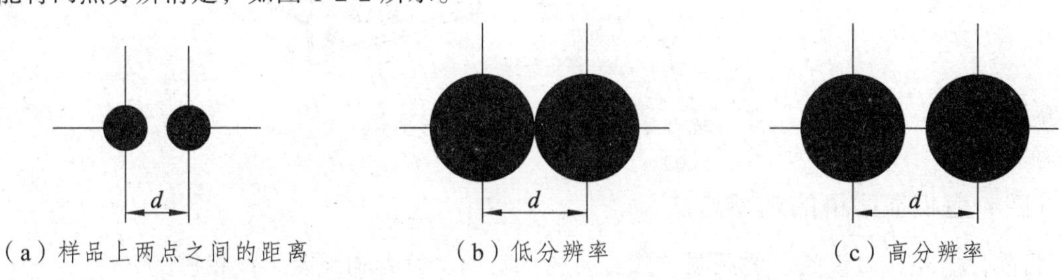

（a）样品上两点之间的距离　（b）低分辨率　（c）高分辨率

图 1-2-2　分辨率高低示意

显微镜的鉴别率取决于使用光线的波长（λ）和物镜的数值孔径（NA），而与目镜无关，d 值可由下式计算：

$$d=\frac{\lambda}{2NA} \quad (1\text{-}2\text{-}2)$$

在一般显微镜中，光源的波长可通过加滤色片来改变。例如，蓝光的波长（λ=0.44 μm）比黄绿光（λ=0.55 μm）短，所以鉴别率较黄绿光高 25%。当光源的波长一定时，可通过改变物镜的数值孔径 NA 来调节显微镜的鉴别率。

3. 数值孔径

物镜的数值孔径用 NA 表示，表示物镜的聚光能力。数值孔径大的物镜，聚光能力强，即能吸收更多的光线，使图像更加明显。物镜的数值孔径 NA 可用下式表示：

$$NA = n \cdot \sin\varphi \tag{1-2-3}$$

式中，n 为物镜与样品间介质的折射率；φ 为通过物镜边缘的光线与物镜轴线所成的角度，即孔径半角。

（三）金相显微镜的种类

金相显微镜的种类和形式很多，但最常见的形式有台式、立式和卧式三大类。其构造通常均由光学系统、照明系统和机械系统三大部分组成，有的显微镜还附带照相装置和暗场照明系统等，如图 1-2-3 所示。

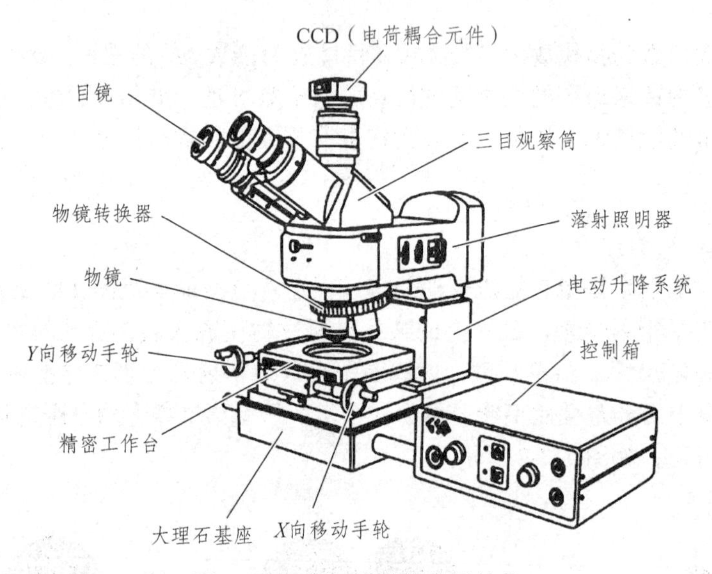

图 1-2-3　金相显微镜外形结构

（四）金相显微镜的观察方法

目前，金相显微镜的主要照明方式有明场、暗场、偏光和微差干涉相衬。

1. 明场照明

明场照明是金相显微镜最普通的照明方式与观察方法，显微组织观察首先要进行明场观察。

2. 暗场照明

暗场照明是显微镜的另一种照明方式。采用暗场照明时，因物像的亮度较低，此时应将视场光阑开到最大。暗场照明比明场照明分辨率要高、衬度更好，极细的磨痕在暗场照明下也极易鉴别，也可用来观察非常小的粒子（超显微技术）。暗场照明还能正确地鉴定透明非金属夹杂的色彩，这也是鉴定非金属夹杂物的有效方法。

3. 偏光照明

偏光照明就是在显微镜的光路中安装了偏振装置，使光在照射试样前产生平面偏振光的照明方式。偏光照明在金相研究中主要有以下应用：

（1）各向异性材料组织的显示。金属材料按其光学性能不同可分为各向同性与各向异性两类。各向同性金属一般对偏光不灵敏，而各向异性金属对偏光极为灵敏，因而，偏光照明在显示各向异性材料的组织显示中得到应用。

（2）多相合金的相分析。如果在各向同性晶体中有各向异性的相存在，假如两相合金中一相为各向同性，另一相为各向异性，在正交偏光下，具有各向异性的相在暗的基体中很容易由偏振光来鉴别。同样，对两个光学性能不同的各向异性晶体或浸蚀程度不同的各向异性晶体，也可由偏振光加以区分。

4. 微差干涉相衬

微差干涉相衬又称为偏光干涉衬度，是利用光束分割双石英棱镜的显微方法。它可观察试样表面更细微的凹凸，同时由于试样表面所产生的附加光程差，使影像具有立体感，并随干涉光束的光程差的变化对不同的组织进行着色，大大提高了组织衬度。

三、实验设备及材料

（一）仪器与设备

金相显微镜、测微目镜与标定尺。

（二）耗材与试样

制备好的工业纯铁、纯铜、球墨铸铁、多相合金、含有夹杂物的金相试样等。

四、实验内容与步骤

金相显微镜是一种精密光学仪器，在使用时要求细心和谨慎，严格按照使用规程进行操作：

（1）将显微镜的光源插头接在低压（6～8 V）变压器上，接通电源。

（2）根据放大倍数，选用所需的物镜和目镜，分别安装在物镜座上和目镜筒内，旋动物镜转换器，使物镜进入光路并定位（可感觉到定位器定位）。

（3）将试样放在样品台上中心位置，使观察面朝下并用弹簧片压住。

（4）转动粗调手轮使镜筒上升，同时用眼观察，使物镜尽可能接近试样表面（但不得与之相碰），然后反向转动粗调手轮，使镜筒渐渐下降以调节焦距。当视场亮度增强时，再改用微调手轮调节，直到物像最清晰为止。

（5）适当调节孔径光阑和视场光阑，以获得最佳质量的物像。

（6）如果使用油浸系物镜，可在物镜的前透镜上滴些松柏油，也可以将松柏油直接滴在试样上。油镜头用过后，应立即用棉花蘸取二甲苯溶液擦净，再用擦镜纸擦干。

五、实验报告要求

（1）写出实验目的及实验设备。

（2）简述金相显微镜的放大成像原理。

（3）光学金相显微镜主要由哪几部分组成？各部分又由哪几个零件组成？

（4）光学金相显微镜的主要技术有哪些？
（5）显微镜在使用和维护中，应该注意哪些事项？
（6）对观察到的金相显微组织进行分析讨论，并绘制所制样品的金相显微组织特征图。
（7）简述本次实验的体会与建议。

六、思考题

（1）绘制显微镜的光路简图，并简述其工作原理。
（2）在金相显微镜下能否观察到工件的外形轮廓全貌，为什么？
（3）使用金相显微镜观察试样应注意什么？

实验三　铁碳合金平衡组织观察与分析

铁碳合金的显微组织是研究和分析钢铁材料性能的基础。所谓平衡状态的显微组织，是指合金在极为缓慢的冷却条件下（如退火状态，即接近平衡状态）所得到的组织。铁碳合金在室温下的平衡组织是由铁素体（Fe）和渗碳体（Fe_3C）两相按不同数量、大小、形态和分布所组成的。本实验通过铁碳合金相图来进一步熟悉金相显微镜的构造与使用方法，了解铁碳合金在平衡状态下的相及组织组成物的形态和分布特征。

一、实验目的

（1）观察碳钢和铸铁试样在平衡状态下的显微组织。

（2）了解碳含量对铁碳合金显微组织的影响，从而理解成分、组织和性能之间的关系。

（3）学习用金相法确定钢的碳含量。

二、实验原理

铁碳合金相图是研究碳钢和白口铸铁的重要工具，是分析钢铁在平衡状态或接近平衡状态下显微组织的基础。通常将碳含量小于 2.11%的合金称为碳钢，含碳量大于 2.11%的合金称为白口铸铁。钢铁室温组织均由铁素体和渗碳体这两个基本相组成。不同含碳量的合金，在组织上所呈现的差异由这两个基本相的相对量、形态及分布不同所致。铁碳合金中渗碳体的相对量、析出条件及分布情况，对合金的性能影响极大。图 1-3-1 为按组织分区的铁碳合金相图。

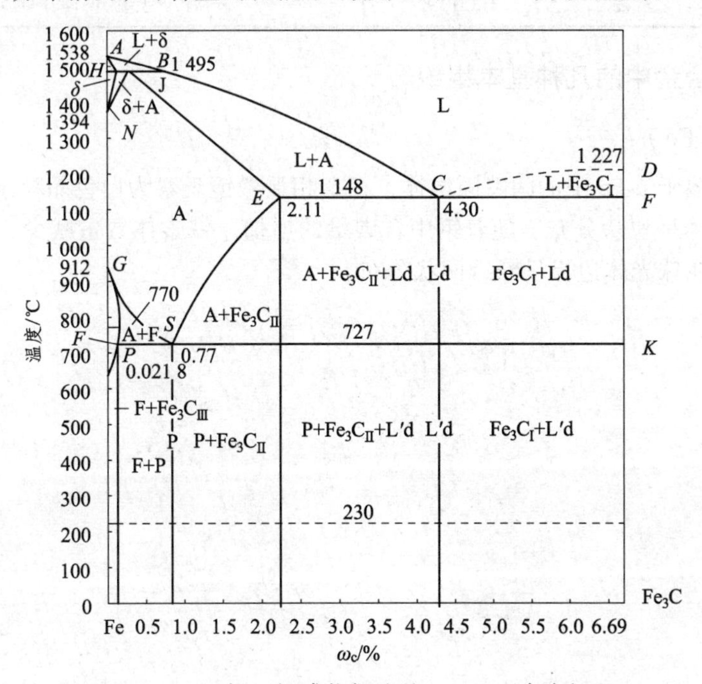

图 1-3-1　以组织组成物标注的 Fe-Fe_3C 合金相图

从 Fe-Fe_3C 相图中可以看出，所有碳钢和白口铸铁的室温组织均由铁素体（F）和渗碳体（Fe_3C）这两个基本相所组成。但是由于含碳量不同，铁素体和渗碳体的相对数量、析出条件以及分布情况均有所不同，因而呈现出各种不同的组织形态。

在 Fe-Fe_3C 相图中，*ABCD* 为液相线，*AHJECF* 为固相线。相图中各特征点的温度、成分及其含义如表 1-3-1 所示。

表 1-3-1　铁碳相图中各特征点的说明

点的符号	温度/°C	含碳量/%	说　明
A	1 538	0	纯铁熔点
B	1 495	0.53	包晶反应时液态金属的成分点
C	1 148	4.3	共晶点 $L_C \rightarrow A_E + Fe_3C$，共晶产物称莱氏体
D	1 227	6.69	渗碳体的熔点
E	1 148	2.11	碳在 γ-Fe 中的最大溶解度
F	1 148	6.69	共晶反应渗碳体的成分点
G	912	0	α-Fe、γ-Fe 同素异构转变点
H	1 495	0.09	碳在 δ-Fe 中的最大溶解度
J	1 495	0.17	包晶点 $L_B + \delta_H \rightarrow A_J$
K	727	6.69	共析反应时渗碳体成分点
N	1 394	0	γ-Fe、δ-Fe 同素异构转变点
P	727	0.021 8	碳在 α-Fe 中的最大溶解度
S	727	0.77	共析点 $A_S \rightarrow F_P + Fe_3C$，共析产物，称珠光体
Q	室温	0.000 8	室温下碳在 F 体中的溶解度

（一）铁碳合金中的几种基本组织

1. 铁素体（Fe）

铁素体是碳溶于 α-Fe 中的间隙固溶体，在金相显微镜观察为白色晶粒（见图 1-3-2），亚共析钢中的铁素体呈块状分布。随着钢中含碳量的增加，铁素体数量减少，其形状也由多边形块状逐渐变成在珠光体边界呈断续网状分布。

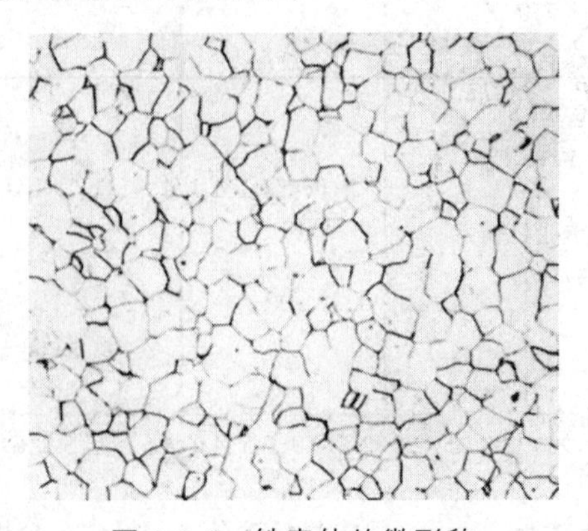

图 1-3-2　铁素体的微形貌

2. 渗碳体（Fe_3C）

渗碳体是铁和碳形成的化合物，其碳的质量分数为 6.69%，抗浸蚀能力较强，经 3% ~ 5%硝酸酒精溶液浸蚀后呈亮白色，若用苦味酸钠溶液浸蚀，则呈现暗黑色。由此可在组织中区分铁素体和渗碳体。图 1-3-3 呈现的是片状渗碳体。

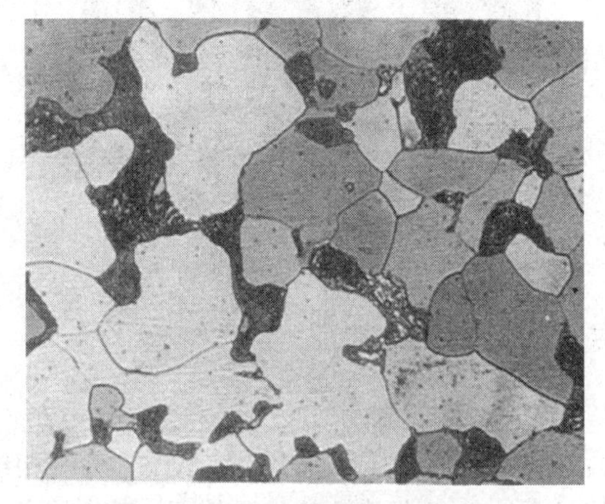

图 1-3-3　片状渗碳体微组织

3. 珠光体

珠光体是铁素体和渗碳体的机械混合物，在一般退火处理下，是由铁素体和渗碳体相互混合交替排列形成的层片状组织。经 4%硝酸酒精溶液浸蚀后，在高倍放大时能清楚地看到珠光体中平行相间的宽条铁素体和条状渗碳体；当放大倍数较低时，所观察到的珠光体中的渗碳体呈一条黑线。当组织较细而放大倍数较低时，珠光体的片层就不能分辨，而呈黑色。图 1-3-4 显示了多个珠光体。

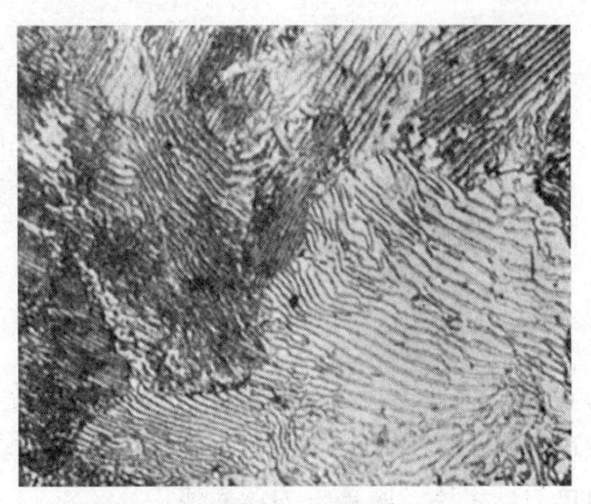

图 1-3-4　珠光体显微组织

4. 莱氏体

莱氏体在室温时是珠光体和渗碳体的机械混合物。渗碳体包括共晶渗碳体和二次渗碳体，两种渗碳体相连在一起，没有边界线，无法分辨开。莱氏体经 3% ~ 5%硝酸酒精溶液浸蚀后，其组织特征是在白亮色渗碳体基体上分布着许多黑色点（块）状或条状珠光体，如图 1-3-5 所示。

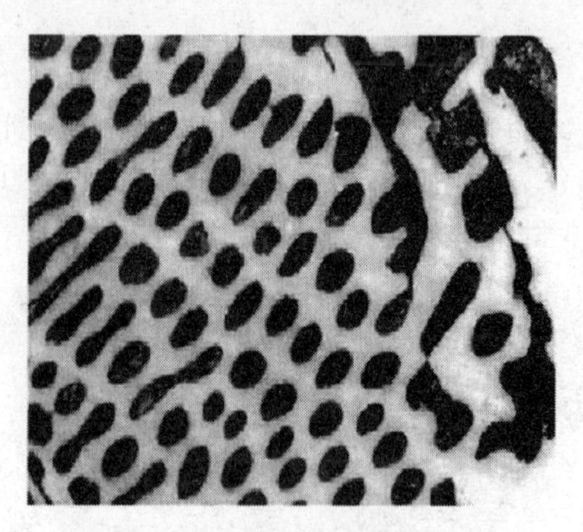

图 1-3-5　莱氏体显微组织

（二）铁碳合金室温下的显微组织特征

1. 工业纯铁

含碳量小于 0.021 8%的铁碳合金通常称为工业纯铁。它为两相组织，即由铁素体和少量三次渗碳体所组成。图 1-3-6 所示为工业纯铁的显微组织，其中黑色线条是铁素体的晶界，亮白色基底则是铁素体的不规则等轴晶粒。某些晶界处可以看到不连续的薄片状三次渗碳体。

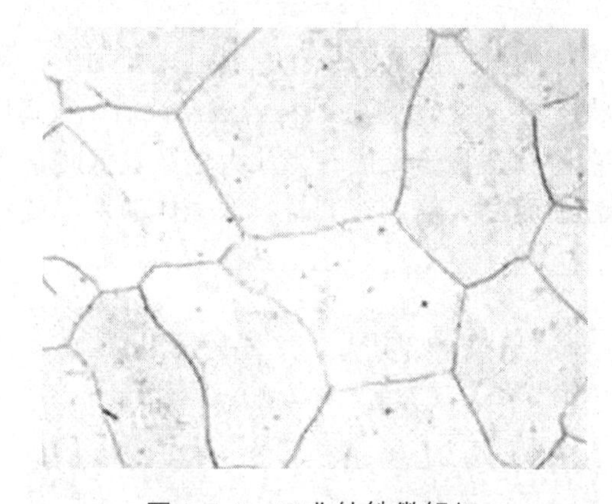

图 1-3-6　工业纯铁微组织

2. 碳　钢

1）亚共析钢

亚共析钢的含碳量为 0.021 8%～0.77%，其组织由铁素体和珠光体所组成。随着钢中含碳量的增加，铁素体的数量逐渐减少，而珠光体的数量则相应地增多。图 1-3-7 为亚共析钢 45 钢的显微组织，其中亮白色为铁素体，暗黑色为珠光体。

2）共析钢的组织

含碳量为 0.77%的铁碳合金称为共析钢。其组织为共析转变得到的珠光体，即片状铁素体和渗碳体的机械混合物。铁素体厚，渗碳体薄。通过金相显微观察可知，珠光体团之间没有明显的晶界。

3）过共析钢的组织

含碳量为 0.77%～2.11%的铁碳合金称为过共析钢，其组织为先共析渗碳体和珠光体。先共析渗碳体由奥氏体中沿晶界析出，故呈网状分布在随后发生共析转变形成的珠光体周围。其室温组织为网状二次渗碳体和珠光体。组织形态为层片相间的珠光体和细小的亮白色的网络状渗碳体。

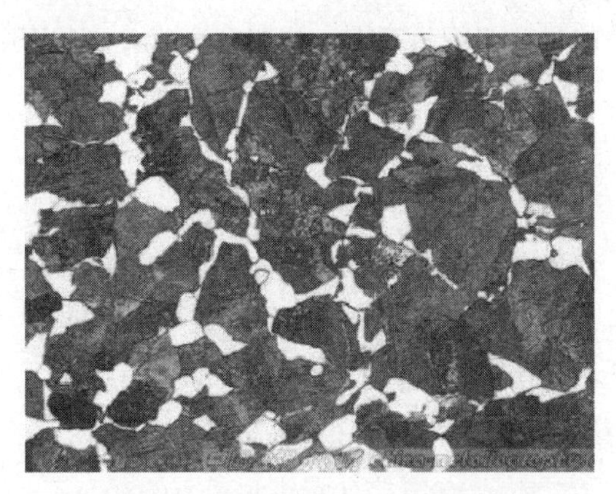

图 1-3-7 亚共析钢 45 钢显微组织

3. 铸铁的组织

1）亚共晶白口铸铁

含碳量为 2.11%～4.3%的白口铸铁称为亚共晶白口铸铁。在室温下亚共晶白口铸铁的组织由珠光体、二次渗碳体和莱氏体组成。用硝酸酒精溶液浸蚀后在显微镜下观察，斑点状莱氏体为基体，黑色枝晶组织为珠光体。

2）共晶白口铸铁

共晶白口铸铁的含碳量为 4.3%，室温组织由单一的共晶莱氏体所组成，亮白色的基体是渗碳体，暗黑色的斑点和细条是珠光体。

3）过共晶白口铸铁

含碳量 4.3%～6.69%的白口铸铁在室温下的组织由一次渗碳体和莱氏体所组成。在显微镜下可观察到在暗色斑点状的莱氏体的基底上分布着亮白色粗大条片状的一次渗碳体。

三、实验设备及材料

（一）仪器与设备

金相显微镜。

（二）试样与耗材

碳钢（亚共析钢、共析钢、过共析钢）试样，白口铸铁（亚共晶白口铸铁、共晶白口铸铁、过共晶白口铸铁）试样。

四、实验内容与步骤

（1）按观察要求，选择物镜和目镜，并将其安装在显微镜上。

（2）用手慢旋显微粗调手轮，视场由暗到亮，调至看到组织，然后再旋转微调焦手轮，直到图像清晰。应注意先用低的放大倍数进行全面观察，找出典型组织，然后再用高倍数放大对这些区域进行详细观察。

（3）绘出所观察样品的显微组织示意图，注明合金成分、状态、放大倍数及组织组成物的名称，说明其特征和形成过程。

五、实验报告

（1）写明实验目的、实验原理和实验步骤。

（2）将观察到的金相组织图片附上并分析其组织成分。

（3）完成思考题内容并附在实验报告最后。

六、思考题

（1）归纳和总结铁碳相图中，随着碳含量增加，铁素体和渗碳体含量的变化规律。

（2）冷却速度对组织形貌和相对量有无影响？并举例说明。

（3）说明铁比钢硬的原因。

实验四　碳钢热处理后的显微组织观察

钢的组织决定了钢的性能，在化学成分相同的条件下，改变钢的组织的主要手段是通过热处理工艺来控制钢的加热温度和冷却过程，从而得到所希望的组织和性能。钢在热处理条件下所得到的组织与钢的平衡组织有很大差别。

一、实验目的

（1）观察和分析碳钢经不同热处理后的显微组织特征。

（2）加深理解不同热处理工艺对碳钢组织和性能的影响。

二、实验原理

钢在热处理条件下所得到的组织与钢的平衡组织有很大差别，钢加热到临界点（A_{c1}）以上即发生奥氏体转变，奥氏体在非常缓慢冷却时才能形成平衡状态的珠光体或珠光体+铁素体（或渗碳体），但大部分热处理工艺，如退火、正火、淬火（回火或时效例外）都是将钢加热到奥氏体状态，然后以各种不同的冷却速度或冷却方式冷却到室温。退火、正火、淬火的冷却速度不同，会使钢得到不同的组织，其力学性能或物理性能也不同。

（一）钢的退火组织

完全退火热处理工艺主要适用于亚共析钢（如 40 钢和 45 钢），经完全退火后钢的组织接近于平衡状态的组织。45 钢的退火组织如图 1-4-1 所示，为铁素体加珠光体，白色有晶界的颗粒状为铁素体，黑色或层片状的为珠光体。

过共析钢一般采用球化退火热处理工艺，T12 钢经球化退火后的组织如图 1-4-2 所示，组织中的二次渗碳体和珠光体中的渗碳体都呈球状或粒状（图中为均匀分布的细小粒状组织）。

图 1-4-1　45 钢的退火组织

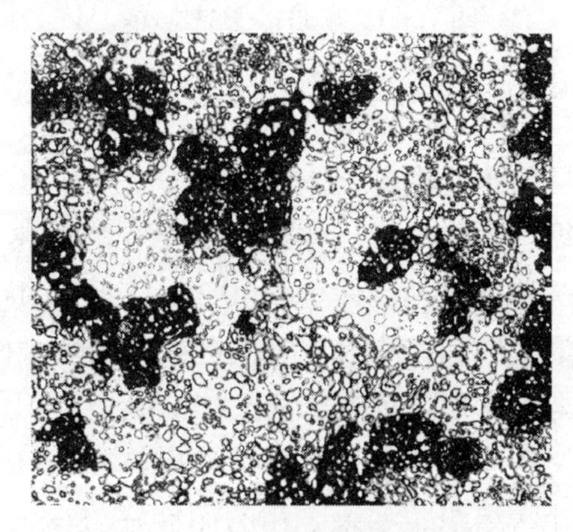

图 1-4-2　T12 钢球化退火组织

（二）钢的正火组织

由于正火的冷却速度大于退火的冷却速度，因此，在相同碳含量的情况下，正火后得到的金相组织一般要比退火后的组织细，珠光体的相对含量也比退火组织中的相对要多。

（三）钢的淬火组织

不同成分的钢在不同的加热、保温和冷却条件下会得到不同的淬火组织，典型的淬火组织有如下几种。

1. 贝氏体组织

贝氏体是在等温淬火条件下得到的淬火组织，根据转变温度的不同，贝氏体分为两种类型：在 500 ~ 350 °C 之间的转变产物为上贝氏体；在 350 °C 到 M_s 点之间的转变产物为下贝氏体。上贝氏体是由成簇的平行排列的板条状铁素体和沿其边界分布的细条状渗碳体所组成，在光学显微镜下难以分辨上贝氏体中的两相，其形态就像羽毛，所以又称之为羽毛状贝氏体，如图 1-4-3 所示。

下贝氏体是铁素体呈针片状并互成一定角度，在铁素体的针片上分布着碳化物短针，这些碳化物短针的取向与铁素体片的长轴成 55° ~ 60°角，在光学显微镜下，下贝氏体呈黑色针片状组织，如图 1-4-4 所示。

图 1-4-3　上贝氏体显微组织

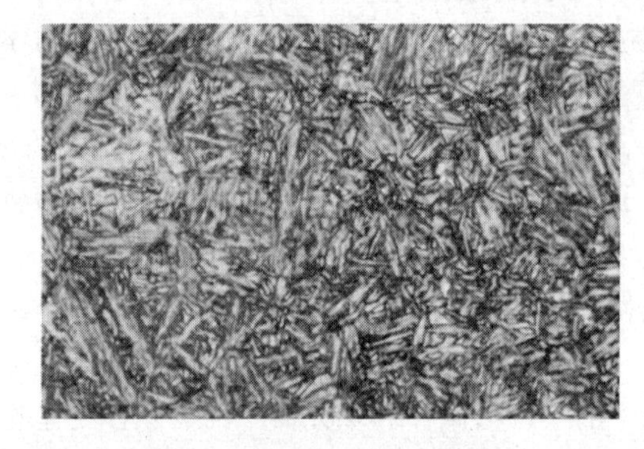

图 1-4-4　下贝氏体显微组织

2. 马氏体组织

马氏体是将奥氏体快速冷却（冷却速度大于临界冷却速度 v_c）到 M_s 点以下温度得到的转变产物。常见的马氏体组织主要有两种典型形态：板条状马氏体和片状马氏体。板条状马氏体是一种低碳马氏体（ω_c<0.2%），显微组织的主要特征是由许多平行排列的板条状组织成排地群集在一起，称为马氏体群或马氏体“领域”。在每个奥氏体晶粒中，可以有好几个不同取向的马氏体群。板条状马氏体的显微组织如图 1-4-5 所示。

片状马氏体是一种高碳马氏体（ω_c>0.6%），显微组织的主要特征是互成一定角度的针状或竹叶状组织，如果金相磨面恰好与马氏体片平行相切，还可以看到片状形态。片（针）状马氏体的显微组织如图 1-4-6 所示。

图 1-4-5　板条状马氏体显微组织

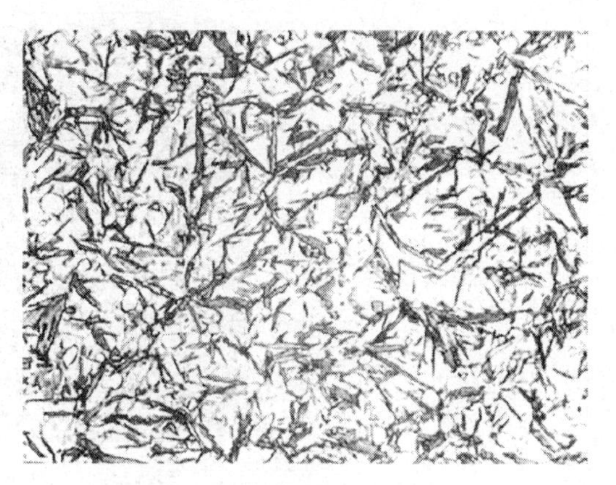

图 1-4-6　片（针）状马氏体显微组织

3. 钢淬火后的回火组织

马氏体是过饱和固溶体，是一种亚稳组织，因此，在实际工程中，淬火钢都需要经过回火后才能使用。淬火钢的回火是在 A_1 温度以下重新加热，使淬火组织逐渐向稳定状态转变，转变为铁素体与渗碳体的混合物。淬火钢在不同温度下回火，将得到不同的回火组织，典型的回火组织有如下三种：

1）回火马氏体

淬火马氏体经低温回火（150 ~ 250 °C）后，马氏体内的过饱和碳原子会以高度弥散并与母相保持着共格关系的 ε 碳化物形式析出，这种组织称为回火马氏体。回火马氏体仍保持马氏体的针片状特征，但受浸蚀的程度比马氏体深，故呈暗黑色，如图 1-4-7 所示。

2）回火屈氏体

淬火马氏体经中温回火（300 ~ 500 °C）后，形成在铁素体基体上弥散分布着细小渗碳体颗粒的组织，这种组织称为回火屈氏体。回火屈氏体中的铁素体仍然保持原来马氏体的针片状形态特征，其中的渗碳体由于颗粒很小，在光学显微镜下无法分辨，如图 1-4-8 所示。

图 1-4-7　回火马氏体显微组织

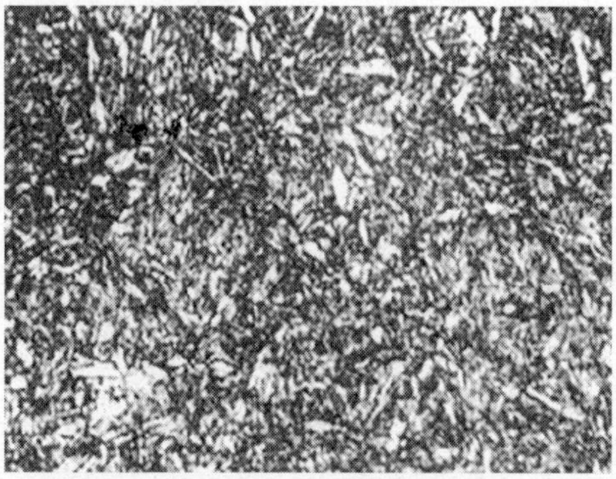

图 1-4-8　回火屈氏体显微组织

3）回火索氏体

淬火马氏体经高温回火（500 ~ 650 °C）后，铁素体已经失去了原来马氏体的针片状形态而成等轴状，渗碳体颗粒也发生了聚集长大，形成粗粒状的渗碳体，分布在铁素体基体上，这种组织称为回火索氏体，如图 1-4-9 所示。

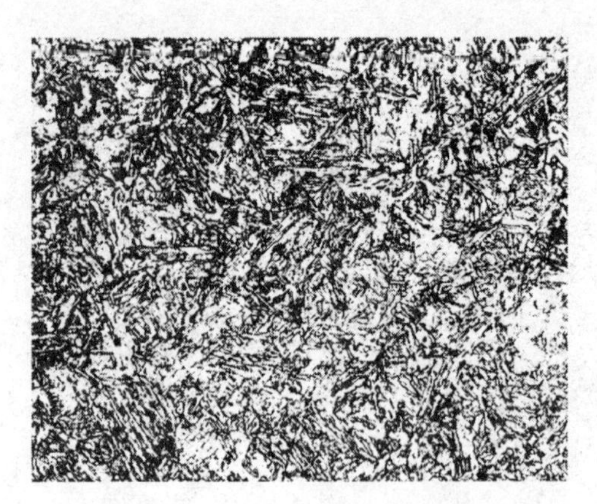

图 1-4-9 回火索氏体显微组织

三、实验设备及材料

（一）仪器与设备

金相显微镜。

（二）其他材料

常用碳钢的不同热处理金相试样、金相图谱等。

四、实验内容与步骤

（1）观察分析表 1-4-1 中所列出的显微组织，并根据 $Fe\text{-}Fe_3C$ 相图和等温转变图来分析不同热处理条件下各种组织的形成原因。

表 1-4-1 碳钢不同热处理后的显微试样

编号	材料	热处理工艺	显微组织特征	浸蚀剂
1	20 钢	920 °C 加热水冷	板条马氏体	4%硝酸酒精溶液
2	45 钢	860 °C 退火	铁素体+珠光体	
3		860 °C 正火	索氏体+铁素体	
4		860 °C 油冷	屈氏体+混合马氏体	
5		860 °C 水冷	混合马氏体	
6		860 °C 水冷 600 °C 回火	回火索氏体	
7		750 °C 水冷	未熔铁素体+混合马氏体	
8		1 100 °C 水冷	粗大马氏体	
9	T12 钢	780 °C 球化退火	球状珠光体	
10		780 °C 水冷 200 °C 回火	未熔渗碳体+针状马氏体	
11		1 100 °C 水冷 200 °C 回火	粗大针状马氏体+残留奥氏体	
12	T8 钢	350 °C 等温淬火	上贝氏体	
13		280 °C 等温淬火	下贝氏体	

（2）通过相同成分采用不同的热处理工艺所得到的组织和不同成分采用类似热处理工艺所得到的组织进行纵横比较。

（3）绘制所观察到的典型热处理显微组织。

五、实验报告要求

（1）简述实验目的和实验原理。

（2）画出所观察试样的典型显微组织示意图。

（3）运用铁碳相图及相应钢种的 C 曲线，根据具体的热处理工艺分析所得组织及其特征。

六、思考题

（1）分析 45 钢 750 °C 加热水冷与 860 °C 加热油冷淬火组织的区别。若 45 钢淬火后硬度不足，如何根据组织来分析其原因是淬火加热温度不足还是冷却速度不够？

（2）分析 T12 钢 780 °C 加热水冷 200 °C 回火与 T12 钢 1 100 °C 加热水冷 200 °C 回火的组织与性能的区别。说明过共析钢淬火温度如何选择。

实验五　铸铁显微组织观察与分析

铸铁是一种铁碳合金，在机械制造业应用广泛。工业常用铸铁的成分范围是 2.5% ~ 4.0% C，1.0% ~ 3.0% Si，0.5% ~ 1.4% Mn，0.01% ~ 0.50% P，0.02% ~ 0.20% S，除此之外，有时会含有一定量的合金元素，如 Cr、Mo、V、Cu、Al 等。虽然铸铁的强度、塑性和韧性较差，不能进行锻造，但却具有一系列优良性能，如良好的铸造性、减磨性和切削加工性等，而且它的生产设备和工艺简单、价格低廉，因此铸铁在机械制造上得到了广泛的应用。

一、实验目的

（1）熟悉常见铸铁（灰口铸铁、可锻铸铁、球墨铸铁和蠕墨铸铁）的显微组织特征。

（2）理解铸铁中的石墨形态及其对性能的影响。

二、实验原理

铸铁按碳存在的形式分类，可分为灰口铸铁、可锻铸铁、球墨铸铁和蠕墨铸铁等。

（一）灰口铸铁

碳主要以片状石墨的形态存在，其断口呈暗灰色的铸铁，称为灰口铸铁（简称灰铸铁）。普通灰铸铁石墨片形态按照《灰铸铁金相检验》（GB/T 7216—2023）可分为六种：A 型，片状；B 型，菊花状；C 型，块片状；D 型，枝晶状；E 型，枝晶片状；F 型，星状。普通灰铸铁基体有三种形式：铁素体基体、铁素体+珠光体基体（见图 1-5-1）和珠光体基体（见图 1-5-2）。

图 1-5-1　（铁素体+珠光体）基体+片状石墨

图 1-5-2　珠光体基体+片状石墨

在片状灰铸铁中，石墨片越大、越直、两头越尖，性能就越差。因为石墨以片状结构存在时，层与层之间的结合力很弱，略受外力作用时，石墨很容易呈鳞片状脱落，所以石墨本身的强度和塑性几乎为零，在铸铁组织中石墨片可看作是一些“微裂纹”，它们的存在割断了基体的连续性，而且其尖端会引起应力集中。所以灰铸铁只宜作为一般铸件，如车身、机座等。

（二）可锻铸铁

可锻铸铁是白口铸铁进行可锻化退火处理后，全部或部分渗碳体转变为团絮状石墨分布于铁素体基体或珠光体基体上，从而具有良好塑性和韧性的铸铁，又称为展性铸铁。它广泛应用于生产汽车和拖拉机等大批量的薄壁中小件。可锻铸铁按热处理条件不同，可分为黑心和白心可锻铸铁，黑心可锻铸铁是由白口铸铁经长时间的高温石墨化退火得到的，其组织为铁素体基体+团絮状石墨，如图 1-5-3 所示。由于该材料的断口中心呈暗灰色，表面层（由于有些脱碳）呈灰白色，故称为黑心可锻铸铁。白心可锻铸铁是由白口铸铁经石墨化退火氧化脱碳得到的，其组织为（铁素体+珠光体）基体+团絮状石墨，如图 1-5-4 所示。由于断口中心呈灰白色，表面层呈暗灰色，故称为白心可锻铸铁。

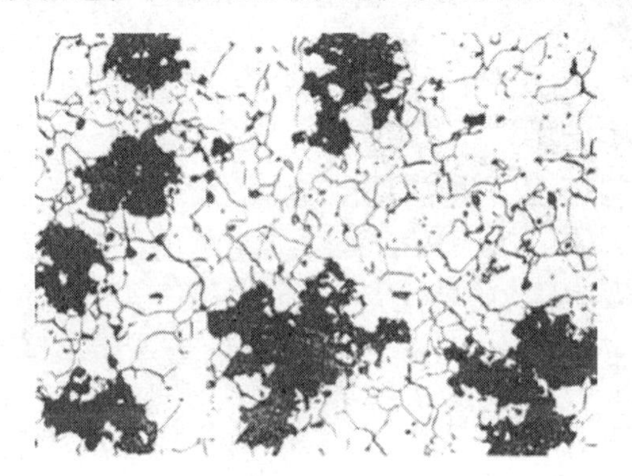

图 1-5-3　铁素体基体+团絮状石墨

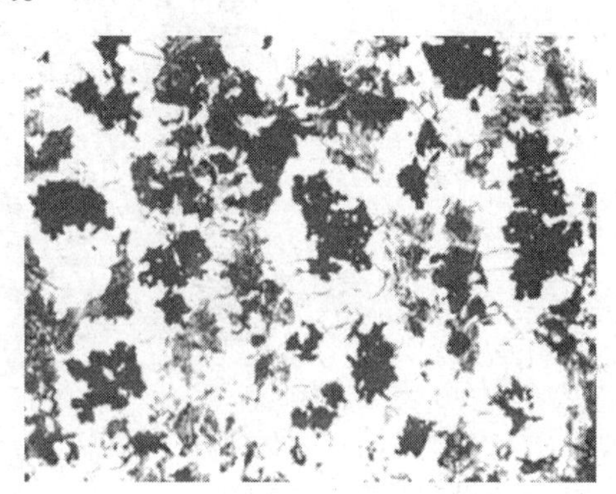

图 1-5-4　（铁素体+珠光体）基体+团絮状石墨

（三）球墨铸铁

球墨铸铁简称为“球铁”。它是灰铸铁铁液球化和孕育处理后，石墨主要以球状存在的高强度铸铁，是一种优质铸铁。在浇注前加入球化剂（稀土镁）和孕育剂（硅铁），使石墨结晶成球状（见图 1-5-5）。由于球状石墨对基体的割裂作用很小，因而可以充分强化基体（如热处理）以提高其强韧性。球墨铸铁的力学性能取决于石墨球的大小、数量和分布。石墨球数量越少、越细小、分布越均匀，球墨铸铁的力学性能越高，基体的利用率越高。（铁素体+珠光体）基体+球状石墨如图 1-5-6 所示（又称为牛眼状石墨，它是加稀土镁球化剂而形成），其应用最广。

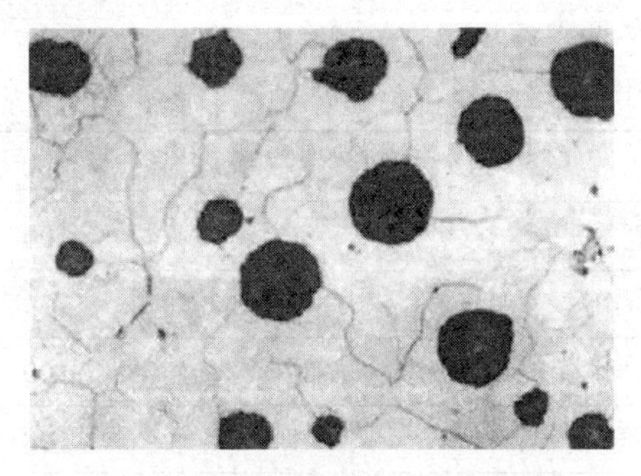

图 1-5-5　铁素体基体+球状石墨

图 1-5-6　（铁素体+珠光体）基体+球状石墨

（四）蠕墨铸铁

石墨形态为介于球状和片状之间的蠕虫状的铸铁称为蠕墨铸铁。它是在浇注前加入蠕化剂（稀土硅铁），使石墨结晶成蠕虫状（见图 1-5-7），是介于片状石墨和球状石墨之间的石墨形态，这种过渡形态极像“蠕虫”，片短而厚，头部较圆。蠕墨铸铁的密度、塑性、韧性远比普通灰铸铁高，铸造性能比球墨铸铁好，且具有良好的热传导性、抗热疲劳性，铸造工艺简单，成品率高。蠕墨铸铁主要用作内燃机上的缸盖和缸套等耐热构件。

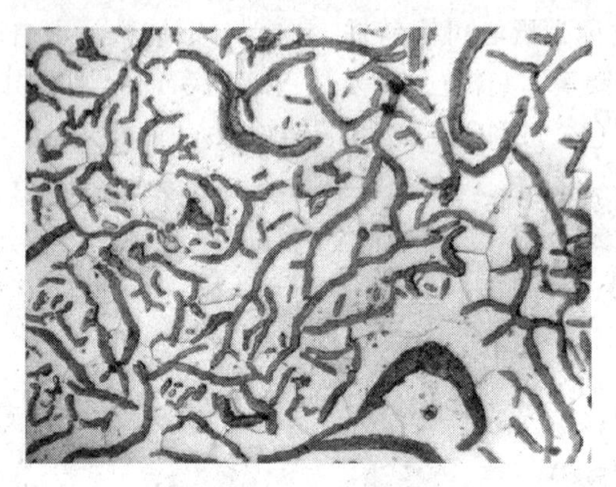

图 1-5-7　蠕虫状石墨

三、实验设备及材料

（一）实验设备

金相显微镜、测微目镜。

（二）实验材料

灰口铸铁、可锻铸铁、球墨铸铁和蠕墨铸铁等试样。

四、实验内容与步骤

（1）在金相显微镜下观察表 1-5-1 中所列铸铁试样的显微组织，注意石墨形态，并分析其形成过程，同时注意观察灰铸铁中的磷共晶类型及形态。

表 1-5-1　观察的铸铁试样

编号	材　料	显微组织	浸蚀剂	放大倍数
1	灰铸铁	A、B、C、D、E、F 石墨类型	未浸蚀	100
2	灰铸铁	铁素体、铁素体+珠光体、珠光体基体的片状石墨	4%硝酸酒精	100
3	球墨铸铁	铁素体、铁素体+珠光体、珠光体基体的球状石墨	4%硝酸酒精	100
4	可锻铸铁	铁素体、铁素体+珠光体基体的团絮状石墨	4%硝酸酒精	100
5	蠕墨铸铁	蠕虫状石墨	4%硝酸酒精	100

（2）在带有测微目镜的金相显微镜 100 倍下，测量石墨的长度。测量时在同一个试样上分别测定不同视场的石墨长度，沿不同方向随机进行，并记录。

五、实验报告要求

（1）简述实验目的及实验内容。

（2）画出所观察的铸铁组织示意图，并注明组成物的名称、特征，分析其形成过程。

（3）汇总石墨长度或尺寸数据，并借助国家标准进行评定。

六、思考题

（1）分析不同类型的铸铁含碳量和工艺差别。

（2）比较不同铸铁的组织形貌对性能的影响。

实验六　有色金属合金的显微组织观察

有色金属合金是以一种有色金属为基体，加入一种或几种其他元素而构成的合金。与钢铁等黑色金属材料相比，有色金属合金具有许多优良的特性，强度和硬度一般比纯金属高，并具有良好的综合机械性能和耐腐蚀性能，常用来制造化工容器及有关的设备零部件。本实验主要研究最常见的铝合金、铜合金、钛合金及巴氏合金的显微组织特征。

一、实验目的

（1）熟悉常用铝合金、铜合金、钛合金及轴承合金的显微组织。

（2）理解和分析有色金属的组织与性能间的关系。

二、实验原理

（一）铝合金

铝合金是工业中应用最广泛的一类有色金属结构材料，大量应用于航空、航天、汽车、船舶及机械制造中。铝合金密度低，强度比较高（接近或超过优质钢），塑性好，可加工成各种型材，具有优良的导电性、导热性和抗蚀性，在工业上广泛使用，其用量仅次于钢。铝合金可分为铸造铝合金和变形铝合金。

1. 铸造铝合金

应用最广泛的铸造铝合金为含有大量硅的铝合金，即所谓硅铝明，典型牌号为 ZL102，硅含量为 11%～13%，成分在共晶成分附近，因而铸造性能良好。但铸造后的组织是由粗大针状硅晶体和 α 固溶体所组成的共晶体，以及少量呈多面体形的初生硅晶体。这种粗大的针状硅晶体严重降低了合金的塑性和韧性，如图 1-6-1 所示。

为了提高硅铝明的力学性能，通常需要对其变质处理，即在浇注前往合金熔体中加入质量比为 2%～3%的变质剂，使其共晶点左移，处理后得到由初生 α 固溶体枝晶及细小共晶体构成的组织（见图 1-6-2）。由于共晶体中的硅为细小的圆颗粒状，因此使合金的强度和塑性得到较显著地改善。

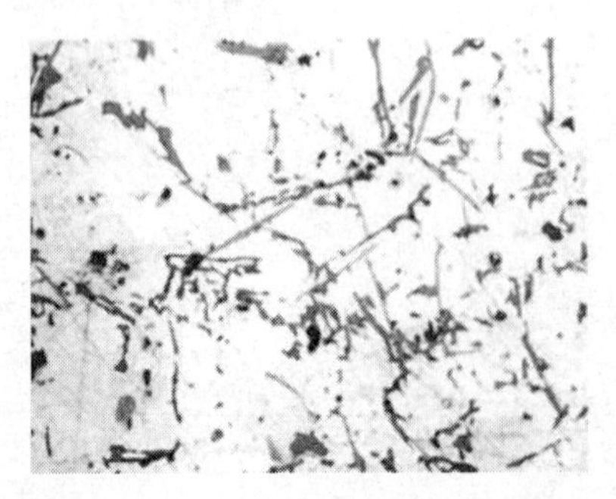

图 1-6-1　未变质处理的铝合金

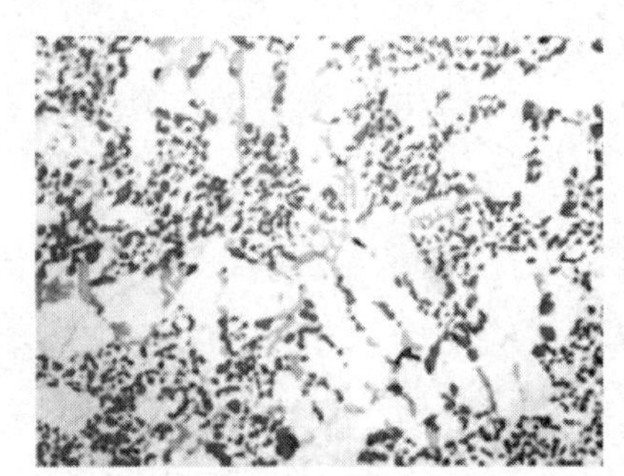

图 1-6-2　变质后的铝合金

2. 变形铝合金

以铝为基添加合金化元素经塑性变形获得某些特性的铝合金称为变形铝合金，其强度较高、比强度大且适宜于塑性成型。变形铝合金通过冲压、弯曲、轧制、挤压等工艺使其组织形状发生变化。变形铝合金可分为两大类：第一类是热处理非强化型，第二类是可热处理强化型。热处理非强化型铝合金不能通过热处理来提高力学性能，只能通过冷加工变形来实现强化，主要包括高纯铝、工业高纯铝、工业纯铝以及防锈铝等。可热处理强化型铝合金可以通过淬火和时效等热处理手段来提高力学性能，可分为硬铝、锻铝、超硬铝和特殊铝合金等。

（二）铜合金

常用的铜合金为黄铜和青铜。黄铜又可分为单相黄铜和双相黄铜。

1. 黄　铜

1）α 单相黄铜

含锌在 36%以下的黄铜属于单相 α 固溶体，典型牌号为 H70。其铸态组织呈树枝状，经变形和再结晶退火后其组织为多边形晶粒，具有良好的塑性，能承受冷热加工。但 α 单相黄铜在锻造热加工时易出现中温脆性，因此，热加工温度应高于 700 °C，以避免其脆性发生。产生中温脆性区的主要原因是合金内的两个有序化合物，在中低温加热时发生有序转变，使合金变脆。另外，合金中存在微量的铅、铋等杂质与铜形成低熔点共晶薄膜分布在晶界上，使其热加工时易产生晶间破裂。加入微量的铈可以有效地消除中温脆性。退火处理后的 α 单相黄铜能承受极大的塑性变形，可以进行冷加工。α 单相黄铜显微组织如图 1-6-3 所示。

2）α+β 双相黄铜

α+β 双相黄铜含锌量为 39%～45%，典型牌号为 H62。在室温下，β 较 α 相硬得多，因而只能承受微量的冷态变形，但 β 相在 600 °C 以上即迅速软化，β 相在高温下有很好的塑性，因此 α+β 双相黄铜应在热态下进行锻造加工。如图 1-6-4 所示为 α+β 双相黄铜显微组织，图中白亮色固溶体为 α 相，黑色是以 CuZn 为基的有序固溶体 β 相。

图 1-6-3　单相 α 黄铜

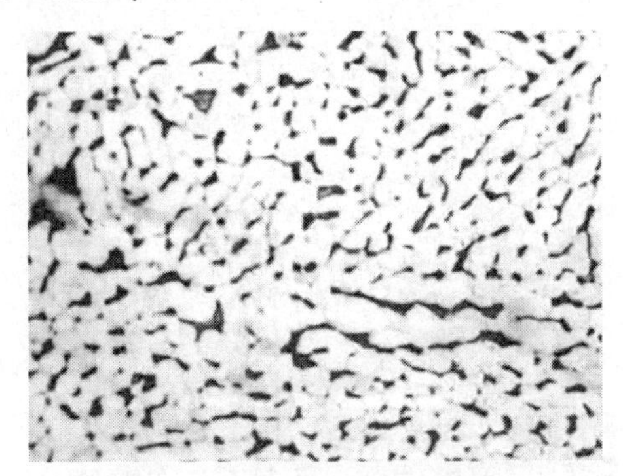

图 1-6-4　α+β 双相黄铜

3）锡青铜

锡青铜在工业上大多用于铸造，含锡量一般为 3%～4%。铜锡合金结晶温度很宽，故易于产生偏析，导致锡青铜的实际组织与平衡状态相差较大。锡青铜铸造收缩率较小，常用来生产形状复杂、轮廓清晰、气密性要求不高的铸件。锡青铜在大气、海水、蒸汽中能够较好地耐腐蚀，因此广泛用于蒸汽锅炉和海船零件。此外，含磷锡青铜具有良好的力学性能，含铅锡青铜常用作耐磨零件和滑动轴承，含锌锡青铜可作高气密性铸件。锡青铜的显微组织如图 1-6-5 所示。

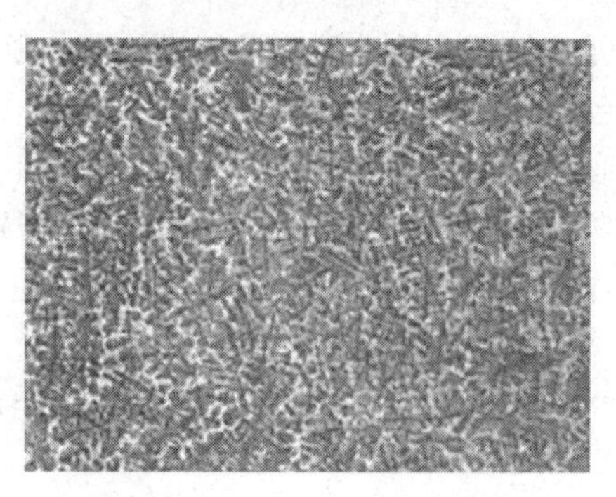

图 1-6-5　锡青铜显微组织

（三）钛合金

按照退火组织不同，钛合金可分为 α、β 和 α+β 三大类，其中 TA 代表 α 钛合金，TB 代表 β 钛合金，TC 代表 α+β 钛合金，三类合金符号后面的数字表示顺序号。这里主要介绍 α 钛合金和 α+β 钛合金。

1. **α** 钛合金

α 钛合金牌号为 TA1 ~ TA6，为 Ti-Al 二元合金。TA7 是在 Ti-Al 中加入 ω_s=2.5%的钛合金。α 钛合金的特点是不能热处理强化，通常是在退火或热轧状态下使用。

α 钛合金的组织与塑性加工及退火条件有关。在 α 相区塑性加工和退火，可以得到细等轴晶粒（见图 1-6-6），如自 β 相区缓冷，α 相则转变成片状魏氏组织；自 β 相区淬火可以形成针状六方马氏体 α′（如图 1-6-7 所示的 TA7 淬火得到的针状 α 组织）。α 钛合金经热轧后的组织为等轴状 α 组织。由于合金的含铝量较高（ω_{Al}=5.0%），沿晶界出现了少量 β 相。

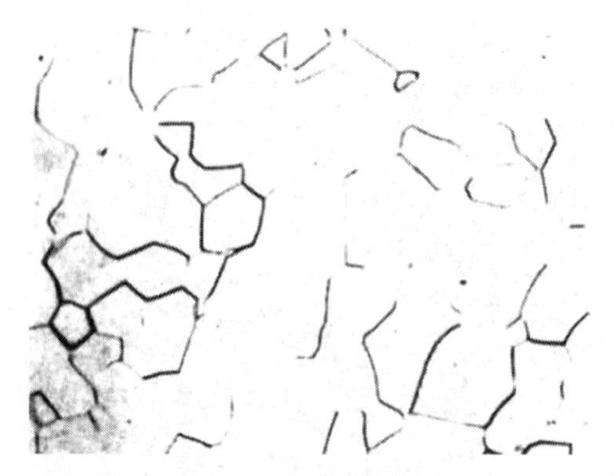

图 1-6-6　α 钛合金退火组织

图 1-6-7　TA7 淬火得到的针状 α 组织

2. **α + β** 钛合金

α+β 钛合金是目前最重要的一类钛合金，一般含有质量分数为 4% ~ 6%的 β 稳定元素，它可在退火或淬火时效态使用，并可在 α+β 相区或 β 相区进行热加工，所以其组织和性能有较大的调整余地。其合金牌号有十多种，分别属于下列几个合金系：

（1）Ti-Al-Mn 系，如 TC1 和 TC2。

（2）Ti-AI-V 系，如 TC3、TC4 和 TC10。

（3）Ti-Al-Cr 系，如 TC6。

（4）Ti-Al-Mo 系，如 TC9。

目前，国内外应用最广泛的 α+β 钛合金是 Ti-Al-V 系的 Ti-6Al-4V，即 TC4 合金。TC4 合金组织受塑性加工和热处理条件的影响具有很大的不同，在 β 相区锻造或加热后缓冷得到魏氏组织，在 α+β 两相区锻造或退火后得到等轴晶粒的两相组织，在 α+β 两相区淬火得到马氏体组织。

（四）巴氏合金

巴氏合金是应用较多的轴承合金，常用来制造滑动轴承的轴瓦和瓦衬。轴瓦材料既需要有很好的耐磨性，又要有足够的塑性和韧性来承受冲击和振动，要求轴承合金的组织同时兼有硬和软的两种性能，巴氏合金就具有这种组织特点。这种既硬又软的混合物，保证了轴承合金具有足够的强度与塑性，从而使轴承合金具有良好的减磨性及抗振性。图 1-6-8 为巴氏合金显微组织，其中暗黑色的为软基体 α 相，白色块状为硬质点 β″相。

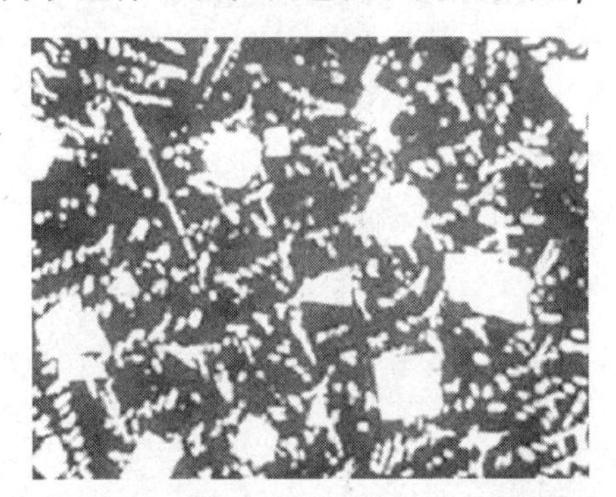

图 1-6-8　锡基轴承合金显微示意图

三、实验设备及材料

（一）仪器与设备

金相显微镜。

（二）实验材料

铝合金、铜合金、钛合金以及巴氏合金金相试样。

四、实验内容与步骤

（1）观察铝合金、铜合金、钛合金以及滑动轴承合金金相试样的显微组织，分析各组织组成物的形态特征以及形成过程。

（2）绘制所观察试样的显微组织特征。

五、实验报告要求

（1）比较单相、双相黄铜及锡青铜显微组织的区别。
（2）比较变质处理与未变质处理的硅铝明显微组织的差异。
（3）观察合金组织的特征。
（4）画出所观察到的有色金属显微组织示意图。

六、思考题

（1）变质处理对铝硅合金组织及性能的影响是怎样的？
（2）分析钛合金的相变特点和组织特征。
（3）简述滑动轴承合金组织与性能的特点。

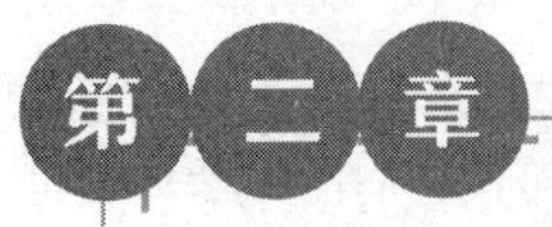

材料力学实验

材料力学实验主要包含拉伸、压缩、冲击、剪切和弯曲五方面的实验内容。通过实验内容让学生熟练掌握万能力学试验机、冲击试验机的使用，并能够对实验数据结果进行相应分析和对比，通过实验结果对材料的力学性能有一个直观的了解，以此来巩固材料力学的理论知识。

实验一　拉伸对比实验

拉伸实验是材料力学实验中最重要的实验之一。任何一种材料受力后都要产生变形，变形到一定程度就可能发生断裂破坏。材料在受力—变形—断裂的这一破坏过程中，不仅有一定的变形能力，而且对变形和断裂有一定的抵抗能力，这些能力称为材料的力学机械性能。通过拉伸实验，可以确定材料的许多重要而又最基本的力学机械性能，如屈服极限、伸长率、断面收缩率、弹性模量等。除此之外，通过拉伸实验结果，往往还可以大致判定某种其他机械性能，如硬度等。

一、实验目的和要求

（1）观察低碳钢（Q235 钢）和铸铁在拉伸实验中的各种现象。

（2）测绘低碳钢和铸铁试件的载荷-变形曲线（F-Δl 曲线）及应力-应变曲线（σ-ε 曲线）。

（3）测定低碳钢拉伸时的比例极限 σ_p、屈服极限 σ_s、强度极限 σ_b、伸长率 δ、断面收缩率 ψ 和铸铁拉伸时的强度极限 σ_b。

（4）测定低碳钢的弹性模量 E。

（5）观察低碳钢在拉伸强化阶段的卸载规律及冷作硬化现象。

（6）比较低碳钢（塑性材料）和铸铁（脆性材料）的拉伸力学性能。

二、实验设备、仪器和试件

（1）微机控制电子万能试验机。

（2）游标卡尺。

（3）低碳钢、铸铁拉伸、45#试件。

三、实验原理和方法

材料的力学性能主要是指材料在外力作用下，在强度和变形方面表现出来的性质，它是通过实验进行研究的。低碳钢和铸铁是工程中广泛使用的两种材料，而且它们的力学性质也较典型。

实验采用的圆截面短比例试样按国家标准《金属材料　拉伸试验　第 1 部分：室温试验方法》(GB/T 228.1—2021) 制成，标距 l_0 与直径 d_0 之比为 10 或 5，如图 2-1-1 所示。这样可以避免因试样尺寸和形状的影响而产生的差异，便于各种材料的力学性能相互比较。图中，d_0 为试样直径，l_0 为试样的标距。国家标准中还规定了其他形状截面的试样。

图 2-1-1　拉伸标准试样

金属拉伸实验在微机控制电子万能试验机上进行，在实验过程中，与电子万能试验机联机的计算机显示屏上实时绘出试样的拉伸曲线（也称为 F-Δl 曲线），如图 2-1-2 所示。低碳钢试样的拉伸曲线分为弹性阶段、屈服阶段、强化阶段及局部变形阶段，如图 2-1-2（a）所示。如果在强化阶段卸载，F-Δl 曲线会从卸载点开始向下绘出平行于初始加载线弹性阶段直线的一条斜直线，表明它服从弹性规律。如若重新加载，F-Δl 曲线将沿此斜直线重新回到卸载点，并从卸载点按原强化阶段曲线继续向前绘制。此种经过冷拉伸使弹性阶段加长、弹性极限提高、塑性降低的现象，称为冷作硬化现象。

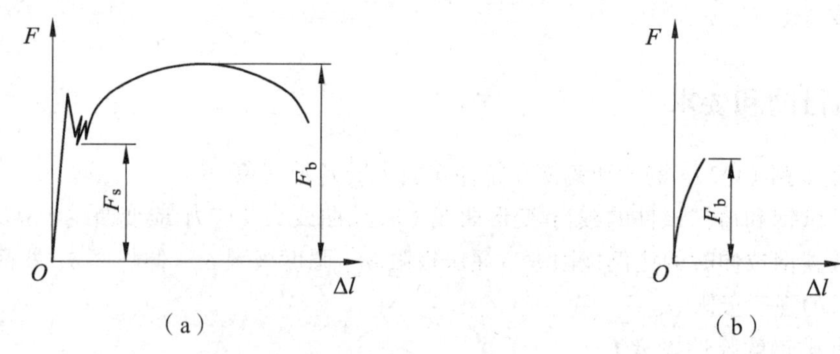

图 2-1-2　试样的拉伸曲线

圆截面铸铁试样：标距 l_0 与直径 d_0 之比为 1 ~ 3。其拉伸曲线比较简单，既没有明显的直线段，也没有屈服阶段，变形很小时试样就突然断裂，如图 2-1-2（b）所示。强度极限为衡量脆性材料强度时的唯一指标，断口与横截面重合，断口粗糙。抗拉强度 σ_b 较低，无明显塑性变形。与电子万能试验机联机的计算机自动给出低碳钢试样的屈服载荷 F_s、最大载荷 F_b 和铸铁试样的最大载荷 F'_b。

取下试样测量试样断后最小直径 d_1 和断后标距 l_1，由下述公式：

$$\sigma_s = \frac{F_s}{A_0} \tag{2-1-1}$$

$$\sigma_b = \frac{F_b}{A_0} \tag{2-1-2}$$

$$\delta = \frac{l_1 - l_0}{l_0} \times 100\% \tag{2-1-3}$$

$$\psi = \frac{A_0 - A_1}{A_0} \times 100\% \tag{2-1-4}$$

可计算低碳钢的拉伸屈服点 σ_s、抗拉强度 σ_b、伸长率 δ 和断面收缩率 ψ，以及铸铁的抗拉强度 σ_b。如若实验前将试样的初始直径 d_0、初始标距长度 l_0 等数据输入计算机，计算机可绘出应力-应变（σ-ε）曲线，并在实验结束后给出该材料的屈服点 σ_s 和抗拉强度 σ_b。

应当指出，上述所测定的力学性能均为名义值，工程应用较为方便，称为工程应力和工程应变。由于试样受力后其直径和长度都随载荷变化而改变，真实应力和真实应变须用试样瞬时截面面积和瞬时标距长度进行计算。注意到试样在屈服前，其直径和标距变化很小，真应力和真应变与工程应力和工程应变差别不大。试样屈服以后，其直径和标距都有较大的改变，此时的真应力和真应变与工程应力和工程应变会有较大的差别。

低碳钢的弹性模量由下列公式计算：

$$E = \frac{\Delta F l_0}{A_0 \Delta l} \tag{2-1-5}$$

式中，ΔF 为相等的加载等级；Δl 为与 ΔF 相对应的变形增量。

四、实验步骤

（一）低碳钢（Q235 钢）拉伸实验步骤

（1）在试件上用游标卡尺量取 100 mm，在两端各打一小孔，量取两小孔的距离，即初始标距长度 l_0；然后在试样标距段的两端和中间三处测量试样直径，每处直径取两个相互垂直方向的平均值，做好记录，取三处直径的最小值作为试样的初始直径 d_0。

（2）打开计算机电源，双击桌面上的 TestExpert 图标启动实验程序，或从 Windows 菜单中点击“开始”→“程序”→“CCSS”→“TestExpert”。接着显示程序启动画面，点击该画面或等待数秒钟可直接进入程序主界面。

（3）打开 EDC 系统，移动主菜单进入 PC-CONTROL 状态。

（4）在试验机上装夹低碳钢试样：先按启动按钮启动 EDC，使用手动盒移动横梁到合适位置，以方便夹持试样；然后用上夹头卡紧试样一端，使用手动盒提升试验机活动横梁，使试样下端缓慢插入下夹头的 V 形卡板中，锁紧下夹头。

（5）在试样的实验段上安装引伸计，注意安装后须轻轻拔出引伸计定位销钉。

（6）通道清零。

（7）在微型电子计算机测试应用程序界面中设置实验条件（所有实验条件以.con 作为扩展名），主要有实验形式（如拉伸）、载荷、变形量程、加载速度、试样编号、尺寸、材料等。设置完毕，可自定义文件名并确定工作目录后存盘。

（8）单击界面左侧“实验”按钮，开始实验。

（9）试件进入屈服阶段后即可拆卸引伸计，并插好引伸计销钉。

（10）当载荷-变形（F-Δl）曲线进入强化阶段后，单击界面左侧“上升”按钮，进行卸载。当载荷卸至 1 kN 左右时再单击界面左侧“下降”按钮，重新加载，并注意观察低碳钢的卸载规律和冷作硬化现象。

（11）继续实验，注意观察试样的变形情况和“颈缩”现象。试样断裂后立即单击应用程序界面左侧“结束实验”按钮。

（12）松开夹具，取出断裂的试件，测量断后最小直径 d_1、断后标距长度 d_1。

（13）完成实验后，进入曲线操作界面，查看原始数据、实验结果和统计值。

（14）待实验完毕后，把断裂的试件放归指定位置，将试验机数据清零。

（二）铸铁拉伸实验步骤

（1）在试样标距段的两端和中间三处测量试样直径，每处直径取两个相互垂直方向的平均值，做好记录，取三处直径的最小值作为试样的初始直径 d_0。

（2）重复低碳钢拉伸实验步骤（2）（3）（4）（6）（7）（8）（12）（13）（14）进行铸铁试样拉伸实验。

（3）在实验教师指导下读取实验数据。经实验指导教师检查实验结果后，结束实验并整理实验现场。

五、实验注意事项

（1）为避免损伤试验机的卡板与夹头，同时防止铸铁试样脆断飞出伤及操作者，应注意装卡试样时，横梁移动速度要慢，使试样下端缓慢插入下夹头的 V 形卡板中，不要顶撞卡板顶部；试样下端不要装卡过长，以免顶撞夹头内部装配卡板用的平台。

（2）为保证实验顺利进行，实验时要读取正确的实验条件，严禁随意改动计算机的软件配置。

（3）装夹、拆卸引伸计时，要注意插好定位销钉，实验时要注意拔出定位销钉，以免损坏引伸计。

六、思考题

（1）为什么拉伸实验必须采用标准试样或定标距试样？

（2）为什么加载速度要缓慢？

（3）屈服极限 σ_s，强度极限 σ_b 是不是试件在屈服和断裂时的真实应力，为什么？

（4）什么是卸载规律和冷作硬化现象？试举例说明冷作硬化现象的工程应用。

（5）由拉伸实验测定的材料机械性能在工程上有何实用价值？

实验二 压缩对比实验

压缩实验是测定材料在轴向静压力作用下的力学性能的实验，是材料机械性能实验的基本方法之一。试样破坏时的最大压缩载荷除以试样的横截面面积，称为压缩强度极限或抗压强度。压缩实验主要适用于脆性材料，如铸铁、轴承合金和建筑材料等。与拉伸实验相似，通过压缩实验可以做出压缩曲线。对于塑性材料，无法测出压缩强度极限，但可以测量出弹性模量、比例极限和屈服强度等。

一、实验目的和要求

（1）测定低碳钢的压缩屈服点 σ_s 和铸铁的抗压强度 σ_c。

（2）观察铸铁试样的破坏断口，分析破坏原因。

（3）分析比较两种材料拉伸和压缩性质的异同。

二、实验设备、仪器和试件

（1）微机控制电子万能试验机。

（2）游标卡尺。

（3）低碳钢、铸铁压缩试件（$\phi 10\times15$、$\phi 10\times20$ 各两件）。

三、实验原理和方法

金属材料的压缩屈服点 σ_s 和抗压强度 σ_b 由压缩实验测定。按实验规范《金属材料 室温压缩试验》（GB 7314—2017）要求，压缩试样应制成短圆柱形（参看图 2-2-1）。

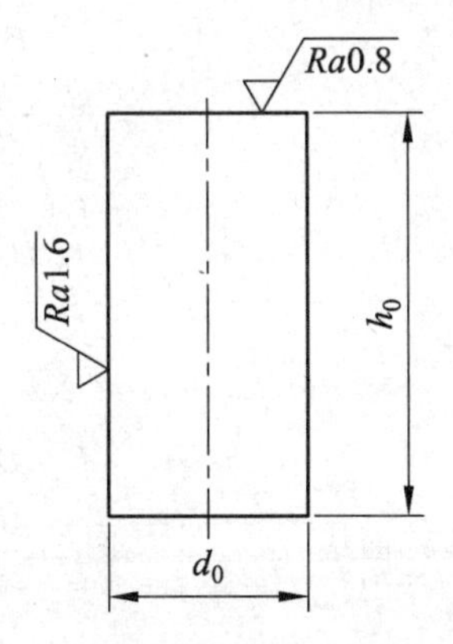

图 2-2-1 压缩圆柱形试样

分析和实验均表明，压缩实验时，试样的上、下端面与试验机支承垫之间会产生很大的摩擦力（参看图 2-2-2），这些摩擦力将阻碍试样上部和下部产生横向变形，致使测量得到的抗压强度偏高，因而应采取措施（磨光或加润滑剂）减少上述摩擦力。注意到试样的高度也会影响实验结果，当试样高度 h_0 增加时，摩擦力对试样中段的影响减小，对测试结果影响较小。此外，如若试样高度直径比（h_0/d_0）较大，极易发生压弯现象，抗压强度测量值也不会准确。所以压缩试样的高度与直径的比值（h_0/d_0）一般规定为 $1 \leqslant h_0/d_0 \leqslant 3$。此外，还须设法消除压缩载荷偏心的影响。

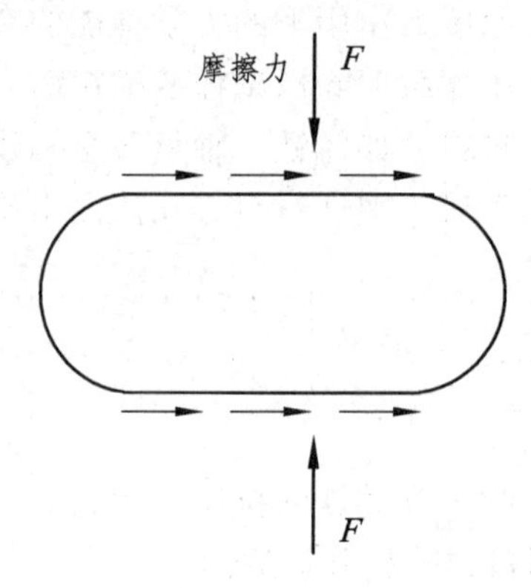

图 2-2-2　压缩时摩擦力

进行低碳钢压缩实验时，为测取材料的压缩屈服点 σ_s，应缓慢加载，同时仔细观察 F-Δl 曲线的发展情况，曲线由直线变为曲线的拐点处所对应的载荷即为屈服载荷 F_s，如图 2-2-3 所示。材料屈服之后开始强化，由于压缩变形使试样的横截面面积不断增大，尽管载荷不断增大，但是，直至将试样压成饼形也不会发生断裂破坏。因此，无法测量低碳钢的抗压强度 F_b，压缩试验载荷-变形曲线。

铸铁压缩实验时，由压缩实验载荷-变形曲线（见图 2-2-4）可看出，随着载荷的增加，破坏前试样也会产生较大的变形，直至被压成“微鼓形”之后才发生断裂破坏，破坏的最大载荷即为断裂载荷。破坏断口与试样加载轴线约成 45°角，如图 2-2-4 所示。由于单向拉伸、压缩时的最大切应力作用面与最大正应力作用面约成 45°角，因此，可知上述破坏是由最大切应力引起的。仔细观察试样断口的表面，可以清晰地看到材料受剪切错动的痕迹。

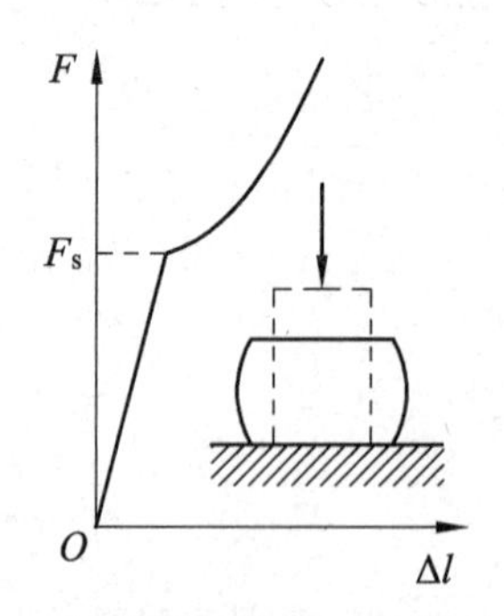

图 2-2-3　低碳钢压缩实验载荷-变形曲线

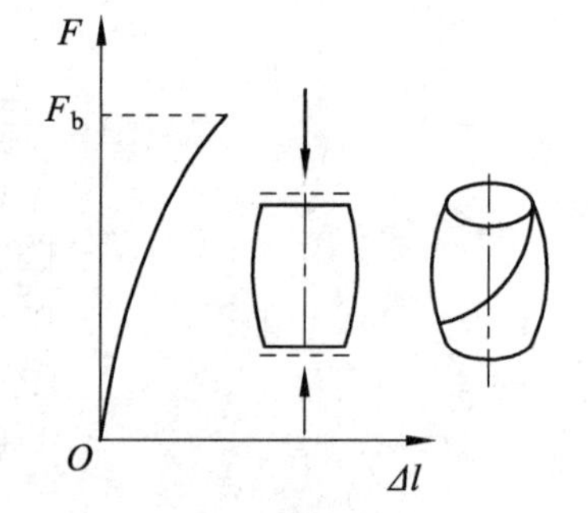

图 2-2-4　铸铁压缩实验载荷-变形曲线

四、实验步骤

（1）在试件上用游标卡尺量取试样两端和中间三处测量试样直径，每处直径取两个相互垂直方向的平均值，做好记录，取三处直径的最小值作为试样的初始直径 d_0，并用其计算截

面初始面积 A_0。

（2）打开计算机电源，双击桌面上的 TestExpert 图标启动实验程序，或从 Windows 菜单中点击“开始”→“程序”→“CCSS”→“TestExpert”。接着显示程序启动画面，点击该画面或等待数秒钟可直接进入程序主界面。

（3）打开 EDC 系统，移动主菜单进入 PC-CONTROL 状态。

（4）把低碳钢试样放置在试验机球形支承座的中心位置上，试样上下一般都要放置坚硬平整的垫块，用以保护试验机压头及支承座，并可调整实验区间的高度，减少空行程。

（5）通道清零。

（6）在微型电子计算机测试应用程序界面中设置实验条件（所有实验条件以.con 作为扩展名），主要有实验形式（如压缩）、载荷、变形量程、加载速度、试样编号、尺寸、材料等。设置完毕，可自定义文件名并确定工作目录后存盘。

（7）单击界面左侧“实验”按钮，开始实验。

（8）注意观察载荷-变形（F-Δl）曲线，找出压缩屈服点，进入强化阶段后，观察试样变形。由于试样为塑性材料，试样压成饼形也不会发生断裂破坏，因此无法测量低碳钢的抗压强度，试样发生较明显变形后，可以卸载。

（9）铸铁压缩实验的步骤与低碳钢压缩相同。但因铸铁破坏是脆断，试样发生一定变形后，会发生断裂破坏，为防止试样压断时可能有碎屑崩出，实验前应在试样周围加设有机玻璃防护罩。铸铁压缩实验只能测得试样的断裂载荷 F_b。注意观察试样断裂后的变形和断口的表面形貌。

（10）根据实验中测得的数据，由式 $\sigma_s=F_s/A_0$ 计算低碳钢的压缩屈服点，由式 $\sigma_b=F_b/A_0$ 计算铸铁的抗压强度，其中 A_0 为试样截面原始面积。

（11）经实验指导教师检查实验结果后，结束实验并整理试验现场。

五、实验注意事项

（1）为保证实验顺利进行，实验时要读取正确的实验条件，严禁随意改动计算机的软件配置。

（2）铸铁压缩实验加载前要设置好试验机的有机玻璃防护罩，以免金属碎屑飞出发生危险。

六、思考题

（1）为什么无法测取低碳钢的抗压强度？

（2）观察铸铁试样的破坏断口，为什么铸铁试样压缩时沿着斜截面破坏？

（3）分析比较两种材料拉伸和压缩性质的异同。

（4）比较铸铁的抗拉强度和抗压强度并分析脆性材料的力学性能特点。

（5）由低碳钢和铸铁的拉伸、压缩实验结果，比较塑性材料与脆性材料的力学性质。

实验三　圆轴扭转实验

对于经常承受扭矩的零件，如轴、弹簧等材料，如果扭矩超过一定范围，材料将发生剪切破坏，因此有必要进行扭转实验，以测定材料在扭转下的抗扭强度等。

一、实验目的和要求

（1）验证比例极限内的圆截面杆扭转变形的胡克定律。

（2）测定低碳钢的切变模量 G。

（3）观察两类材料试样扭转破坏断口形貌，并进行比较分析。

（4）测定低碳钢的屈服剪应力 τ_s、抗剪强度 τ_b 和铸铁的抗剪强度 τ_b。

二、实验设备、仪器和试件

（1）手动扭转机一台。

（2）游标卡尺。

（3）低碳钢、铸铁扭转试件。

三、实验原理和方法

按国家标准《金属材料　室温扭转试验方法》（GB/T 10128—2007）采用圆截面试样进行扭转实验，可以测定各种工程材料在纯剪切情况下的力学性能，如材料的屈服剪应力 τ_s 和抗剪强度 τ_b 等。圆截面试样须按上述国家标准制成，如图 2-3-1 所示。试样两端的夹持段铣削为平面，这样可以有效地防止实验时试样在试验机卡头中打滑。

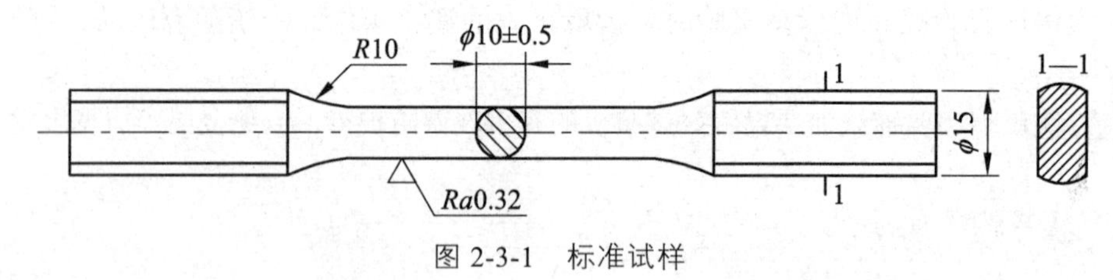

图 2-3-1　标准试样

实验中记录扭矩和对应的扭转角，点绘扭矩-扭转角曲线（简称扭转曲线），如图 2-3-2（a）（b）中的 T-φ 曲线。

从图 2-3-2（a）可以看到，低碳钢试样的扭转实验曲线由弹性阶段（*oa* 段）、屈服阶段（*ab* 段）和强化阶段（*cd* 段）构成，但屈服阶段和强化阶段均不像拉伸实验曲线中那么明显。由于强化阶段的过程很长，图中只绘出其开始阶段和最后阶段，破坏时实验段的扭转角可达 10π 以上。

图 2-3-2（b）所示的铸铁试样扭转曲线可近似地视为直线（与拉伸曲线相似，没有明显的直线段）。

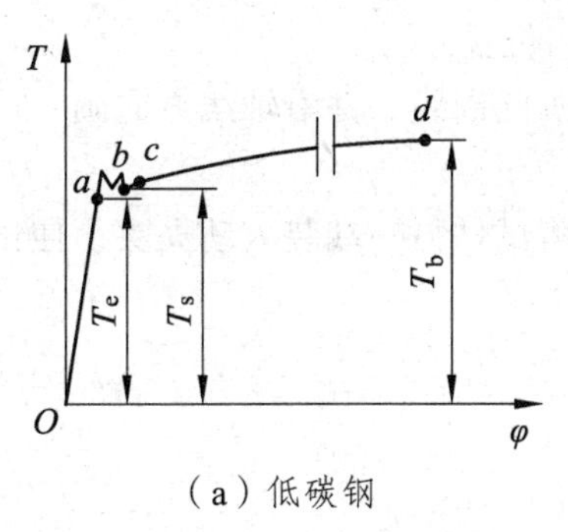

（a）低碳钢

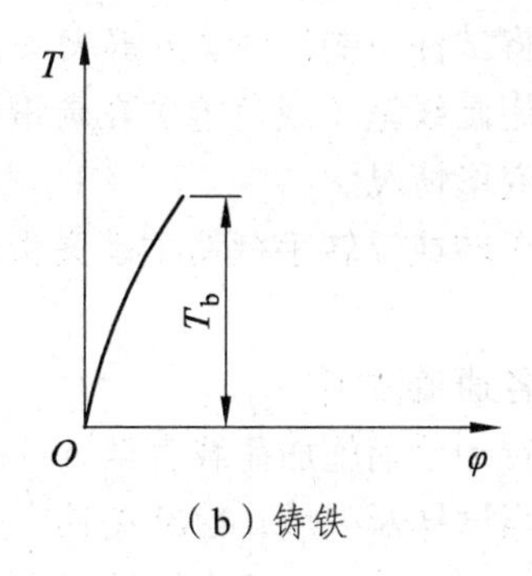

（b）铸铁

图 2-3-2　扭转曲线

从扭转试验机上可以读取低碳钢试样的屈服扭矩 T_s 和破坏扭矩 T_b。由 $\tau_s=0.75T_s/W_P$ 和 $\tau_b=0.75T_b/W_P$ 计算材料的屈服剪应力 τ_s 和抗剪强度 τ_b。式中：$W_P=\pi d_0^3/16$ 为试样截面的抗扭截面系数。从扭转试验机上可以读取铸铁试样的破坏扭矩 T_b。$\tau_b=T_b/W_P$ 计算材料的抗剪强度 τ_b。式中：$W_P=\pi d_0^3/16$ 为试样截面的抗扭截面系数。

低碳钢试样和铸铁试样的扭转破坏断口形貌有很大的差别。图 2-3-3（a）所示的低碳钢试样的断面与横截面重合，断面是最大切应力作用面，断口较为平齐，可知为剪切破坏；图 2-3-3（b）所示的铸铁试样的断面是与试样轴线成 45°角的螺旋面，断面是最大拉应力作用面，断口较为粗糙，因而是最大拉应力造成的拉伸断裂破坏。

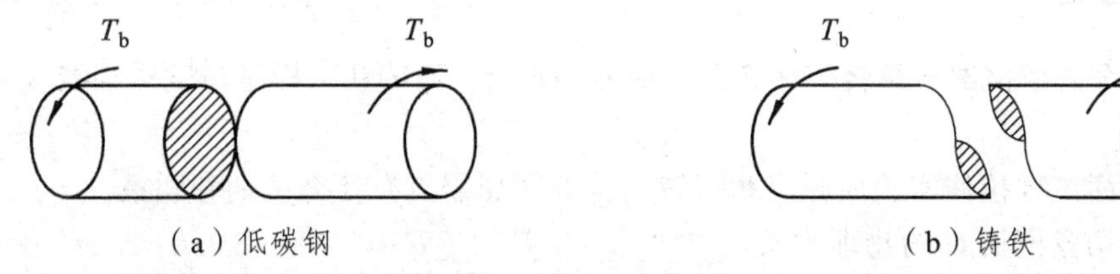

图 2-3-3　断面示意图

材料的切变模量 G 遵照国家标准（GB/T 10128—2007）可由圆截面试样的扭转实验测定。在弹性范围内进行圆截面试样扭转实验时，扭矩 T 与扭转角 φ 之间的关系符合扭转变形的胡克定律 $\varphi=Tl/GI_p$。式中：$I_p=\pi d_0^4/32$ 为截面的极惯性矩。当试样长度 l 和极惯性矩 I_p 均为已知时，只要测取扭矩增量 ΔT 和相应的扭转角增量 $\Delta\varphi$，可由式

$$G=\frac{\Delta T\cdot l}{\Delta\varphi\cdot I_p} \tag{2-3-1}$$

计算得到材料的切变模量。实验通常采用多级等增量加载法，这样不仅可以避免人为读取数据产生的误差，而且可以通过每次载荷增量和扭转角增量验证扭转变形胡克定律。

注意到三个弹性常数 E、μ、G_{tr} 之间的关系 $G_{tr}=E/[2(1+\mu)]$，由材料手册查得材料的弹性模量 E 和泊松比 μ，计算得到材料的切变模量 G，如将计算值 G_{tr} 取作真值，可将测试得到的 G 值与 G_{tr} 值进行比较，检验测试误差。

四、实验步骤

（1）旋转螺钉将滑块调到适当位置。

（2）将试件一端试件装入静夹头，推动尾座到适当位置。

（3）用画线笔（或色笔）在碳钢试件标距的两端画圆周线，并沿轴线方向画一母线，以观察扭转变形情况。

（4）正转或反转手柄使主动夹头调到合适位置，将试件另一端装入动夹头，使试件可靠夹紧。

（5）各通道清零。

（6）转动手柄施加荷载直至试件破坏。

（7）当试样断裂后，松开夹具，取出断裂的试件。

（8）完成实验后，按查询按钮查看原始数据、实验结果。

（9）待实验完毕后，须把断裂的试件放归指定位置，将试验机数据清零，待指导老师检查完毕后方能离开。

五、实验注意事项

（1）推动试验机移动支座时，切忌用力过大，以免损坏试样或传感器。

（2）扭转时不要太快，保持匀速转动。

六、思考题

（1）为什么低碳钢试样扭转破坏断面与横截面重合，而铸铁试样是与试样轴线成45°的螺旋断裂面？

（2）圆截面试样拉伸实验屈服点和扭转实验剪切屈服点有什么区别和联系？

（3）简述切变模量 G 的物理意义。

（4）用拉伸（压缩）实验能否间接测量材料的切变模量 G？

实验四　冲击实验

冲击实验是材料性能不可缺少的检验项目，能够测量材料在受到冲击下的韧度。材料冲击实验是一种动态力学实验，是将具有一定形状和尺寸的U形或V形缺口的试样，在冲击载荷作用下折断，以测定其冲击吸收功和冲击韧性值的一种实验方法。冲击功能够直观反映材料的冲击韧性。

一、实验目的

（1）掌握常温下金属冲击实验方法。

（2）了解冲击试验机的结构、工作原理及正确的使用方法，测定低碳钢与铸铁的冲击韧度 α_K 值。

（3）观察低碳钢与铸铁两种材料在常温冲击下的破坏情况和断口形貌，并进行比较。

二、实验仪器设备及材料

（1）摆锤式冲击试验机。

（2）游标卡尺。

（3）碳钢、铸铁试样（U、V形）。

三、实验原理

金属冲击实验是一种动态力学实验。它将具有一定形状和尺寸的带有U形或V形缺口的试样，在冲击载荷作用下折断，以测定其冲击吸收功 A_K 和冲击韧性值 α_K 的一种实验方法。

冲击实验通常在摆锤式冲击试验机上进行，其原理如图2-4-1所示，利用的是能量守恒原理，即冲击试样消耗的能量是摆锤实验前后的势能差。实验时，将试样放在试验机支座上，使之处于简支梁状态。首先将摆锤举至高度为 H 的 A 位置，其预扬角为 α，释放摆锤冲断试样后，摆锤扬到 C 位置，其预扬角为 β。

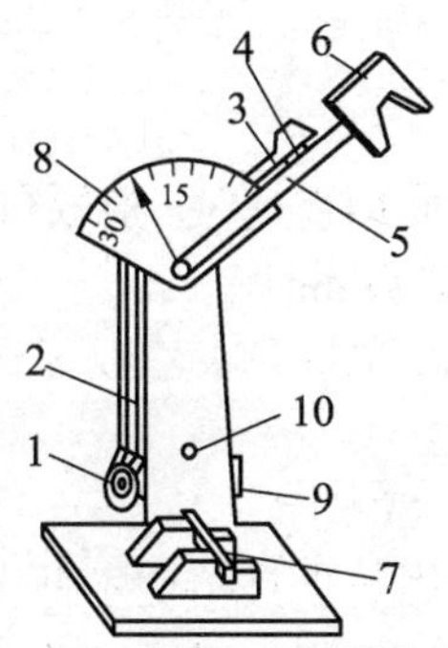

1—电机；2—皮带轮；3—摆臂；4—杆销；5—摆杆；6—摆锤；
7—试件；8—指示器；9—电源开关；10—指示灯。

（a）

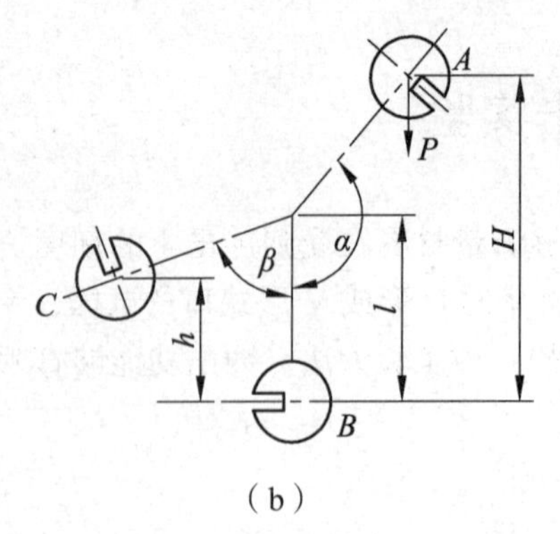

（b）

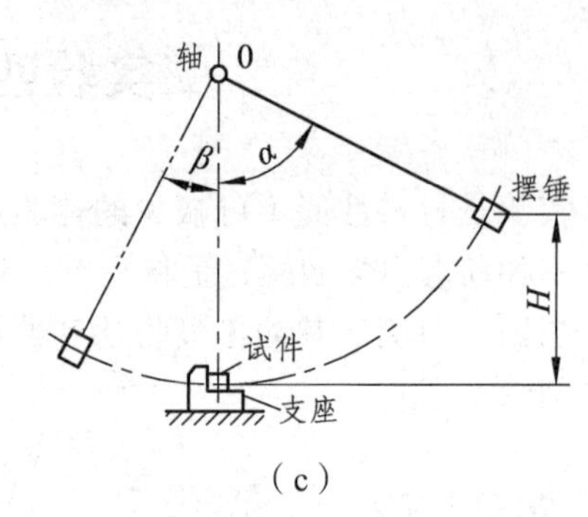

（c）

图 2-4-1　冲击试验原理图

摆锤在 A 处所具有的能量为

$$E=PH=PL(1-\cos\alpha) \tag{2-4-1}$$

试样冲断后，摆锤扬至 C 处，其能量为

$$E_1=Ph=PL(1-\cos\beta) \tag{2-4-2}$$

如果忽略空气阻力等各种能量损失，则冲断试样所消耗的能量（即试样的冲击吸收功）为

$$A_K=E-E_1=PL(\cos\beta-\cos\alpha) \tag{2-4-3}$$

式中，P 为摆锤重力（N）；L 为摆长（摆轴到摆锤重心的距离）（mm）；α 为冲断试样前摆锤扬起的最大角度；β 为冲断试样后摆锤扬起的最大角度。

A_K 的具体数值可根据 β 角的大小直接从冲击试验机的表盘上读出，其单位符号为 J。将冲击吸收功 A_K 除以试样缺口底部的横截面面积 S_N 所得的商，就是金属材料的冲击韧性 α_K，即

$$\alpha_K=A_K/S_N \tag{2-4-4}$$

α_K 的单位符号通常为 J/cm^2。

对于金属夏比 U 形缺口和 V 形缺口试样的冲击吸收功，分别用 A_{KU} 和 A_{KV} 表示，它们的冲击韧性值分别用 α_{KU} 和 α_{KV} 表示。

四、实验步骤

根据国家标准规定，冲击试样可使用夏比 U 形缺口和 V 形缺口两种试样，试样尺寸为 10 mm×10 mm×55 mm，缺口深度为 2 mm。

五、注意事项

（1）实验时应检查试样尺寸，所用的量具精度不低于 0.02 mm。

（2）实验前应检查摆锤空打时指针是否指零，其偏差超过最小分度值的 1/4。

（3）稍抬摆锤，将试件紧贴支座旋转，并使试件缺口的背面朝向摆锤刀刃，试件缺口应位于两支座对称中心，其偏差不应大于 0.5 mm。

（4）按动“取摆”按钮，抬高摆锤，待听到锁住声后，方可慢慢松手。按动“冲击”按钮，摆锤下落，冲断试件，并任其向前继续摆到高点后回摆时，再将摆锤制动，从刻度盘上读取摆锤冲断试件所消耗的能量。

（5）常规冲击实验的温度一般应为 10 ~ 35 °C。

注意：应先安装试件，后抬高摆锤。当摆锤抬起后，严禁身体进入摆锤的打击范围内。试件折断时，切勿马上拣动。

六、实验步骤

（1）将冲击试样放在载物台上。

（2）将摆锤升到一定的高度。

（3）将标尺对零点。

（4）将摆锤放下冲击试样，使摆锤做功。

（5）在标尺上读出摆锤冲击破坏所消耗的功 A_K（J）。

（6）测量出试样断口截面面积 S_N（cm^2）。

（7）用 $\alpha_K = A_K/S_N$（J/cm^2）公式计算出冲击韧性值 α_K。

七、实验内容

低碳钢、铸铁试样若干，在常温下进行一次冲击实验，将实验结果填入表格中，并观察描述断口情况。

八、实验报告要求

（1）实验目的。

（2）实验原理及操作步骤。

（3）整理实验数据，记录于表 2-4-1、表 2-4-2 中。

表 2-4-1 冲击试件尺寸表

尺寸	U 形/mm			V 形/mm			S_N/cm^2
长							
宽							

表 2-4-2 冲击实验结果

材 料	低碳钢	铸铁
处理状态		
A_K 值		
S_N		
α_K 值		
断口形貌		

九、冲击试样断口观察（举例）

45#：脆性材料断口平直，有金属光泽，呈结晶状，如图 2-4-2 所示。

图 2-4-2　45#断口

A3 钢：塑性材料断口呈灰色纤维状，无金属光泽，如图 2-4-3 所示。

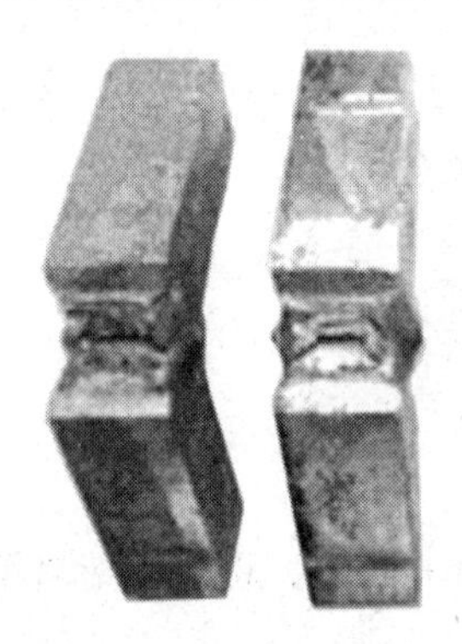

图 2-4-3　A3 钢断口

十、思考题

（1）低碳钢和铸铁试样材料受冲击后的断口形貌有什么不同？

（2）测量冲击韧性值 α_K 有什么工程实际意义？

实验五　弯曲实验

材料弯曲实验是测定材料承受弯曲载荷时的力学特性的实验，是材料机械性能实验的基本方法之一。弯曲实验主要用于测定脆性和低塑性材料（如铸铁、高碳钢、工具钢等）的抗弯强度并能反映塑性指标的挠度。弯曲实验还可用来检查材料的表面质量。

一、实验目的

（1）采用三点弯曲对矩形横截面试件施加弯曲力，测定其弯曲力学性能。

（2）学习、掌握微机控制电子万能试验机的使用方法及工作原理。

（3）了解不同材质弯曲特性及对比分析性能。

（4）熟练掌握弯曲公式的实际应用计算。

二、实验设备及试件

1. 实验设备

微机控制电子万能试验机、游标卡尺。

2. 实验试件

实验所用试件如图 2-5-1 所示，试件截面为矩形，其中，b 为试件宽度，h 为试件高度，L 为试件长度。

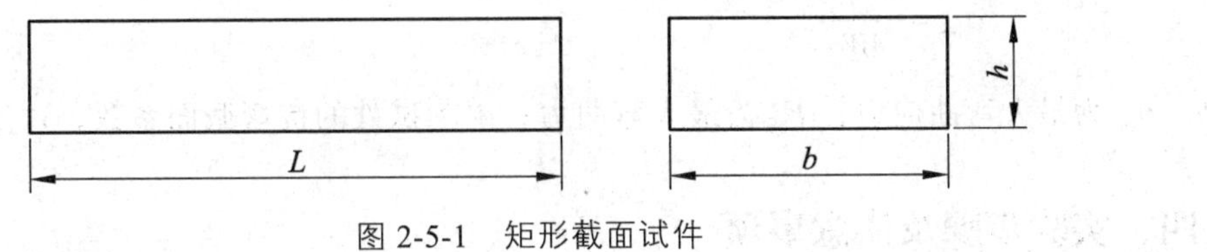

图 2-5-1　矩形截面试件

三、实验原理

1. 三点弯曲实验装置

图 2-5-2 所示为三点弯曲实验示意图。其中，F 为所施加的弯曲力，L_s 为跨距，f 为挠度。

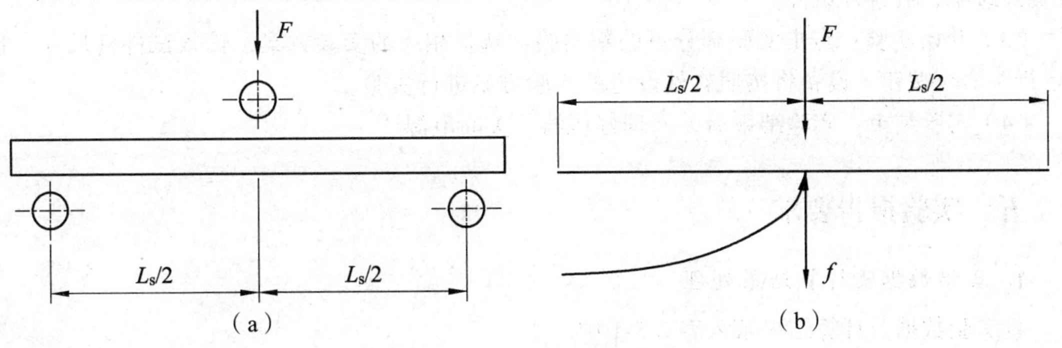

图 2-5-2　三点弯曲实验示意图

2. 弯曲弹性模量 E_b 的测定（图解法）

通过配套软件自动记录弯曲力-挠度曲线（见图 2-5-3）。在曲线上读取弹性直线段的弯曲力增量和相应的挠度增量，按式（2-5-1）计算弯曲弹性模量，其中，I 为试件截面对中性轴的惯性矩，$I=bh^3/12$。

$$E_b = \frac{L_s^3}{48I}\left(\frac{\Delta F}{\Delta f}\right) \tag{2-5-1}$$

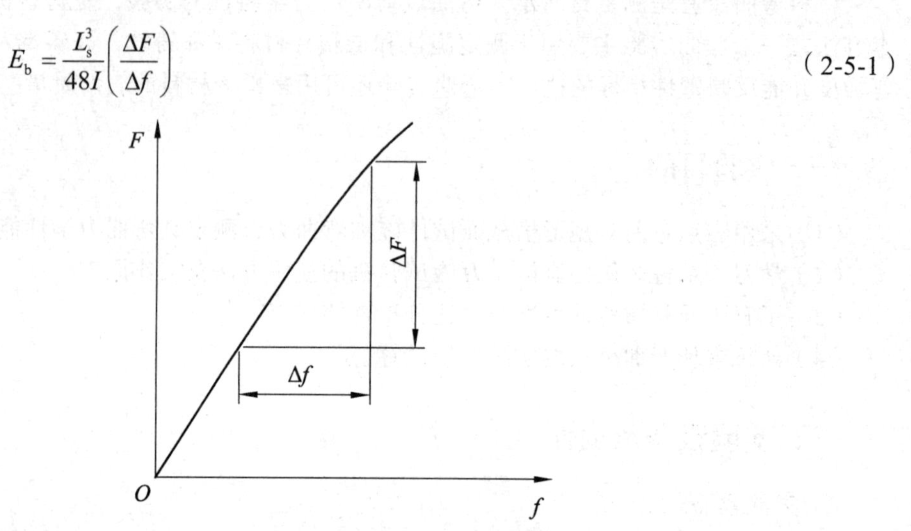

图 2-5-3　图解法测定弯曲弹性模量

3. 最大弯曲应力 σ_{bb} 的测定

最大弯曲应力有：

$$\sigma_{bb} = \frac{F_{bb}L_s}{4W} \tag{2-5-2}$$

式中，σ_{bb} 为最大弯曲应力；F_{bb} 为最大弯曲力；W 为试件的抗弯截面系数，$W=bh^2/6$。

四、实验步骤及注意事项

（1）试件准备：矩形横截面试件应在跨距的两端和中间处分别测量其高度和宽度。取用三处宽度测量值的算术平均值和三处高度测量值的算术平均值，作为试件的宽度和高度。

（2）安装夹具，放置试件：根据试样情况选择弯曲夹具，并安装到试验机上，检查夹具，设置好跨距，放置好试件。

（3）开始实验：点击实验部分里的新实验，选择相应的实验方案，输入试件的尺寸。按“运行”命令按钮，设备将按照软件设定的实验方案进行实验。

（4）实验结束：实验结束后，清理好机器，关断电源。

五、实验报告要求

1. 实验数据及计算结果处理

将实验数据及计算结果填入表 2-5-1 中。

表 2-5-1　弯曲实验结果

材　料	试件宽度 b/mm	试件高度 h/mm	跨距 L_s/mm	最大弯曲力 F_{bb}/kN	最大挠度 f/mm	弯曲弹性模量 E_b/MPa	最大弯曲应力 σ_{bb}/MPa
低碳钢							

2. 绘制弯曲力-挠度曲线（F-f 曲线）

六、思考题

（1）实验时未考虑梁的自重，是否会引起测量结果误差，为什么？

（2）弯曲正应力的大小是否受弹性模量 E 的影响？

实验六　杨氏模量的测量

杨氏模量是描述固体材料抵抗形变能力的物理量，是沿纵向的弹性模量，又称拉伸模量。杨氏模量定义为在胡克定律适用的范围内，单轴应力和单轴形变之间的比值，衡量的是一个各向同性弹性体的刚度。杨氏模量的大小表示材料的刚性，杨氏模量越大，越不容易发生形变。杨氏模量的测定对研究金属材料、光纤材料、半导体、纳米材料、聚合物、陶瓷、橡胶等各种材料的力学性质有着重要的意义，还可用于机械零部件设计、生物力学、地质等领域。

一、实验目的

（1）掌握螺旋测微器的使用方法。

（2）学会用光杠杆测量微小伸长量。

（3）学会用拉伸法测量金属丝的杨氏模量。

二、实验仪器

杨氏模量测定仪（包括拉伸仪、光杠杆、望远镜、标尺）、水准器、钢卷尺、螺旋测微器、钢直尺。

（一）金属丝与支架

金属线与支架如图 2-6-1 所示，金属丝长约 0.5 m，上端夹紧在支架的上梁上，下端夹在一个圆形夹头上。圆形夹头可以在支架下梁的圆孔内自由移动。支架下方有 3 个可调支脚。使用时应调节支脚，可以由气泡水准判断支架是否处于垂直状态，以使圆柱形夹头在下梁平台的圆孔移动时不受摩擦。

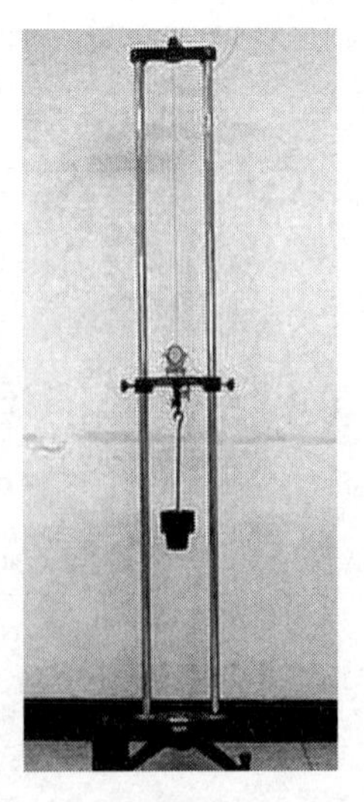

图 2-6-1　金属丝与支架

（二）光杠杆

光杠杆如图 2-6-2 所示，使用时两前支脚放在支架下梁平台三角形凹槽内，后支脚放在圆柱形夹头上端平面上。当钢丝受到拉伸时，随着圆柱夹头下降，光杠杆的后支脚也下降，使平面镜以两前支脚为轴旋转。

（三）望远镜与标尺

望远镜与标尺如图 2-6-3 所示。望远镜由物镜、目镜、十字线分划板组成。使用前调节目镜，以看清十字线分划板，然后调节物镜以看清标尺。这时表明标尺通过物镜成像在分划板平面上。由于标尺像与分划板处于同一平面，所以可以消除读数时的视差（即消除眼睛上下移动时标尺像与十字线之间的相对位移）。标尺是一般的米尺，但中间刻度为 0。

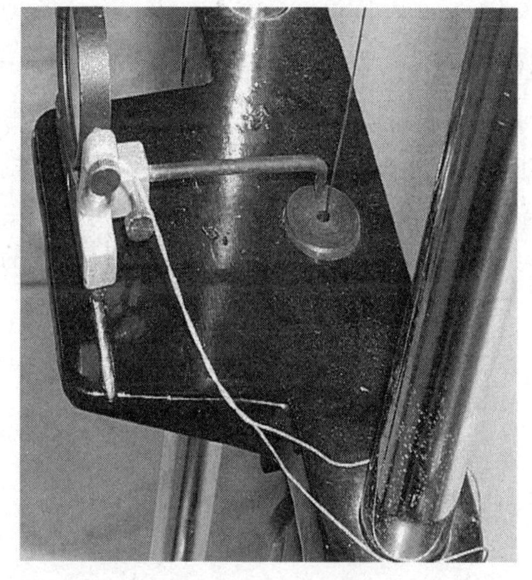

图 2-6-2　光杠杆

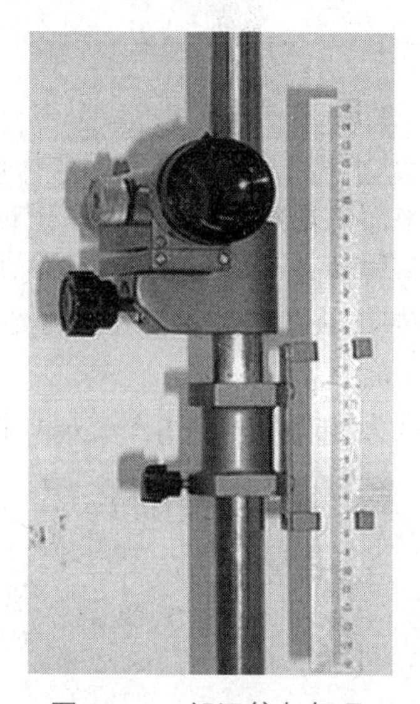

图 2-6-3　望远镜与标尺

三、实验原理

（一）胡克定律和杨氏弹性模量

固体在外力作用下将发生形变，如果外力撤去后相应的形变消失，这种形变称为弹性形变。如果外力撤去后仍有残余形变，这种形变称为塑性形变。应力为单位面积上所受到的力（F/S）。应变为在外力作用下的相对形变（相对伸长 $\Delta L/L$），它反映了物体形变的大小，用公式表示为

$$Y=\frac{F}{S}\cdot\frac{L}{\Delta L}=\frac{4FL}{\pi d^2\Delta L} \tag{2-6-1}$$

（二）光杠杆镜尺法测量微小长度的变化

式（2-6-1）中，在外力 F 的拉伸下，钢丝的伸长量 ΔL 很小，用一般的长度测量仪器无法测量。本实验中采用光杠杆镜尺法，如图 2-6-4 所示。

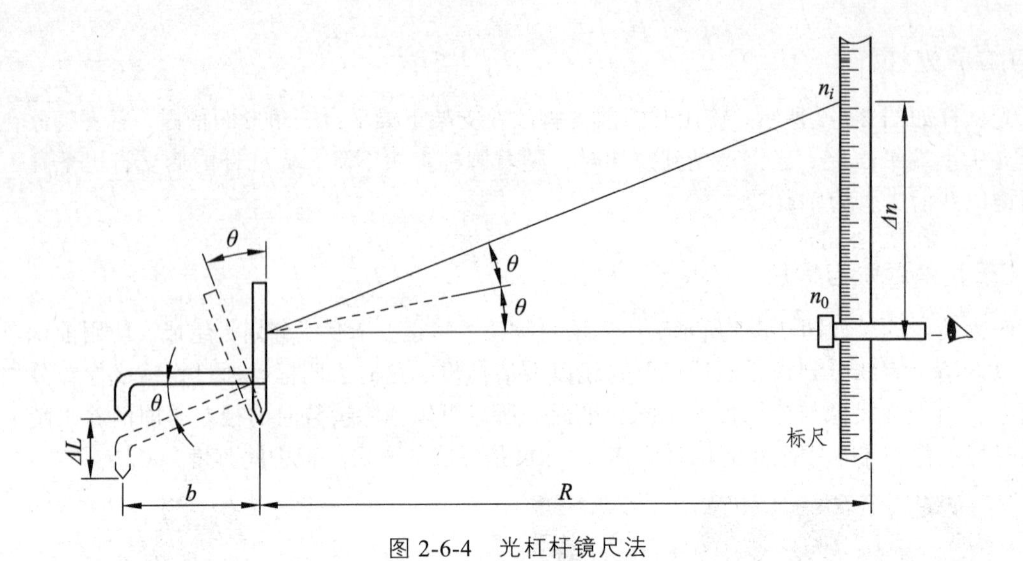

图 2-6-4　光杠杆镜尺法

初始时，平面镜处于垂直状态。标尺通过平面镜反射后，在望远镜中成像。望远镜可以通过平面镜观察到标尺的像。望远镜中十字线处在标尺上的刻度为 n_0。当钢丝下降 ΔL 时，平面镜将转动 θ 角。则望远镜中标尺的像也发生移动，十字线降落在标尺的刻度 n_i 处。由于平面镜转动 θ 角，进入望远镜的光线旋转 2θ 角。从图 2-6-4 中看出望远镜中标尺刻度的变化 $\Delta n=n_i-n_0$。

因为 θ 角很小，由图 2-6-4 几何关系得：

$$\theta \approx \tan\theta = \frac{\Delta L}{b}$$

$$2\theta \approx \tan 2\theta = \frac{\Delta n}{R}$$

则

$$\Delta L = \frac{b}{2R}\Delta n \tag{2-6-2}$$

由式（2-6-1）和式（2-6-2）得：

$$Y = \frac{8FLR}{\pi d^2 b\Delta n} \tag{2-6-3}$$

四、实验内容及步骤

（1）调节杨氏模量测定仪底角螺钉，使工作台水平，并使夹头处于无障碍状态。

（2）放上光杠杆，支架的两前支脚置于平台上的沟槽内，后支脚置于方框夹头的平面上。微调工作台使支架的 3 个支脚处于同一水平面上，并使反射镜面垂直。

（3）望远镜标尺架距离光杠杆反射平面镜 1.2 ~ 1.5 m。调节望远镜光轴与反射镜中心等高。

（4）初步找标尺的像：从望远镜筒外侧观察反射平面镜，看镜中是否有标尺的像。如果没有，则左右移动支架，同时观察平面镜，直到从中找到标尺的像。

（5）调节望远镜找标尺的像：先调节望远镜目镜，以得到清晰的十字线；再调节调焦手轮，使标尺成像在十字线平面上。

（6）调节平面镜垂直于望远镜主光轴。

（7）记录望远镜中标尺的初始读数 n_0（不一定要为零），再在钢丝下端挂 1.00 kg 的砝码，记录望远镜中标尺读数 n_1，之后依次加 1.00 kg 砝码，并分别记录望远镜中标尺的读数，直到 5 块砝码加完为止。然后再每次减少 1.00 kg 砝码，并记下减重时望远镜中标尺的读数。数据记录表格如表 2-6-1 所示。

（8）取下所有砝码，用卷尺测量平面镜与标尺之间的距离 R、钢丝长度 L 及光杠杆常数 b（把光杠杆放在纸上按一下，留下三点的痕迹，连成一个等腰三角形。作其底边上的高，即可测出 b）。

（9）用螺旋测微器测量钢丝直径 6 次。可以在钢丝的不同部位和不同的径向测量。因为钢丝直径不均匀，截面也不是理想的圆。

五、实验注意事项

（1）加减砝码时一定要轻拿轻放，切勿压断钢丝。

（2）使用千分尺时只能用棘轮旋转。

（3）用钢卷尺测量标尺到平面镜的垂直距离时，尺面要放平。

（4）杨氏模量仪的主支架已固定，不要再调节主支架。

（5）测量钢丝长度时，要加上一个修正值 $\Delta L_{修}$，$\Delta L_{修}$ 是夹头内不能直接测量的一段钢丝长度。

六、实验数据处理

标尺最小分度：1 mm；千分尺最小分度：0.01 mm；钢卷尺最小分度：1 mm；钢直尺最小分度：1 mm。实验数据记录在表 2-6-1 ~ 表 2-6-3 中。

表 2-6-1　外力与标尺读数 n_i

序号	0	1	2	3	4	5
m/kg	0.000	1.00	2.00	3.00	4.00	5.00
加砝码 n_+						
减砝码 n_-						
$\overline{n}$						

表 2-6-2　$\overline{n}$ 的逐差法处理　　单位：cm

序号	0	1	2	3	$\Delta\overline{n}$
Δn_i					
$\lvert \Delta n_i - \Delta\overline{n} \rvert$					

Δn 的 A 类不确定度：$U_A=S_{\Delta n}=0.049$ cm；

Δn 的 B 类不确定度：$U_B=\Delta_{仪n}/3=0.02$ cm；

合成不确定度：$U_{\overline{\Delta n}}=\sqrt{U_A^2+U_B^2}=0.09$ cm。

所以：$\Delta n=\overline{\Delta n}\pm U_{\overline{\Delta n}}=(4.45\pm 0.09)$ cm。

表 2-6-3　钢丝的直径 d　　单位：mm

次数	1	2	3	4	5	6	$\bar{d}$
d_i							
$\lvert d_i-\bar{d}\rvert$							

注：千分尺零点误差为-0.001 mm。

d 的 A 类不确定度：$U_A=S_{\bar{d}}=3.4\times 10^{-4}$ mm；

d 的 B 类不确定度：$U_B=\dfrac{\Delta_{仪n}}{\sqrt{3}}=0.003$ mm；

合成不确定度：$U_{\bar{d}}=0.003$ mm。

所以：d=（0.195±0.003） mm。

另外，L=（45.42+4.23）cm、R=131.20 cm、b=7.40 cm 为单次测量，不考虑 A 类不确定度，它们的不确定度为

$$U_L=0.017\text{ cm}\approx 0.02\text{ cm}$$

$$U_R=0.017\text{ cm}\approx 0.02\text{ cm}$$

$$U_b=0.017\text{ cm}\approx 0.02\text{ cm}$$

计算杨氏模量：

$$\begin{aligned}\bar{Y}&=\frac{8FLR}{\pi\bar{d}^2\overline{\Delta n}b}=\frac{32mgLR}{\pi\bar{d}^2\overline{\Delta n}b}\\&=\frac{32\times 0.320\times 9.79\times 0.486\,5\times 1.321}{3.142\times(0.195\,3\times 10^{-3})^2\times 4.45\times 10^{-2}\times 7.40\times 10^{-2}}\\&=1.69\times 10^{11}\text{（Pa）}\end{aligned}$$

不确定度：

$$\begin{aligned}U_{\bar{Y}}&=\bar{Y}\cdot\sqrt{\left(\frac{U_L}{L}\right)^2+\left(\frac{U_R}{R}\right)^2+4\left(\frac{U_{\bar{d}}}{\bar{d}}\right)^2+\left(\frac{U_{\overline{\Delta n}}}{\overline{\Delta n}}\right)^2+\left(\frac{U_b}{b}\right)^2}\\&=1.69\times 10^{11}\times\sqrt{\left(\frac{1.7\times 10^{-4}}{0.496\,5}\right)^2+\left(\frac{1.7\times 10^{-4}}{1.321}\right)^2+\left(\frac{0.003\times 10^{-3}}{0.195\times 10^{-3}}\right)^2+\left(\frac{1.7\times 10^{-4}}{7.40\times 10^{-2}}\right)^2}\\&=1.69\times 10^{11}\times 3.37\times 10^{-2}\\&=5.7\times 10^{-9}\approx 0.06\times 10^{11}\text{（Pa）}\end{aligned}$$

实验结果：$Y=(1.39\pm 0.06)\times 10^{11}$ Pa

七、实验教学指导

1. 望远镜中观察不到竖尺的像

应先从望远镜外侧沿轴线方向望去，能看到平面镜中竖尺的像。若看不到，可调节望远镜的位置或方向，或调节平面反射镜的角度，直到找到竖尺的像为止，然后，再从望远镜中找到竖尺的像。

2. 十字线成像不清楚

这是望远镜目镜调焦不合适的缘故，可慢慢调节望远镜目镜，使十字线像变清晰。

3. 实验中，加减砝码时，测量对应的数值重复性不好或规律性不好

（1）金属丝夹头未夹紧，金属丝滑动。

（2）杨氏模量仪支柱不垂直，使金属丝端的方框形夹头与平台孔壁接触摩擦太大。

（3）加减砝码时，动作不够平稳，导致光杠杆足尖发生移动。

（4）金属丝直径太细，加砝码时已超出其弹性范围。

八、思考题

（1）根据 Y 的不确定度公式，分析哪些量的测量对测量结果影响最大。

（2）可否用作图法求钢丝的杨氏模量，如何作图？

（3）怎样提高光杠杆的灵敏度？灵敏度是否越高越好？

（4）$\dfrac{\Delta n}{\Delta L}=\dfrac{2R}{b}$ 称为光杠杆的放大倍数，计算你的实验结果的放大倍数。

实验七　自主综合设计实验

一、实验目的

（1）整合材料力学知识体系。

（2）培养学生综合设计、分析及估算的能力。

二、实验材料

自备：纸张、木条或聚丙烯（PP）材料。

三、实验要求

（1）制作设计图。

（2）制作实物。

（3）实验报告中带荷载进行分析和估算。

四、实验内容

设计并制作一结构，实验包括拉伸或压缩、扭转、剪切、弯曲四种基本形式变形，通过荷载分析主要构件的性能，并对杆件的应力和位移、强度、刚度、压杆稳定性进行分析和估算。

五、思考题

（1）分析几种材料的强度对比。

（2）材料的强度与其形状是否有关系？

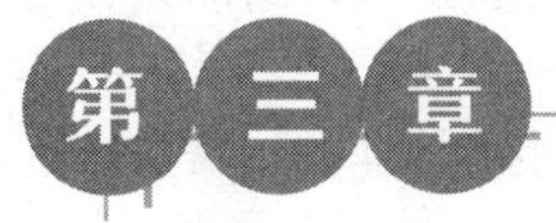

材料科学研究与分析方法实验

材料科学研究与分析方法实验主要包含两部分：一部分介绍扫描电子显微镜、透射电子显微镜、原子力显微镜、电感耦合等离子体光谱仪等实验设备的原理与构造；第二部分为实验操作部分的内容，让学生熟练掌握常用的球磨机、X 射线衍射仪、硬度计、马弗炉、电化学工作站等的使用方法，并能够对所得数据进行分析，让学生初步具备对材料进行研究的能力。

实验一　扫描电子显微镜的原理与构造

一、实验目的

（1）了解扫描电子显微镜的基本结构和原理。

（2）了解扫描电子显微镜试样的制备方法。

（3）了解二次电子像、背散射电子像和吸收电子像。

（4）了解扫描电子显微镜在形貌组织观察中的应用。

二、扫描电子显微镜的发展

扫描电子显微镜（Scanning Electron Microscope，SEM）简称扫描电镜，是一个复杂的系统，浓缩了电子光学技术、真空技术、精细机械结构以及现代计算机控制技术。扫描电子显微镜成像采用二次电子或背散射电子等工作方式。随着扫描电子显微镜的发展和应用的拓展，相继发展了宏观断口学和显微断口学。

扫描电子显微镜早在 1935 年便已经被提出来了。1942 年，英国首先制成一台实验室用的扫描电子显微镜，但由于其成像分辨率很差，照相时间太长，所以实用价值不大。经过各国科学工作者的努力，尤其是随着电子工业技术水平的不断发展，到 1956 年开始生产商品扫描电子显微镜。现在扫描电子显微镜已广泛用于材料科学（金属材料、非金属材料、纳米材料）、冶金、生物学、医学、半导体材料与器件、地质勘探、病虫害防治、灾害（火灾、失效分析）鉴定、刑事侦查、宝石鉴定、工业生产的产品质量鉴定及生产工艺控制中。

三、扫描电子显微镜的特点

（1）可以观察直径为 0 ~ 30 mm 的大块试样（在半导体工业中可以观察更大的直径），制样方法简单。

（2）场深大，是光学显微镜的 300 倍，适用于粗糙表面和断口的分析观察；图像富有立体感、真实感，易于识别和解释。

（3）放大倍数变化范围大，一般为 15 ~ 200 000 倍，对于多相、多组成的非均匀材料，便于低倍下的普查和高倍下的观察分析。

（4）具有相当高的分辨率，一般为 3.5 ~ 6 nm。

（5）可以通过电子学方法有效地控制和改善图像的质量，如通过调制可改善图像反差的宽容度，使图像各部分亮暗适中。采用双放大倍数装置或图像选择器，可在荧光屏上同时观察到不同放大倍数的图像或不同形式的图像。

（6）可进行多种功能的分析。与 X 射线谱仪配接，可在观察形貌的同时进行微区成分分析；在配有光学显微镜和单色仪等附件时，可观察阴极荧光图像并进行阴极荧光光谱分析等。

（7）可使用加热、冷却和拉伸等样品台进行动态实验，观察在不同环境条件下的相变及形态变化等。

四、仪器的基本结构与原理

（一）扫描电子显微镜内部结构情况

扫描电子显微镜由电子光学系统（镜筒）、偏转系统、信号探测放大系统、图像显示和记录系统、电源系统和真空系统等部分组成，如图 3-1-1 所示。

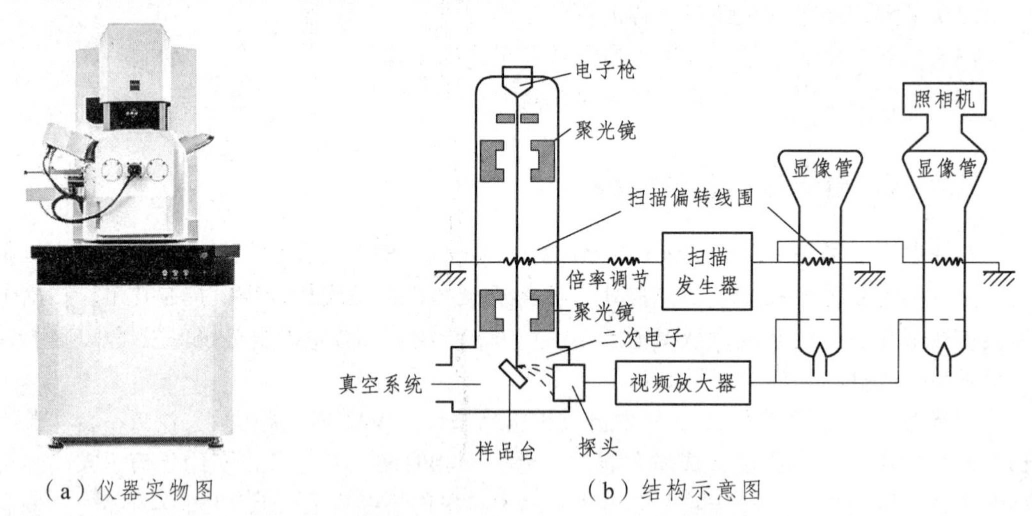

（a）仪器实物图　　（b）结构示意图

图 3-1-1　扫描电子显微镜

1. 电子光学系统

电子光学系统由电子枪、聚光镜（第一、第二聚光镜和物镜，也叫电磁透镜）、物镜光阑、样品室等部件组成。电子光学系统的作用是获得扫描电子束，作为使样品产生各种物理信号的激发源。电子束系统由电子枪和电磁透镜两部分组成，主要用于产生一束能量分布极窄的、电子能量确定的电子束，用以扫描成像。

1）电子枪

电子枪用于产生电子，主要有两大类，共三种。一类是利用场致发射效应产生电子，称为场致发射电子枪。这种电子枪极其昂贵，且需要小于 1.3×10^{-8} Pa 的极高真空，但它具有至少 1 000 h 的寿命，且不需要电磁透镜系统。另一类则是利用热发射效应产生电子，有钨枪和六硼化镧枪两种。钨枪寿命为 30 ~ 100 h，价格便宜，但成像不如其他两种明亮，常作为廉价或标准扫描电子显微镜配置。六硼化镧枪寿命介于场致发射电子枪与钨枪之间，为 200 ~ 1 000 h，价格约为钨枪的十倍，图像比钨枪明亮 5 ~ 10 倍，需要略高于钨枪的真空，一般在 1.3×10^{-5} Pa 以上；但比钨枪容易产生过度饱和和热激发问题。

2）电磁透镜

电磁透镜的功能是把电子枪的束斑逐级聚焦缩小，照射到样品上的电子束斑越小，其分辨率就越高。扫描电子显微镜通常有 3 个电磁透镜，前两个是强透镜，缩小束斑，第三个透镜是弱透镜，焦距长，便于在样品室和聚光镜之间装入各种信号探测器。为了降低电子束的发散程度，每级电磁透镜都装有光阑；同时为了消除像散，还装有消像散器。

2. 偏转系统

偏转系统包含扫描信号发生器、扫描放大控制器和扫描偏转线圈。偏转系统可以使电子束产生横向偏转，包括用于形成光栅状扫描的扫描系统，以及使样品上的电子束间断性消隐或截断的偏转系统。偏转系统可以采用横向静电场，也可采用横向磁场。

3. 信号探测放大系统

信号探测放大系统用于收集（探测）样品在入射电子束作用下产生的各种物理信号，并进行放大。信号探测放大系统可探测二次电子、背散射电子等电子信号，不同的物理信号，要用不同类型的探测系统。

4. 图像显示和记录系统

图像显示和记录系统将信号探测放大系统输出的调制信号转换为能显示在阴极射线管荧光屏上的图像，供观察或记录。早期扫描电子显微镜采用显像管、照相机等。数字式扫描电子显微镜采用计算机系统进行图像显示和记录管理。

5. 真空系统

真空系统的真空度高于 1.3×10^{-2} Pa，常用的设备有机械真空泵、扩散泵、涡轮分子泵，以确保电子光学系统正常工作、防止样品污染、保证灯丝的工作寿命等。使用真空系统主要有两方面原因：① 电子束系统中的灯丝在普通大气中会迅速氧化而失效，所以除了在使用扫描电子显微镜时需要用真空以外，平时还需要以纯氮气或惰性气体充满整个真空柱。② 为了增大电子的平均自由程，从而使用于成像的电子更多。

6. 电源系统

电源系统由稳压、稳流及相应的安全保护电路组成，为扫描电子显微镜各部分提供所需的电源。

（二）扫描电子显微镜成像原理

扫描电子显微镜是用聚焦电子束在试样表面逐点扫描成像。试样为块状或粉末颗粒，成像信号可以是二次电子、背散射电子或吸收电子（见图 3-1-2）。其中，二次电子是最主要的成像信号。由电子枪发射的能量为 5 ~ 35 keV 的电子，以其交叉斑作为电子源，经二级聚光镜及物镜的缩小形成具有一定能量、一定束流强度和束斑直径的微细电子束，在扫描线圈的驱动下，于试样表面按一定时间、空间顺序作栅网式扫描。聚焦电子束与试样相互作用，产生二次电子发射（以及其他物理信号），二次电子发射量随试样表面形貌而变化。二次电子信号被探测器收集转换成电信号，经视频放大后输入显像管栅极，调制与入射电子束同步扫描的显像管亮度，得到反映试样表面形貌的二次电子像。

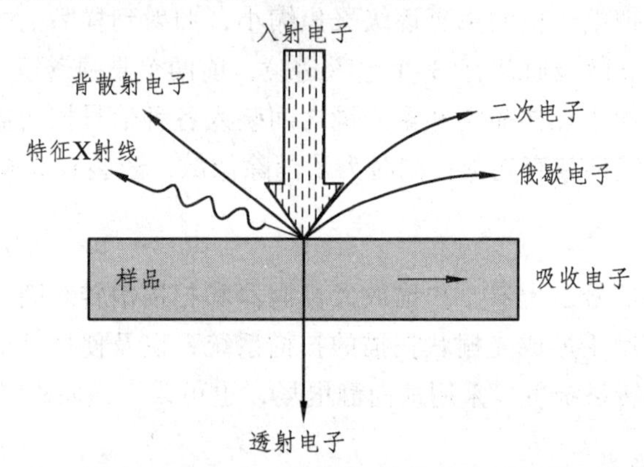

图 3-1-2　电子束与样品作用产生的信号

1. 形貌衬度（二次电子像）

表面形貌衬度是利用对样品表面形貌变化敏感的物理信号作为调制信号得到的一种像衬度。因为二次电子信号主要来自样品表层 5 ~ 10 nm 的深度范围，它的强度与原子序数没有明确关系，但对微区刻面的入射电子束的位向却十分敏感。二次电子像分辨率比较高，所以适用于显示形貌衬度。

2. 原子序数衬度（背散射电子像）

原子序数衬度是利用对样品微区原子序数或化学成分变化敏感的物理信号作为调制信号得到的一种显示微区化学成分差别的像衬度。背散射电子、吸收电子和特征 X 射线等信号对微区原子序数或化学成分的变化敏感，都可以作为原子序数衬度或化学成分衬度。

背散射电子是被样品原子反射回来的入射电子，样品背散射系数 η 随元素原子序数 Z 的增加而增加。即样品表面平均原子序数越高的区域，产生的背散射电子信号越强，在背散射电子像上显示的衬度越亮；反之越暗。因此，可以根据背散射电子像（成分像）亮暗衬度来判断相应区域原子序数的相对高低。

背散射电子能量较高，离开样品表面后沿直线轨迹运动，检测到的背散射电子信号强度要比二次电子小得多，且有阴影效应。由于背散射电子产生的区域较大，所以分辨率较低。

（三）扫描电子显微镜的主要性能

扫描电子显微镜的主要性能参数有放大倍数、分辨率和景深等。

1. 放大倍数

扫描电子显微镜的放大倍数可从几百倍至几百万倍，放大倍数的公式如下：

$$K=\frac{A_s}{A_c} \tag{3-1-1}$$

式中，A_s 为荧光屏阴极射线同步扫描的幅度；A_c 为电子束在样品表面扫描的幅度。放大倍数的变化是通过改变电子束在试样表面的扫描幅度 A_s 来实现的。

2. 分辨率

对微区成分分析而言，分辨率是指能分析的最小区域；对成像而言，分辨率是指分辨两点之间的最小距离。这两者主要取决于入射电子束直径，电子束直径越小，分辨率越高。影响分辨率的因素较多，包含电子束直径、调制信号的类型、样品原子序数、信噪比、杂散磁场和机械振动等。

3. 景　深

景深是指透镜对高低不平的试样各部位能同时聚焦成像的一个能力范围，这个范围用一段距离来表示。

由图 3-1-3 可知景深的公式如下：

$$D_s=\frac{2\Delta R_0}{\tan\beta}\approx\frac{2\Delta R_0}{\beta} \tag{3-1-2}$$

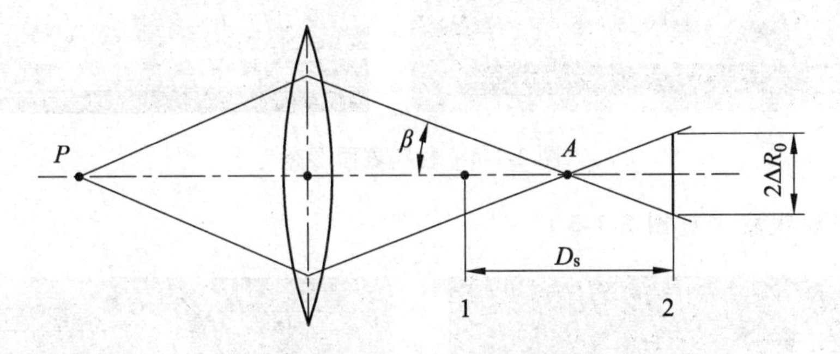

图 3-1-3　聚焦成像示意图

由于 β 角度较小，所以 $\tan\beta$ 近似等于 β，一般景深越深，成像更清晰，效果更好，反之亦然。

五、扫描电子显微镜样品制备

扫描电子显微镜对样品的要求主要是干燥、无油、形貌形态必须耐高真空、样品表面需导电；同时，还会根据样品的种类不同而进行不同的样品制备，如果样品不导电或导电性较差，观察前还需进行镀膜处理。喷镀一般在真空镀膜机或离子溅射仪上进行。喷镀的金属有金、铂、银等贵重金属。为改善金属的分散覆盖能力，有时先喷镀一层碳。表面喷镀不要太厚，否则会掩盖细节，但也不能太薄、不均匀，一般控制在 5～10 nm 为宜。厚度可通过喷镀颜色来判断。

（一）块状样品

块状样品一般无须制样，用导电胶把试样黏接在样品座上，直接观察即可。同时，块状样品尺寸不能过大，要小于样品台尺寸。

（二）粉状样品

先将导电胶带黏接在样品座上，再均匀地将粉末样品撒在上面，用洗耳球吹去未黏住的粉末，即可用扫描电子显微镜观察。

六、扫描电子显微镜图像分析

1. 材料表面形态（组织）观察（见图 3-1-4）

图 3-1-4　材料表面形态

2. 断口形貌观察（见图 3-1-5）

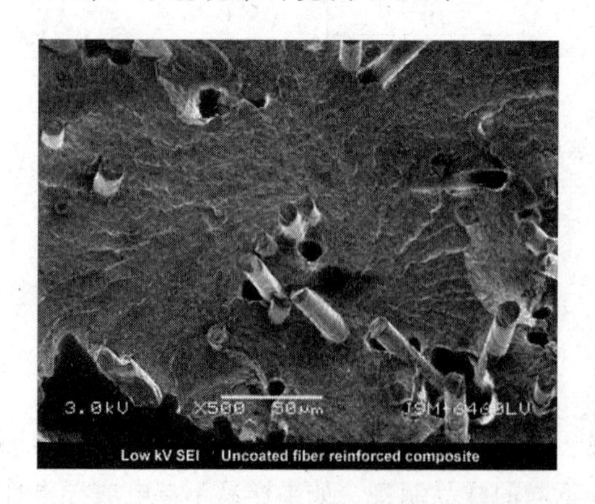

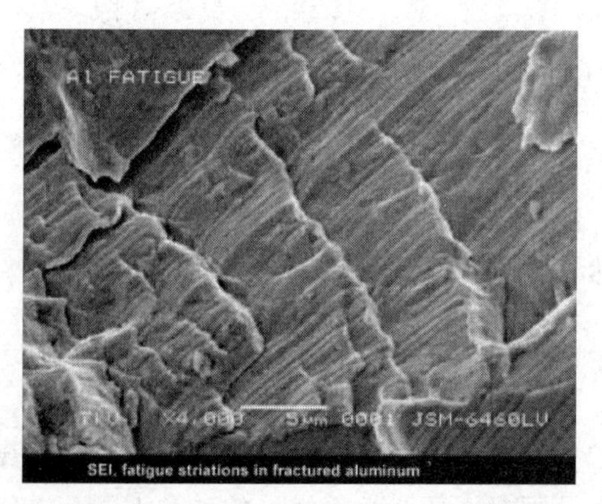

图 3-1-5　断口形貌

3. 磨损表面形貌观察（见图 3-1-6）

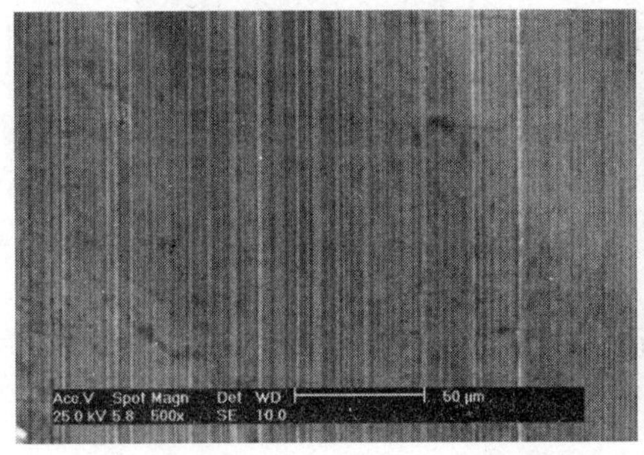

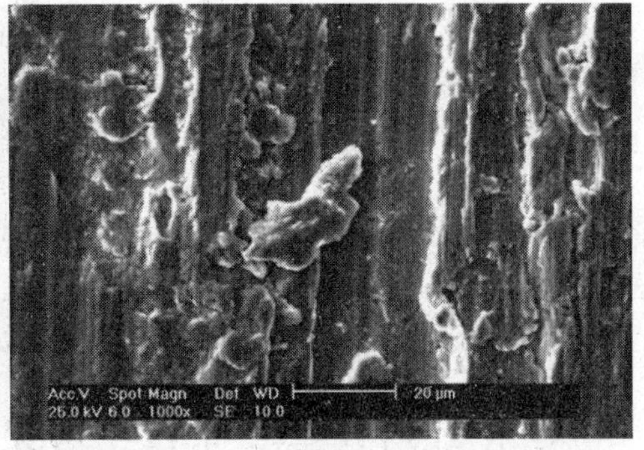

图 3-1-6　磨损表面形貌

4. 纳米结构材料形态观察（见图 3-1-7）

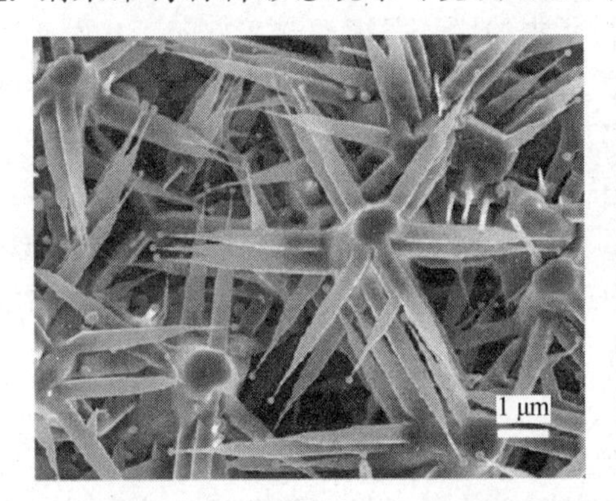

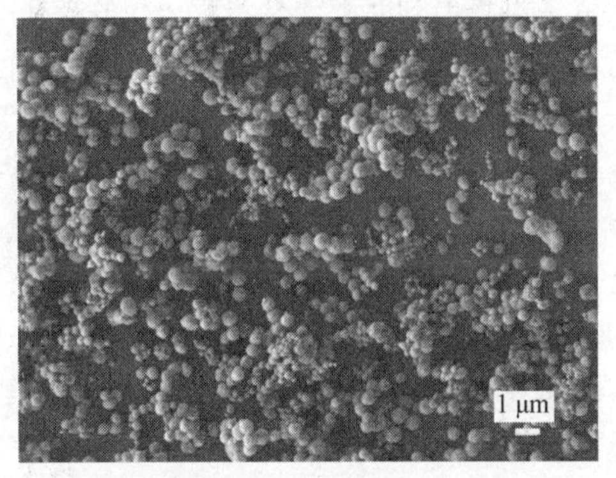

图 3-1-7　纳米结构材料形态

5. 生物样品形貌观察（见图 3-1-8）

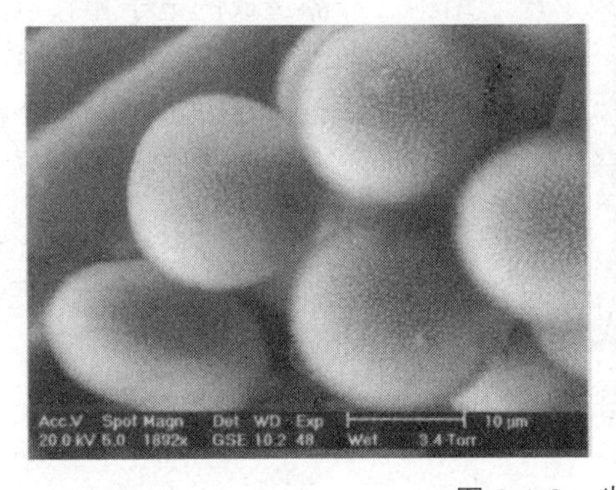

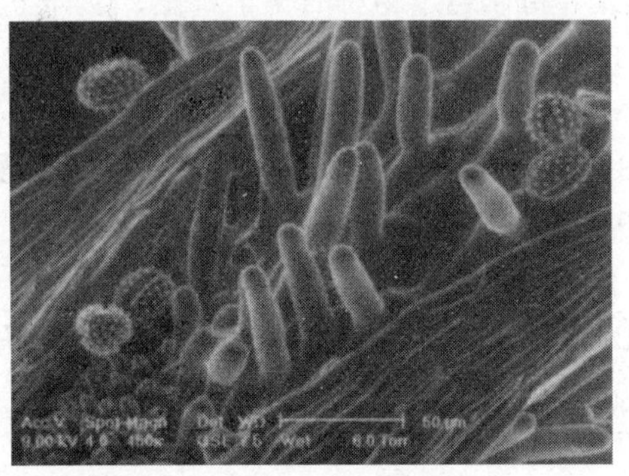

图 3-1-8　生物样品形貌

七、思考题

（1）扫描电子显微镜有哪些应用?

（2）与传统的光学显微镜相比，扫描电子显微镜的分辨率主要受什么因素限制?

（3）简述扫描电子显微镜观察样品表面的基本原理。

实验二　透射电子显微镜的原理与构造

一、实验目的

（1）初步了解透射电子显微镜的操作过程。
（2）了解透射电子显微镜的基本结构。
（3）学会分析透射电子显微镜典型组织图像。

二、透射电子显微镜的发展及作用

透射电子显微镜（Transmission electron microscope，TEM）简称透射电镜，是把经加速和聚集的电子束投射到非常薄的样品上，电子与样品中的原子碰撞而改变方向，从而产生立体角散射。散射角的大小与样品的密度、厚度相关，因此可以形成明暗不同的影像，影像将在放大、聚焦后在成像器件（如荧光屏、胶片以及感光耦合组件）上显示出来。

由于电子的德布罗意波长非常短，透射电子显微镜的分辨率比光学显微镜高很多，可以达到 0.1 ~ 0.2 nm，放大倍数为几万至几百万倍。因此，使用透射电子显微镜可以用于观察样品的精细结构，甚至可以用于观察仅仅一列原子的结构。透射电子显微镜在物理学和生物学相关的许多科学领域都是重要的分析方法，如癌症研究、病毒学、材料科学以及纳米技术、半导体研究等。

在放大倍数较低的时候，透射电子显微镜成像的对比度主要是由于材料不同的厚度和成分造成对电子的吸收不同而造成的。而当放大率倍数较高的时候，复杂的波动作用会造成成像的亮度的不同，因此需要专业知识来对所得到的像进行分析。通过使用透射电子显微镜不同的模式，可以通过物质的化学特性、晶体方向、电子结构、样品造成的电子相移以及电子吸收对样品成像。

第一台透射电子显微镜由马克斯·克诺尔和恩斯特·鲁斯卡在 1931 年研制，这个研究组于 1933 年研制了第一台分辨率超过可见光的透射电子显微镜，而第一台商用透射电子显微镜于 1939 年研制成功。

三、透射电子显微镜的基本结构和成像原理

（一）透射电子显微镜的基本结构

透射电子显微镜按加速电压分类，通常可分为常规电镜（100 kV）、高压电镜（300 kV）和超高压电镜（500 kV 以上）。提高加速电压，可缩短入射电子的波长。一方面有利于提高电镜的分辨率；另一方面又可以提高对试样的穿透能力，这不仅可以放宽对试样减薄的要求，而且厚试样与近二维状态的薄试样相比，更接近三维的实际情况。就当前各研究领域使用的透射电子显微镜来看，其三个主要性能指标大致如下：

加速电压：80 ~ 3 000 kV；

分辨率：点分辨率为 0.2 ~ 0.35 nm、线分辨率为 0.1 ~ 0.2 nm；

放大倍数：30 万 ~ 100 万倍。

尽管近年来商品电子显微镜的型号繁多，高性能多用途的透射电子显微镜不断出现，但总体说来，透射电子显微镜一般由电子光学系统、真空系统、电源及控制系统三大部分组成。此外，还包括一些附加的仪器和部件、软件等。以下仅对透射电子显微镜的基本结构作简单介绍。

1. 电子光学系统

电子光学系统通常又称为镜筒，是电子显微镜的最基本组成部分，是用于提供照明、成像、显像和记录的装置。整个镜筒自上而下顺序排列着电子枪、双聚光镜、样品室、物镜、中间镜、投影镜、观察室、荧光屏及照相室等。通常又把电子光学系统分为照明、成像和观察记录部分。

2. 真空系统

为保证电子显微镜正常工作，要求电子光学系统应处于真空状态下。电子显微镜的真空度一般应保持在 10^{-5} Torr（1 Torr =133.322 Pa），这需要机械泵和油扩散泵两级串联才能得到保证。目前的透射电子显微镜增加一个离子泵以提高真空度，真空度可高达 1.33×10^{-6} Pa 或更高。如果电子显微镜的真空度达不到要求，会出现以下问题：

（1）电子与空气分子碰撞改变运动轨迹，影响成像质量。

（2）栅极与阳极间空气分子电离，导致极间放电。

（3）阴极炽热的灯丝迅速氧化烧损，缩短使用寿命甚至无法正常工作。

（4）试样易于氧化污染，产生假象。

3. 电源及控制系统

电源及控制系统主要提供两部分电源：一是用于电子枪加速电子的小电流高压电源；二是用于各透镜激磁的大电流低压电源。目前，先进的透射电子显微镜多已采用自动控制系统，其中包括真空系统操作的自动控制、从低真空到高真空的自动转换、真空与高压启闭的联锁控制，以及计算机控制参数选择和镜筒合轴对中等。

透射电子显微镜仪器实物及结构示意图如图 3-2-1 所示。

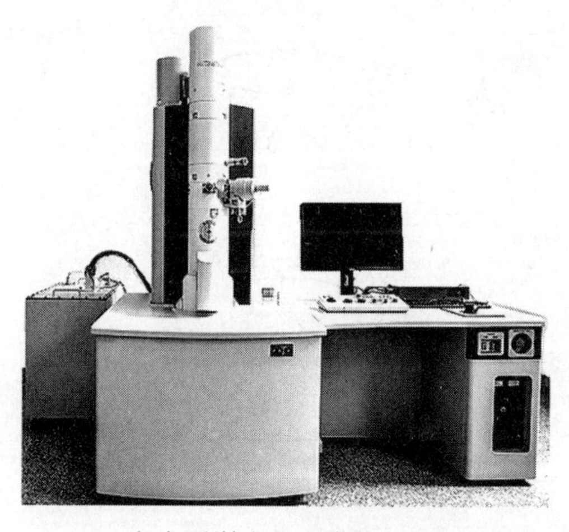

（a）透射电子显微镜仪器

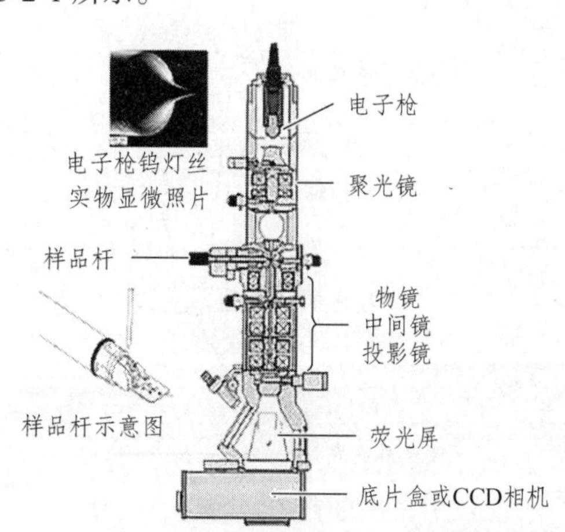

（b）透射电子显微镜结构示意图

图 3-2-1　透射电子显微镜仪器实物及结构示意图

（二）透射电子显微镜的成像原理

透射电子显微镜的成像原理可分为三种情况：

（1）吸收像：当电子射到质量、密度大的样品时，主要的成像作用是散射作用。样品上质量厚度大的地方对电子的散射角大，通过的电子较少，像的亮度较暗。早期的透射电子显微镜都是基于这种原理。

（2）衍射像：电子束被样品衍射后，样品不同位置的衍射波振幅分布对应于样品中晶体各部分不同的衍射能力，当出现晶体缺陷时，缺陷部分的衍射能力与完整区域不同，从而使衍射波的振幅分布不均匀，反映出晶体缺陷的分布。

（3）相位像：当样品薄至 100 Å 以下时，电子可以穿过样品，波的振幅变化可以忽略，成像来自相位的变化。

（三）选区电子衍射的原理

简单地说，选区电子衍射借助设置在物镜像平面的选区光阑，可以对产生衍射的样品区域进行选择，并对选区范围的大小加以限制，从而实现形貌观察和电子衍射的微观对应。选区电子衍射的基本原理如图 3-2-2 所示。选区光阑用于挡住光阑孔以外的电子束，只允许光阑孔以内视场所对应的样品微区的成像电子束通过，使得在荧光屏上观察到的电子衍射花样仅来自选区范围内晶体的贡献。实际上，选区形貌观察和电子衍射花样不能完全对应，也就是说选区衍射存在一定误差，选区以外样品晶体对衍射花样也有贡献。选区范围不宜太小，否则将带来很大的误差。对于 100 kV 的透射电子显微镜，最小的选区衍射范围约 0.5 m；加速电压为 1 000 kV 时，最小的选区范围可达 0.1 m。

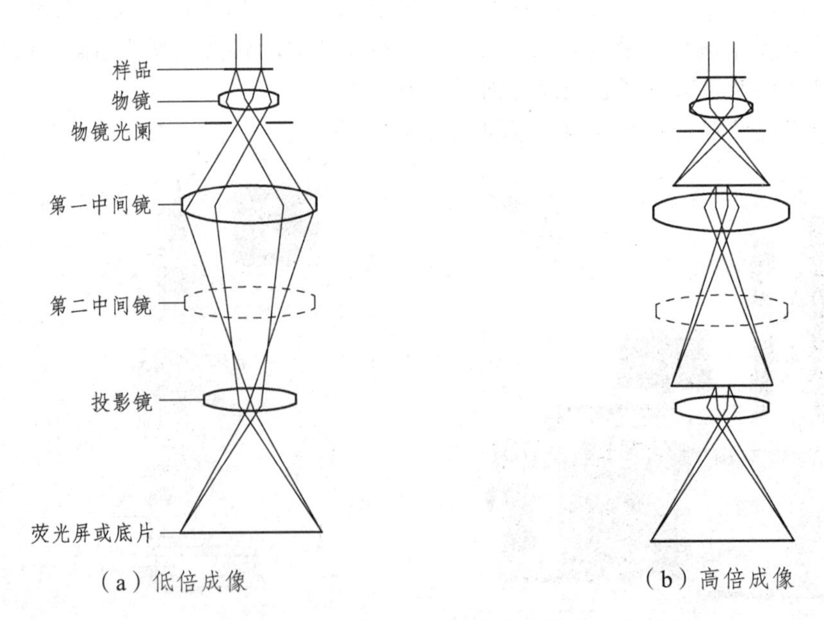

（a）低倍成像　　（b）高倍成像

图 3-2-2　透射电子显微镜成像装置的光线图

四、透射电子显微镜样品的制备方法

（一）样品要求

1. 粉末样品基本要求

（1）单颗粉末尺寸最好小于 1 μm；

（2）无磁性；

（3）以无机成分为主，否则会造成电子显微镜严重污染，高压跳电，甚至击坏高压枪。

2. 块状样品基本要求

（1）需要电解减薄或离子减薄，获得几十纳米的薄区才能观察；

（2）如晶粒尺寸小于 1 μm，也可用破碎等机械方法制成粉末来观察；

（3）无磁性；

（4）块状样品制备复杂、耗时长、工序多，需要由经验的老师指导或制备；样品的制备好坏直接影响到后面电子显微镜的观察和分析。所以块状样品制备之前，最好与老师进行沟通和请教，或交由老师制备。

（二）粉末样品的制备

（1）选择高质量的微栅网（直径 3 mm），这是关系到能否拍摄出高质量高分辨电镜照片的关键一步；

（2）用镊子小心取出微栅网，将膜面朝上（在灯光下观察显示有光泽的面，即膜面），轻轻平放在白色滤纸上；

（3）取适量的粉末和乙醇分别加入小烧杯，进行超声振荡 10 ~ 30 min，过 3 ~ 5 min 后，用玻璃毛细管吸取粉末和乙醇的均匀混合液，然后滴 2 ~ 3 滴该混合液体到微栅网上。

（4）等待 15 min 以上，以便乙醇尽量挥发完毕；否则将样品装上样品台插入电子显微镜，将影响电镜的真空度。

（三）块状样品制备

1. 电解减薄方法

该方法用于金属和合金试样的制备。

（1）将块状样品切成约 0.3 mm 厚的均匀薄片；

（2）用金刚砂纸机械研磨到 120 ~ 150 μm 厚；

（3）再抛光研磨到约 100 μm 厚；

（4）冲成 ϕ3 mm 的圆片；

（5）选择合适的电解液和双喷电解仪的工作条件，将 ϕ3 mm 的圆片中心减薄出小孔，迅速取出减薄试样放入无水乙醇中漂洗干净。

注意事项：

（1）电解减薄所用的电解液有很强的腐蚀性，需要注意人员安全；

（2）电解减薄完的试样需要轻取、轻拿、轻放和轻装，否则容易破碎。

2. 离子减薄方法

该方法用于陶瓷、半导体以及多层膜截面等块状材料试样的制备。

（1）将块状样品切成约 0.3 mm 厚的均匀薄片；

（2）均匀薄片用石蜡粘贴于超声波切割机样品座上的载玻片上；

（3）用超声波切割机冲成 ϕ3 mm 的圆片；

（4）用金刚砂纸机械研磨到约 100 μm 厚；

（5）用磨坑仪在圆片中央部位磨出一个凹坑，凹坑深度为 50 ~ 70 μm，凹坑主要是为了减少后序离子减薄过程的时间，以提高最终减薄效率；

（6）将洁净的、已凹坑的 ϕ3 mm 圆片小心放入离子减薄仪中，根据试样材料的特性，选择合适的离子减薄参数进行减薄；通常，一般陶瓷样品离子减薄时间需 2 ~ 3 天，整个过程约 5 天。

注意事项：

（1）凹坑过程试样需要精确的对中，先粗磨后细磨抛光，磨轮负载要适中，否则试样易破碎；

（2）凹坑完毕后，对凹坑仪的磨轮和转轴要清洗干净；

（3）凹坑完毕的试样需放在丙酮中浸泡、清洗和晾干；

（4）进行离子减薄的试样在装上样品台和从样品台取下的过程中，需要非常小心，因为此时 ϕ3 mm 薄片试样的中心已非常薄，用力不均或过大，很容易导致试样破碎。

五、透射电子显微镜图像分析

透射电子显微镜图像分析如图 3-2-3 和图 3-2-4 所示。

图 3-2-3　氯化镍透射电子显微镜图

图 3-2-4　SiO_2@CeO_2 透射电子显微镜图

六、思考题

（1）透射电子显微镜的成像系统的构成及其特点是什么？

（2）透射电子显微镜检测用的试样的制样过程中需要哪些注意事项？

（3）分别说明成像操作与衍射操作时各级透镜（像平面与物平面）之间的相对位置关系，并画出光路图。

实验三　原子力显微镜的原理与构造

一、实验目的

（1）了解原子力显微镜成像的基本原理。

（2）掌握原子力显微镜像的分析方法。

二、原子力显微镜的工作原理及工作模式

原子力显微镜（Atomic Force Microscope，AFM），是一种可用来研究包括绝缘体在内的固体材料表面结构的分析仪器，如图 3-3-1 所示。原子力显微镜是在扫描探针显微镜（STM）的基础上发展起来的。不同的是，它不是利用电子隧道效应，而是利用原子之间的范德华力作用来呈现样品的表面特性，如图 3-3-2 所示。

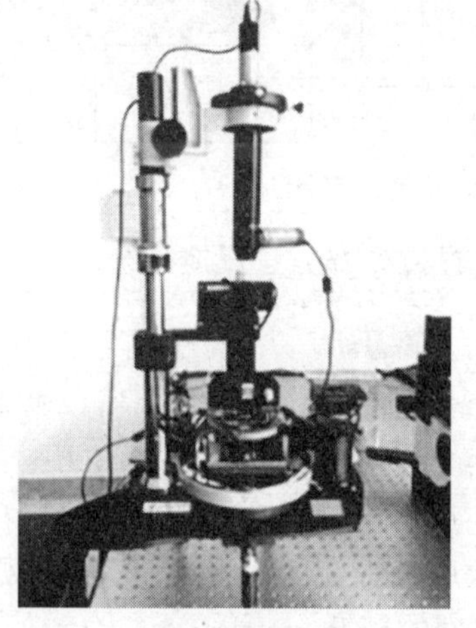

（a）正置

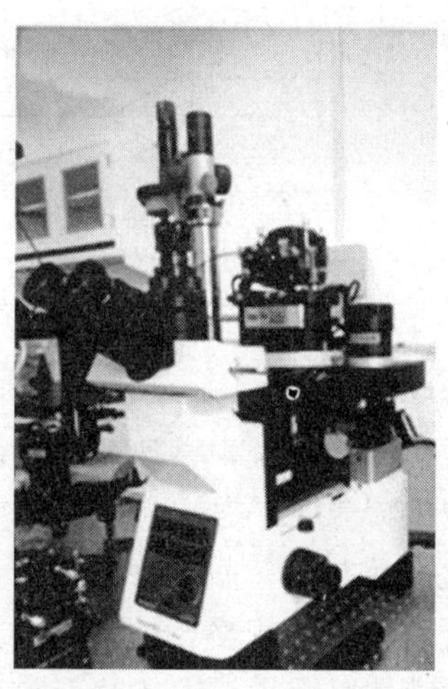

（b）倒置

图 3-3-1　NT-MDT 型正置/倒置原子力显微镜

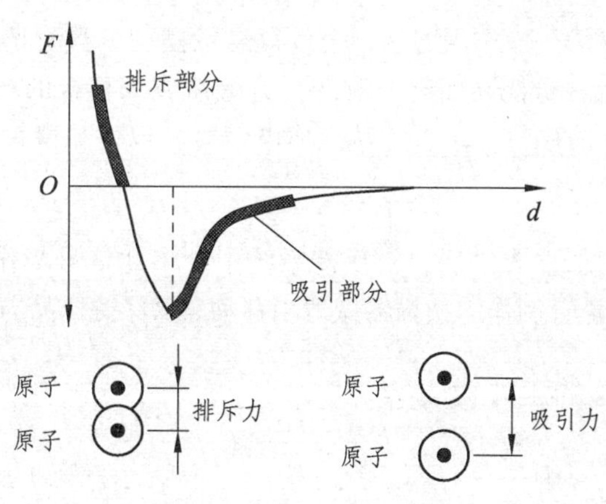

图 3-3-2　原子之间力的作用

（一）原子力显微镜的工作原理

图 3-3-2 为原子力显微镜的工作原理示意图，将一个对微弱力极敏感的微悬臂一端固定，另一端有一微小的针尖，针尖与样品表面轻轻接触。由于针尖尖端原子与样品表面原子间存在极微弱的力，会使悬臂产生微小的偏转。通过检测出偏转量并作用反馈控制其排斥力使其恒定，就可以获得微悬臂对应于扫描各点的位置变化，从而可以获得样品表面形貌的图像。

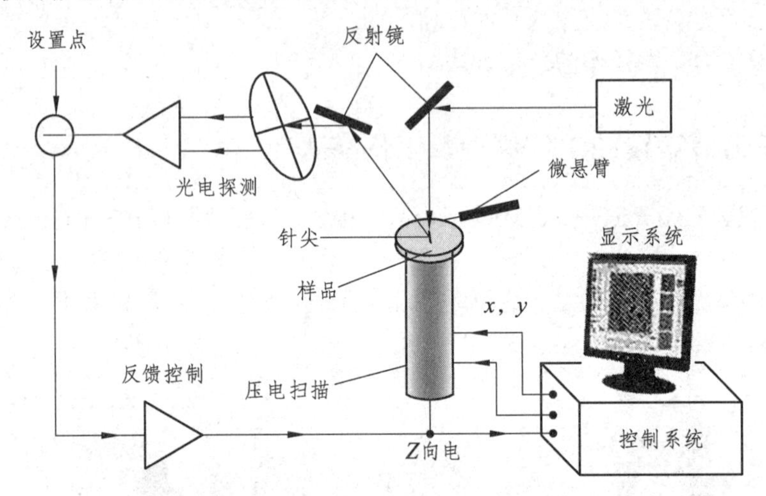

图 3-3-3　原子力显微镜工作原理示意图

原子力显微镜可分成三个部分：力检测部分、位置检测部分、反馈系统。

1. 力检测部分

原子力显微镜系统中，所要检测的力是原子与原子之间的范德华力。所以本系统中是使用微小悬臂来检测原子之间力的变化量。微悬臂通常由一个 100 ~ 500 μm 长和 0.5 ~ 5 μm 厚的硅片或氮化硅片制成。微悬臂顶端有一个尖锐针尖，用来检测样品与针尖间的相互作用力。该微小悬臂有一定的规格，如长度、宽度、弹性系数以及针尖的形状，而这些规格的选择是依照样品的特性以及操作模式的不同，而选择不同类型的探针。

2. 位置检测部分

当针尖与样品之间有了交互作用之后，会使得悬臂摆动，当激光照射在微悬臂的末端时，其反射光的位置也会因为悬臂摆动而有所改变，这就造成偏移量的产生。在整个系统中是依靠激光光斑位置检测器将偏移量记录下并转换成电信号，以供显微镜控制器作信号处理。

3. 反馈系统

将信号经由激光检测器取入之后，在反馈系统中会将此信号当作反馈信号，作为内部调整信号，并驱使由压电陶瓷管制作的扫描器做适当移动，以保持样品与针尖保持一定的作用力。

（二）原子力显微镜的工作模式

1. 接触模式

从概念上来理解，接触模式是原子力显微镜最直接的成像模式。原子力显微镜在整个扫描成像过程中，探针针尖始终与样品表面保持紧密接触，而相互作用力是排斥力。扫描时，悬臂施加在针尖上的力有可能破坏试样的表面结构，因此力的大小范围为 10^{-10} ~ 10^{-6} N。若样品表面柔嫩而不能承受这种力，便不宜选用接触模式对样品表面进行成像。该模式根据选择恒定的力和恒定的针尖与样品距离而分为恒力模式和恒高模式。恒高模式一般只用于表面很平的样品。

2. 非接触模式

非接触模式探测试样表面时，悬臂在距离试样表面上方 1 ~ 10 nm 的距离处振荡。这时，样品与针尖之间的相互作用由范德华力控制，通常为 10^{-12} N，样品不会被破坏，而且针尖也不会被污染，该模式特别适合于研究柔嫩物体的表面。这种操作模式的不利之处在于要在室温大气环境下实现这种模式十分困难。因为样品表面不可避免地会积聚薄薄的一层水，它会在样品与针尖之间搭起一小小的毛细桥，将针尖与表面吸在一起，从而增加尖端对表面的压力。

3. 轻敲模式

敲击模式介于接触模式和非接触模式之间，是一个杂化的概念。悬臂在试样表面上方以其共振频率振荡，针尖仅仅是周期性地短暂地接触/敲击样品表面。这就意味着针尖接触样品时所产生的侧向力被明显地减小了。该模式下探针与样品之间的相互作用力包含吸引和排斥力。在大气环境中，该模式中探针的振幅能够抵抗样品表面薄薄水层的吸附。因此当检测柔嫩的样品时，原子力显微镜的敲击模式是最好的选择之一。一旦原子力显微镜开始对样品进行成像扫描，装置随即将有关数据输入系统，如表面粗糙度、平均高度、峰谷峰顶之间的最大距离等，用于物体表面分析。同时，原子力显微镜还可以完成力的测量工作，测量悬臂的弯曲程度来确定针尖与样品之间的作用力大小。

4. 三种模式的优缺点对比

原子力显微镜的三种工作模式各有其优缺点（见表 3-3-1）。接触模式由于针尖与样品相接触，会使生物大分子、低弹性模量以及容易变形和移动的样品的原子位置改变，甚至使样品损坏；样品原子易黏附在探针上污染针尖；扫描时可能使样品发生很大的形变，甚至产生假象。非接触模式由于探针不与样品相接触，从而没有样品破坏和针尖污染等问题，灵敏度也比接触式高，但分辨率相较接触式低，且非接触模式不适合在液体中成像。轻敲模式通常用于与基底只有微弱结合力的样品或软物质样品（生物类样品、高分子类样品），该模式对样品的表面操作最少，并且与该模式相差的相位成像可以检测到样品组成、摩擦力、黏弹性等的差异，因此在高分子样品成像中应用广泛。

表 3-3-1　原子力显微镜工作模式对比

工作模式	优　点	缺　点
接触模式	扫描速度快	横向力影响图像质量
非接触模式	没有力作用于样品表面	横向分辨率低，扫描速度低
轻敲模式	消除横向力的影响	较接触模式扫描速度慢

三、原子力显微镜的样品制备

原子力显微镜的试样制备较简单，若仅检测样品的表面形貌，试样表面不需做任何处理而直接检测即可；若检测复合材料的界面结构，则需将界面区域暴露出来；若检测界面的微观结构，则适当将试样表面磨平抛光或用超薄切片机进行切平处理。

原子力显微镜的研究对象可以是有机固体、聚合物以及生物大分子等，样品的载体选择范围很大，包括云母片、玻璃片、石墨、抛光硅片、二氧化硅和某些生物膜等，其中最常用的是新剥离的云母片，主要原因是其非常平整且容易处理。而抛光硅片最好用浓硫酸与 30% 双氧水的 7∶3 混合液在 90 °C 下煮 1 h。利用电性能测试时，需要导电性能良好的载体，如石墨或镀有金属的基片。

试样的厚度，包括试样台的厚度，最大为 10 mm。如果试样过重，有时会影响扫描的动作，不能放过重的试样。试样的大小以不大于试样台的大小（直径 20 mm）为标准，最大值不超过 40 mm。如果未固定好就进行测量，可能产生移位，须固定好后再测定。制样过程中，只需要使用双面胶带把样品固定于样品台上即可检测，如图 3-3-4 所示。

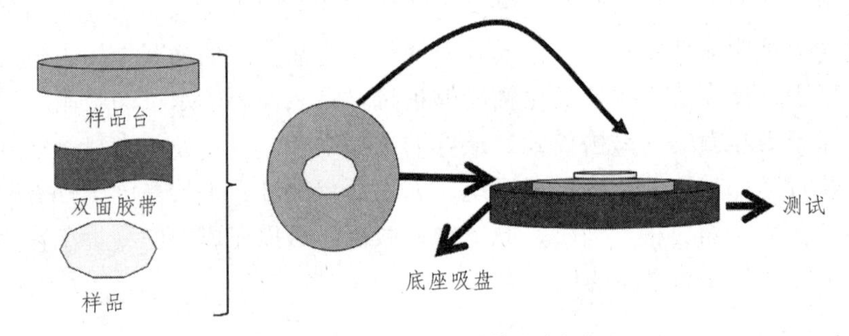

图 3-3-4 原子力显微镜制样流程

四、原子力显微镜图像分析

原子力显微镜可分析较多样品的表面形貌、界面结构、微观结构等，图 3-3-5 为原子力显微镜的图像分析图样例。

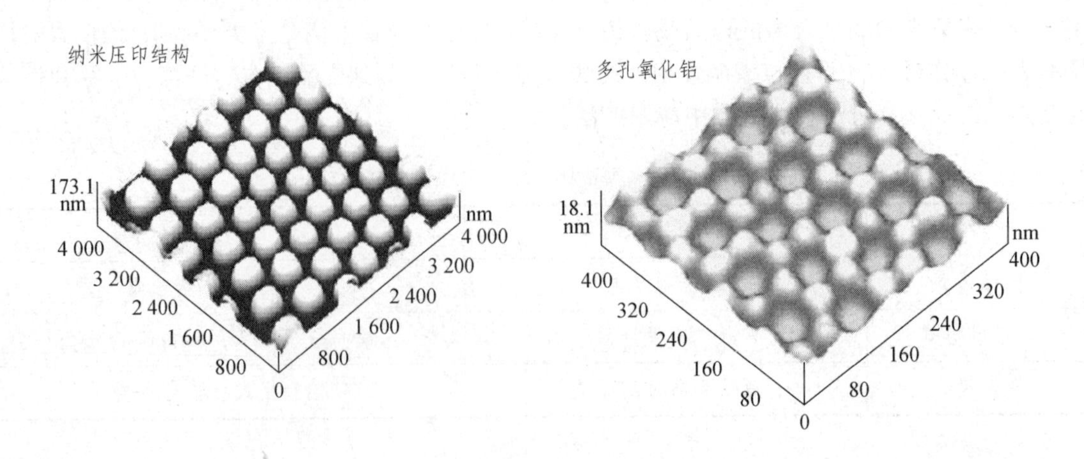

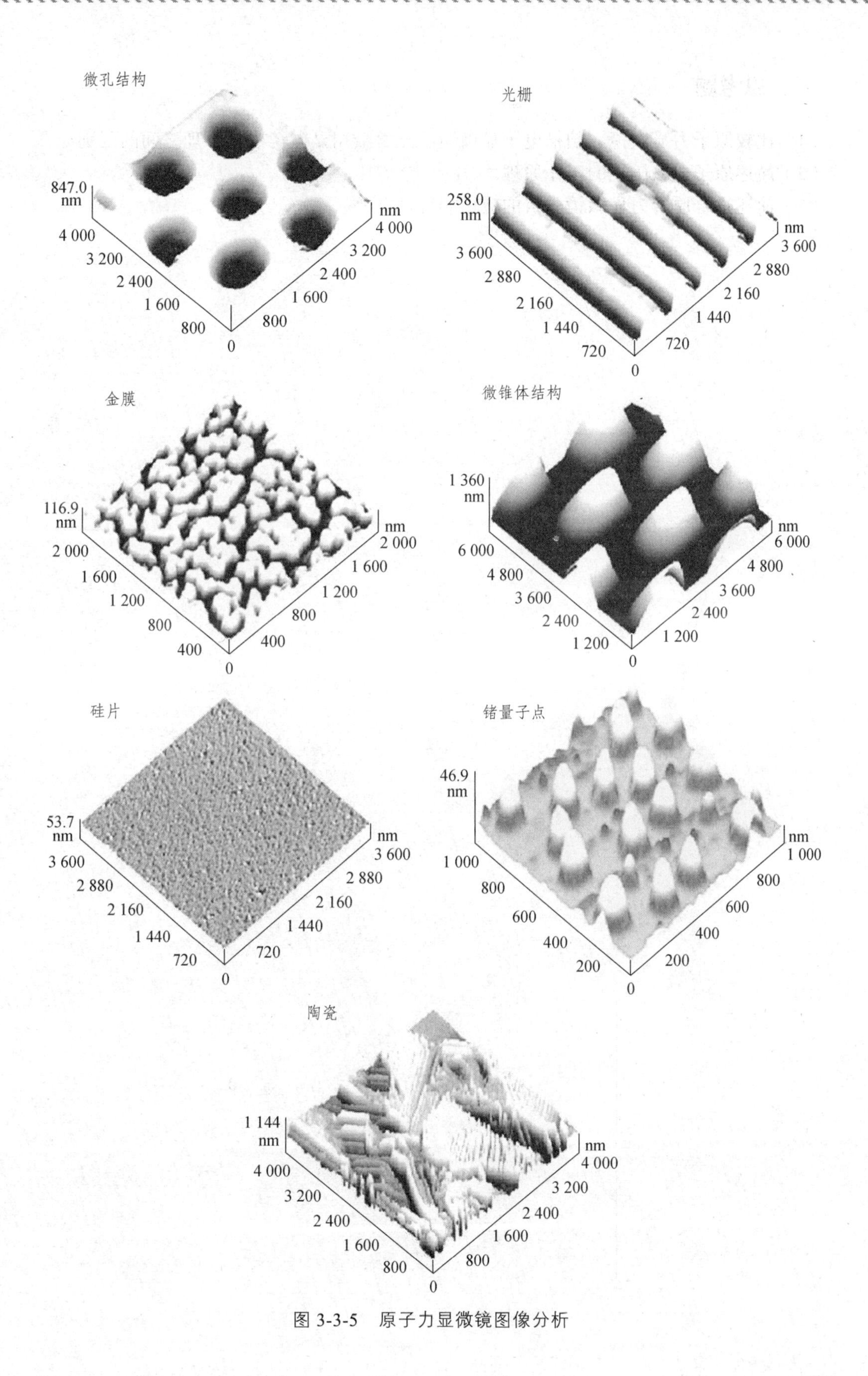

图 3-3-5　原子力显微镜图像分析

五、思考题

（1）比较原子力显微镜、扫描电子显微镜、光学金相显微镜成像原理之间的区别。
（2）简述原子力显微镜的工作原理。
（3）简述适合原子力显微镜分析的应用场合。

实验四　电感耦合等离子体原子发射光谱的原理与构造

一、实验目的

（1）了解电感耦合等离子体原子发射光谱仪的基本构造与工作原理。

（2）了解电感耦合等离子体原子发射光谱对样品的要求及制样方法。

（3）了解电感耦合等离子体原子发射光谱的适用检测范围。

二、电感耦合等离子体原子发射光谱的工作原理与结构

电感耦合等离子体原子发射光谱（ICP-AES）具有准确度高、精密度高、低检出限、测定快速、线性范围宽、可同时测定多种元素等优点，已广泛用于环境样品、岩石矿物、金属等样品数十种元素的测定。

（一）电感耦合等离子体原子发射光谱的工作原理

ICP（即电感耦合等离子体）是由高频电流经感应线圈产生高频电磁场，使工作气体（Ar）电离形成火焰状放电高温等离子体，等离子体的最高温度达 10 000 K。试样溶液通过进样毛细管经蠕动泵作用进入雾化器雾化形成气溶胶，由载气引入高温等离子体，进行蒸发、原子化、激发、电离，并产生辐射。光源经过采光管进入狭缝、反光镜、棱镜、中阶梯光栅、准直镜形成二维光谱，谱线以光斑形式落在 540×540 个像素的检测器（CID）上，每个光斑覆盖几个像素，光谱仪通过测量落在像素上的光量子数来测量元素浓度。光量子数信号通过电路转换为数字信号通过计算机显示和打印机打印出结果，如图 3-4-1 所示。

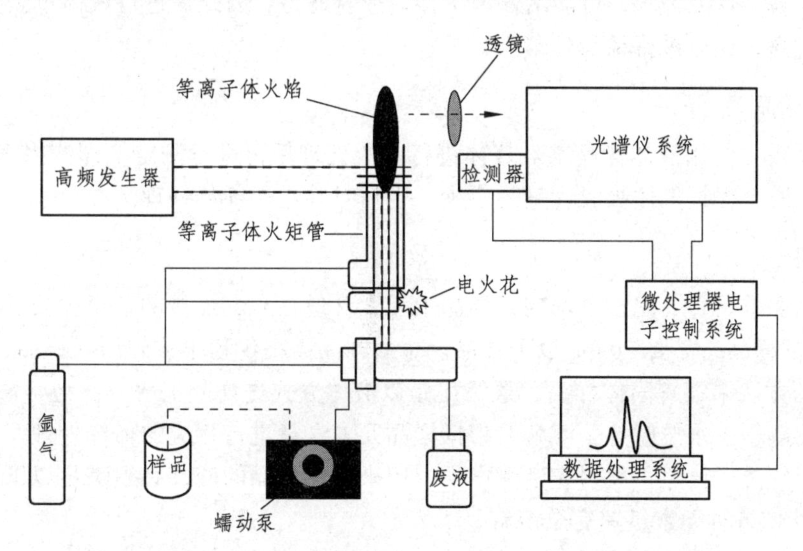

图 3-4-1　电感耦合等离子体原子发射光谱原理图

ICP发射光谱分析过程主要分为三步：激发、分光和检测。

（1）激发。将试样由进样器引入雾化器，并被Ar载气带入焰矩时，利用等离子体激发光源使试样蒸发气化，离解或分解为原子态，原子进一步电离成离子状态，原子及离子在光源中激发发光后以光的形式发射出能量。

（2）分光。利用单色器将光源发射的光分解为按波长排列的光谱。

（3）检测。不同元素的原子在激发或电离后回到基态时，发射不同波长的特征光谱，故根据特征光的不同波长可进行定性分析，元素的含量不同时，发射特征光的强弱也有所不同，根据定量关系式（3-4-1）来进行分析：

$$I = aC^b \tag{3-4-1}$$

式中，I为发射特征谱线的强度；C为被测元素的浓度值；a是与试样组成、形态及测定条件等有关的系数；b为自吸系数，通常小于等于1，在ICP光源中多数情况下等于1。

（二）电感耦合等离子体原子发射光谱的结构

电感耦合等离子体原子发射光谱由高频发生器、蠕动泵进样系统、光源、分光系统、检测器（CID)、冷却系统、数据处理等组成。

三、电感耦合等离子体原子发射光谱的制样要求

电感耦合等离子体原子发射光谱根据样品的不同类型其制样要求有所不同，一般分为液体、气体和固体样品三种类型，详细制样要求如下：

1. 液体样品

测试的液体样品必须保证澄清且不能含有对仪器有损坏的成分（如氢氟酸和强碱等）。若样品中含有颗粒、悬浊物等，可能堵塞内室接口或者通道，因此需进行液体过膜处理。另外，液体的浓度过高，还需进行稀释处理。

2. 气体样品

气体样品需先使用液体样品来对气体进行吸收处理后再进行测定，即测得气体中待测元素的含量。同时，根据气体吸收含量的多少，也需对其进行稀释处理。

3. 固体样品

固体样品要求足量、完整且均匀，样品中元素含量在mg/kg级的，至少要提供1 g样品。含量在x%级的样品，需要30 mg以上样品。金属样品需提供粉末或碎屑状样品，便于取样。需选择合适的方法来消解固体样品，最终还是以液体方式进样。消解方法包含酸溶法、碱熔法、双蒸水溶解、王水溶解等。溶解后根据样品元素含量进行相应的稀释处理。

电感耦合等离子体原子发射光谱测试中，用来溶解样品的酸，必须满足以下条件：

① 尽可能使各种元素迅速完全溶解；

② 所含待测元素的量可忽略不计；

③ 溶解样品时，待测元素没有损失；

④ 不能与待测元素形成不溶性物质；

⑤ 测定时，共存元素的影响要小（元素间谱线可能会有干扰）。

四、思考题

（1）电感耦合等离子体原子发射光谱定量分析的理论依据是什么？

（2）为什么 ICP 的灵敏度和准确度高？

（3）简述等离子体发射光谱仪的基本结构及缺点。

实验五　X 射线衍射物相定性分析

一、实验目的

（1）了解 X 射线衍射仪的内部结构和工作原理。

（2）掌握 X 射线衍射物相定性分析的原理和实验方法。

（3）掌握 X 射线衍射分析软件 Jade 的基本操作和物相检索方法。

二、实验仪器及材料

X 射线衍射线仪一台、未知粉末、载物片。

三、实验原理

（一）工作原理

每一种结晶物质都有各自独特的化学组成和晶体结构。没有任何两种物质，它们的晶胞大小、质点种类及其在晶胞中的排列方式是完全一致的。因此，当 X 射线被晶体衍射时，每一种结晶物质都有自己独特的衍射花样，其特征可以用各个衍射晶面间距 d 和衍射线的相对强度 I/I_0 来表征。其中，晶面间距 d 与晶胞的形状和大小有关，相对强度则与质点的种类及其在晶胞中的位置有关。所以任何一种结晶物质的衍射数据 d 和 I/I_0 是其晶体结构的必然反映，因而可以根据它们来鉴别结晶物质的物相。

X 射线与物质相互作用产生各种复杂过程。就其能量转换而言，一束 X 射线通过物质分为三部分：散射、吸收、透过物质沿原来的方向传播，其中相干散射是产生衍射花样的原因。由于晶体中的原子在三维空间中呈周期性分布，每个原子又可看作散射 X 射线的散射源，在 X 射线波场的激发下，这些散射源受迫振动而向四周发出相干散射波，它们的波长与原射线相同而方向各不相同，因此，它们必然在大多数方向上由于位相不同而互不干涉，而在某些方向上由于位相相同（位相差为零或 2π 的整数倍）而互相干涉加强，这种干涉现象称为衍射。产生衍射的几何条件可用布拉格定律和劳厄方程来描述。如图 3-5-1（b）所示，若满足公式（3-5-1），则会产生干涉极大值，这就是布拉格定律。

$$2d_{hkl}\sin\theta=n\lambda \tag{3-5-1}$$

式中，θ 表示掠射角（入射线与晶面间夹角），称为布拉格角；n 为整数，称为干涉级次。由此可见，当 X 射线入射到晶体上时，凡是满足布拉格方程的晶面簇，均会发生干涉性反射，反射 X 射线束的方向在入射 X 射线和反射晶面法线的同一平面上，且反射角等于入射角。

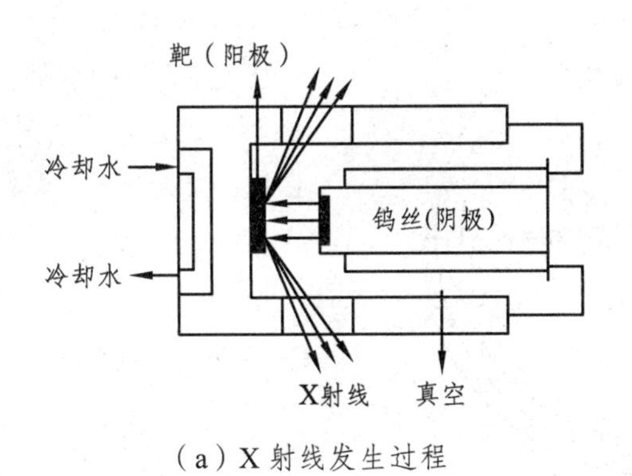

（a）X 射线发生过程

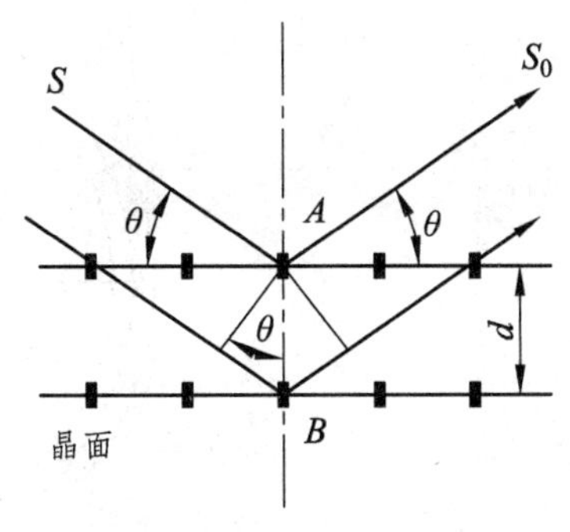

（b）X 射线衍射示意图

图 3-5-1　X 射线衍射原理

（二）基本构造

1. X 射线发生器

X 射线管是由玻璃外罩将发射 X 射线的阴极与阳极密封在高真空（$1.33\times10^{-3}\sim1.33\times10^{-5}$ Pa）之中的管状装置，如图 3-5-1（a）所示。

（1）阴极：由绕成螺线形的钨丝组成，用高压电缆接负高压，并加入灯丝电流，灯丝电流发射热电子。管壳做成 U 形，其目的是加长阴极与阳极间放电的距离。

（2）阳极：又称靶，是使电子突然减速和发射 X 射线的地方，靶材为特定的金属材料（如铜靶、钼靶等）。靶安装在靶基上（多为铜质），靶基底部通冷却水管，在工作过程中不断喷水冷却，并与衍射仪的管座相接一起接地。 操作时由高压电缆接预高压，并加以灯丝电流；管壳应经常保持干燥清洁。

高速电子撞击阳极靶面时，便有部分动能转化为 X 射线，其中约有 99%将转变为热。为了保护阳极靶面，管子工作时需强制冷却。为了使用流水冷却，也为了操作者的安全，应使 X 射线管的阳极接地，而阴极则由高压电缆加上负高压。X 射线管有相当厚的金属管套，使 X 射线只能从窗口射出。窗口由吸收系数较低的铍片制成。X 射线管通常有 4 个对称的窗口，靶面上被电子轰击的范围称为焦点，它是发射 X 射线的源泉。

2. 测角仪

测角仪安装在衍射仪前部，用于安置试样，各类附件及各种计数器的相对位置如图 3-5-2 所示。

入射线从 X 射线管焦点 *S* 出发，经过入射光阑系统（DS）投射到试样 *P* 表面产生衍射，衍射线经过接收光阑系统（RS）进入计数器 *C*。注意：试样台 *H*、计数器 *C* 可以分别独立地沿测角仪轴心转动，工作时试样与计数管以 1∶2 的角速度同时扫描（θ-2θ 连动）。试样与计数管的转角度数可在测角仪圆盘上的刻度读出。

3. X 射线探测器

衍射仪中常用的探测器是闪烁计数器（SC），它是利用 X 射线能在某些固体物质（磷光体）中产生的波长在可见光范围内的荧光，这种荧光再转换为能够测量的电流。由于输出的电流和计数器吸收的 X 光子能量成正比，因此可以用来测量衍射线的强度。

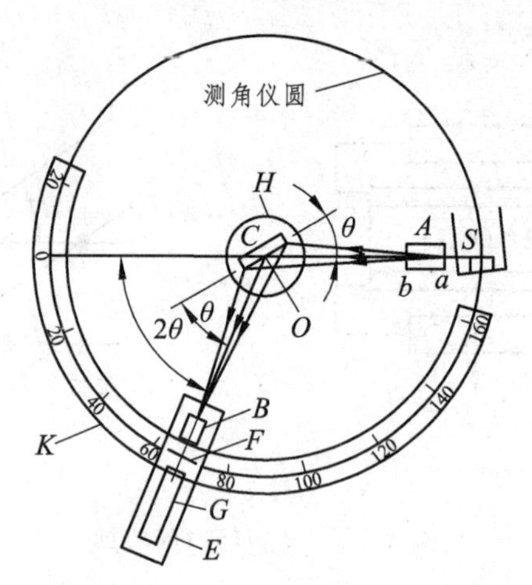

A—入射光阑；*B*—过滤片；*C*—样品；*O*—测角仪中心；*E*—支架；*F*—接收光阑；
G—计数器；*K*—大转盘；*H*—试样台；*S*—管靶焦斑。

图 3-5-2　测角仪示意图

闪烁计数管的发光体一般是用微量铊活化的碘化钠（NaI）单晶体。这种晶体经 X 射线激发后发出蓝紫色的光。将这种微弱的光用光电倍增管来放大，发光体的蓝紫色光激发光电倍增管的光电面（光阴极）而发出光电子（一次电子），光电倍增管电极由 10 个左右的联极构成，由于一次电子在联极表面上激发二次电子，经联极放大后的电子数目按几何级数剧增（约 10^6 倍），最后输出几个毫伏的脉冲。

4. X 射线系统控制装置

X 射线系统控制装置包含数据采集系统和各种电气系统、保护系统等。现代 X 射线衍射仪都附带安装有专用衍射图处理分析软件的计算机系统，其特点是自动化和智能化。数字化的 X 射线衍射仪的运行控制以及衍射数据的采集分析等过程都可以通过计算机系统控制完成。

计算机主要具有三大模块：

（1）衍射仪控制操作系统：主要完成粉末衍射数据的采集等任务。

（2）衍射数据处理分析系统：主要完成图谱处理、自动检索、图谱打印等任务。

（3）各种 X 射线衍射分析应用程序：X 射线衍射物相定性分析；X 射线衍射物相定量分析；峰形分析；晶粒大小测量；晶胞参数的精密修正；指标化；径向分布函数分析等。

四、制样要求

样品主要分为粉末样品、薄膜样品和块状样品三种类型。制好的试样如图 3-5-3 所示。

（一）粉末样品制备

（1）样品颗粒度小于 300 目时，用药勺取适量粉末（1 g 左右）放入玻璃样品架样品槽内，用毛玻璃轻压粉末，使之充满槽内，轻轻刮去多余的粉末，最后压平压实样品粉末，使样品表面与玻璃架表面在同一平面内。压制时一般不加黏结剂，所加压力以使粉末样品粘牢为限，压力过大可能导致颗粒择优取向。

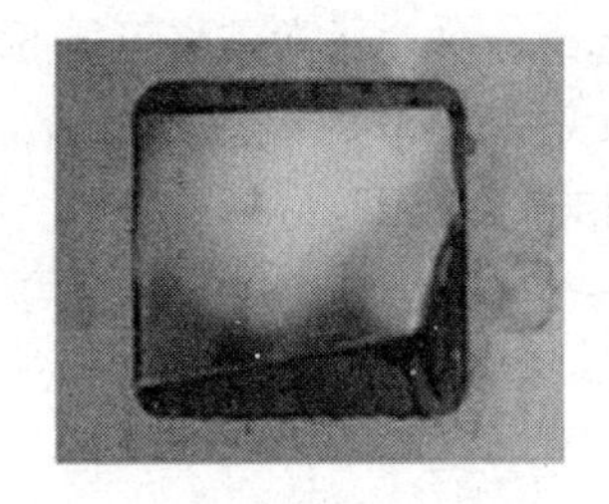

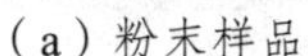

（a）粉末样品　（b）块状样品　（c）微量样品　（d）薄膜样品

图 3-5-3　X 射线衍射物试样类型

（2）当粉末数量很少时，可在玻璃片上抹一层凡士林，再将粉末均匀撒上。

（二）块状样品要求

（1）表面尺寸不得大于 15 mm×18 mm，表面（被照射面）采用金相水磨砂纸磨平，无应力和织构；若是金属样，可从大块中切割出合适的大小（如 20 mm×15 mm），经砂轮、砂纸磨平再进行适当的浸蚀而得。分析氧化层时表面一般不作处理，而化学热处理层的处理方法须视实际情况进行（如可用细砂纸轻磨去氧化皮）。

（2）取铝样品架正面朝下放在平析玻璃上，取制好的块状样品放入样品架的样品框内，同样正面朝下。取少量橡胶泥搓成长 2 cm 的长条，放在样品架上，在橡皮条的两端与样品背面轻压，使样品固定在样品架上，注意不要太用力，否则橡胶泥突出到样品表面，会造成多余的衍射线条。

（三）薄膜样品

将薄膜样品剪成合适大小，用胶带纸粘在玻璃样品支架上即可。

五、实验内容与步骤

1. 开机步骤

（1）先打开冷却水循环装置，机器设置温度为 20 °C，一般温度不超过 28 °C 即可正常工作。

（2）打开衍射仪左侧面，将红色旋钮放在“1”位置，将绿色按钮按下，此时机器开始启动和自检，启动完毕后，机器左侧面的两个指示灯显示为白色。

（3）按下高压发生器按钮，高压发生器指示灯亮。

（4）打开桌面控制软件，机器启动完毕即可进行测量。

2. 检测步骤

放置好样品，按要求设定仪器的相关参数，电压 40 kV，电流 40 mA，扫描步长：0.02°/step、0.06°/step，扫描范围 20° ~ 80°或根据检测样品来设置，点击开始后检测。

3. 分析步骤

（1）用 Jade 软件打开测量图谱，打开检索窗口。

（2）在元素周期表中选择可能的化学元素。选择元素时显示红色为排除元素，显示绿色为包含元素，灰色为可能元素，蓝色为至少所选的一种。通常需将可能的元素都变成灰色即可。

（3）仪器自动出现检索结果，在检索结果列表中根据谱线匹配情况来确定最佳匹配 pdf 卡片为最佳检索物相。一般 FOM 值越小的物相越为匹配。

六、思考题

（1）物相鉴定的基本原理是什么？

（2）物相鉴定的正确性、可靠性如何？

实验六　XQM 行星式球磨机的使用

一、实验目的

（1）掌握 XQM-2L 型行星式球磨机的操作方法并能自主操作球磨机。

（2）了解球磨的实验原理及其影响因素。

二、实验原理

球磨机是将实验试样或生产原料研磨到胶状颗粒（最小可到 0.1 μm）并进行混合、匀化和分散，从而进行实验和分析的仪器。该仪器具有体积小、功能全、效率高、噪声低、使用面广等特点。

（一）操作方法

（1）球磨罐工作方式：2 个或 4 个球磨罐同时工作。

① 一套为 4 个球磨罐。

② 通常 4 个球磨罐质量[罐+磨球+试样+辅料（如丙酮、酒精）]应基本一致，以保持运转平稳，减小振动引起的噪声，延长设备的使用寿命。

③ 若样品不足，只对称使用 2 个球磨罐，不装另 2 个球磨罐。

（2）磨球：50 mL 和 100 mL 玛瑙球磨罐可配备 ϕ10 mm 和 ϕ5 mm 两种玛瑙磨球。50 mL 球磨罐一般配备 40 个 ϕ5 mm 磨球，或 10 个 ϕ10 mm 磨球。现有的 50 mL 球磨罐（共计 2 套 8 个）标准配备 30 个 ϕ5 mm 磨球和 10 个 ϕ10 mm 磨球，混合搭配。为获得最佳效果，通常大小球搭配使用，ϕ10 mm 和 ϕ5 mm 两种磨球搭配比例为 1∶5 或 1∶6。大球用来配重或砸碎样品以及分散小球，小球用来混合及研磨样品。

当研磨试样较少时，多使用 ϕ5 mm 磨球，少使用 ϕ10 mm 磨球。试样在 10 g 以内时，禁止使用球磨机，用玛瑙研钵研磨。但对于一系列研究材料，或全部使用球磨，或全部使用玛瑙研钵研磨，必须保证所有系列材料研磨的一致性，以便于比较研究和分析原因。

操作时可略微调整两种磨球搭配比例，当一个球磨罐的磨球配备不足时，可使用其他球磨罐的磨球，具体可参考表 3-6-1。

表 3-6-1　试样研磨量对应 ϕ10 mm 和 ϕ5 mm 磨球的搭配比例

50 mL 玛瑙球磨罐			100 mL 玛瑙球磨罐		
试样研磨	ϕ10 mm 磨球数量	ϕ5 mm 磨球数量	试样研磨量	ϕ10 mm 磨球数量	ϕ5 mm 磨球数量
10 g 以内	无	无	50～60 g	10	60
10～20 g	5	30	60～70 g	11	60
20～30 g	6	33	70～80 g	13	65
30～40 g	7	35	80～90 g	14	70
40～50 g	8	40	90～100 g	15	75

注意：本次实验使用的磨球只有ϕ10 mm 和ϕ21.5 mm 两种，建议适当添加磨球，但不能过多。建议 100 g 研磨量加入ϕ10 mm 磨球 10 个，ϕ21.5 mm 磨球 5 个即可。

（3）试样：最大直径应在 1 mm 以下。

（4）装料：装料最大容积（配球+试样+辅料）为球磨罐容积的 2/3，余下的 1/3 作为运转空间。

（5）将已装好球、料的球磨罐正确安装在球磨机上，先用 V 形把手顺时针压紧，注意用力适宜，然后用平把手锁紧，即锁紧螺母，以防止螺杆松动，发生意外。再罩上安全罩，否则电机无法启动。

（6）研磨程序设定的基本规则：

① 获取微米级材料球磨的最佳转速为 230 r/min 左右，搅拌与混合常用转速为 180 r/min 左右。可根据实验效果自定。

② 为了获取最佳效果，转速、球磨时间、配球、试样大小和多少、添加辅料等参数要选择恰当。

③ 转速：当球磨罐的盖磨出球的槽时，说明转速过高，应该降低转速。转速高，效率不一定高。开始操作时，转速可高一些，起到砸碎样品的作用；操作一段时间（一般不超过 2 min），转速可适当降低，这样球磨效率更高。球磨效率高低取决于配球（大、小、多、少）、试样颗粒大小、转速、球磨时间的搭配得当。

（7）研磨程序设定。

① 首先了解表 3-6-2 所示的球磨机专用变频器功能码，了解 PF01 ~ PF11 各项所代表的含义。右侧的值为默认值。在研磨时，主要修改 PF08 值，即定时运行总时间；其他取默认值。

表 3-6-2　球磨机专用变频器功能码

PF01	运行方式	0：单向运行；1：交替运行	1
PF02	运行定时控制	0：不定时；1：定时	1
PF03	交替运行时间设定	0.1 ~ 2 000 min	5
PF04	交替运行间隔待机时间	0.1 ~ 2 000 min	0
PF05	单向运行时间设定	0.1 ~ 2 000 min	5
PF06	单向运行间隔待机时间	0.1 ~ 2 000 min	0
PF07	单向运行的运转方向	0：正转；1：反转	0
PF08	定时运行总时间	0.1 ~ 2 000 min	100
PF09	拖动系统的传动比	0.01 ~ 99.99	1.76
PF10	显示方式	0：显示频率；1：显示转速	1
PF11	恢复出厂值	0：不动作；1：恢复	0

② 键盘控制面板如图 3-6-1 所示。

键盘控制面板的设定说明如下：

a. 按方式键（MODE），如果不显示 PF，通过上下△▽键调整到 PF 即可。

b. 按设置键（ENTER）。

c. 按上下△▽键到需改变数据的数码编号。

d. 按上下△▽键修改数据。

e. 按设置键（ENTER）确认。

f. 转速或频率通过面板上的电位器调节。

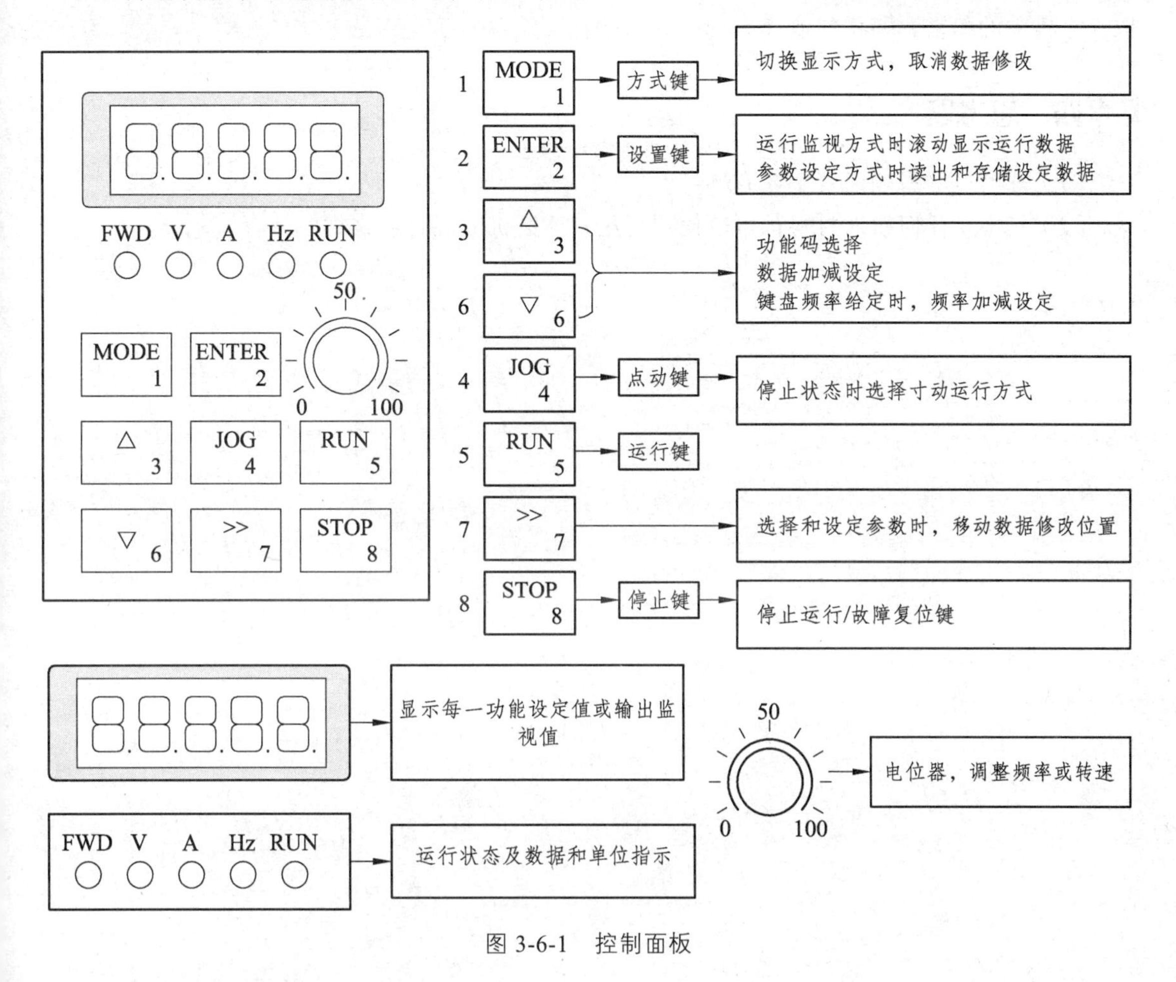

图 3-6-1　控制面板

（二）注意事项

（1）在“启动”前，选择最佳的运行方式，以提高研磨效率并延长设备的使用寿命。

（2）行星齿带的更换。

① 卸下安全罩及球磨罐、平把手等，然后翻转机底，支撑平衡。

② 卸下大三角皮带轮子上的三角皮带，再卸下大三角皮带轮。

③ 卸下 6 个 M6 或 M8 的六角螺钉，再用木榔头（中心轴头部一定要垫一块木板，以免损坏轴头）轻轻敲打出中心轴，这样就可以卸下整个行星机构，以便更换皮带。

三、实验内容

（1）先称取 200 g 钛粉，分装于两个球磨罐中（均匀分装）。

（2）请按表 3-6-1 选择相应的磨球装入罐中；注意装料最大容积（配球+试样+辅料）为球

磨罐容积的 2/3。

（3）设定球磨速度为 300 r/min，球磨时间分别为 1 min、3 min、5 min、10 min、20 min。

（4）球磨完成后分别将钛粉装袋保留（以备下一次实验使用）注意取粉末样品时不能只取一个罐中的粉末，要均匀取样。

四、思考题

（1）球磨机的影响因素主要有哪些？

（2）是不是任何粉末材料都可以使用行星式球磨机来混合或磨细？

实验七　液压压片机的使用

一、实验目的

（1）掌握液压压片机的原理。
（2）掌握压片机的操作流程。

二、实验材料及设备

（1）材料：钛粉、氧化镁、氧化铝等粉末。
（2）仪器与设备：压片模具、压片机。

三、实验原理

压片机主要通过液压油路来压制样品。图 3-7-1 为常用压片机的结构和油路原理图。

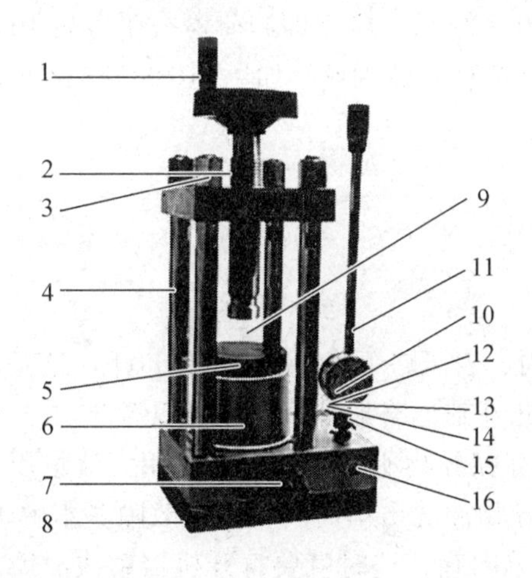

（a）压片机

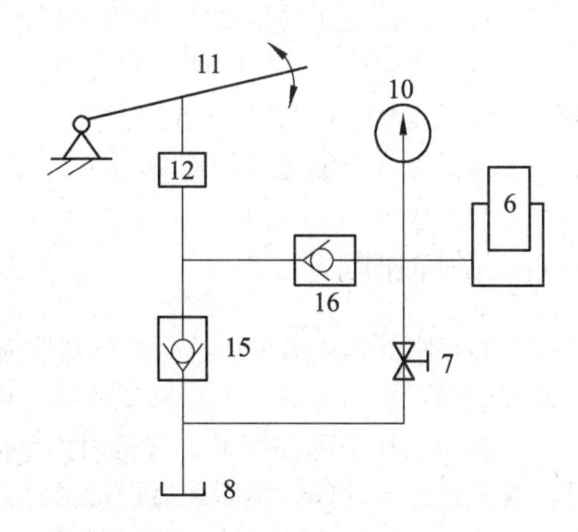

（b）油路原理

1—手轮；2—丝杠；3—螺母；4—立柱；5—工作台；6—大活塞；7—放油阀；8—油池；9—工作空间；10—压力表；11—手动压把；12—柱塞泵；13—注油孔螺钉；14—限位螺钉；15—吸油阀；16—出油阀。

图 3-7-1　压片机结构与油路原理

油路原理：工作时，放油阀 7 关闭。摆动手动压把 11，油液从油池 8 中经吸油阀 15 吸入，通过出油阀 16 压出进入大活塞 6 中，这样不断续存能量，而形成高压油，并在压力表 10 中显示出来。当开启放油阀 7，即可卸荷。

工作原理：先将注油孔螺钉 13 旋松，顺时针拧紧放油阀 7，将模具置于工作台 5 的中央，用丝杠 2 拧紧后，前后摇动手动压把 11，达到所需压力保压后，逆时针松开放油阀 7，取下模具即可。

四、实验步骤

（1）先使用电子天平称取所需粉末，然后放入模具中；

（2）将模具置于工作台上，拧紧；

（3）加压，丝杠上下摇动直至压力上升至所需压力；

（4）保压相应的时间后解压，拧松螺钉；

（5）取下模具中最下面的垫块，再次放入工作台；

（6）再进行压制，然后听到声音后松开压片机取出；

（7）取出压制样品，并且使用游标卡尺进行检测数据。

注：实际压制压力需根据公式来进行换算。

五、注意事项

（1）使用前必须先松开注油孔螺钉 13，压片机才能正常工作。

（2）定期在丝杠 2 及柱塞泵 12 处加润滑油。

（3）加压时不允许超过机器的压力范围，否则会发生危险。

（4）压片机使用清洁的 46 号机油为宜，不可用刹车油。

（5）加压时感觉手动压把 11 有力，但压力表 10 无指示，应立即卸荷检查压力表 10。

（6）新机器或较长一段时间没有使用时，在用之前稍紧放油阀，加压到 20 ~ 25 MPa 时即卸荷，连续重复 2 ~ 3 次，即可正常使用。

（7）大活塞 6 不能超过行程 20 mm。

六、故障排除

（1）如在刚性物体上加压，压力达到所需压力时，表压略下降 1.5 分度格以下。这是由于单向阀关闭滞后所引起的，不是机器故障，可以在此基础上略加一下压就可以解决。

（2）如果表压下降得较多，这是因为单向阀上存在异物所引起的，可以用大流量压力油冲洗。首先拧松放油阀，然后前后摇动摇杆数次将异物冲洗出单向阀，一般故障基本解决。

（3）由于压力油黏度较大，有时异物难以冲出单向阀，这时就要打开机器解决故障。步骤如下：

① 拧松放油阀。

② 将压力表连同下面的螺栓一同拧下（压力表连同下面的螺栓为一个整体，不能分开）。

③ 取出弹簧和钢球。用一块磁石吸附在内六角扳手上，内六角扳手端部吸附住钢球，一同在阀口处将阀口处的异物吸出后将钢球用乙醇冲洗干净，并将钢球和弹簧一同放回原处。

④ 关闭放油阀，缓缓地摇动摇杆，使单向阀孔中充满压力油后将压力表（压力表连同下面的螺栓为一个整体）拧回原处（检查 O 形圈是否完好可用）。

⑤ 拧紧放油阀，加压到 5 ~ 10 MPa 后打开放油阀就会听到哧哧声，这样反复数次听不到声音时系统中空气已排尽，可以正常工作。

七、实验报告要求

（1）写明实验目的、实验原理、实验内容及步骤。

（2）将压制样品取出后，将数据（数据保留小数点后两位）填入表 3-7-1 中。

表 3-7-1　压制试样数据

序号	试样直径 d/mm			平均值/mm	高度 H/mm			平均值/mm	压制压力/MPa
1									
2									
3									

八、思考题

（1）请简单说明液压压片机的原理。

（2）液压压片机使用过程中的注意事项有哪些?

实验八　洛氏硬度检测与分析

一、实验目的

（1）了解硬度测定的基本原理及应用范围。
（2）了解洛氏硬度试验机的主要结构及操作方法。

二、实验原理

（一）洛氏硬度实验的基本原理

洛氏硬度属于压入硬度法，根据压痕深度来确定硬度值指标。其实验原理如图 3-8-1 所示。

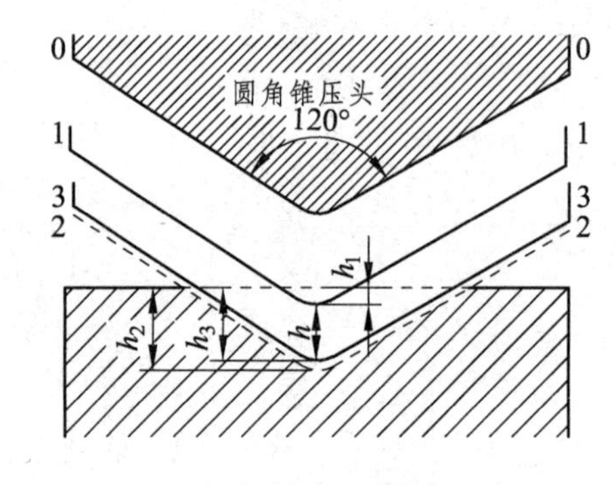

（a）压头示意图

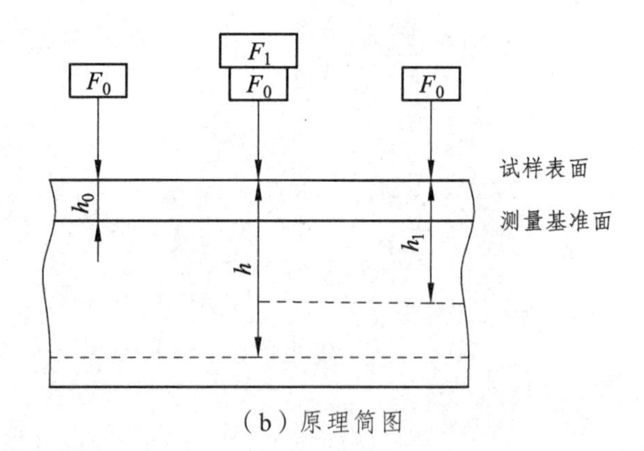

（b）原理简图

图 3-8-1　洛氏硬度实验原理图

用金刚石圆锥体压头或一定直径的钢球压头，在初实验力 F_0 和主实验力 F_1 先后作用下，压入试样表面，保持一定时间，卸除主实验力，保留初实验力，此时的压入深度为 h_1，在初实验力作用下的压入深度为 h_0，用它们的差 e（h_1-h_0）来表示压痕深度的永久增量。每压入 0.002 mm 为一个洛氏硬度单位。

（二）洛氏硬度单位类型

洛氏硬度实验所用压头有两种：一种是顶角为 120°的金刚石圆锥，另一种是直径为 1/16″（1.588 mm）的淬火钢球。根据金属材料软硬程度不一，可选用不同的压头和载荷配合使用，最常用的是 HRA、HRB 和 HRC 三种洛氏硬度。这三种洛氏硬度的压头、负荷及使用范围列于表 3-8-1 中。

表 3-8-1 常见洛氏硬度的实验规范及使用范围

标尺所用符号/压头	总负荷/kN	表盘上刻度颜色	测量范围/mm	相当维氏硬度值	应用范围
HRA 金刚石圆锥	600	黑色	70～85	390～900	碳化物、硬质合金、淬火工具钢、浅层表面硬化层
HRB 1/16″钢球	1 000	红色	25～100	60～240	软钢（退火态、低碳钢正火态）、铝合金
HRC 金刚石圆锥	1 500	黑色	20～67	249～900	淬火钢、调质钢、深层表面硬化层

注：① 金刚石圆锥的顶角为 120°+30′，顶角圆弧半径为（0.21±0.01）mm；
② 初负荷均为 100 kN。

（三）洛氏硬度计算公式

洛氏硬度测定时，需要先后两次施加载荷（初载荷及主载荷），预加载荷的目的是使压头与试样表面接触良好，以保证测量结果准确。图 3-8-1（a）中 0—0 位置为未加载荷时的压头位置，1—1 位置为加上 100 kN 预加载荷后的位置，此时压入深度为 h_1，2—2 位置为加上主载荷后的位置，此时压入深度为 h_2，h_2 包括由加载所引起的弹性变形和塑性变形。卸除主载荷后，由于弹性变形恢复而稍提高到 3—3 位置，此时压头的实际压入深度为 h_3。洛氏硬度就是以主载荷所引起的残余压入深度（$h=h_3-h_1$）来表示的。但这样直接以压入深度的大小表示硬度，将会出现硬的金属硬度值小，而软的金属硬度值大的现象，这与布氏硬度所表示的硬度值大小的概念相矛盾。为了与习惯上数值越大硬度越高的概念相一致，采用一常数（K）减去 h_3-h_1 的差值表示硬度值。为简便起见，又规定每 0.002 mm 压入深度作为一个硬度单位（即刻度盘上一小格）。

洛氏硬度值的计算公式如下：

$$\mathrm{HR}=\frac{K-(h_3-h_1)}{0.002} \tag{3-8-1}$$

式中，h_1 为预加载荷压入试样的深度（mm）；h_3 为卸除主载荷后压入试样的深度（mm）；K 为常数，采用金刚石圆锥时，K=0.2（用于 HRA、HRC），采用钢球时，K=0.26（用于 HRB）。

因此式（3-8-1）可改为

$$\mathrm{HRC}（或\ \mathrm{HRA}）=100-\frac{h_3-h_1}{0.002} \tag{3-8-2}$$

$$\mathrm{HRB}=130-\frac{h_3-h_1}{0.002} \tag{3-8-3}$$

三、洛氏硬度试验机的结构及操作

（一）洛氏硬度试验机的结构

洛氏硬度试验机的结构如图 3-8-2 所示。

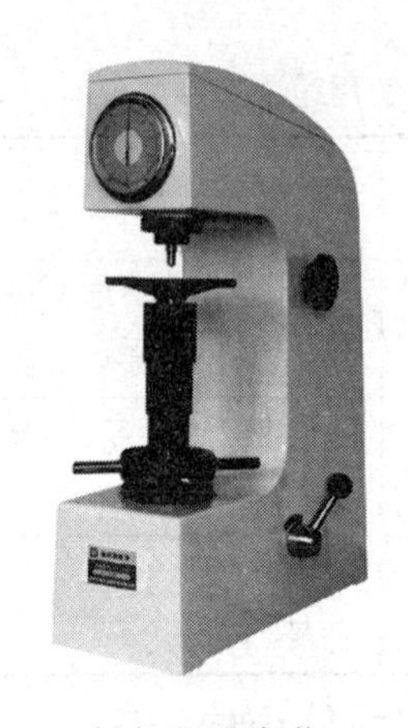

（a）仪器实物

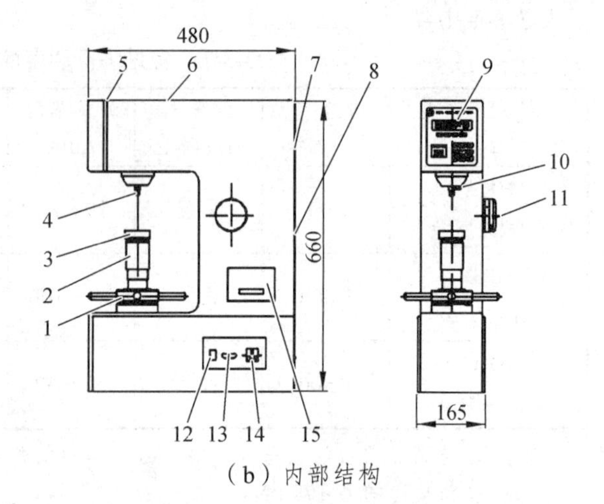

（b）内部结构

1—旋轮；2—保护罩；3—测试台；4—压头；5—上盖固定螺钉；6—上盖；7—后盖固定螺钉；8—后盖；9—操作面板；10—压头止紧螺钉；11—变荷手轮；12—电源开关；13—接口；14—电源插座；15—打印机。

图 3-8-2 洛氏硬度计

（二）实验操作

（1）先使用标准块洛氏硬度计进行校准（用完硬度标准块一定要用油纸包住以防生锈；另外，写有硬度值的一面在底面进行校准工作。硬度标准块有三块：HRB 一块，91.5 HRB；HRC 两块，24.8 HRC，60.9 HRC）。

（2）将要进行硬度检测的金属材料表面去除杂质（除锈）和油污，以防产生误差。

（3）将金属块放置于工作台上，转动工作台使硬度计压头接触金属块（压头如检测 HRA、HRC，使用编号 1105167 压头；检测 HRB，使用无编号压头）。

（4）继续转动工作台，使指针里的短针指向右侧黄色位置，观察长指针指向 0 并停止转动。

（5）拉动加载拉杆，进行加载，加载 5 ~ 15 s 后停止加载。

（6）读数，并记录数据。注意：第一次的数据不能用，共检测 6 次数据，后 5 次数据求平均值即为检测数据（如某一数据相差较大，去除该数据重测）。

（7）如果检测一块不知道硬度高低的金属块，先用 HRA 进行检测，如果数值较软（接近 60 HRA 或以下），换 HRC 来检测较为准确，若 HRC 检测结果小于 20 HRC，换成 HRB 检测（注意要换压头）。

四、实验设备

HRA-150 数显洛氏硬度计。

五、实验数据

将实验数据填入表 3-8-2 中。

表 3-8-2　实验数据记录

材质	第一次	第二次	第三次	第四次	第五次	第六次	平均值

六、实验注意事项

（1）被测试件的表面应平整光洁，不得带有污物、氧化皮、凹坑及显著的加工痕迹。试件的支撑面和测试台应清洁，保持良好密合，试件的厚度约大于 10 倍压痕深度。

（2）根据试件的形状、尺寸大小来选择合适的测试台。试件如为异形，则可根据具体的几何形状自行设计制造专用夹具，使硬度测试具有准确的示值。

（3）一定要匀速转动变荷手轮，来改变主实验力的大小，这样测得的硬度值才更准确。

（4）未知样品软硬的情况下，应当首先测量 HRA 或 HRC；明确比较软后，即 HRA≤60（HRC≤20）再测量 HRB，避免损坏钢球压头。

七、思考题

（1）请问 HRA、HRB 和 HRC 分别适用于检测什么材料？

（2）HRA、HRB 和 HRC 硬度检测时有何差异？

实验九　马弗炉的原理及使用

一、实验目的

（1）了解马弗炉的基本原理及使用方法。

（2）熟悉马弗炉的操作方法及注意事项。

（3）可顺利使用马弗炉进行相关热处理操作。

二、实验设备

马弗炉（最高烧结温度 1 650 °C）

三、实验内容及步骤

“智能纤维电阻炉”又称马弗炉。马弗炉（Muffle furnace），Muffle 是包裹的意思，furnace 是炉子、熔炉的意思。马弗炉的通用叫法有以下几种：电炉、电阻炉等。马弗炉是一种通用的加热设备，依据外观形状可分为箱式炉、管式炉、坩埚炉。

（一）马弗炉的应用

（1）热加工、工业工件处理，如水泥、建材行业进行小型工件的热加工或处理。

（2）医药行业，用于药品的检验、医学样品的预处理等。

（3）化学行业，作为水质分析、环境分析等领域的样品处理，也可以用来进行石油分析。

（4）煤质分析，用于测定水分、灰分、挥发分、灰熔点分析、灰成分分析、元素分析，也可以作为通用灰化炉使用。

（二）马弗炉的分类

对于马弗炉的分类，可以根据其加热元件、额定温度和控制器的不同而分类。

（1）按加热元件区分有：电炉丝马弗炉、硅碳棒马弗炉、硅钼棒马弗炉等。

（2）按额定温度来区分，一般分为 1 000 °C 以下马弗炉，1 000 °C、1 200 °C 马弗炉，1 300 °C、1 400 °C 马弗炉，1 600 °C、1 700 °C 马弗炉，1 800 °C 马弗炉等。

（3）按控制器来区分有：指针表、普通数字显示表、PID 调节控制表、程序控制表。

（4）按保温材料来区分有：普通耐火砖和陶瓷纤维两种。

（三）马弗炉的操作与设置

如图 3-9-1 所示为马弗炉的操作界面。为方便说明，四个操作按钮分别命名为“圈”“左”“上”“下”。

（1）打开电源开机，可见 PV 和 SV 两处显示数字，即可以开始设置程序。

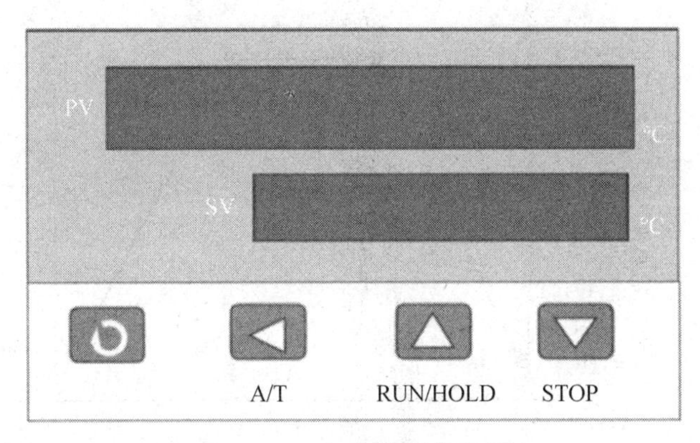

图 3-9-1　马弗炉操作界面

（2）按圈键（保持约 2 s），开始进入参数设置状态，在参数设置状态下按圈键，仪表将依次显示各参数，如上限报警值 HIAL、参数锁 loc 等。对于配置好并锁上参数锁的仪表，只出现操作上需要用到的参数。按下键可减少数据，按上键可增加数据，修改数值位的小数点同时闪动，按键并保持不放，可以快速地增加、减少数值，并且速度会随小数点右移自动加快；按左键则可直接移动修改数据的位置（光标）。

（3）按圈键（保持约 2 s），PV 处显示 step，SV 处显示开始设置的步骤数（如要从第一步开始设置，且 SV 处显示 1，一般建议设置成 1），通过上下键可以改变步骤数。

（4）再按圈键，PV 处显示 200，按左键，从开始设置的步骤进行修改。此步骤操作速度应当快一些，如太慢会回到开机时的温度显示。此时，只需要从“1”重新开始即可。

（5）PV 处首先显示 C 和步骤数，为温度设置，设定好之后再按圈键。PV 处显示 t 和步骤数，为时间设置，再按圈键，重复上面操作。当要结束程序时，只需要将时间设定为-121，程序即可结束运行。温度和时间的设置通过上下键来实现，左键可以调节光标所在的位置。

（6）按住左键，再按圈键，完成设置，PV 先显示 200，然后自动回到初始显示（PS：长按左键并保持不放，可返回显示上一参数；按住左键，再按圈键为退出设置参数状态；如果没有按键操作，约 30 s 后会自动退出设置参数状态）。

（7）长按上键，开始运行程序（显示 run 后程序执行，PV 为设定温度，SV 为实际温度）。之后再长按上键，暂停程序；长按下键，提前结束程序。

另注意闪动显示：

① 闪动显示“orAl”表示输入的测量信号超出量程（因传感器规格设置错误，输入断线或短路均可能引起），此时仪表将自动停止控制，并将输出设置为 0。

② 闪动显示“HIAL”“LOAL”“HDAL”或“LDAL”时，分别表示发生了上限报警、下限报警、偏差上限报警、偏差下限报警。

③ 闪动显示“STOP”表示程序处于停止状态；“HOLD”和“RDY”分别表示程序处于暂停状态和准备状态；当程序正常运行时（run 状态），无闪动字符。

四、实验内容

（1）按照图 3-9-2 进行设置程序，升温速度<5 °C/min。请计算时间并设置程序完成整个过程。

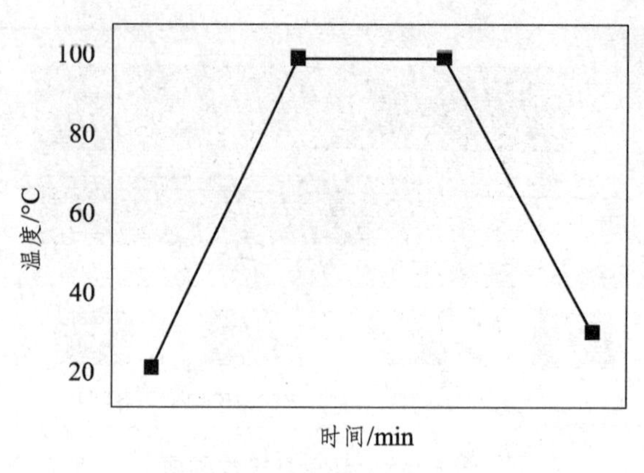

图 3-9-2　温度-时间图

（2）详细说明图 3-9-3 所示的工艺流程图每一步的设置过程。

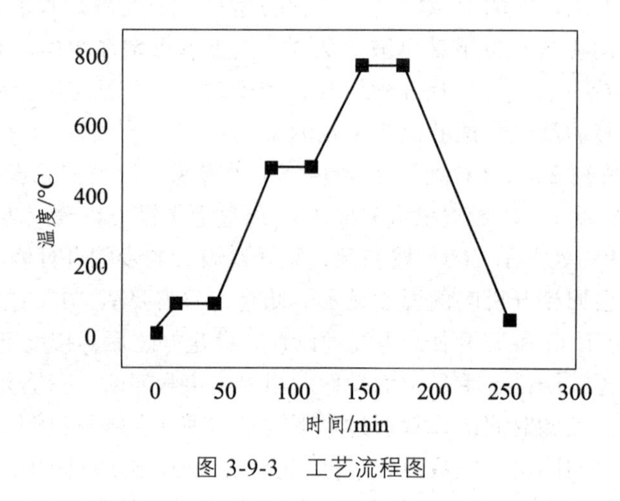

图 3-9-3　工艺流程图

五、注意事项

（1）当马弗炉第一次使用或长期停用后再次使用时，必须进行烘炉。烘炉的时间应为室温至 200 °C 4 h，200 °C 至 600 °C 4 h。使用时，炉温最高不得超过额定温度，以免烧毁电热元件。禁止向炉内灌注各种液体及易溶解的金属，马弗炉最好在低于最高温度 50 °C 以下工作，此时炉丝有较长的寿命。

（2）马弗炉和控制器必须在相对湿度不超过 85%，没有导电尘埃、爆炸性气体或腐蚀性气体的场所工作。凡附有油脂之类的金属材料需进行加热时，将产生大量挥发性气体影响和腐蚀电热元件表面，影响马弗炉的使用寿命。因此，加热时应及时预防、密封容器或适当开孔加以排除。

（3）马弗炉控制器应限于在环境温度 0 ~ 40 °C 范围内使用。

（4）根据技术要求，定期检查电炉、控制器各接线是否良好，指示仪表指针运动时有无卡滞现象，并用电位差计校对仪表因磁钢、退磁、涨丝、弹片的疲劳、平衡破坏等引起的误差情况。

（5）热电偶不要在高温时骤然拔出，以防外套炸裂。

（6）经常保持炉膛清洁，及时清除炉内的氧化物。

六、思考题

（1）马弗炉与电阻炉的区别是什么？

（2）马弗炉的烧结温度范围是多少？

实验十　激光粒度分析及原理

一、实验目的

（1）了解激光粒度仪的基本操作。

（2）了解激光粒度仪测定的基本原理。

二、实验原理

光在传播中，波前受到与波长尺度相当的隙孔或颗粒的限制，以受限波前处各元波为源的发射在空间干涉而产生衍射和散射，衍射和散射光能的空间（角度）分布与光波波长和隙孔或颗粒的尺度有关。用激光作光源，光为波长一定的单色光后，衍射和散射光能的空间（角度）分布就只与粒径有关。

激光粒度分析仪的原理是基于激光的散射或衍射，颗粒的大小可直接通过散射角的大小表现出来，小颗粒对激光的散射角大，大颗粒对激光的散射角小，通过对颗粒角向散射光强的测量（不同颗粒散射的叠加），再运用矩阵反演分解角向散射光强即可获得样品的粒度分布。激光粒度仪原理图如图 3-10-1 所示，来自固体激光器的一束窄光束经扩充系统扩充后，平行地照射在样品池中的被测颗粒群上，由颗粒群产生的衍射光或散射光经聚透镜会聚后，利用光电探测器进行信号的光电转换，并通过信号放大、A/D 变换、数据采集送到计算机中，最后通过预先编制的优化程序，即可快速求出颗粒群的尺寸分布。

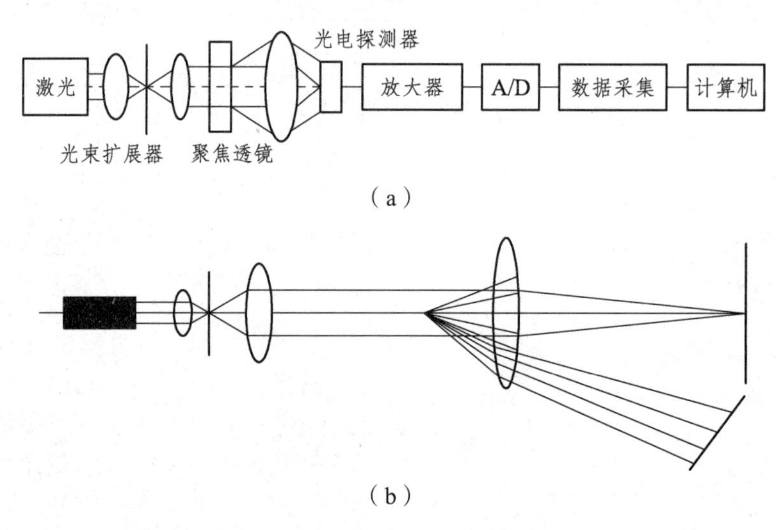

图 3-10-1　激光粒度仪原理示意图

三、实验仪器和材料

激光粒度仪、未知粉末试样。

四、实验内容与步骤

（1）按照粒度仪、计算机、打印机的顺序将电源打开，并使样品台里充满蒸馏水。打开泵，仪器预热 10 min。

（2）进入操作程序，建立连接，再进行相应的参数设置。

（3）启动 Run-run cycle（运行信息），选择 measure offset（测量补偿）、Alignment（光路校正）、measure background（测量空白）、loading（加样浓度）、Start 1 run（开始测量），输入样品的基本信息，并将分析时间设为 60 s，点击 start（开始）。

（4）如需要测量小于 0.4 μm 的颗粒，选择 Include PIDS，并将分析时间改为 90 s 后，点击 start（开始）。泵速的设定根据样品的大小来确定，一般设为 50，颗粒越大，泵速越高，反之亦然。

（5）在测量补偿、光路校正、测量空白的工作通过后，根据软件的提示，加入样品并控制好浓度，Obscuration 应稳定在 8% ~ 12%；假如选择了 PIDS，则要把 PIDS 稳定在 40% ~ 50%，待软件出现 OK 提示后，点击 Done（完成）。

（6）分析结束后，排出液体，并加水清洗样品台，准备下一次分析。

（7）做平行实验，保存好结果，根据要求打印报告。

（8）退出程序，关闭电源，将样品台里加满水，防止残余颗粒附着在镜片上。

五、思考题

（1）激光粒度检测仪检测的样品尺寸范围为多少？

（2）激光粒度检测时分散剂类型是什么？

实验十一　材料密度、孔隙率及吸水率的测定

一、实验目的

（1）了解体积密度、孔隙率、吸水率等概念的物理意义。
（2）了解测定材料体积密度、密度（真密度）的测定原理和测定方法。
（3）通过测定体积密度、密度（真密度），掌握计算材料孔隙率和吸水率的计算方法。

二、实验意义

材料的密度是材料最基本的属性之一，也是进行其他物性测试（如颗粒粒径测试）的基础数据。材料的孔隙率、吸水率是材料结构特征的标志。在材料研究中，孔隙率、吸水率的测定是对产品质量进行检定的最常用的方法之一。

材料的密度，可以分为体积密度、真密度等。体积密度是指不含游离水材料的质量与材料的总体积（包括材料的实体积和全部孔隙所占的体积）之比。材料质量与材料实体积（不包括存在于材料内部的封闭气孔）的比值，则称为真密度。

孔隙率是指材料中气孔体积与材料总体积之比。吸水率是指材料试样放在蒸馏水中，在规定的温度和时间内吸水质量和试样原质量之比。由于吸水率与开口孔隙率成正比，在科研和生产实际中往往采用吸水率来反映材料的显气孔率。

因此，在陶瓷材料、耐火材料、塑料、复合材料等材料的研究和生产中，测定这三个指标对材料性能的控制有着重要意义。

三、实验原理

材料的孔隙率、吸水率的计算都是基于密度的测定，而密度的测定则是基于阿基米德原理。由阿基米德原理可知，浸在液体中任何物体都要受到浮力（即液体的静压力）的作用，浮力的大小等于该物体排开液体的重量。重量是一种重力的值，但使用根据杠杆原理设计制造的天平进行衡量时，对物体重量的测定已归结为其质量的测定。因此，阿基米德定律可用下式表示：

$$m_1 - m_2 = V\rho_L \tag{3-11-1}$$

式中，m_1 为在空气中称量物体时所得的质量；m_2 为在液体中称量物体时所得的质量；V 为物体的体积；ρ_L 为液体的密度。这样，物体的体积就可以通过将物体浸于已知密度的液体中，测定其质量的方法来求得。

在工程测量中，往往忽略空气浮力的影响。在此前提下进一步推导，可得用称量法测定物体密度时的原理公式。这样，只要测出有关量并代入式（3-11-1），就可以计算出待测物体在温度 t 时的密度。

$$\rho = \frac{m_1 \rho_L}{m_1 - m_2} \tag{3-11-2}$$

实验中真密度测定是基于粉末密度瓶浸液法来测定的。其原理是：将样品制成粉末，并将粉样浸入对其润湿而不溶解的浸液中，用抽真空或加热煮沸排除气泡，求出粉末试样从已知容量的容器中排出已知密度的液体，从而得出所测粉末的真密度。

四、实验仪器

1. 实验仪器和材料

密度孔隙率检测仪（天平）、坩埚、蜡、电炉、样品等。

2. 实验试剂。

蒸馏水或自来水。

五、实验内容与步骤

（一）仪器准备阶段

使用测试仪之前，需温机 10 min 机器才能处于稳定状态。若测试仪移动至别处或四周位置改变时需进行校正（按照说明书）。

测试仪有三种模式，实验前先确认要测量的模式再进行选择。

（1）按 ON/OFF 开机。

（2）当显示屏显示如 0.000 g，此时为陶瓷媒介法测量模式。

（3）长按 ON/OFF 按键，当显示屏上方符号表显示%，此时为陶瓷封蜡法测量模式。

（4）在陶瓷封蜡法测量模式下长按 ON/OFF 按键，当屏幕上方符号表显示三角形时为不吸水陶瓷测量模式。

（二）有孔隙的精密陶瓷媒介法测量步骤

（1）按开机键后，显示屏将显示 0.000 g，即可开始测量。

（2）轻轻地将样品放于测量台上，重量将显示在屏幕上。

（3）稳定符号 O 出现后，按 Memory 键，在屏幕上方会显示 R1，表示已记录样本空气中的重量值。

（4）将样品利用媒介法来进行防水处理。

（5）防水处理完毕后，将防水处理后的样品放置在测量台上，稳定符号 O 出现后，按 Memory 键，在屏幕上方会显示 R2，表示已记录防水处理后的样品空气中的重量值。

（6）将防水处理后的样品放入水中，稳定符号 O 出现后，按 Memory 键，在屏幕上方会显示 R3，表示已记录防水处理后的样本的水中的重量值。

（7）样品的密度值将被显示，可用 F 键来变换显示数据。

（8）用夹子从水槽中取出样品。

（9）按 Memory 键则立即回到待测状态。

（三）实验内容

对给定样品进行相应的检测后，请将数据填入表 3-11-1 中。

表 3-11-1 检测试样数据

编　号	试样 1	试样 2	试样 3
体积密度			
湿密度			
视密度			
视孔隙率			
吸水率			
开放孔体积			
封闭孔体积			
总孔隙率			
直径/mm			
高度/mm			
体积 mm^3			

六、思考题

查找资料，找到孔隙率、吸水率的计算公式，并根据测试数据计算是否与测试仪检测的一致。

实验十二　线性极化技术测量金属腐蚀速度

一、实验目的

（1）了解线性极化法测定金属腐蚀速度的原理和方法。
（2）掌握电位扫描法测定塔菲尔（Tafel）曲线。
（3）应用塔菲尔曲线计算极化电阻、塔菲尔曲线斜率和腐蚀电流。
（4）应用 stern 公式计算腐蚀速度。

二、实验原理

以测量铁在硫酸溶液中的腐蚀为例。从电化学的基础理论可知，当铁在硫酸溶液中时，会发生两个反应过程：

阳极过程：$Fe-2e=Fe^{2+}$

阴极过程：$2H^{+}+2e=H_2\uparrow$

如果外电路无电流流过时，铁的阳极溶解速度与表面氢的逸出速度相等，该速度就是铁的腐蚀速度，用电流密度$i_{腐}$表示，此时铁的电位即是腐蚀电位 $\varphi_{腐}$。$i_{腐}$和 $\varphi_{腐}$可以通过测定铁在硫酸中的阴极和阳极的塔菲尔曲线，并将两条曲线的直线段外延相交求得，交点所对应的电流是 $i_{腐}$，电位是 $\varphi_{腐}$。图 3-12-1 是铁在硫酸中的阴极和阳极的塔菲尔曲线示意图。

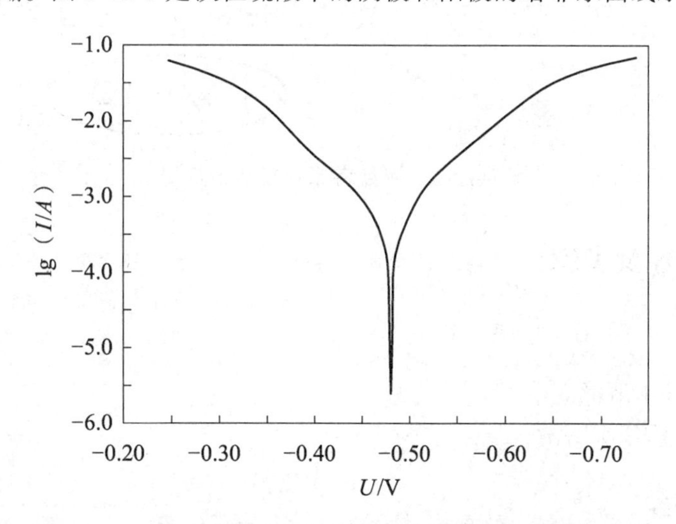

图 3-12-1　铁在硫酸中的阴极和阳极的塔菲尔曲线示意图

在实际应用时，有时两条曲线的外延线交点不准确，给精确测量带来很大的误差。所以本实验采用线性极化法测定腐蚀速度。

线性极化的含义就是指在腐蚀电位附近，当 $\Delta\varphi\leqslant10$ mV 时，极化电流 i 与极化电位 $\Delta\varphi$ 之间存在着线性规律。对于由电化学步骤控制的腐蚀体系，存在下列关系式，该公式即是线性极化法的 Stern 公式：

$$i_{腐} = \frac{i}{\Delta\varphi}\left[\frac{b_a b_k}{2.303(b_a + b_k)}\right] \tag{3-12-1}$$

式中，$i/\Delta\varphi$ 的倒数称为极化电阻，$R_r=\Delta\varphi/i$；b_a 和 b_k 分别为阳极和阴极的塔菲尔常数，即是两条外延直线的斜率。根据上述基本原理，测量腐蚀体系的极化电阻 R_r 和塔菲尔曲线的 b_a 和 b_k，用 Stern 公式，即可求出腐蚀速度 $i_{腐}$。

三、实验装置

（1）计算机一台。
（2）电化学分析仪（CHI604B）一台。
（3）电解池 2 个。
（4）辅助电极（铂片电极）1 个。
（5）参比电极（硫酸亚汞电极、甘汞电极）2 个。
（6）研究电极（细铁丝 3 根）。
实验线路示意图如图 3-12-2 所示。

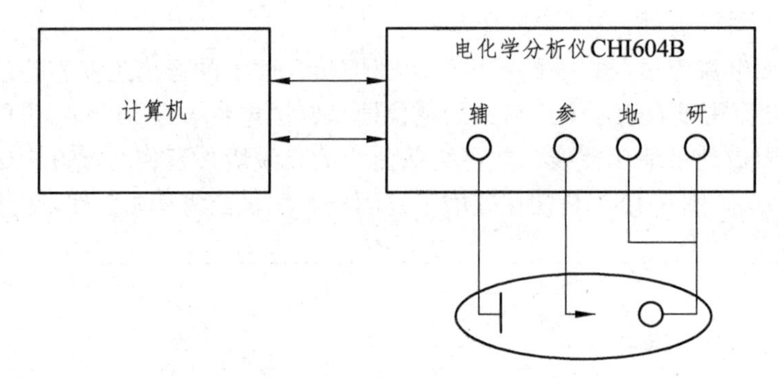

图 3-12-2　测量塔菲尔线路示意图

四、实验内容及步骤

（一）溶液

（1）3.5% NaCl 水溶液。
（2）1 mol/L NaOH 水溶液。

（二）测量内容

（1）测量两种不同体系的塔菲尔曲线。
（2）应用塔菲尔曲线计算腐蚀电流和斜率。
（3）应用塔菲尔曲线求解极化电阻。

（三）实验步骤

（1）清洗电解池，装入 1 mol/L NaOH 溶液至电解池 2/3 处。放入参比电极、辅助电极、研究电极（研究电极放入电解池前，要用细砂纸打磨至光亮，水洗后放入电解池）。

（2）按图 3-12-2 接好线路，打开计算机和电化学分析仪开关。在计算机桌面上用鼠标点击 CHI604B 图标，进入分析测试系统。

（3）选择菜单中的“T”（Technique，实验技术）进入，选择菜单中的 Tafel Plot，点击“OK”退出。

（4）选择菜单中的“Control”（控制）进入，选择菜单中的 Open Circuit Potential（开路电压）输入给定的开路电压退出。

（5）选择菜单中的 Parameters（实验参数）进入实验参数设置。Init E（V）（初始电位）和 Final E（V）终止电位，应根据给定的开路电压±（0.25 ~ 0.5）V 来确定。Scan Rate（V/s）扫描速度为 0.000 5 ~ 0.001。其余参数可选择自动设置。

（6）选择菜单中的“Run”开始扫描。

（7）扫描结束，选择菜单中的 Graphics（图形）进入，选择 Graph Option（图形选择）进入，在 Data（数据）中选择 Current（电流）进入图形，取 $\Delta\varphi$ 和对应的 ΔI，$\Delta\varphi/\Delta I=R_r$，计算出极化电阻。

（8）进入 Analysis（分析），选择菜单中 Special Analysis（特殊分析）进入，点击 Calculate（计算）得出阴极塔菲尔曲线斜率、阳极塔菲尔曲线斜率和腐蚀电流。

（9）更换溶液，重复以上步骤，分别做 3.5% NaCl 溶液不同体系的实验。

（10）将做出的曲线存盘、打印。

（11）关闭电源，取出研究电极，清洗干净，结束实验。

五、数据处理

（1）根据得出的数据计算极化电阻。

（2）分析比较两种不同体系的塔菲尔曲线的差异。

（3）记录阴极塔菲尔曲线斜率、阳极塔菲尔曲线斜率和腐蚀电流。

（4）如果两条切线能相交，交点对应的电流即是腐蚀电流密度 $i_{腐}$，比较与用 Stern 公式计算出的腐蚀电流密度 $i_{腐}$的差异。

六、思考题

（1）分析不同金属腐蚀产生的现象及原因。

（2）分析不同溶液浓度下金属的腐蚀速度。

（3）讨论涂层对金属腐蚀行为的影响程度。

第四章 计算机在材料科学研究中的应用

计算机在材料科学研究中的应用实验课主要介绍化学式绘制工具 Chemdraw 和 Chem3D 软件，数据绘图和处理工具 Origin 软件，美化和修改图片工具 Photoshop 软件，绘制工程图纸软件 AutoCAD 软件五类软件工具。通过本章内容的学习，学生具有处理实验数据的基本能力，并能够综合使用多种工具对数据进行分析处理。

实验一 Chemdraw 的学习与使用

一、实验目的

（1）熟悉 Chemdraw 软件的主要功能。
（2）掌握 Chemdraw 软件的基本操作及其应用。
（3）能够利用 Chemdraw 软件解决相关化学化工方面的问题。

二、实验仪器与设备

Chemdraw 软件，计算机一台。

三、实验原理

（一）菜单介绍

Chemdraw 软件的菜单如图 4-1-1 所示。下面主要介绍前面 5 个菜单功能，后续 Text、Curves、Colors 等菜单如字面意思功能较简单，不再详细介绍。

File Edit View Object Structure Text Curves Colors Online Window Help

图 4-1-1 Chemdraw 软件菜单

1. File 菜单

该菜单除了可保存文件等功能外，还具有如下功能：

（1）Document Setting：可以进行包括结构式的各种样式的设定。

Layout：布局，可对操作页面进行扩展，以确保有足够的空间来进行作图。

Drawing：可调整化学键的长宽间距等（Bonds）。

Text Caption、Atom Labels：用于更改字体的大小。图中的文本设置在 Caption 里，原子大小设定则用 Label 选项。

Colors：可修改背景色和图的颜色。

（2）Apply Document Setting From：可使用其他样式进行设定。最上方的 other 选项可以选择以前设定使用过的样式。

（3）Open Style Sheets：可点击后修改样式表。初学者一般推荐 ACS 格式。

2. Edit 菜单

该菜单主要用于复制、修改与插入图片等。

（1）Copy as：把分子结构式转换成 SMILE 文字序列或者 SLN 文字序列，可以把这些文字复制到剪贴板用于复制粘贴。

（2）Paste Special：与 Copy as 相反，把文字列转换成分子结构式。

（3）Get 3D Model：把平面结构式转换成三维模型。转换出来的模型双击后可以用 Chem3D 进行再次编辑。

（4）Insert File：用于插入外部的一些图像文件。

3. View 菜单

该菜单用于切换各种工具窗口。

（1）Show Crosshair & Rulers：显示十字线和标尺，以便于调整化合物的位置。

（2）Show Main、General、Style Toolbar：这三个选项在画结构式时都需要点开显示。

（3）Show Analysis、Chemical Properties：画完化学结构后用于预测化学物理性质等数据（分子摩尔质量、分子质量分布、沸点等）。

（4）Show Character Map：需要使用希腊字母等特殊文字时使用的选项。

（5）Show Chemical Warnings：画结构式时可检查绘制的原子价态是否出现问题，一旦出现问题，它会自动以红色标出提醒。

（6）Actual Size、Fit to Window、Magnify、Reduce：调整画面表示的倍率。Actual Size 表示 100%的倍率；Fit to Window 表示调整到契合窗口大小；Magnify 表示扩大；Reduce 表示缩小。

4. Object 菜单

该菜单用于多个化合物之间的位置关系的调整，以及化合物的修饰美化等。

（1）Fixed Lengths & Angles：指定并且统一化合物键的线长以及结合角度。

（2）Show Stereochemistry：显示表示立体化学的参数。

（3）Align、Distribute：对所画的多个化学结构式、反应式进行排列。

（4）Add Frames：在图上添加各种框架。

（5）Group、Ungroup：把多个对象化合物编成一个“组”，也就是把指定的化合物进行全选。Ungroup 为解除全选选项。

（6）Join：选定两个化合物各自的一个化学键，使这两个化学键自动成键。

（7）Bring to Front、Send to Back：调整两个重叠的化合物之间的前后关系。

（8）Frip、Rotate、Scale：依次是图形的反转与扩大、缩小。Horizontal 表示左右方向、Vertical 表示上下方向。

5. Structure 菜单

该菜单用于将画好的结构式为对象进行一些操作。

（1）Check Structure：检查所画分子式是否正确。

（2）Clean Up Structure：以 Document Settings Drawing 指定的键长、结合角度等为基准自动进行调整。其中有时只调整分子中的一些基团。

（3）Expand Label：把缩写的取代基以完整的结构表示出来。

（4）Contract Label：与 Expand Label 相反，将一些基团转换成其缩写模式。

（5）Add Multi-Center Attachment：用于表示部分结构式交叠共轭时的结构，如 Cp 环 π-烯丙基种。

（6）Add Variable Attachment：用来表示拥有多个同分异构体的化学结构。

（7）Predict 1H-NMR Shifts、13C-NMR Shifts：预测所画化学结构式的氢谱与碳谱。

（8）Convert Name to Structure、Convert Structure to Name：由化学名自动给出相应化学结构，或者已知化学结构自动给出其命名。

（二）Chemdraw 常用术语

1. 点　位

移动鼠标直到鼠标的光标放到所要操作的位置，如果选择的位置在图形结构中的键、原子、线上面，一般会出现黑方块，称之为光标块、选择块和操作块。

2. 选　择

用鼠标的光标选中某个对象，使对象产生光标。选择对象并不意味着动作，只是标记要操作的对象和点位。

3. 单　击

快速按下鼠标键（左或右键），然后快速抬起。

4. 双　击

快速操作两次鼠标键。

5. 拖　动

拖动由三部分动作组成：按下鼠标左键选择对象，移动鼠标，将被选择的对象移动到指定位置后抬起鼠标。

（三）绘制工具的简单介绍

绘制工具如图 4-1-2 所示，从左至右依次为套索、苯环、蓬罩、实键、橡皮、虚键、文本、切割键、笔、切割楔键、箭头、黑体键、轨道、黑体楔键、基元、空心楔键、符号工具、弧形工具、原子反应、长链、模板工具、环丙烷、环丁烷、环戊烷、环已烷、环庚烷、环辛烷、环已烷椅式、环戊二烯、波浪键。

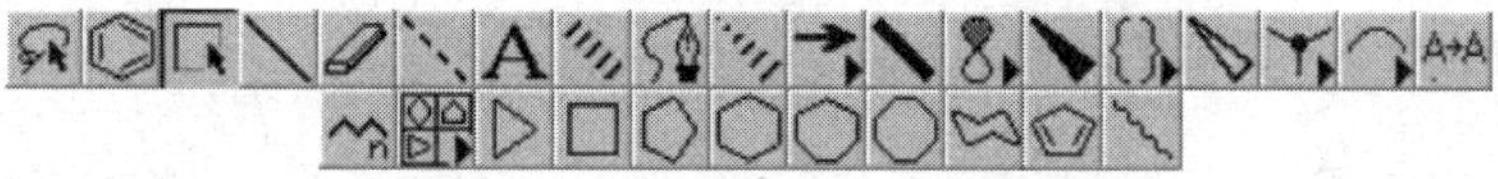

图 4-1-2　绘制工具

四、实验内容

（1）画出如图 4-1-3 所示的结构。

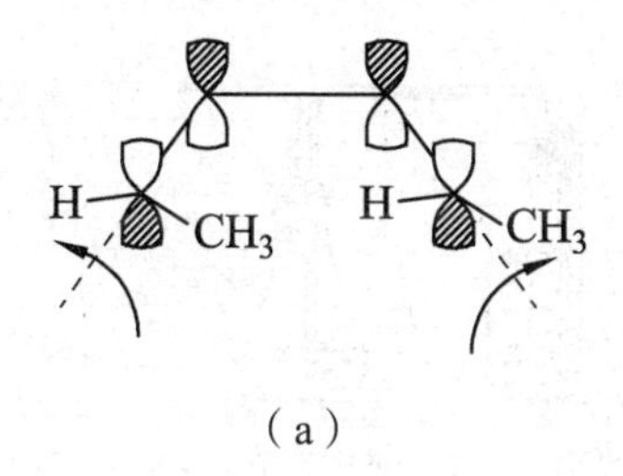

（a）

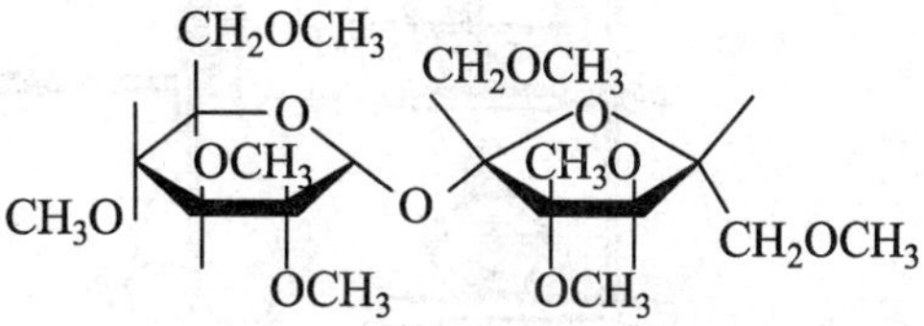

CH_2OCH_3　CH_2OCH_3　O　OCH_3　CH_3O　O　O　CH_3O　CH_2OCH_3　OCH_3　OCH_3

（b）

图 4-1-3　化学结构

（2）输入如图 4-1-4 所示的反应式。

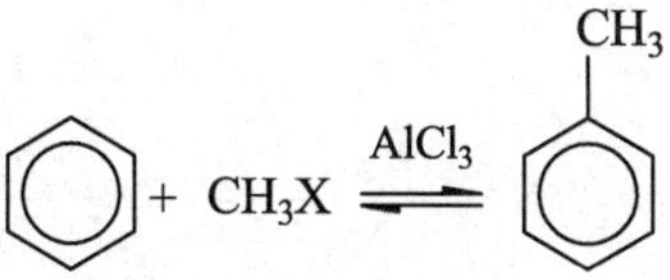

CH_3　+ CH_3X　$AlCl_3$

（a）

$OCOCH_3$　CH_3　$AlCl_3$　OH　CH_3　$COCH_3$　$AlCl_3$　OH　$COCH_3$　CH_3

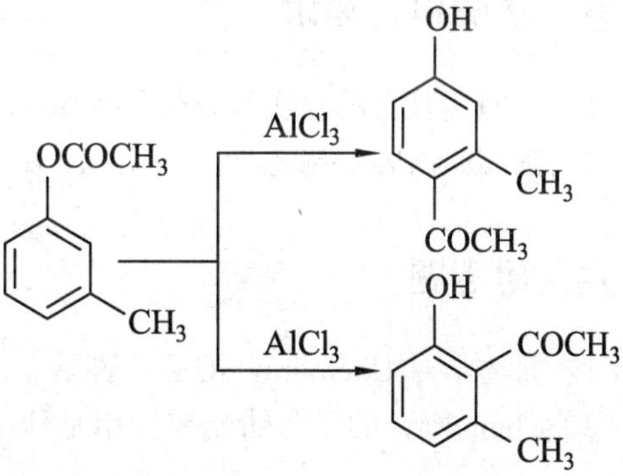

（b）

图 4-1-4　反应式

（3）画出如图 4-1-5 所示的结构并命名。

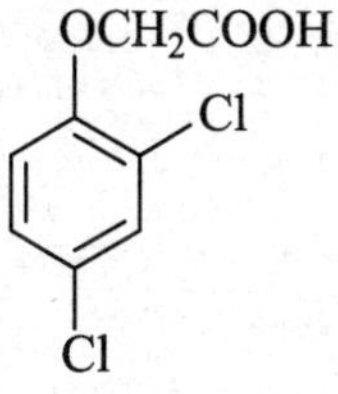

OCH_2COOH　Cl　Cl

（a）

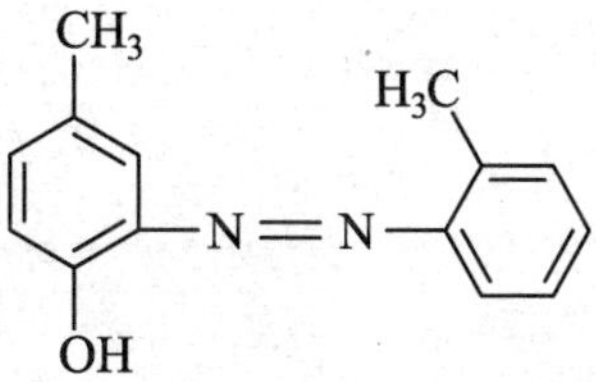

CH_3　H_3C　N＝N　OH

（b）

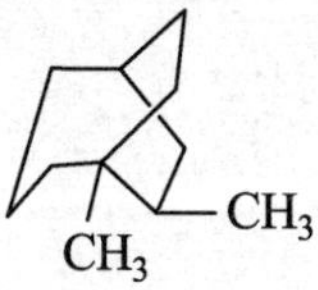

CH_3　CH_3

（c）

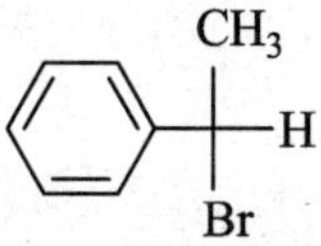

CH_3　H　Br

（d）

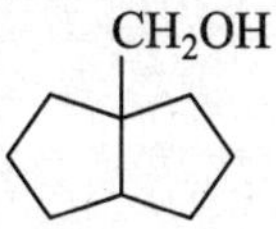

CH_2OH

（e）

图 4-1-5　化学结构

（4）画出如图 4-1-6 所示的实验装置图。

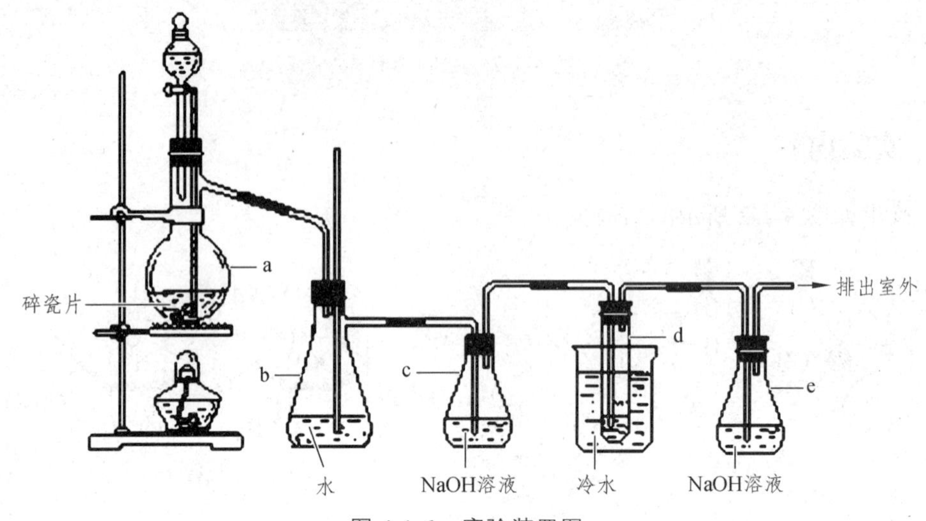

图 4-1-6　实验装置图

五、实验报告要求

（1）写明实验目的、实验仪器及实验内容。
（2）按实验内容绘制化学式和结构，并写明实验步骤。

六、思考题

（1）简述学习 Chemdraw 的必要性。
（2）Chemdraw 的主要功能和作用是什么？

实验二　Chem3D 的学习与使用

一、实验目的

（1）熟悉 Chem3D 软件的主要功能。
（2）掌握 Chem3D 软件的基本操作及其应用。
（3）能够利用 Chem3D 软件解决相关化学化工方面的问题。

二、实验仪器与设备

Chem3D 软件，计算机一台。

三、实验原理

（一）Chem3D 软件的界面结构

Chem3D 软件的最大特点就是界面结构简单。Chem3D 的窗口包含工作窗口、信息窗口、列表窗口、工具栏、菜单栏等，如图 4-2-1 所示。

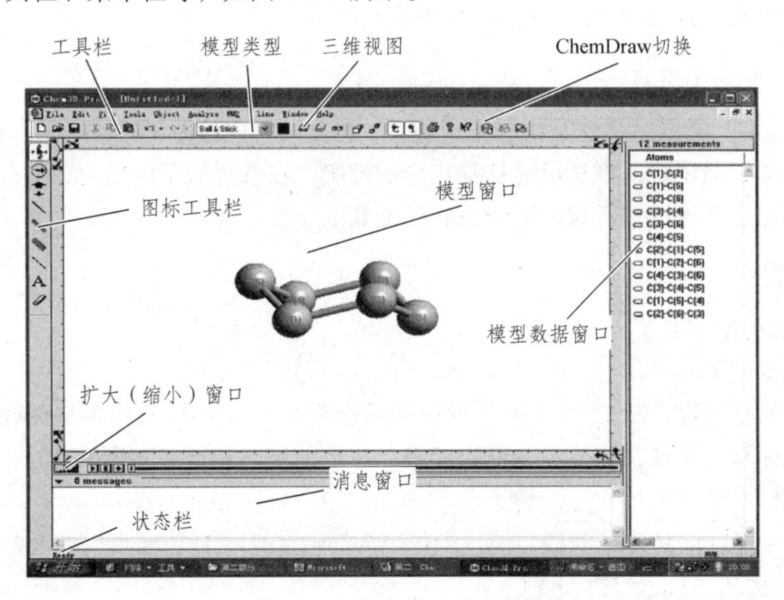

图 4-2-1　Chem3D 软件的界面结构

（二）Chem3D 的图形工具栏

图形工具栏包含所有能够在工作窗口绘制结构图形的工具，选择这些工具后，光标将随之改变成相应的工具形状。工具栏如图 4-2-2 所示，其使用方法同 Chemdraw 软件。

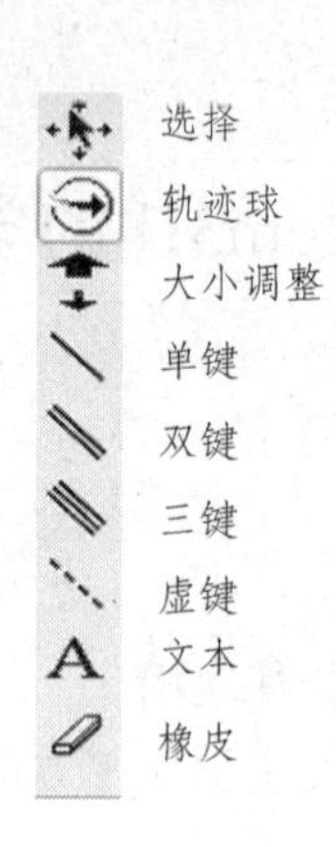

图 4-2-2　图形工具栏

（三）建模简要教程

1. 使用键工具建模

首先打开工作窗口，File 菜单—New Model。

1）建　模

选择单键工具，在工作窗口按住鼠标左键拖动鼠标即可绘制分子结构（注意：View—Settings—Model Build—Rectify 选择后会自动为所绘制的分子结构加上氢原子）。

2）旋转模型

选择旋转工具可以在任意方向选择所绘制的分子。

2. 查看模型分子信息

选择工具，将鼠标移动至相应原子位置，将显示相应的原子序数、元素标识及原子类型。若将鼠标移至键位置，将显示键长及相应的键级。在选择原子的同时，按住 Shift 键可以同时选择多个原子，可以查看相应的键角和二面角。

3. 修改模型分子

1）修改键类型

（1）选择双键工具。

（2）按住鼠标左键，从 C（1）的位置拖动鼠标至 C（2）的位置将单键更改为双键。

（3）将鼠标移至该键，将显示该键为双键，相应的键长和键级发生改变。

2）添加键

在添加键时可以将 H 原子隐藏，使得操作更为简洁。隐藏 H 原子可以通过两种方式实现：

（1）Tools 菜单→Show H's and Lp's。

（2）使用快捷方式 Ctrl + H。

选择单键工具。从一个 C 原子拖动鼠标可以添加一个单键。

3）显示原子序数和元素标号

从 Object 菜单→Show Serial Numbers→Show：显示原子序数。

从 Object 菜单→Show Element Symbols→Show：显示元素标号。

4. 使用文本工具建模

1）绘制 4-甲基-2-戊醇

与 Chemdraw 软件将名字转化为结构类似，Chem3D 也可以使用文本工具建模。

下面演示如何使用文本工具构建 4-甲基-2-戊醇，如图 4-2-3 所示。

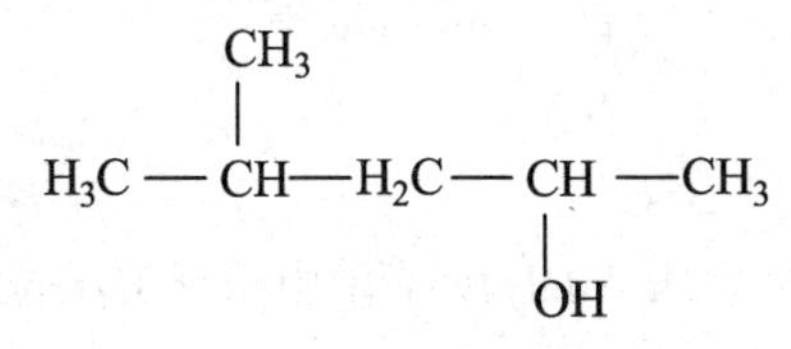

图 4-2-3　4-甲基-2-戊醇

（1）选择文本工具 A。

（2）将鼠标移动至工作窗口，单击鼠标左键，将出现文本框。

（3）在文本框中输入元素标识。

以分子中最长的链为骨架，其他基团为取代基。取代基紧接所连接的原子，用圆括号表示。如对于 4-甲基-2-戊醇，在文本框中输入 $CH_3CH(CH_3)CH_2CH(OH)CH_3$。

2）绘制反式 1,2-二甲基环戊烷

选择文本工具，在文字框中输入 $CH(CH_3)CH(CH_3)CH_2CH_2CH_2$，则可绘制 1,2-甲基环戊烷，如图 4-2-4 所示。

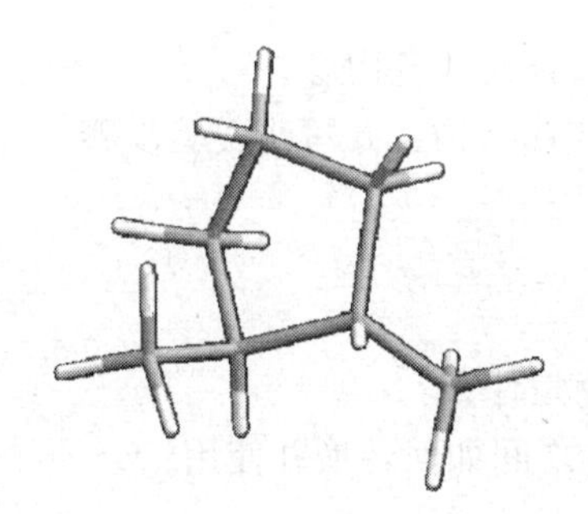

图 4-2-4　1,2-甲基环戊烷

如需将反式 1,2-二甲基环戊烷更改为顺式 1,2-二甲基环戊烷，仅需使用选择工具选择 C（1），从 Object 菜单选择 Invert，则可将反式 1,2-二甲基环戊烷更改为顺式 1,2-二甲基环戊烷。

（四）绘制蛋白质模型

选择文本工具，在文字框中输入 $H(Ala)_{12}OH$ 即可得到蛋白质分子的模型，通过旋转分子可以显示 α-螺旋结构，选择显示模式为 Wire Fram，选择分子选择显示模式为 Ribbons，则可显示通常在生物分子中的显示模式。

（五）查看分子构型数据

绘制分子之后，在 Chem3D 软件中可以通过测量工具在列表窗口显示分子的键长、键角等数据。具体操作如下：先绘制相应的分子，然后从 Analyze 菜单中选择 Show Measurements，在右边的列表窗口中分别显示键长、键角、二面角数据。

（六）从 Chemdraw 软件中导入结构

在 Chemdraw 软件中绘制苯环，选择所绘制的苯环，复制粘贴到 Chem3D 的工作窗口。同样，也可将 Chem3D 的结构图粘贴至 Chemdraw 中。

（七）计算部分电荷

通过文本工具绘制苯酚，然后从 Analyze 菜单中选择 Extended Huckel Charges，电荷将出现在信息窗口中。

要在工作窗口中显示部分电荷，可以通过以下操作进行：从 View 菜单中选择 Setting，在 Model Display 中选择 Color By“Partial Charge”。

四、实验内容

根据实验原理来绘制乙烷分子、乙烯分子、4-甲基-2-戊醇、1,2-二甲基环戊烷、蛋白质分子等。

五、实验报告要求

（1）写明实验目的、实验仪器及实验内容。

（2）按实验内容绘制化学式和结构，并写明实验步骤。

六、思考题

（1）Chem3D 的功能及作用是什么？

（2）Chem3D 和 Chemdraw 之间如何转换并使用？

实验三　Origin 的绘图处理

一、实验目的

（1）熟悉 Origin 软件的主要功能。

（2）掌握 Origin 软件的基本操作及其应用。

（3）能够利用 Origin 软件根据实验数据绘制图形。

二、实验仪器与设备

Origin 软件，计算机一台。

三、实验原理

Origin 软件是美国 Microcal 公司设计的数据分析和绘图软件，使用简单、显示直观，具有数据分析和绘图两大功能。数据分析包括数据的排序、调整、计算、统计、频谱变换、曲线拟合等各种完善的数学分析功能。进行数据分析时，只需选择所要分析的数据，然后再选择相应的菜单命令即可。Origin 的绘图功能基于模板形式，Origin 本身提供了几十种二维和三维绘图模板，而且用户还可以自定义数学函数、图形样式和绘图模板，可以和各种数据库软件、办公软件、图像处理软件等进行连接。

（一）工作界面

（1）菜单栏：位于顶部，一般可以实现大部分功能。

（2）工具栏：位于界面下面位置，一般最常用的功能都可以实现。

（3）绘图区：位于界面中部位置，包括所有工作表、绘图子窗口等。

（4）项目管理器：位于界面下部，类似资源管理器，可以方便切换各个窗口等。

（5）状态栏：位于界面底部，用以显示当前的工作内容以及鼠标指到某些菜单按钮时的说明、实验内容等。

（二）菜单栏的简单介绍

（1）File：文件功能操作，打开文件、输入输出数据图形等。

（2）Edit：编辑功能操作，包括数据和图像的编辑等，如复制、粘贴、清除等。

（3）View：视图功能操作，控制屏幕的显示。

（4）Plot：绘图功能操作，主要提供 5 类功能，即几种样式的二维绘图功能，包括直线、描点、直线加符号、特殊线/符号、条形图、柱形图、特殊条形图/柱形图和饼图；三维绘图；气泡/彩色映射图、统计图和图形版面布局；特种绘图，包括面积图、极坐标图和向量；把选中的工作表数据导入绘图模板。

（5）Column：列功能操作，比如设置列的属性，增加、删除列等。

（6）Graph：图形功能操作，主要功能包括增加误差栏、函数图、缩放坐标轴、交换 *X*/*Y* 轴等。

（7）Data：数据功能操作。

（8）Analysis：分析功能操作。

对于工作表窗口，有如下功能：提取工作表数据，行列统计，排序，数字信号处理（快速傅里叶变换 FFT、相关 Corelate、卷积 Convolute、解卷 Deconvolute），统计功能（T-检验）、方差分析（ANOAV）、多元回归（Multiple Regression），非线性曲线拟合等。

对于绘图窗口，有如下功能：数学运算，平滑滤波，图形变换，快速傅里叶变换，线性多项式、非线性曲线等各种拟合方法。

（9）Plot3D：三维绘图功能操作，根据矩阵绘制各种三维条状图、表面图、等高线等。

（10）Matrix：矩阵功能操作，对矩阵的操作，包括矩阵属性、维数和数值设置，矩阵转置和取反，矩阵扩展和收缩，矩阵平滑和积分等。

（11）Tools：工具功能操作。

对于工作表窗口，有如下功能：选项控制，工作表脚本，线性、多项式和 S 曲线拟合。

对于绘图窗口，有如下功能：选项控制，层控制，提取峰值，基线和平滑，线性、多项式和 S 曲线拟合。

（12）Format：格式功能操作。

对于工作表窗口，有如下功能：菜单格式控制、工作表显示控制、栅格捕捉、调色板等。

对于绘图窗口，有如下功能：菜单格式控制，图形页面、图层和线条样式控制，栅格捕捉，坐标轴样式控制和调色板等。

（13）Window：窗口功能操作，控制窗口的显示。

（14）Help：帮助。

（三）基本操作介绍

（1）作图一般需要一个项目 Project 来完成，File→New；

（2）保存项目的缺省后缀为 OPJ；

（3）自动备份功能：Tools→Option→Open/Close 选项卡→“Backup Project Before Saving”；

（4）添加项目：File→Append；

（5）刷新子窗口：如果修改了工作表或者绘图子窗口的内容，一般会自动刷新，如果没有刷新，点击 Window→Refresh。

（四）绘制图形

1. 二维图的绘制

（1）首先导入数据或者手工输入数据。如果已有数据，选择 File→Import→Single ASCⅡ…打开 Import Single ASCII 选择.txt 或.dat 格式的数据即可。如果手工输入数据，则新增加一个 worksheet，在工作簿中输入数据即可，如需手动添加更多列，点击鼠标右键添加列即可。

（2）选定要绘制图形的 X 行和 Y 列，选择图形类型即可绘制，然后再点击设置图形的框类型和标尺范围、尺寸数字大小等，如图 4-3-1 所示。

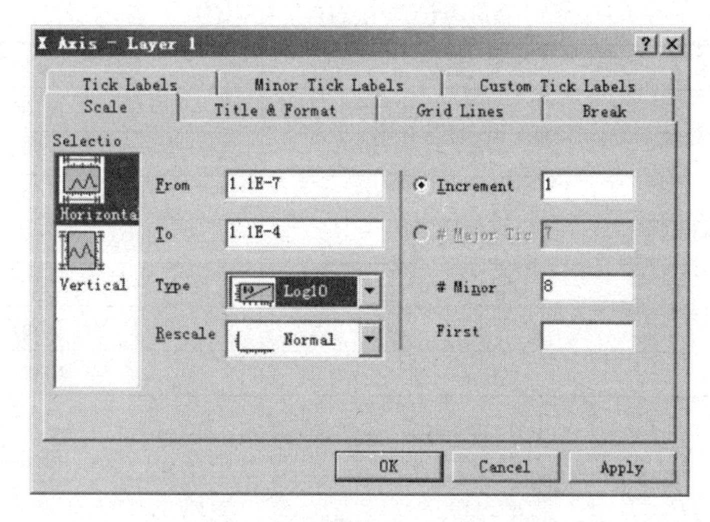

图 4-3-1　图形边框、标尺等设置界面

（3）还可计算数据的平均值和标准差，选择 Statistics→Descriptive Statistics：Statistics on Rows，选定 Mean 和 Standard Deviation，按 Quantities to Compute→Moments 输出结果。点击 OK 按钮后，两列 Mean（Y）和 SD（yErr）添加在工作簿的右侧。

（4）编辑曲线。在要编辑的符号上双击鼠标，右击选择 Plot Details→Line→B-Spline 就可以得到一条光滑的曲线（还可进行其他设置）。

2. 三维图的绘制

Origin 软件中大多数 3D 图包括 3D surface、wire frame/wire surface、3D bar plot and 2D contour 等，都需要从 Origin 矩阵创建而成。大多数情况下，原始数据是 *XYZ*，因此必须先转化为矩阵，利用 Origin 创建常规网格。

（1）导入数据或者手动输入数据，至少需要 *X*、*Y*、*Z* 三列数据。

（2）将 *X*、*Y*、*Z* 三列数据导入矩阵表格中，选择 Worksheet→Convert to→Matrix→XYZ Gridding，弹出 XYZ Gridding 对话框，在右侧预览面板上可以看到 *XY* 数据被随即分配，对矩阵数据进行相应设置，设置列数、行数和平滑数值即可。

（3）然后选中新矩阵中的数据，绘制 3D 图形，选择 Plot→3D Wires and Bars→Wire Frame，可以得到一个 3D 立体图（也可以是其他类型 3D 图）。

（4）同样可双击图形和标尺数字等来对 3D 图形进行详细设置。

四、实验内容

（1）用 Origin 软件将表 4-3-1 所示的数据生成如图 4-3-2 所示的图。练习输入数据和生成图，绘制点线（Line + Symbol）图，编辑图形的横纵坐标，导出图片，设置分辨率。

（2）已知四种强化传热管 A、B、C、D 在不同流速下的传热系数（见表 4-3-2），利用 Origin 软件画出如图 4-3-3 所示的图。

（3）将表 4-3-3 中的数据绘制成如图 4-3-4 所示的柱状图。

表 4-3-1　蒸气随温度变化表

序号	温度/°C	蒸气压/MPa
1	−23.7	0.101
2	−10	0.174
3	0	0.254
4	10	0.359
5	20	0.495
6	30	0.662
7	40	0.880

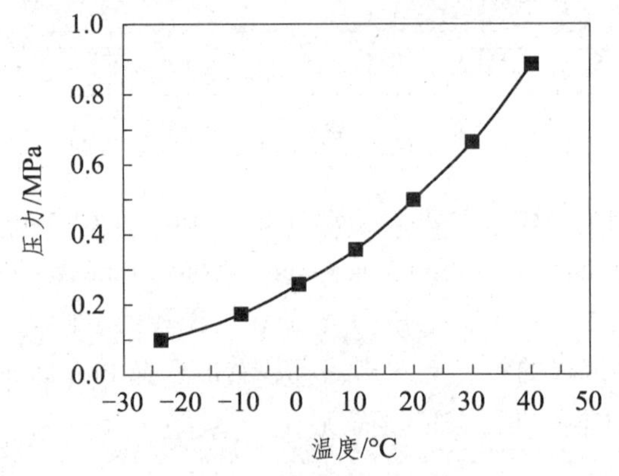

图 4-3-2　蒸气随温度变化曲线

表 4-3-2　传热系数随流速变化

流速/（m/s）	传热系数/W・m^{-2}・°C^{-1}			
	A	B	C	D
2	400	600	700	800
4	500	700	800	900
6	600	790	870	1 000
8	680	850	920	1 050

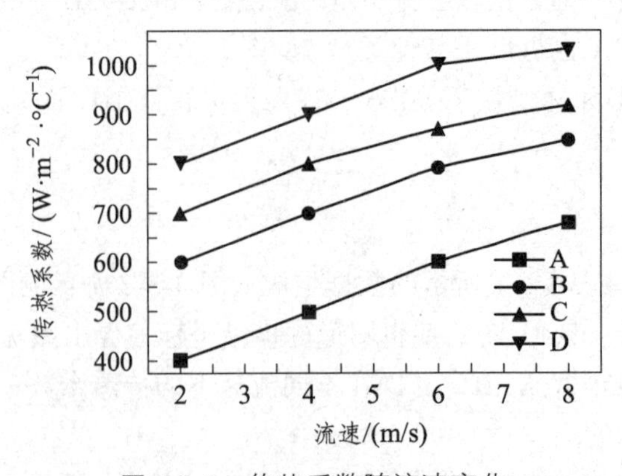

图 4-3-3　传热系数随流速变化

表 4-3-3　粒径分布

粒径区间/μm	MgO 粒径频率/%	Nd_2O_3 粒径频率/%
0.2 ~ 0.5	6.36	2.18
0.5 ~ 1	70.78	35.51
1 ~ 2	16.37	33.17
2 ~ 5	0	25.33
5 ~ 10	0	0.94

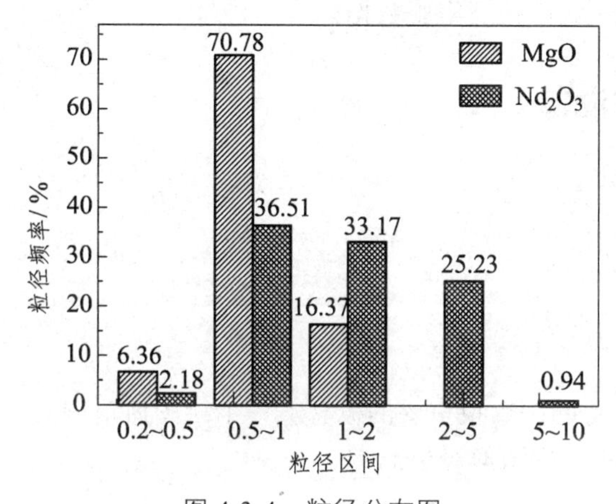

图 4-3-4　粒径分布图

（4）手动输入 *X*、*Y*、*Z* 三列数值后，根据实验原理步骤绘制一种 3D 图形，图形类型不限。

五、实验报告

（1）写明实验目的、实验仪器与设备及实验内容。

（2）导出根据实验内容绘制的图形并附在报告中，简单写明实验步骤。

六、思考题

（1）Origin 常使用的绘制图形类型有哪些？

（2）Origin 软件较其他绘图软件的优势是什么？

实验四　Origin 的数据处理

一、实验目的

（1）熟悉 Origin 软件的主要功能。

（2）掌握 Origin 软件的基本操作及其应用。

（3）能够利用 Origin 软件处理实验数据。

二、实验仪器与设备

Origin 软件，计算机一台。

三、实验原理

（一）绘制多层图形

图层是 Origin 软件中的一个很重要的概念。一个绘图窗口中可以有多个图层，从而可以方便地创建和管理多个曲线或图形对象。

1. Origin 的多层图形模板

Origin 自带有几个多图层模板，这些模板允许用户在取得数据以后，只需单击“2D Graphs Extended”工具栏上相应的命令按钮，就可以在一个绘图窗口将数据绘制为多层图。

图 4-4-1 为四个多层图形模板。它们分别为双 Y 轴（Double Y Axis）、水平双屏（Horizontal 2Panel）、垂直双屏（Vertical 2Panel）和四屏（4Panel）图形模板。

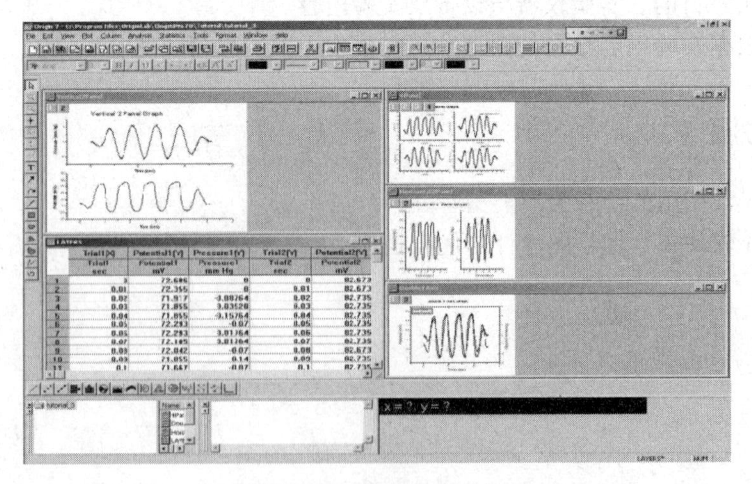

图 4-4-1　多层图形模板

1）双 Y 轴图形模板

如果数据中有两个因变量数列，它们的自变量数列相同，那么可以使用此模板，如图 4-4-2 所示。

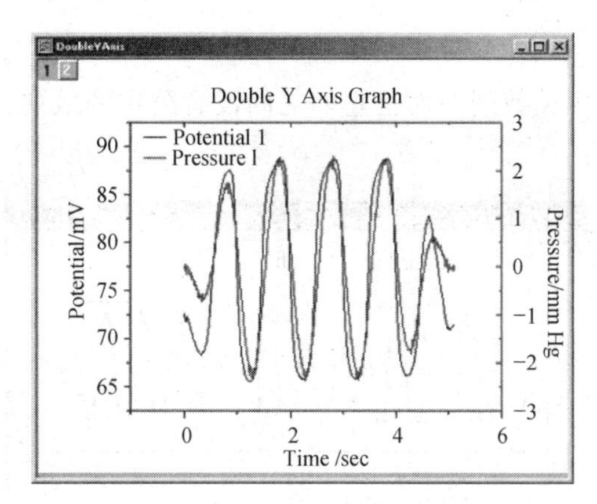

图 4-4-2　双 Y 轴图形模板

2）水平双屏图形模板

如果数据中包含两组相关数列，但是两组之间没有公用的数列，那么可以使用水平双屏图形模板，如图 4-4-3 所示。

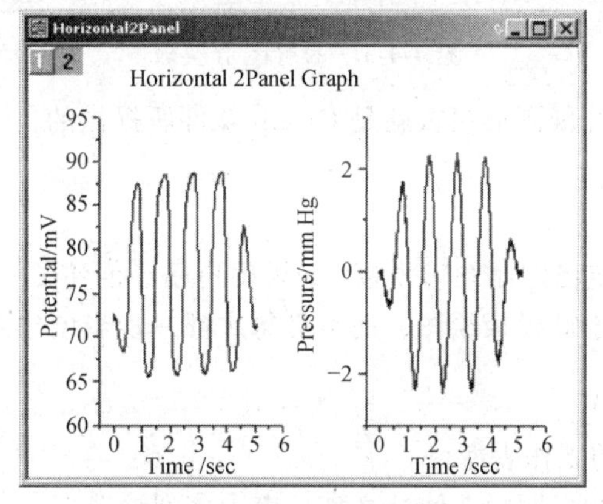

图 4-4-3　水平双屏图形模板

3）垂直双屏图形模板

垂直双屏图形模板与水平双屏图形模板的前提类似，只不过是两图的排列不同，如图 4-4-4 所示。

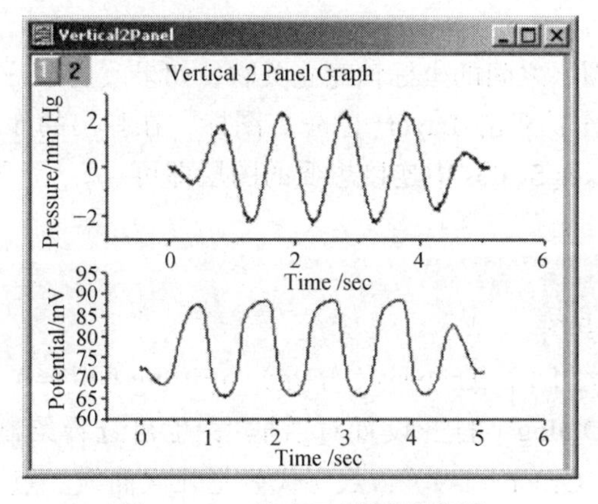

图 4-4-4　垂直双屏图形模板

4）四屏图形模板

如果数据中包含四组相关数列，而且它们之间没有公用的数列，那么可以使用四屏图形模板，如图 4-4-5 所示。

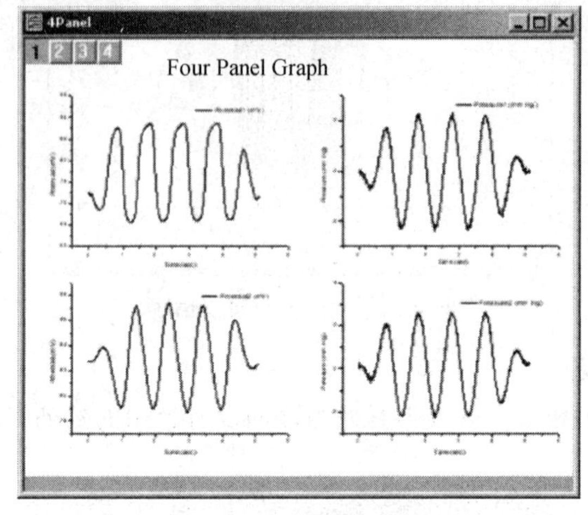

图 4-4-5　四屏图形模板

上述四种模板再加上九屏图形模板就是 Origin 软件所提供的自带多图形模板。

（二）创建多层图形

Origin 软件允许用户自己定制图形模板。如果用户已经创建了一个绘图窗口，并将它存为模板，以后就可以直接基于此模板绘图，而不必每次都一步步创建并定制同样的绘图窗口。

1. 创建双层图

（1）激活“Layers”的工作表窗口。

（2）单击“sin x”列的标题栏，使其高亮，表示该列被选中。

（3）作出单层图。

（4）在激活 Layer 窗口的前提下，选择 Tools→Layer。这个工具包含两类操作：Add（添加图层）和 Arrange（整理图层）。

2. 坐标轴关联

Origin 软件可以对各图层之间的坐标轴建立关联，如果改变某一图层的坐标轴比例，那么其他图层也相应改变。操作：双击 Layer 上的 2 图标，在弹出的 Layer 对话框中点击 Layer Properties，然后在 Link Axes Scales 中连接想要的图层即可。

（三）拟合实验数据

（1）绘制好数据的散点图。

（2）点击 Origin 菜单栏上的 Analysis（分析）→Fitting（拟合）→Nonlinear Curve Fit（非线性曲线拟合）→Open Dialog（打开设置对话框）；也可选择绘制散点图曲线，选择“Fit polynomial”对话框中的“Order（1-9）”，数字代表是几次曲线。点击“确定”后，出现另外一个对话框，框中有曲线公式和精度。更多的线曲线拟合，可以通过“Advanced Fitting Tools…”和“Fitting Wizard…”引导工具进行曲线拟合。

（3）在弹出的对话框中选择 Functio（公式工具）为 Gauss 或者 GaussAmp（两个都是高斯计算，只是在表达式中有所不同而已，GaussAmp 拟合出的表达式中可以直接读出最大幅度值 A）。

（4）有的版本的 Origin 软件点击左侧的 Find X/Y 选项，而有的版本点击左侧的 Advanced 选项，将右侧展开的选项列表拉到最下方找到 Find X/Y 选项，这样就可以在拟合结束之后在数据表中输入想要的任何 X 值，从而查找对应的 Y 值。

（5）拟合结果可以通过右下角的“Result Log”来观察。线性拟合中函数的参数如下：

A：截距值及其标准误差；

B：斜率值及其标准误差；

R：相关系数；

P：R=0 的概率；

N：数据点个数；

SD：拟合的标准偏差。

（四）图形输出

可以通过 Edit 菜单中的“Copy page”直接复制到 Word 中，或者通过 F ile 菜单中的“Export page”导出为 jpg、tif、eps 和 bmp 等格式的图片。然后在 Word 中插入图片即可。

四、实验内容

（1）根据表 4-4-1 所示的数据绘制如图 4-4-6 所示的双 Y 轴图形。

（2）再将表 4-4-1 中的抗热振次数和硬度值数据分开来绘制，然后绘制成水平双屏图形和垂直双屏图形。

（3）手动随机输入两列数值，并绘制散点图后进行数据拟合处理，同时给出拟合公式，调整数据直至拟合公式中的 $R^2 = 0.98$ 以上为止后导出图形和拟合公式。

表 4-4-1　不同稀土氧化铈制备的陶瓷数据

CeO_2 添加含量/%	抗热振次数	硬度值/HRB	硬度误差值
0	12	45	12
1	15	70	15
3	16	68	16
5	11	56	11
7	11	45	11
9	9	47	9

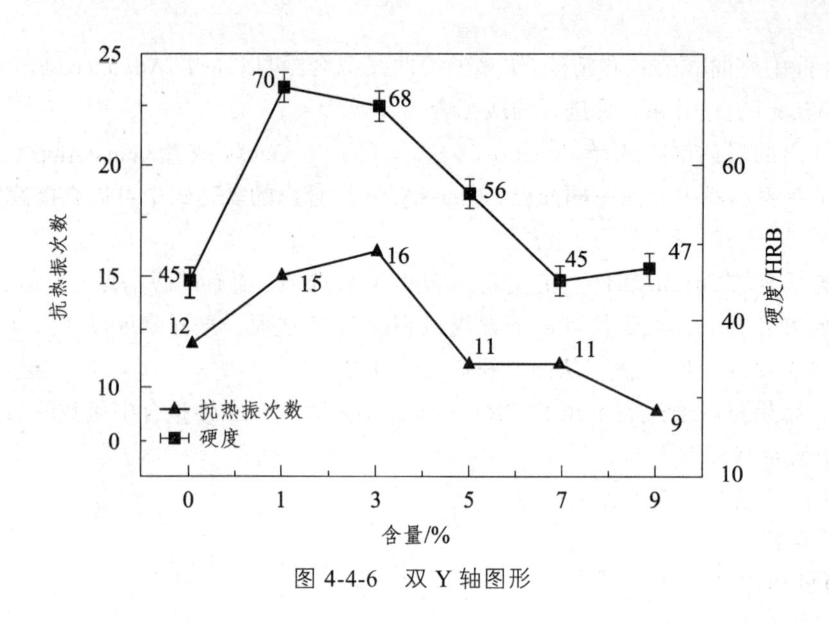

图 4-4-6　双 Y 轴图形

五、实验报告

（1）写明实验目的、实验仪器与设备及实验内容。
（2）导出根据实验内容绘制的图形并附在报告中，简单写明实验步骤。

六、思考题

（1）Origin 软件绘制双 Y 轴图的注意事项是什么？
（2）Origin 的数据处理包含哪些内容？

实验五　Photoshop 的学习及使用（1）

一、实验目的

（1）学习 Photoshop 图像处理的基本操作与使用。
（2）熟练运用 Photoshop 处理材料专业的图像问题。
（3）了解 Photoshop 在材料科学中的应用。

二、实验仪器与设备

Photoshop 软件，计算机一台。

三、Photoshop 技能介绍

（一）Photoshop 基础知识

（1）Photoshop 的工作界面：菜单栏、工具箱、工具属性栏、控制面板、图像窗口、状态栏等。

（2）图像与色彩：图像的基本概念、图像的色彩模式、常用图像文件格式。

（3）图像文件的基本操作：文件的基本操作、图像显示与控制、图像与画布的调整、颜色的选取。

（4）重点：Photoshop 的工作界面，色彩模式的概念，常用图像文件格式的概念及转换，图像与画布的调整。

（二）图像的编辑

（1）选择区域：选框工具、套索工具、魔棒工具，选区的修正、变换、存储和调出，选区的移动、复制、增加、减少等操作技巧。

（2）绘画工具：新建新笔刷、编辑修改笔刷、定义笔刷、装载笔刷等操作技巧。

（3）图像的填充与描边：描边命令、填充命令、油漆桶工具、渐变工具的应用。

（4）编辑工具：历史记录控制面板的应用，橡皮擦、图章工具、修复工具，模糊、锐化和涂抹工具，减淡、加深和海绵组工具的应用。

（5）重点：选区的建立与编辑，各种编辑工具的属性设置、命令面板的设置与应用。

（三）图　层

（1）图层的基本操作：图层控制面板的应用，新图层的建立，图层的编辑，图层蒙版的应用。

（2）图层样式：图层混合选项的应用，图层效果的应用，图层样式的应用。

（3）图层中蒙版的使用，图层的效果控制与编辑，文本层的概念及操作。

（4）重点：图层的编辑与图层蒙板的应用，图层效果的应用。

（四）路　径

（1）路径的基本操作：路径工具的应用，创建路径的方法，编辑路径的方法。

（2）路径控制面板：创建路径，复制路径，显示和隐藏路径，删除路径，路径与选区互换，路径的填充与描边。

（3）形状工具组：几何图形工具，直线工具，自定义形状工具。

（4）重点：路径的编辑，路径与选区互换，路径的填充与描边。

四、实验内容

（1）将图片进行相应裁剪，裁剪成 20 cm×15 cm 的大小，如图 4-5-1 所示。

（2）使用仿制图章工具，将苹果改为剖开的橙子。

（3）再使用套索工具选择已剖开的橙子，然后复制（Ctrl+c）、粘贴（Ctrl+v），同时可以通过 Ctrl+T 调整图片的大小覆盖图中位置，如图 4-5-2（a）所示。

（4）再使用橡皮擦工具将除了剖开的橙子外的其他水果都擦除干净。

（5）再使用文字工具写上橙子两字。

（6）导出图片即可，如图 4-5-2（b）所示。

图 4-5-1　未处理水果原图

（a）

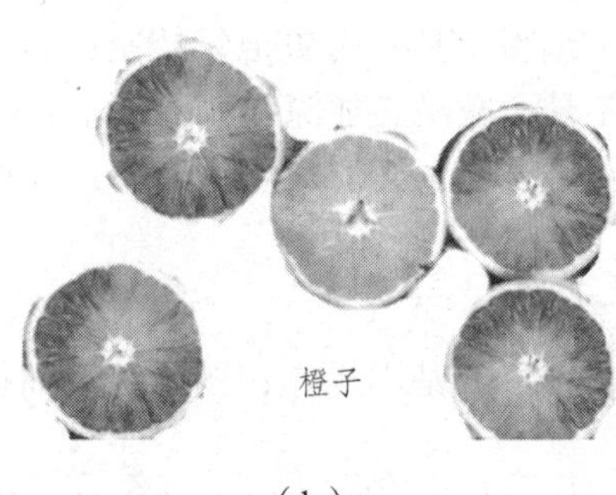

（b）

图 4-5-2　处理水果图

五、实验报告要求

（1）写明实验目的、实验仪器及实验内容。
（2）根据内容绘制图片，写明实验步骤。

六、思考题

（1）Photoshop 使用图像编辑过程中是否有快捷键?
（2）Photoshop 软件的主要图像编辑功能是什么?

实验六　Photoshop 的学习及使用（2）

一、实验目的

（1）学习 Photoshop 图像处理的基本操作与使用。

（2）熟练运用 Photoshop 处理材料专业的图像问题。

（3）了解 Photoshop 在材料科学中的应用。

二、实验仪器与设备

Photoshop 软件，计算机一台。

三、Photoshop 技能介绍

（一）通　道

（1）通道的基本操作：通道的分类，通道控制面板，通道的编辑。

（2）通道运算：应用图像，计算。

（3）重点：通道的编辑，通道的运算。

（二）图像的色彩调整

（1）色彩的调整：色阶、曲线、色彩平衡、亮度/对比度、色相/饱和度、去色、替换颜色、可选颜色、通道混合器、渐变映射、反相、色调均化、阈值、色调分离、变化等命令的应用。

（2）重点：运用色阶、曲线、色彩平衡、亮度/对比度、色相/饱和度、变化等命令调整图像。

（三）滤　镜

（1）滤镜的基本使用方法。

（2）滤镜的应用：抽出、液化、图案创建滤镜，像素化滤镜，扭曲滤镜，杂色滤镜，模糊滤镜，渲染滤镜，画笔描边滤镜，素描滤镜，纹理滤镜，艺术效果滤镜，风格化滤镜，视频、锐化、其他、数字水印滤镜，Photoshop 的外挂滤镜。

（3）重点：各类滤镜的基本特征，应用滤镜后图像产生的变化。

（四）文字的编辑

（1）文字的输入：点文字、段落文字的输入，文字属性的设置。

（2）特效文字的制作：灯管字、透明玻璃字、金属字、毛刺字、燃烧字、穿孔字、马赛克字的制作方法。

（3）重点：文字属性的设置，利用通道技术加工特效文字。

四、实验内容

将图 4-6-1 中所示的四幅图进行相应处理后组合成如图 4-6-2 所示的图形，详细要求如下：

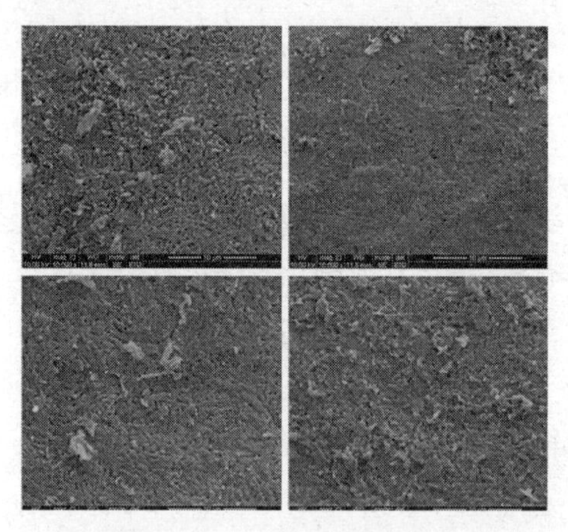

图 4-6-1　未处理前 SEM 图

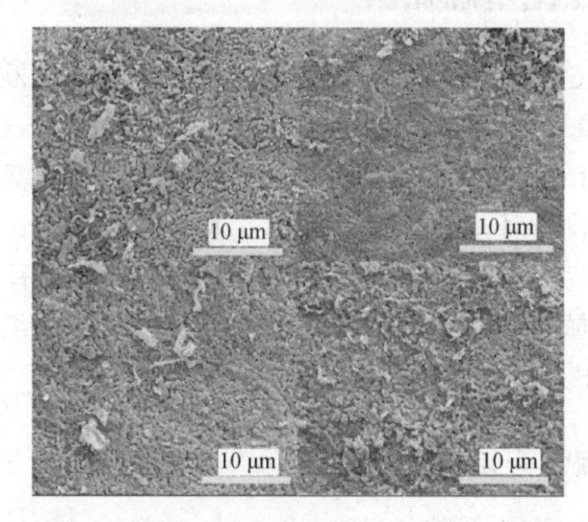

图 4-6-2　处理后 SEM 图

（1）将图 4-6-1 中每个 SEM 图调高亮度至 60，对比度调整至 20，分辨率调整至 200 dpi，然后裁剪掉正下方黑边，用白色矩形条取代，注意要与下方标注同长。

（2）将处理过的 SEM 图放置在一张画布中并进行整合处理，要求导出的图片为.tif 格式，分辨率为 200 dpi。

五、实验报告要求

（1）写明实验目的、实验仪器、实验内容。

（2）将处理过的 SEM 图导出并粘贴至报告中，并写明操作实验步骤。

六、思考题

（1）Photoshop 中文字编辑如何使用？

（2）Photoshop 常用功能有哪些？

实验七 AutoCAD 的绘图基础知识

一、实验目的

（1）了解 AutoCAD 的工作环境及作用。
（2）掌握 AutoCAD 的绘图基础工具和用法。
（3）能够绘制简单图形。

二、实验仪器

AutoCAD 软件，计算机一台。

三、AutoCAD 的绘图基础知识

AutoCAD（Autodesk Computer Aided Design）是 Autodesk（欧特克）公司开发的自动计算机辅助设计软件，用于二维绘图、详细绘制、设计文档和基本三维设计，现已成为国际上广为流行的绘图工具。AutoCAD 具有良好的用户界面，通过交互菜单或命令行方式便可以进行各种操作。它的多文档设计环境，让非计算机专业人员也能很快地学习使用，在不断实践的过程中更好地掌握各种应用和开发技巧，从而不断提高工作效率。AutoCAD 软件可以用于土木建筑、装饰装潢、机械制图、工程制图、电子工业、服装加工等多个领域，可以在各种操作系统支持的微型计算机和工作站上运行。

（一）AutoCAD 的启动方法

（1）开始→程序→AutoCAD 软件。
（2）快捷图标。
（3）Windows 资源管理器打开。

（二）AutoCAD 的退出方法

（1）文件→退出。
（2）标题栏右边关闭按钮。
（3）Windows 任务栏图标，在控制菜单中关闭。

（三）AutoCAD 的工作界面

AutoCAD 的工作界面主要由标题栏、菜单栏、工具栏、状态栏、命令窗口、绘图区、用户坐标系、滚动条等组成。

（1）背景颜色的设置：工具→选项→显示→颜色→应用并关闭。
（2）面板的打开与关闭：dashboard/工具→选项板→面板。

（四）AutoCAD2010 的基本操作

1. 新建图形文件

new/文件→新建/标准工具栏图标/快捷键 Ctrl+ n。

2. 打开已有文件

open/文件→打开/标准工具栏图标/快捷键 Ctrl+ o。

3. 多个窗口间的切换

快捷键 Ctrl+tab/Ctrl+f6。

4. 保存当前文件图

save/qsave/标准工具栏图标/快捷键 Ctrl+ s。

5. AutoCAD2010 命令的调用和执行方式

（1）利用键盘输入命令名称或命令缩写字符。
（2）单击下拉菜单或快捷菜单中的选项。
（3）单击工具栏中的对应图标。
（4）重复执行上一次命令，回车/空格键。
（5）取消键 Esc。

（五）AutoCAD2010 图形显示控制

（1）窗口缩放：zoom/视图→缩放。
（2）平移：pan/p/视图→平移。
（3）鸟瞰图：dsviewer/视图→鸟瞰图。

（六）AutoCAD2010 辅助绘图工具的设置

（1）捕捉和栅格。
（2）正交。
（3）极轴和极轴追踪。
（4）对象捕捉和对象捕捉追踪。
（5）DYN 动态输入。

（七）基本绘图及系统设定

（1）设置图纸幅面：limits/格式→图形界限。
（2）设定绘图单位：units/格式→单位。
（3）设置图层：layer 或 la/格式→图层。

（八）系统的设定

工具→选项/options/单击右键→选项。

四、实验内容

熟练掌握以下基础绘制工具的使用方法。

（一）基本绘图命令

（1）直线命令：l;
（2）圆命令：c;
（3）多线段命令：pl;
（4）移动命令：m;
（5）偏移命令：offset;
（6）复制命令：co/cp;
（7）镜像命令：mi;
（8）修剪命令：tr;
（9）特性匹配：ma;
（10）圆弧命令：a;
（11）延伸命令：ex;
（12）删除命令：e;
（13）正多边形：pol;
（14）打断命令：br;
（15）矩形命令：rec;
（16）阵列命令：array;
（17）旋转命令：ro;
（18）点命令：po;
（19）定数等分命令：div;
（20）定距等分命令：me;
（21）设置点样式：ddptype;
（22）倒角命令：cha;
（23）圆角命令：f;
（24）合并命令：j;
（25）样条曲线：spline;
（26）图案填充命令：bhatch;
（27）椭圆命令和椭圆弧命令：elipse;
（28）构造线命令：xline;
（29）多线命令：mlstyle;
（30）修订云线命令：revcloud;
（31）缩放命令：scale;
（32）拉伸命令：stretch;
（33）分解命令：explode。

（二）尺寸的标注

（1）线性标注：dli；
（2）对齐标注：dimaligned；
（3）基线标注：dimbaseline；
（4）连续标注：dimcontinue；
（5）半径标注：dimradius；
（6）直径标注：dimdiameter；
（7）折弯标注：dimjogged；
（8）角度标注：dimangular。

（三）尺寸编辑

（1）编辑文字：ddedit；
（2）编辑标注：dimedit；
（3）编辑标注文字：dimtedit；
（4）使用夹点调整标注位置；
（5）通过属性选项板修改选定尺寸。

五、实验报告要求

（1）写明实验目的、实验仪器与设备及实验内容。
（2）绘制一幅简单图形，内容不限，并写明绘制的步骤。

六、思考题

（1）AutoCAD 的功能与作用是什么？
（2）AutoCAD 的快捷键有哪些？

实验八　AutoCAD 绘制二维图像及标注

一、实验目的

（1）熟练掌握图形绘制基础操作实验课程内容。
（2）熟练绘制二维图像并能够正确标注。

二、实验仪器及设备

AutoCAD 软件，计算机一台。

三、二维图像绘制基础

（一）块的基本概念

（1）块的基本概念：块是一组对象的总称，它作为一个单独的、完整的对象来操作。
（2）在 AutoCAD 中，使用块不仅可以提高绘图效率，而且修改方便、节省存储空间。

（二）创建和使用块

1. 创建新图块

（1）菜单方式：【绘图】→【块】→【创建…】。
（2）图标方式：单击绘图工具栏上的创建块按钮。
（3）键盘输入方式：BLOCK。

2. 块存盘

在命令行输入 WBLOCK 后回车，打开“写块”对话框。

3. 插入图块

（1）菜单方式：【插入】→【块…】。
（2）图标方式：单击绘图工具栏上的插入块按钮。
（3）键盘输入方式：INSERT。

（三）图块的属性

1. 图块属性的概念

图块附加一些可以变化的文本信息，以增强图块的通用性。

2. 建立带属性的块

（1）定义属性。
菜单方式：【绘图】→【块…】→【定义属性…】。

键盘输入方式：ATTDEF。

（2）建立带属性的块。

① 绘制构成图块的实体图形。

② 定义属性。

③ 将绘制的图形和属性一起定义成图块。

（3）插入带属性的块。

① 打开一个需要插入块的图形文件，单击绘图工具栏上的插入块按钮，打开“插入”对话框。

② 单击对话框中的“浏览”，选择已定义好的带属性的图块。

③ 设置插入点、缩放比例和旋转角度。

④ 单击“确定”按钮，然后根据命令行提示，输入所需要的文本信息即可。

（四）编辑图块的属性

1. 利用“增强属性编辑器”编辑图块属性

（1）双击要编辑属性的图块。

（2）图标方式：单击“修改Ⅱ”工具条中的编辑属性按钮。

（3）菜单方式：【修改】→【对象】→【属性】→【单个…】。

2. 利用“ATTEDIT”编辑图块属性

（1）菜单方式：【修改】→【对象】→【属性】→【全局】。

（2）键盘输入方式：ATTEDIT。

3. 利用“块属性管理器”编辑图块属性

（1）图标方式：单击“修改Ⅱ”工具条中的块属性管理器按钮。

（2）菜单方式：【修改】→【对象】→【属性】→【块属性管理器…】。

四、实验内容

（一）绘制平面图形

按 1∶1 的比例绘制平面图形（见图 4-8-1），详细绘制步骤如下：

1. 新建文件

（1）选择菜单“文件”→“新建”，弹出“AutoCAD”窗口，建立尺寸为 150 mm×150 mm 的新图形文件。

（2）选择菜单“文件”→“另存为”，弹出“图形另存为”对话框，选择文件的保存路径，键入文件名“圆角”，选择文件类型*.dwg 类型。

2. 设置作图区域

（1）命令：limits。

重新设置模型空间界限：

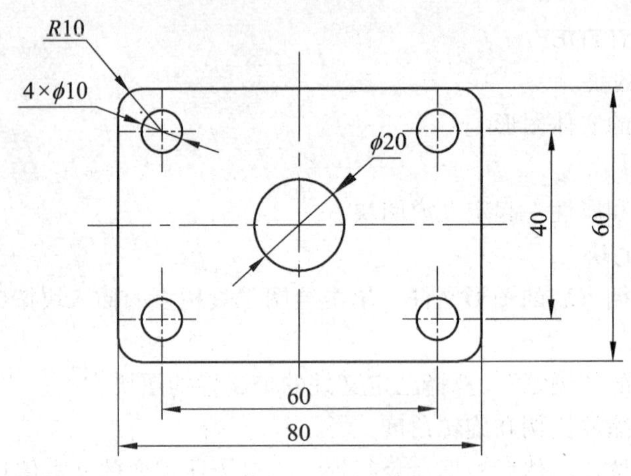

图 4-8-1　平面图形

指定左下角点或[开（ON）/关（OFF）]〈0.0000，0.0000〉

指定右上角点〈420.000，297.0000〉：150，150

命令：↙（重复 limits 命令，↙表示回车键）

LIMITS

重新设置模型空间界限：

指定左下角点或[开（ON）/关（OFF）]〈0.0000，0.0000〉：ON（设置越界报警功能）

（2）命令：ZOOM（作图区域设置好以后应全屏显示一次）。

指定窗口角点，输入比例因子（nX 或 nXP），或

[全部（A）/中心点（C）/动态（D）/范围（E）/上一个（P）/比例（S）/窗口（W）]（实时）：a

3. 绘制图形

（1）绘制矩形及中心线。

① 命令：rectang。

指定第一个角点或[倒角（C）/标高（E）/圆角（F）/厚度（T）/宽度（W）]：f

指定矩形的圆角半径（0.0000）：10

指定第一个角点或[倒角（C）/标高（E）/圆角（F）/厚度（T）/宽度（W）]：40，40

指定另一个角点：@80，60

② 命令：line。

指定第一点：（捕捉矩形上边水平线中心点）

指定下一点或[放弃（U）]：（捕捉矩形下边水平线中心点）

指定下一点或[放弃（U）]：↙

③ 命令：↙。

LINE 指定第一点：（捕捉矩形左边垂直线中心点）

指定下一点或[放弃（U）]：（捕捉矩形右边垂直线中心点）

指定下一点或[放弃（U）]：↙

④ 命令：lengthen。

选择对象或[增量（DE）/百分数（P）/全部（T）/动态（DY）]：dy
选择要修改的对象或[放弃（U）]：（选择水平中心线的一端）
指定新端点：（拉长中心线到合适长度）
选择要修改的对象或[放弃（U）]：（选择水平中心线的另一端）
指定新端点：（拉长中心线到合适长度）
重复上述操作，将垂直中心线调整到合适的长度。
（2）绘制圆ϕ20，ϕ10 及其中心线。
① 命令：circle。
指定圆的圆心或[三点（3P）/两点（2P）/相切、相切、半径（T）]：（捕捉中心线交点）
指定圆的半径或[直径（D）]：d
指定圆的直径：20
②命令：offset。
指定偏移距离或[通过（T）]（1.0000）：20
选择要偏移的对象或（退出）：（选择水平中心线）
指定点以确定偏移所在一侧：（在选择的水平中心线上方指定一点）
选择要偏移的对象或（退出）：↙
③ 命令：↙（重复偏移命令）。
OFFSET
指定偏移距离或[通过（T）]（20.0000）：30
选择要偏移的对象或（退出）：（选择垂直中心线）
指定点以确定偏移所在一侧：（在选择的垂直中心线左边指定一点）
选择要偏移的对象或（退出）：↙
④ 命令：circle。
指定圆的圆心或[三点（3P）/两点（2P）/相切、相切、半径（T）]：（捕捉左上角两条中心线交点）
指定圆的半径或[直径（D）]（10.0000）：d
指定圆的直径（20.0000）：10
⑤ 命令：lengthen。
选择对象或[增量（DE）/百分数（P）/全部（T）/动态（DY）]：dy
选择要修改的对象或[放弃（U）]：（选择ϕ10 圆中水平中心线的一端）
指定新端点：（拉长中心线到合适长度）
选择要修改的对象或[放弃（U）]：（选择水平中心线的另一端）
指定新端点：（拉长中心线到合适长度）
重复上述操作，将垂直中心线调整到合适的长度。
（3）用矩形阵列画出其他三个ϕ10 圆及其中心线。
单击“修改”工具栏中的“阵列”命令，弹出“阵列”对话框，选中矩形阵列单选按钮，进入“矩形阵列”选项卡，设置如下：行为 2，列为 2，行偏移为-40，列偏移为 60，阵列角度为 0。
设置完毕后单击“选择对象”按钮，对话框消失，返回绘图窗口，用窗口选择方式选中ϕ10

圆及其中心线，回车结束选择后，对话框重新出现，单击“确定”按钮，则绘出其余三个小圆及其中心线。

4. 保存图形

选择“文件”菜单中的“保存”命令，保存图形。

（二）绘制手柄图形

按 1∶1 的比例绘制平面图形（见图 4-8-2），详细绘制步骤如下：

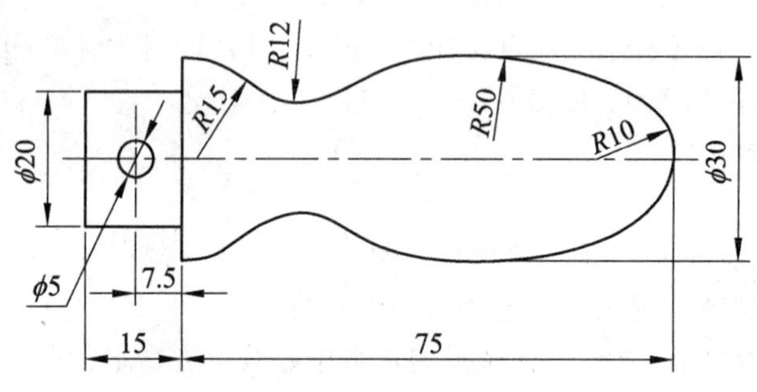

图 4-8-2　二维手柄图形

1. 用公制默认设置创建图形文件

（1）单击常用工具栏上的“新建”按钮，或菜单栏的“文件”→“新建”，出现“AutoCAD”菜单，选择“创建图形”选项卡中的“默认设置”→“公制”。

（2）从下拉菜单中选择“格式”→“单位”，将单位精度设为 0.00，从下拉菜单中选择“格式”→“图形界限”，设置模型空间的界限为（297.00，210.00）。

2. 创建图层

通过“图层”命令设置图层，创建“中心线”“轮廓线”两个图层，并编辑图层特性。

3. 操作步骤

（1）将“轮廓线”层设为当前层，用“矩形”命令绘制矩形。

（2）将“中心线”层设为当前层，使用“直线”“捕捉”中点命令绘制出图形的中心线。

（3）将“轮廓线”层设为当前层，单击绘图工具栏上的“圆”按钮，将鼠标移到两直线交点处，出现捕捉光标时单击画圆，在命令行中的直径（D）后面输入 5，并回车。用同样的方法在其他两个直线交点处画圆 *R*15。

（4）单击修改工具栏上的“偏移”按钮，在出现的命令行中“指定偏移距离或[通过（T）]<21.6505>”后面输入 15，并回车。用鼠标分别选取中心线，并分别在中心线上、下侧单击，出现两条中心线偏移后的直线。

（5）选中矩形并单击修改工具栏上的“打散”按钮，将矩形分解，单击修改工具栏上的“偏移”按钮，在出现的命令行中“指定偏移距离或[通过（T）]<15.00>”后面输入 65，并回车。用鼠标分别选取矩形右边直线，在此直线右边单击，绘制辅助线和圆。

（6）用“圆”按钮依据辅助线绘制两个相切圆。

（7）用“修剪”和“删除”命令编辑图形并删除辅助线。

4. 保存退出

单击“文件”→“保存”，或单击常用工具栏上的“保存”按钮，在“图形另存为”对话框中选择文件夹“my document”→“autocad 练习题”，并在“文件名”中输入“练习题.dwg”，单击“保存”按钮保存图形文件。

五、实验报告要求

（1）写明实验目的、实验仪器与设备及实验内容。

（2）简单写明实验步骤。

（3）将绘制的 CAD 图形导出，并给出对应的绘图步骤，一个图至少包含 5 幅图形。

六、思考题

（1）AutoCAD 的标注有哪几种？

（2）AutoCAD 标注绘制有哪些注意事项？

实验九　AutoCAD 绘制三维图像及标注

一、实验目的

（1）熟练掌握图形绘制基础操作实验课程内容。

（2）熟练绘制三维图像并能够正确标注。

二、实验仪器及设备

AutoCAD 软件，计算机一台。

三、实验内容

（一）绘制组合体

绘制如图 4-9-1 所示的组合体。

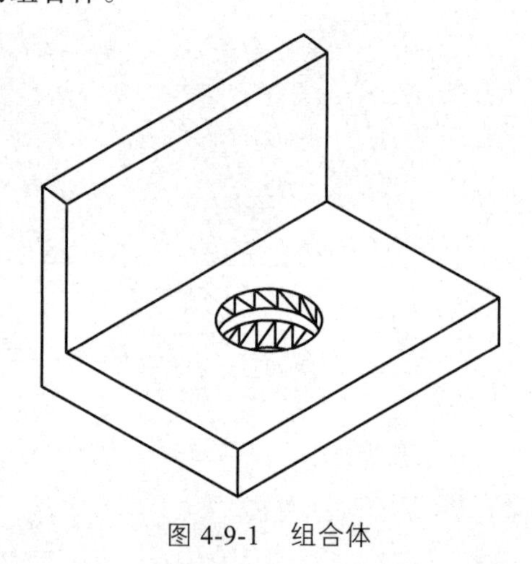

图 4-9-1　组合体

1. 确定视图方向

命令：Vpoint。先查看当前视图方向，然后指定视点或 [旋转（R）] <显示坐标球和三轴架>:（回车），此时出现罗盘图形和三维坐标，如图 4-9-2 所示。拖动鼠标到所需方位，单击鼠标左键，建立用户视点方向。再使用命令 Grid，指定栅格间距（X）或 [开（ON）/关（OFF）/捕捉（S）/纵横向间距（A）] <10.0000>：on。

2. 作出第一个实体

（1）命令：Box。指定长方体角点或 [中心点（CE）] <0，0，0>:（回车）。

（2）指定角点或 [立方体（C）/长度（L）]：L。

（3）指定长度：200；指定宽度：150；指定高度：30。

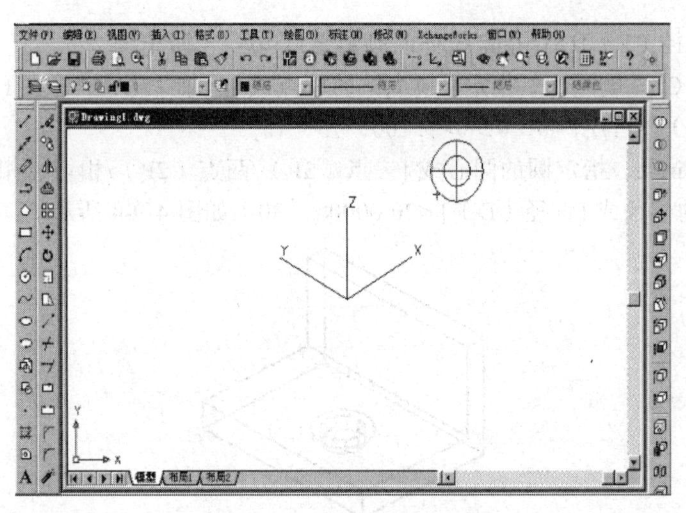

图 4-9-2　视图转换示意图

3. 作出第二个实体

（1）命令：UCS。输入 n（UCS 命令用于设置用户创建三维模型时所需要的自定义坐标系统）。指定新 USC 的原点或 [Z 轴（ZA）/三点（3）/对象（OB）/面（F）/视图（V）/X/Y/Z] <0，0，0>：0，150，30。

（2）命令：Box。指定长方体的角点或 [中心点（CE）] <0，0，0>，指定角点或 [立方体（C）/长度（L）]：L。指定长度：200；指定宽度：-20；指定高度：120。

4. 合并两个实体为一个实体

（1）命令：Union。

（2）选择对象：选择第一个实体。

（3）选择对象：选择第二个实体（回车），就可得到如图 4-9-3 所示的实体。

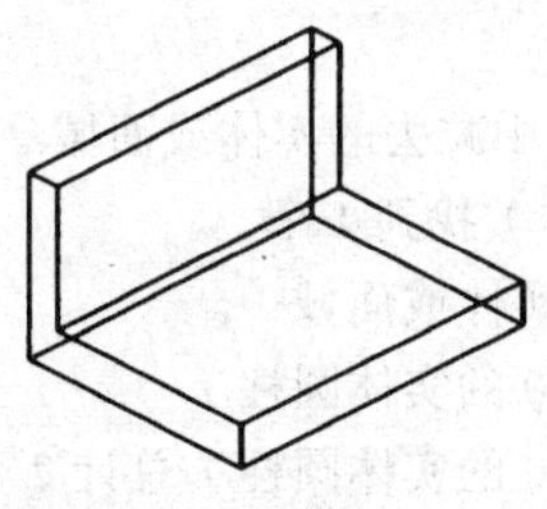

图 4-9-3　合并两个实体

5. 挖台阶孔

（1）命令：UCS，然后输入 W。

（2）命令：Circle。

指定圆的圆心或 [三点（3P）/两点（2P）/相切、相切、半径（T）]：100，75

指定圆的半径或 [直径（D）]：20

（3）命令：Isolines，输入 Isolines 的新值<4>：10。

（4）命令：Extrude。当前线框密度：Isolines=10；选择对象：（选择半径为 20 的圆）；指

定拉伸高度或 [路径（P）]15；指定拉伸的倾斜角度<0>：（回车）。

（5）命令：UCS。输入 n；指定新 UCS 的原点或 [Z 轴（ZA）/三点（3）/对象（OB）/面（F）/视图（V）/X/Y/Z] <0，0，0>：100，75，15。

（6）命令：Circle，指定圆的圆心或 [三点（3P）/两点（2P）/相切、相切、半径（T）]：（回车）；指定圆的半径或 [直径（D）] <20.0000>：30，如图 4-9-4 所示。

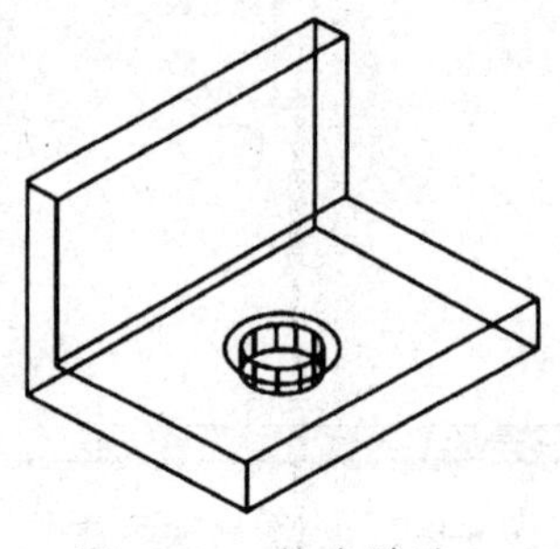

图 4-9-4　挖台阶孔 1

（7）命令：Extrude。当前线框密度：Isolines =10；选择对象：（选择半径为 30 的圆）（回车）；指定拉伸高度或 [路径（P）]：15；指定拉伸的倾斜角度<0>：（回车），如图 4-9-5 所示。

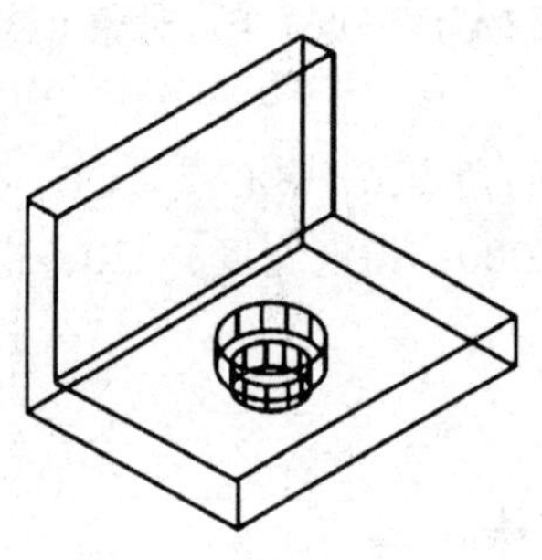

图 4-9-5　挖台阶孔 2

6. 做差集运算

（1）命令：Subtract，选择要从中减去的实体或面域...。

（2）选择对象：（选择立方实体）找到 1 个。

（3）选择对象：选择要减去的实体或面域…。

（4）选择对象：（选择半径为 20 的实体圆柱）。

（5）选择对象：（选择半径为 30 的实体圆柱）总计 2 个（回车）。

7. 消　隐

命令：Hide。

8. 切　开

（1）命令：Slice，如图 4-9-6 所示。

（2）选择对象：（选择要切开的实体）找到 1 个。

（3）选择对象：（回车）。

（4）指定切面上的第一个点，依照 [对象（O）/Z 轴（Z）/视图（V）/XY 平面（XY）/YZ 平面（YZ）/ZX 平面（ZX）/三点（3）] <三点>：（捕捉实体上圆柱轴线上任一点）。

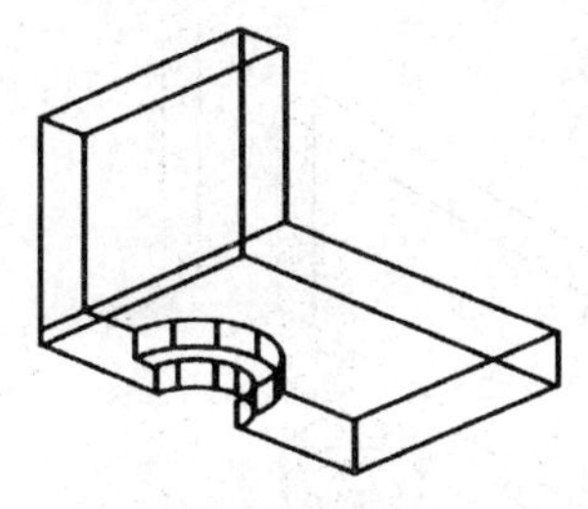

图 4-9-6　切开

（5）指定平面上的第二个点：（捕捉实体立方体上任一侧垂棱线的中点）。

（6）指定平面上的第三个点：（捕捉实体立方体上另一侧垂棱线的中点）。

（7）在要保留的一侧指定点或 [保留两侧（B）]：（用鼠标在实体右侧任一点）。

9. 剖面（可只显示剖面的形状）

（1）命令：Section。

（2）选择对象：（选择要切开的实体）找到 1 个。

（3）选择对象：（回车）。

（4）指定截面上的第一个点，依照 [对象（O）/Z 轴（Z）/视图（V）/XY 平面（XY）/YZ 平面（YZ）/ZX 平面（ZX）/三点（3）] <三点>：（捕捉实体上圆柱轴线上任一点）。

（5）指定平面上的第二个点：（捕捉实体立方体上任一侧垂棱线的中点）。

（6）指定平面上的第三个点：（捕捉实体立方体上另一侧垂棱线的中点），如图 4-9-7 所示。

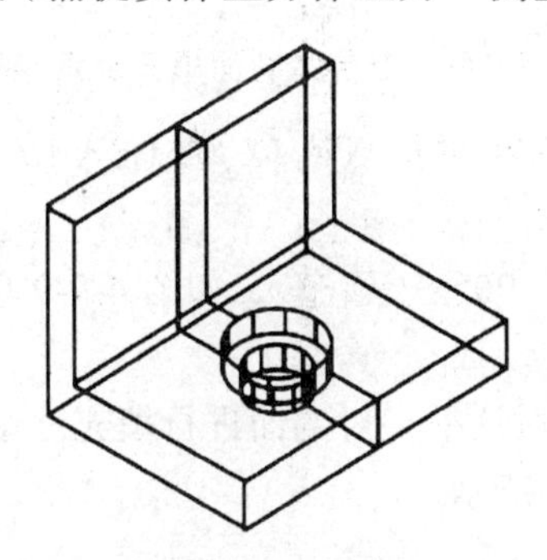

图 4-9-7　剖切

（7）命令：Move。

（8）选择对象：（选择剖开实体的剖面）。

（9）选择对象：（回车）。

（10）指定基点或位移：（用鼠标点取一点）。

（11）指定位移的第二点或 <用第一点作位移>：（用鼠标点取所要放置的位置），如图 4-9-8 所示。

10. 填充剖面

（1）命令：UCS，输入 n。

（2）指定新 UCS 的原点或 [Z 轴（ZA）/三点（3）/对象（OB）/面（F）/视图（V）/X/Y/Z] <0，0，0>：（点选剖面图的左下角），如图 4-9-9（a）所示。

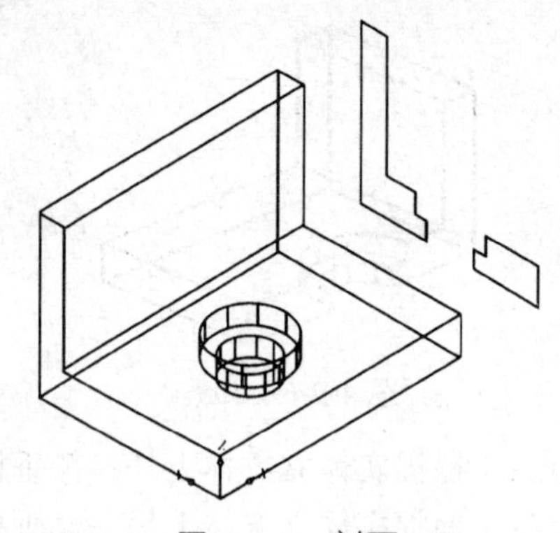

图 4-9-8　剖面

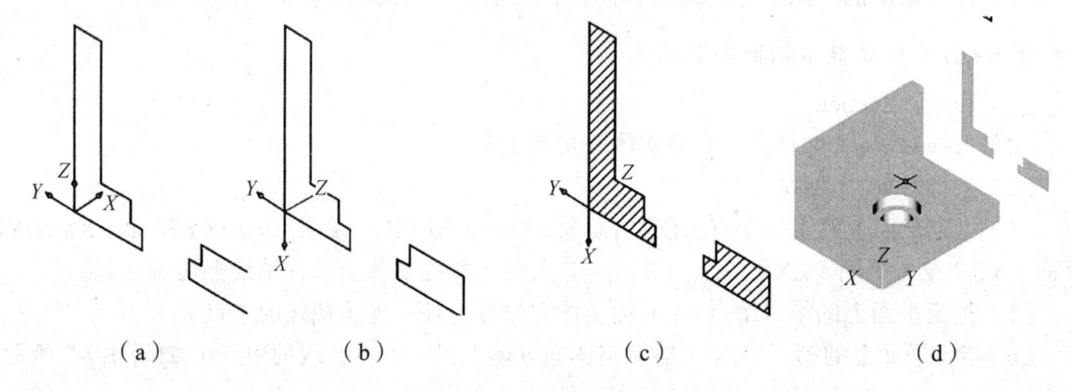

图 4-9-9　组合体剖面填充及渲染图

（3）命令：UCS，指定新 UCS 的原点或 [Z 轴（ZA）/三点（3）/对象（OB）/面（F）/视图（V）/X/Y/Z]<0，0，0>：y。

（4）指定绕 Y 轴的旋转角度<90>：（回车），如图 4-9-9（b）所示。

（5）命令：Bhatch。

（6）弹出"边界图案填充"对话框，对剖面进行填充。选择内部点：（在需填充的区域内拾取一点即可），如图 4-9-9（c）所示。

11. 渲　染

命令：Render。渲染后剖面结果如图 4-9-9（d）所示。

（二）图形的输出与发布

1. 模型空间与图纸空间

（1）模型空间：用来制作三维模型或二维图形的空间。在这个空间里，即使绘制的是二维图形，也是处于空间位置的。

（2）图纸空间：只能进行二维操作，绘制二维图形，主要用于规划输出图纸的工作空间。

2. 创建布局

（1）使用向导创建布局。

菜单：【工具】→【向导】→【创建布局】。

命令行：LAYOUTWIZARD。

（2）使用插入菜单创建布局。

菜单：【插入】→【布局】。

键盘输入方式：LAYOUT。

（3）用页面设置对话框创建布局。

用鼠标左键点击“布局”选项卡。

菜单【文件】→【页面设置】。

键盘输入方式：PAGESETUP。

（4）通过“设计中心”设置布局。

（三）图纸的打印输出

1. 添加绘图设备

菜单方式：【文件】→【打印机管理器】。

键盘输入方式：PLOTTERMANAGER。

2. 页面设置与打印出图

（1）页面设置：【文件】→【页面设置】。

（2）图纸打印：打印样式类型设定、添加新的打印样式、编辑打印样式表参数、打印样式的应用、图纸打印。

（3）电子打印：电子打印步骤、设置电子打印机。

四、实验报告要求

（1）写明实验目的、实验仪器与设备及实验内容。

（2）简单写明实验步骤。

（3）将绘制的 CAD 图形导出，并给出对应的绘图步骤，一个图至少包含 5 幅图形。

五、思考题

（1）绘制三维图形时需注意哪些问题？

（2）比较三维和二维图像的优缺点。

第五章 物理化学实验

物理化学实验是综合运用物理和化学领域的原理、技术方法、仪器及数学运算工具来研究物质的性质、化学反应及相关过程规律的一门化学实验课。通过该门实验课程的学习，使学生学会使用常用的仪器设备，培养学生仔细观察实验现象并能够正确记录和处理实验数据的能力以及灵活运用物理化学理论联系实际的能力。

实验一　旋光度测定蔗糖水解反应速率常数

一、实验目的

（1）了解蔗糖转化反应体系中各物质浓度与旋光度之间的关系。

（2）测定蔗糖转化反应的速率常数和半衰期。

（3）了解旋光仪的基本原理，掌握其使用方法。

二、实验仪器及设备

（一）实验材料

蔗糖（$C_{12}H_{22}O_{11}$）AR、盐酸（4 mol/L）、蒸馏水（实验室制备）和其他实验室常用药品。

（二）实验仪器

超级恒温器、光学度盘旋光仪、计时器（秒表）和其他实验室常用仪器。

三、实验原理及旋光仪的使用方法

（一）实验原理

蔗糖水解反应的反应式为

$$C_{12}H_{22}O_{11}(\text{蔗糖})+H_2O\xrightarrow{H^+}C_6H_{12}O_6(\text{葡萄糖})+C_6H_{12}O_6(\text{果糖})$$

式中，H^+是催化剂。由于水的量相对较大，它在反应前后的浓度变化极小。因此，可以近似地认为其浓度不变。那么，水解反应的速率就只与蔗糖的浓度有关，反应为一级反应。则有：

$$\lg\frac{C_t}{C_0}=-\frac{k_1}{2.303}t \tag{5-1-1}$$

式中，C_0 为反应开始时刻蔗糖的浓度；C_t 为 t 时刻蔗糖的浓度。

在反应过程中，浓度 C 值不容易测量，但浓度 C 与比旋光度有正比关系。因此，可以通过测定比旋光度而间接测量出浓度 C，即

$$\frac{\alpha_t-\alpha_\infty}{\alpha_0-\alpha_\infty}=\frac{\alpha_t}{\alpha_0} \quad (5\text{-}1\text{-}2)$$

式中，α_∞ 为反应系统无限时刻的旋光度；α_0 为反应系统开始时刻的旋光度；α_t 为反应系统 t 时刻的旋光度。

将式（5-1-2）代入式（5-1-1）式，移项得：

$$\lg(\alpha_t-\alpha_\infty)=-\frac{k_1}{2.303}t+\lg(\alpha_0-\alpha_\infty) \quad (5\text{-}1\text{-}3)$$

使用旋光仪跟踪反应过程，测得不同时刻的 α_t。以 lg（α_t-α_∞）对 t 作图可得一直线，从直线的斜率 m 可求得 k_1 以及 $t_{0.5}$，即

$$m=-\frac{k_1}{2.303} \quad (5\text{-}1\text{-}4)$$
$$k_1=-2.303m$$

$$t_{0.5}=\frac{0.692\,3}{k_1} \quad (5\text{-}1\text{-}5)$$

（二）旋光仪的构造及测量方法

（1）自然光通过起偏镜产生偏振光，该偏振光部分通过狭长的石英条时（宽度为视野的1/3），偏振面将被旋转一个角度 φ（φ 角很小），这种中间与两边偏振面不同（相差 φ 角）的偏振光在样品管中被旋转（同样角度）后到达检偏镜。

（2）如果检偏镜能通过的光振面与中间光偏振面一致，则视野中可见到如图 5-1-1 中 B 成像的图像，中间亮两边暗。

（3）如果检偏镜能通过的光偏振面与两边的光一致，则视野中出现图 5-1-1 中 A 成像的图像，中间暗两边亮。

（4）在与图像 A 成像和 B 成像的角度都相差 φ/2 角的地方，存在一点，整个视野的光亮度一致呈现暗红色，如图 5-1-1 中 C 成像所示。这点作为读数点，某溶液和纯水的读数之差就是溶液的旋光度。

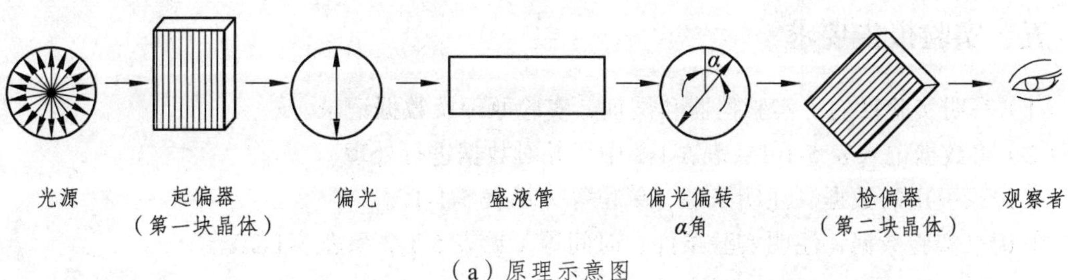

（a）原理示意图

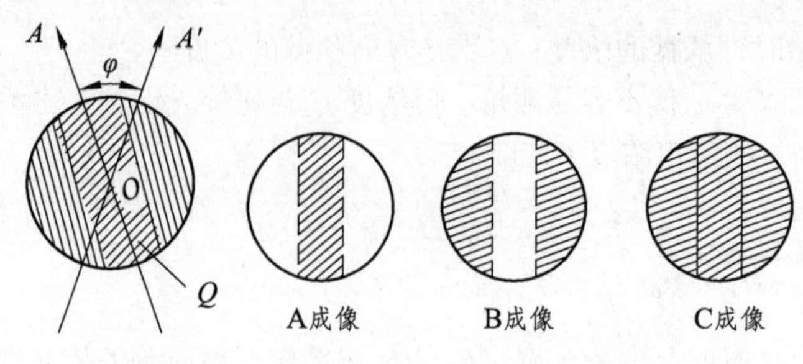

（b）成像示意图

图 5-1-1　旋光仪的原理示意图

（三）旋光仪的读数方法

（1）物镜中可旋转的是主尺，不可旋转的是游标尺。

（2）先读出游标尺的“0”刻度所对应的主尺的准确读数，如 5.5、5.0、12.5、12.0 等。

（3）再读出游标尺和主尺的“连通线”所对应的游标尺的准确读数，如 0.02、0.32、0.16、0.20 等。如果有多条连通线，则取其读数的平均值。

（4）将主尺读数和游标尺读数相加就是所测值的读数。

（5）在到达每个读数时刻的瞬间，要同步把视野图像调到 C 成像，即暗红色。

四、实验步骤

（1）调节恒温槽，使温度调为 60 °C。

（2）清洁所有仪器，并用蒸馏水连续装入旋光管数次，直至无气泡。

（3）用蒸馏水校正旋光仪的零点 3 次，并求其平均值。

（4）称取 20 g 蔗糖，配制成 100 mL 水溶液。

（5）量取 50 mL 蔗糖溶液于锥形瓶中，再量取 50 mL HCl（4 mol/L）溶液加入锥形瓶中，当加入一半时，开动计时器计时（中途不得停止，要连续计时）。之后，迅速混匀溶液。

注意：迅速用溶液淌洗旋光管 2 ~ 3 次后，装满旋光管并使之无气泡。擦净旋光管并放入旋光仪中进行测量，在 2 min 或 4 min 时要读得第一个数。先调好参照点，再准确读数。

（6）在最初的 20 min 内每 2 min 读取一次数据，以后每 5 min 读取一次数据，一共测量 1 h。

（7）把剩余在锥形瓶中的溶液放置在 60 °C 左右的超级恒温槽中反应至步骤（5）测量结束。

（8）取出锥形瓶并迅速将溶液冷却至室温测量其旋光度三次，并求其平均值。

五、实验报告要求

（1）写明实验目的、实验仪器和试剂、实验原理及数据记录。

（2）将数据记入表 5-1-1 ~ 表 5-1-3 中，并对数据进行处理。

① 记录引用的数据，注明来源、单位等（见表 5-1-1）。

② 记录实验数据，注明实验条件、时间等（见表 5-1-2 和表 5-1-3）。

表 5-1-1　与实验相关的参考数据

序号	蔗糖的性质	数据来源
1	分子式：$C_{12}H_{22}O_{11}$	商品标签
2	分子量：342.30	商品标签
3	比旋光度：$[\alpha]20/D$+66.40 ~ +66.60	商品标签
4	生产厂家：上海××试剂厂	商品标签
5	批号：2022-11-01	商品标签

表 5-1-2　α 的零值及无穷大值

	$\alpha_{i,0}$	$\alpha_{左}$	$\alpha_{右}$	$\bar{\alpha}_{i,0}=\frac{1}{2}(\alpha_{左}+\alpha_{右})$	$\alpha_{H_2O}=\frac{\sum_1^3 \bar{\alpha}_{i,0}}{3}$
零值	1	1.90	1.84	1.87	1.90
	2	1.92	1.92	1.92	
	3	1.94	1.88	1.91	
无穷大值	$\alpha_{i,\infty}$	$\alpha_{左}$	$\alpha_{右}$	$\bar{\alpha}_{i,\infty}=\frac{1}{2}(\alpha_{左}+\alpha_{右})$	$\alpha_{\infty}=\frac{\sum_1^3 \bar{\alpha}_{i,\infty}}{3}$
	1	-3.40	-3.44	-3.42	-3.33
	2	-3.24	-3.24	-3.24	
	3	-3.28	-3.36	-3.32	

表 5-1-3　蔗糖溶液在不同时刻的旋光度值

大气压：84 kPa						
实验温度：23.8 °C						
实验室温度：23.8 °C						
t/min	$\alpha_{左}$	$\alpha_{右}$	$\bar{\alpha}_t$	$\alpha_t=\bar{\alpha}_t-\alpha_{H_2O}$	$\alpha_t-\alpha_{\infty}$	$\lg(\alpha_t-\alpha_{\infty})$
2						
4	15.30	15.30	15.30	13.40	16.73	1.223
6	13.96	13.98	13.97	12.07	15.40	1.188
8	13.14	13.12	13.13	11.23	14.56	1.163
10	12.38	12.38	12.38	10.48	13.81	1.140
12	11.56	11.54	11.55	9.65	12.98	1.113
14	10.85	10.86	10.86	8.96	12.29	1.089
16	10.04	10.03	10.04	8.14	11.47	1.059
18	9.40	9.40	9.40	7.50	10.83	1.035
20	8.50	8.50	8.50	6.60	9.93	0.997
25	6.92	6.92	6.92	5.02	8.35	0.922

续表

t/min	$\alpha_{左}$	$\alpha_{右}$	$\bar{\alpha}_t$	$\alpha_t=\bar{\alpha}_t-\alpha_{H_2O}$	$\alpha_t-\alpha_\infty$	$\lg(\alpha_t-\alpha_\infty)$
30	5.20	5.20	5.20	3.30	6.63	0.822
35	4.08	4.08	4.08	2.18	5.51	0.741
40	2.78	2.79	2.79	0.89	4.22	0.625
45	1.80	1.80	1.80	−0.10	3.23	0.509
50	0.84	0.85	0.85	−1.06	2.28	0.357
55	0.20	0.20	0.20	−1.70	1.63	0.212
60						

六、数据处理

（1）以 lg（α_t−α_∞）对 t 作图，如图 5-1-2 所示。

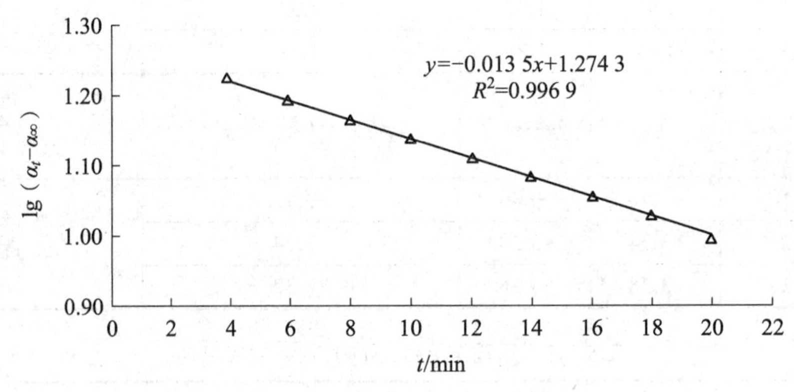

图 5-1-2　lg（α_t−α_∞）-t 曲线

（2）从 lg（α_t−α_∞）-t 图上求出斜率：

$$m=-0.013\ 5\ \text{min}^{-1}$$

（3）由式（5-1-4）求出速率常数：

$$k_1=-2.303m=-2.303\times(-0.013\ 5\ \text{min}^{-1})=0.031\ 09\ \text{min}^{-1}$$

（4）由式（5-1-5）求出半衰期：

$$t_{0.5}=0.693\ 2/k_1=0.693\ 2/(0.031\ 09\ \text{min}^{-1})=22.29\ \text{min}$$

七、思考题

（1）蔗糖溶液为什么可以粗略配制？

（2）实验中，为什么要用蒸馏水来校正旋光仪的零点？

（3）蔗糖的转化速度与哪些因素有关？

（4）在混合蔗糖溶液和 HCl 溶液时，是将 HCl 溶液加入蔗糖溶液中，可否把蔗糖溶液加入 HCl 溶液中，为什么？

实验二　凝固点降低法测定摩尔质量

一、实验目的

（1）用凝固点降低法测定萘的摩尔质量。
（2）掌握溶液凝固点的测量技术，加深对稀溶液依数性的理解。

二、实验仪器及设备

（一）仪器及设备

凝固点测量装置、精密电子温差测量仪、压片机及其他实验室常用仪器。

（二）实验材料

萘（$C_{10}H_8$）AR、环已烷（C_6H_{12}）AR、去离子水（实验室制备）及其他实验室常用药品。

三、实验原理

稀溶液的凝固点低于纯溶剂的凝固点，凝固点的降低值与溶质的质量摩尔浓度成正比，即

$$\Delta T = T_0 - T = K_f \cdot m \tag{5-2-1}$$

式中，m 为溶质的质量摩尔浓度（$mol \cdot kg^{-1}$）；T 为浓度为 m 的溶液的凝固点；T_0 为纯溶剂的凝固点；K_f 为溶剂的凝固点降低常数（$K \cdot kg \cdot mol^{-1}$）；$\Delta T$ 为凝固点降低值。

$$m = \frac{\dfrac{W_{溶质}}{M_{溶质}}}{W_{溶剂}} \tag{5-2-2}$$

式中，$W_{溶质}$为溶质的质量（g）；$M_{溶质}$为溶质的摩尔质量（$g \cdot mol^{-1}$）；$W_{溶剂}$为溶剂的质量（kg）。

在已知溶剂的凝固点降低常数值（K_f）条件下，通过实验测定溶剂和稀溶液的凝固点后，就可由式（5-2-1）和式（5-2-2）求得溶质的摩尔质量，即

$$m = \frac{T_0 - T}{K_f} = \frac{\Delta T}{K_f} = \frac{\dfrac{W_{溶质}}{M_{溶质}}}{W_{溶剂}} \tag{5-2-3}$$

由式（5-2-3）得：

$$M_{溶质} = \frac{K_f}{T_0 - T} \times \frac{W_{溶质}}{W_{溶剂}} \tag{5-2-4}$$

纯溶剂的凝固点是其液-固两相共存的平衡温度，将纯溶剂逐步冷却时，在未凝固前温度将随时间均匀下降。当纯溶剂开始凝固后，因放出凝固热而补偿了冷却热，体系将保持液-固

两相共存的平衡温度不变（f=1−2+1= 0），直到全部凝固后，温度才继续均匀下降，如图 5-2-1（a）所示。

在实际冷却过程中经常发生过冷现象，其冷却曲线如图 5-2-1（b）所示。

溶液的凝固点是溶液与纯溶剂的固相共存时的平衡温度，其冷却曲线与纯溶剂不同。当有纯溶剂凝固析出时，剩下溶液的浓度将逐渐增大，因而溶液的凝固点也逐渐下降（f=2−2+1=1），如图 5-2-1（c）所示。

如果溶液的过冷程度不大，则析出的固体纯溶剂的量对溶液浓度的影响也不大。那么以过冷回升的温度作为凝固点，对测定结果的影响不大，如图 5-2-1（d）所示。

如果过冷太多，则凝固的纯溶剂过多，溶液的浓度变化过大，就会出现图 5-2-1（e）所示的情况，这样就会使凝固点的测定结果偏低。

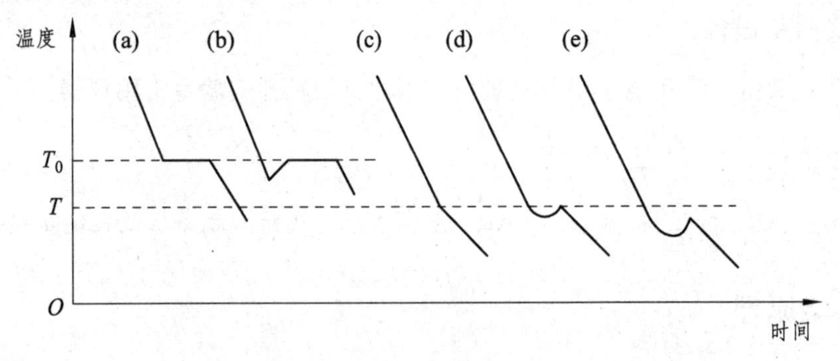

图 5-2-1　步冷曲线

测定凝固点降低的装置如图 5-2-2 所示。

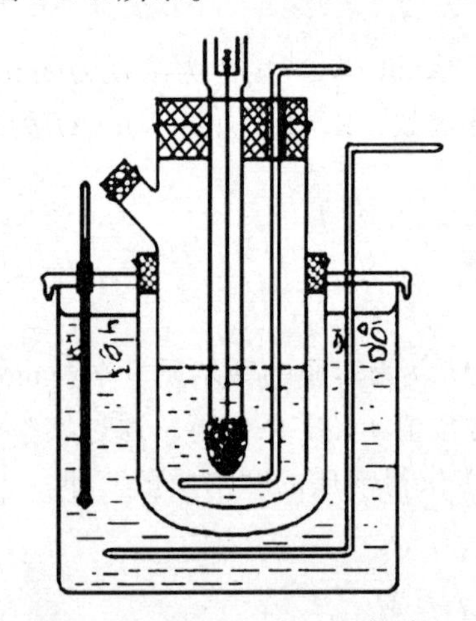

图 5-2-2　凝固点降低测定装置

四、实验内容及步骤

（1）按要求连接、清洁和干燥好所有仪器。

（2）将冰敲碎装入冷却缸中，并把温度调到 3 °C 以下。

（3）将干净、干燥的温差仪和搅拌器放入外冷却管中，再一起放入冷却缸中冷却。

（4）溶剂凝固点的测量。

① 用移液管量取 25 mL 环已烷放入干净、干燥的内冷却管中，并将其置于装有碎冰的大烧杯中冷却，直到环已烷部分凝固。

② 将内冷却管取出，用手温加热使环已烷刚好融化。之后，迅速将温差仪和搅拌器取出放入内冷却管中，再一起放在外冷却管中冷却。

③ 迅速将温差仪“置零”后，再将温差仪的报时开关打开（每 0.5 min 亮一次）并开始测量，在报时灯亮的同时记录系统的温度值。

④ 一直记录温度值，直到出现“拐点”（温度下降再上升的最高点）后，再测 10 个点。

⑤ 将温差仪和搅拌器以及内冷却管一起取出，用手温加热使环已烷刚好融化。之后，迅速将温差仪和搅拌器以及内冷却管一起放入外冷却管中冷却。再重复步骤④的操作（注意：不可将温差仪置零）。

（5）溶液凝固点的测量。

① 粗称 0.2 ~ 0.3 g 萘，压片后再精确称量备用。

② 在上述过程之后，将已精确称量的萘片 0.2 ~ 0.3 g 加入内管中并使之溶解。

注意：在不方便的情况下，可取下内管置于装有碎冰的大烧杯中，用玻璃棒搅拌使之迅速溶解。但在此过程中不能损失和弄脏样品，温差仪的示值不能失控，最好仍将温差仪和搅拌器放在外冷却管中冷却。

③ 迅速将温差仪和搅拌器放入内冷却管中，再一起放在外冷却管中冷却，测量溶液的凝固点。一直记录温度值，直到出现“拐点”（温度下降再上升的最高点）后，再测 10 个点。

④ 将温差仪和搅拌器以及内冷却管一起取出，用手温加热使环已烷刚好融化。之后，迅速将温差仪和搅拌器以及内冷却管一起放入外冷却管中冷却。

（6）测量完后，整理和清洁并干燥好所有仪器。

五、数据记录

（1）记录使用药品的详细信息（见表 5-2-1）。

表 5-2-1　与实验相关的参考数据

药品	分子式	分子量	沸点或熔点/°C	凝固点/°C	K_f/K · kg · mol^{-1}	密度/g · cm^{-3}
环已烷	C_6H_{12}	84.16	80.2 ~ 81.2	6.5	20.1	0.775 4
萘	$C_{10}H_8$	128.17	80 ~ 82			

（2）记录实验数据（见表 5-2-2 和表 5-2-3）。

表 5-2-2　绘制纯溶剂（环已烷）步冷曲线数据

步冷曲线一			步冷曲线二		
点	时间/min	温度/°C	点	时间/min	温度/°C
1	0.5	−2.413	1	0.5	−2.36
2	1	−2.561	2	1	−2.481
3	1.5	−2.679	3	1.5	−2.586
4	2	−2.709	4	2	−2.673

续表

步冷曲线一			步冷曲线二		
点	时间/min	温度/°C	点	时间/min	温度/°C
5	2.5	−2.666	5	2.5	−2.696
6	3	−2.646	6	3	−2.655
7	3.5	−2.637	7	3.5	−2.638
8	4	−2.634	8	4	−2.637
9	4.5	−2.636	9	4.5	−2.639
10	5	−2.637	10	5	−2.641
11	5.5	−2.64	11	5.5	−2.645
12	6	−2.643	12	6	−2.648
13	6.5	−2.646	13	6.5	−2.652
14	7	−2.649	14	7	−2.656
15	7.5	−2.654	15	7.5	−2.661

表 5-2-3　绘制溶液（萘-环己烷）步冷曲线数据

步冷曲线一			步冷曲线二		
点	时间/min	温度/ °C	点	时间/min	温度/ °C
1	0.5	−4.681	1	0.5	−4.767
2	1	−4.772	2	1	−4.846
3	1.5	−4.856	3	1.5	−4.915
4	2	−4.93	4	2	−4.986
5	2.5	−4.996	5	2.5	−5.057
6	3	−5.053	6	3	−5.128
7	3.5	−5.101	7	3.5	−5.192
8	4	−5.071	8	4	−5.235
9	4.5	−4.933	9	4.5	−5.194
10	5	−4.891	10	5	−4.997
11	5.5	−4.884	11	5.5	−4.914
12	6	−4.883	12	6	−4.904
13	6.5	−4.89	13	6.5	−4.907
14	7	−4.895	14	7	−4.911
15	7.5	−4.902	15	7.5	−4.915
16	8	−4.907	16	8	−4.919
17	8.5	−4.915	17	8.5	−4.926
18	9	−4.921	18	9	−4.934
19	9.5	−4.929	19	9.5	−4.941

六、数据处理

（1）绘制出每次测量的纯溶剂和溶液的步冷曲线，如图 5-2-3 和图 5-2-4 所示。

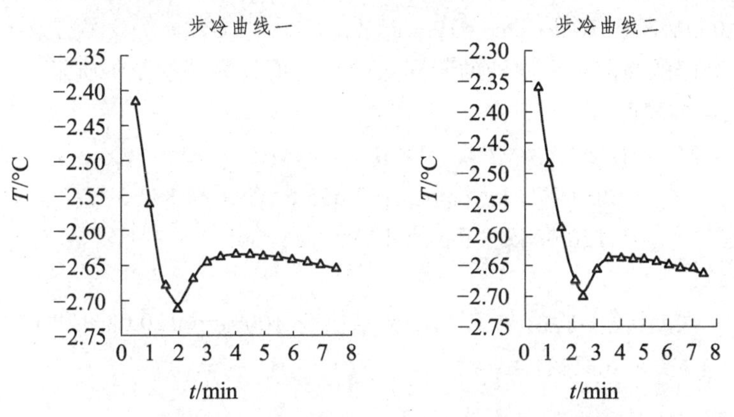

图 5-2-3　纯溶剂（环己烷）的步冷曲线

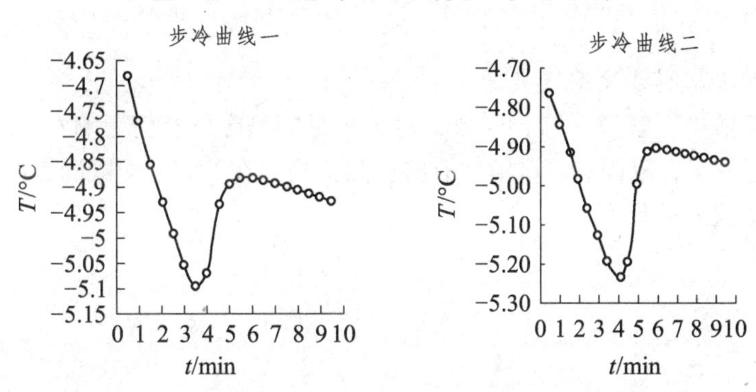

图 5-2-4　溶液（萘-环己烷）的步冷曲线

（2）列表整理实验数据，如表 5-2-4 所示。

表 5-2-4　数据整理

实验温度：23.8 °C			
实验室大气压：87 kPa			
纯溶剂（环己烷）的用量：25.0 mL			
溶质（萘）的用量：0.261 7 g			
纯溶剂的凝固点 T/°C		溶液的凝固点 T/°C	
$T_{溶剂}$（1）	−2.634	$T_{溶质}$（1）	−4.883
$T_{溶剂}$（2）	−2.637	$T_{溶质}$（2）	−4.904
$T_{溶剂}$（3）		$T_{溶质}$（3）	
$T_{溶剂}$（平均）	−2.635 5	$T_{溶质}$（平均）	−4.893 5

（3）用 ρ（kg/m^3）= 0.797 1×10^3−0.887 9 t（°C）计算实验温度下环己烷的密度和所取环己烷的质量 $W_{溶剂}$。

① ρ（kg/m^3）=0.797 1×10^3-0.887 9 t（°C）

= 0.797 1×10^3-0.887 9×23.8

= 0.776×10^3（kg/m^3）

② $W_{溶剂}$=25.0 cm^3×0.776 g · cm^{-3}=19.4 g

（4）由实验测定的纯溶剂和溶液的凝固点的平均值计算萘的摩尔质量。

根据式（5-2-4）式可得：

$M_{溶质}$=[K_f/（$T_{溶剂}$-$T_{溶液}$）]×$W_{溶质}$/$W_{溶剂}$

={20.1 °C · kg · mol^{-1}/[-2.635 5 °C-（-4.893 5 °C）]}×{0.261 7g/19.4g}

=0.120 08 kg · mol^{-1}=120.08 g · mol^{-1}

（5）误差计算。

误差=[（实验值-文献值）/文献值]×100%=[（120.08-128.17）/128.17]×100%

=-6.31%

七、思考题

（1）为什么在冷却时要用空气夹套？

（2）溶质在溶液中有解离、缔合现象，对分子量的测定值有何影响？

（3）在冷却过程中，凝固点管内液体有哪些热交换存在？它们对凝固点的测定有何影响？

（4）分析产生误差的原因。

实验三　挥发性完全互溶双液系 T-x 相图的绘制

一、实验目的

（1）学会用“回流冷凝法”测定液体在沸点时气相和液相的组成。

（2）掌握绘制双液系 T-x 相图的基本方法。

（3）了解旋光仪的基本原理，掌握其使用方法。

二、实验材料与仪器

（一）实验材料

无水乙醇（CH_3CH_2OH）AR、乙酸乙酯（$CH_3COOC_2H_5$）AR、丙酮（CH_3CH_2CHO）AR及其他实验室常用药品。

（二）实验仪器

超级恒温器（CS501）、阿贝折射仪（WZS-1）、数字式温度计（NTY-2A）、精密稳流电源（YP-2B）、加热器、沸点仪及其他实验室常用仪器。

三、实验原理

单组分液体在一定的外压下沸点为一定值。两种在常温时为液态的物质混合起来而组成的二组分体系称为双液系。两种液体若能按任意比例互相溶解，称为完全互溶的双液系。若只能在一定比例范围内互相溶解，则称部分互溶双液系。完全互溶双液系的气-液平衡相图（T-x 图）可分为三类，如图 5-3-1 所示。

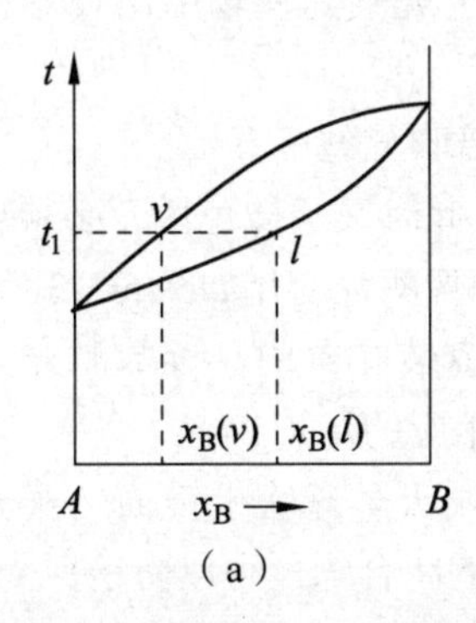

（a）

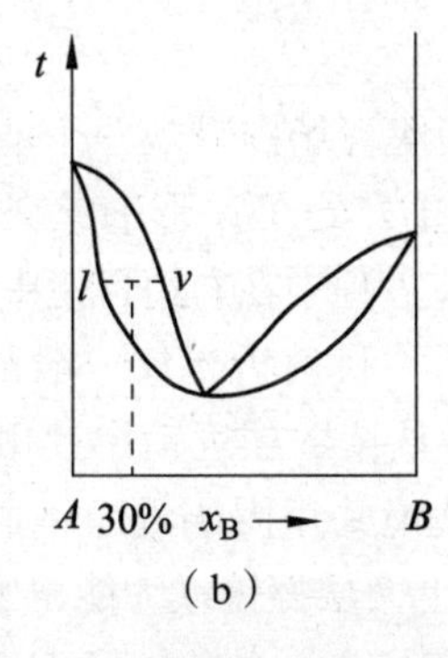

（b）

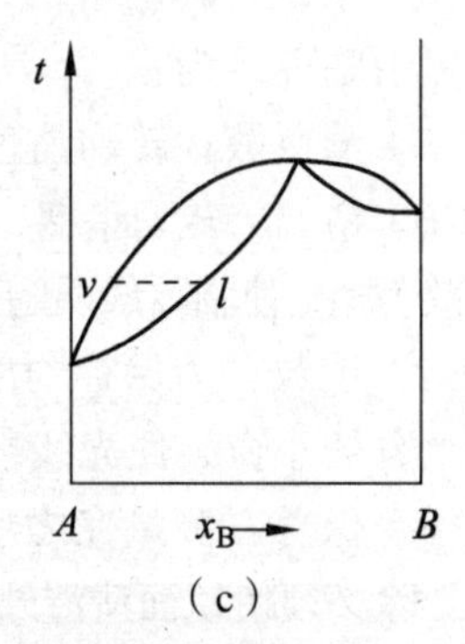

（c）

图 5-3-1　完全互溶体系气液平衡相图

如果在恒压下将溶液蒸馏，当气液两相达到平衡时，记下此时的沸点，并分别测定气相（馏出物）与液相（蒸馏液）的组成，就能绘制出 T-x 图。

主要实验装置如图 5-3-2 所示。

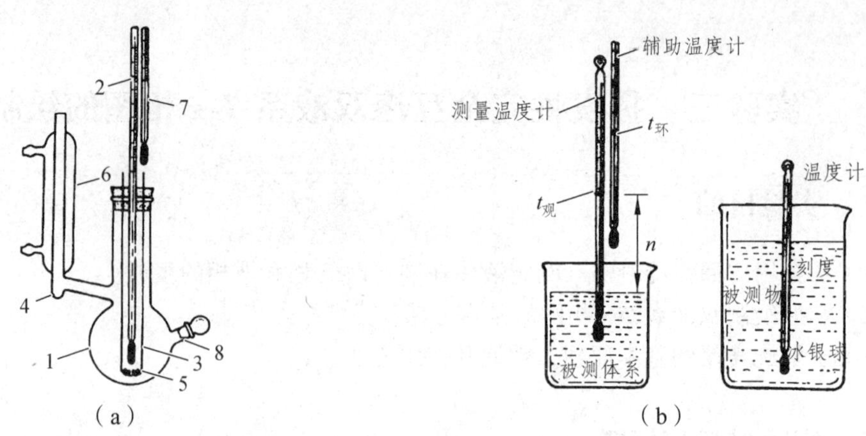

1—盛液容器；2—测量温度计；3—小玻管；4—小球；5—电热丝；6—冷凝管；7—温度计；8—支管。

图 5-3-2　沸点仪和温度计校正示意图

因为溶液的组成与溶液的折射率有线性关系，所以平衡时的气-液两相组成可以用阿贝折射仪进行测定。

阿贝折光仪的使用方法如下：

（1）安装：将折光仪置于靠窗的桌子上或白炽灯前，但勿使仪器置于直射的日光中，以避免液体试样迅速蒸发。用橡皮管将测量棱镜和辅助棱镜上保温夹套的进水口与超级恒温槽串联起来，恒温温度以折光仪上的温度计读数为准。

（2）加样：松开锁钮，开启辅助棱镜，使其磨砂的斜面处于水平位置，用滴定管加少量丙酮清洗镜面，促使难挥发的污物逸走，用滴定管时注意勿使管尖碰撞镜面。必要时可用擦镜纸轻轻吸干镜面，但切勿用滤纸。待镜面干燥后，滴加数滴试样于辅助棱镜的毛镜面上，闭合辅助棱镜，旋紧锁钮。若试样易挥发，则可在两棱镜接近闭合时从加液小槽中加入，然后闭合两棱镜，锁紧锁钮。

（3）对光：转动手柄，使刻度盘标尺上的示值为最小，并调节反射镜，使入射光进入棱镜组，同时从测量望远镜中观察，使视场最亮。调节目镜，使视场准丝最清晰。

（4）粗调：转动手柄，使刻度盘标尺上的示值逐渐增大，直至观察到视场中出现彩色光带或黑白临界线为止。

（5）消色散：转动消色散手柄，使视场内呈现一个清晰的明暗临界线。

（6）精调：转动手柄，使临界线正好处在 X 形准丝交点上，若此时又呈微色散，必须重调消色散手柄，使临界线明暗清晰。调节过程中在右边目镜中看到的图像颜色变化如图 5-3-3 所示。

（7）读数：为保护刻度盘的清洁，目前折光仪一般都将刻度盘装在罩内，读数时先打开罩壳上方的小窗，使光线射入，然后从读数望远镜中读出标尺上相应的示值。

（8）保养：测量完之后，打开棱镜并用丙酮洗净镜面，也可用吸耳球吹干镜面。实验结束后，除必须使镜面清洁外，还需夹上两层擦镜纸才能扭紧两棱镜的闭合螺丝，以防镜面受损。

（9）校正：阿贝折光仪在使用前，必须先经标尺零点校正。可用已知折射率的标准液体（如纯水为 1.332 5），也可用每台折光仪中附有已知折射率的“玻块”来校正。可用溴萘将“玻块”光的一面粘附在折射棱镜上，不要合上辅助棱镜，打开棱镜背后的小窗使光线由此射入，用上述方法进行测定，如果测得值和此“玻块”的折射率有区别，旋动镜筒上的校正螺丝进行调整。

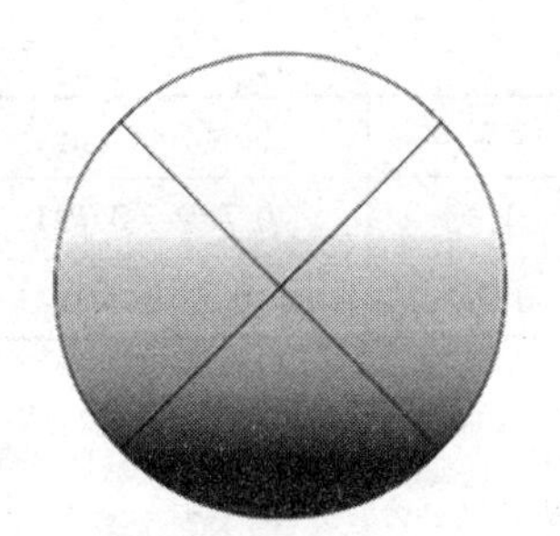
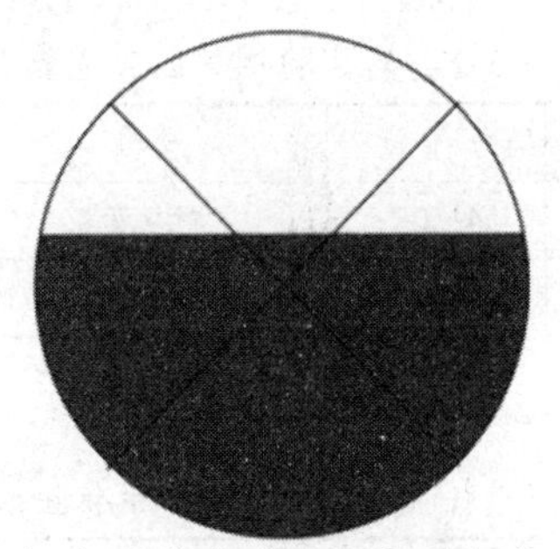
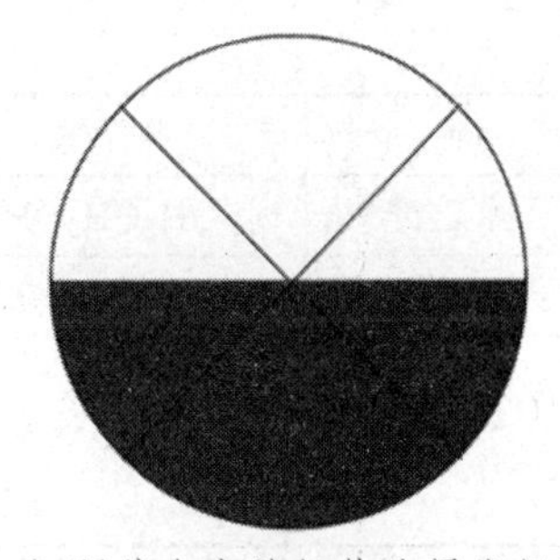

（a）未调节右边旋钮前在右边目镜看到的图像，此时颜色是散的　（b）调节右边旋钮直到出现有明显的分界线为止　（c）调节左点旋钮使分界线经过交叉点为止并在左边目镜中读数

图 5-3-3　目镜看到的颜色变化

四、实验内容与步骤

（1）按要求清洁和干燥好所有仪器。

（2）按要求连接好所有仪器。

（3）标准曲线的绘制。

① 通过计算（计算大概的浓度梯度）用称量法精确配制含乙酸乙酯质量浓度约为 20%、40%、60%、80%的乙醇溶液约 20 mL。

② 测定上述标准溶液和乙酸乙酯以及无水乙醇在温度为 25 °C 时的折射率。

（4）测定绘制相图的实验数据。

① 接通沸点仪上的冷凝水。

② 调节与阿贝折射仪相连的恒温槽的温度为 25 °C。

③ 从盛装无水乙醇的碱式滴定管中取 25 mL 的无水乙醇于沸点仪中。

④ 加热上述无水乙醇溶液（调节加热器的电流约为 1.2 A）并使其沸腾。在加热过程中要倾斜沸点仪三次，使气、液相充分混合均匀。

⑤ 待数字式温度计的温度显示值稳定后，准确记录温度值。

⑥ 用长滴管迅速取出气相冷凝液并测定其在 25 °C 时的折射率（多余的溶液倒回沸点仪）。

⑦ 用短滴管迅速取出液相并测定其在 25 °C 时的折射率（多余的溶液倒回沸点仪）。

⑧ 再分别向沸点仪的溶液中加入 1.5、3.0、4.0、5.0、7.0 mL 的乙酸乙酯，重复④→⑦的操作步骤。

⑨ 在步骤⑧做完之后，倒尽沸点仪中的溶液并清洁、干燥（用少量乙酸乙酯淌洗 2 ~ 3 次即可）。

⑩ 从盛装乙酸乙酯的碱式滴定管中取 25 mL 的乙酸乙酯于沸点仪中，重复④→⑧的操作步骤。只是将步骤⑧中的乙酸乙酯换成无水乙醇，其他操作不变。

（5）实验完成后，切断冷凝水。倒尽沸点仪中的溶液并将沸点仪倒置夹在铁架台上，将滴管中的溶液排干净后放在铁瓷盘中。

五、数据记录

（1）记录药品的数据参数（见表 5-3-1）。

表 5-3-1　与实验相关的参考数据

药品	分子式	分子量	含量	折射率	密度/g · cm^{-3}
无水乙醇	CH_3CH_2OH	46.07	≥99.7 %	1.35	0.789 ~ 0.791
乙酸乙酯	CH_3COOC_2H5	88.11	≥99.7 %	1.370	0.9 ~ 0.901

（2）记录实验数据（见表 5-3-2 和表 5-3-3）。

表 5-3-2　（浓度-折射率）标准曲线数据

实验室温度：20.2 °C						
实验温度：25.0 °C（测定折射率的温度）						
大气压：84 kPa						
序号	无水乙醇的量		乙酸乙酯的量		乙酸乙酯的质量百分浓度/%	溶液的折射率（n_D^{25}）
	体积/mL	称得质量/g	体积/mL	称得质量/g		
0	∞		0		0	1.359
1	20	15.729 3	2	1.794 8	10.241 9	1.36
2	20	15.818 05	4	3.652 8	18.760 4	1.360 9
3	17	13.551 8	7	6.235 2	31.511 6	1.362
4	15	11.876 9	9	8.108 9	40.573 3	1.363
5	13	10.301 1	11	9.866 6	48.922 8	1.363 7
6	10	7.720 3	13	11.703 7	60.253 8	1.364 8
7	7	5.428 7	15	13.589 5	71.455 2	1.366 1
8	5	3.953 5	18	16.157 2	80.341 3	1.367
9	2	1.515 6	20	18.013 1	92.239 1	1.368 3
10	0		∞		100	1.37

表 5-3-3　溶液的沸点、折射率及组成数据

实验室温度：20.2 °C								
实验温度：25.0 °C（测定折射率的温度）								
大气压：84 kPa								
无水乙醇的沸点：78.3 °C（101.3 kPa）								
乙酸乙酯的沸点：77.1 °C（101.3 kPa）								
乙醇-乙酸乙酯系统的恒沸点性质：恒沸组成 69.2%（含酯的质量），恒沸温度 71.8 °C								
往 25 mL 无水乙醇中逐渐加入乙酸乙酯	加入乙酸乙酯的量/mL		0	1.5	3	4	5	7
	构成系统酯的百分含量/%		0	6.41	17.03	27.95	38.12	48.33
	溶液的沸点/°C		73.7	72.5	70.7	69.3	68.3	67.6
	气相	折射率	1.36	1.361 4	1.363 2	1.364 1	1.364 7	1.365 2
		组成/%	0	14	32	41	47	52
	液相	折射率	1.36	1.360 9	1.361 8	1.362 4	1.363 2	1.364 4
		组成/%	0	9	18	24	32	44

续表

<table>
<tr><td rowspan="7">往 25 mL 乙酸乙酯中逐渐加入无水乙醇</td><td colspan="2">加入无水乙醇的量/mL</td><td>0</td><td>1.5</td><td>3</td><td>4</td><td>5</td><td>7</td></tr>
<tr><td colspan="2">构成系统酯的百分含量/%</td><td>100</td><td>95</td><td>86.37</td><td>77.04</td><td>67.87</td><td>58.18</td></tr>
<tr><td colspan="2">溶液的沸点/°C</td><td>71.2</td><td>69</td><td>67.3</td><td>66.8</td><td>66.9</td><td>67.2</td></tr>
<tr><td rowspan="2">气相</td><td>折射率</td><td>1.37</td><td>1.368 9</td><td>1.367 6</td><td>1.366 8</td><td>1.36 6</td><td>1.365 4</td></tr>
<tr><td>组成/%</td><td>100</td><td>89</td><td>76</td><td>68</td><td>60</td><td>54</td></tr>
<tr><td rowspan="2">液相</td><td>折射率</td><td>1.37</td><td>1.369 6</td><td>1.368</td><td>1.366 8</td><td>1.365 8</td><td>1.365 1</td></tr>
<tr><td>组成/%</td><td>100</td><td>96</td><td>80</td><td>68</td><td>58</td><td>51</td></tr>
<tr><td colspan="3" rowspan="2">从相图得出的恒沸点性质</td><td colspan="6">最低恒沸点组成：68%</td></tr>
<tr><td colspan="6">最低恒沸点温度：66.8 °C</td></tr>
</table>

六、数据处理

（1）在计算机上把表 5-3-2 所示的实验数据（以折射率为纵坐标，乙酸乙酯的百分含量为横坐标）绘制成标准曲线，如图 5-3-4 所示，并与点（0，n^{25}无水乙醇）、（100，n^{25}乙酸乙酯）的连线作比较（求出解析式）。

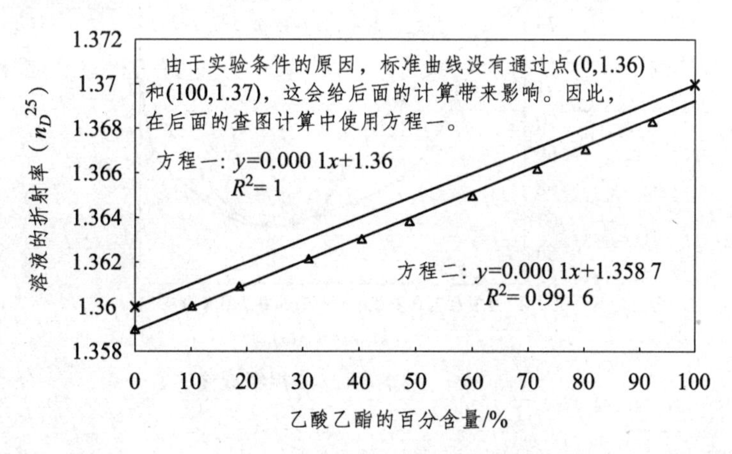

图 5-3-4　浓度-折射率标准曲线

（2）从标准曲线或点（0，n^{25}无水乙醇）、（100，n^{25}乙酸乙酯）的连线上查出气、液相的组成，或者从标准曲线方程或点（0，n^{25}无水乙醇）、（100，n^{25}乙酸乙酯）的连线方程计算出气、液相的组成，并列于表 5-3-3 中。

（3）将表 5-3-3 中的温度、气相组成以及液相组成数据重新列于表 5-3-4 中，并以温度为纵坐标，气相组成以及液相组成为横坐标绘出 T-x_l-x_g 相图，如图 5-3-5 所示。

（4）从 T-x_l-x_g 相图上找出恒沸点的性质并列在表 5-3-4 中。

表 5-3-4 沸点-气、液相组成数据

沸点/°C	气相质量分数（ ω ）	液相质量分数（ ω ）
73.7	0	0
72.5	0.14	0.09
70.7	0.32	0.18
69.3	0.41	0.24
68.3	0.47	0.32
67.6	0.52	0.44
67.2	0.54	0.51
66.9	0.6	0.58
66.8	0.68	0.68
67.3	0.76	0.8
69	0.89	0.96
71.2	1	1

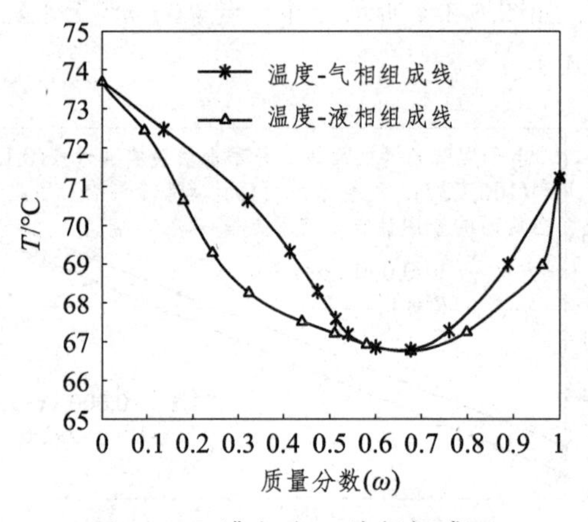

图 5-3-5 沸点-气、液相组成图

七、思考题

（1）沸点仪中的小球的体积过大对测量有何影响？

（2）如何判定气-液相已达到平衡？

（3）过热现象对实验将产生什么影响？如何在实验中避免？

（4）在连续测定法实验中，样品的加入量应十分精确吗，为什么？

（5）在该实验中，测定工作曲线时折射仪的恒温温度与测定样品时折射仪的恒温温度是否需要保持一致，为什么？

（6）在连续测定法实验中，样品的加入量应十分精确吗，为什么？

（7）试估计哪些因素是本实验的误差主要来源？

实验四　液体饱和蒸气压的测定

一、实验目的

（1）了解液体饱和蒸气压的测定原理，进一步理解纯液体的饱和蒸气压与温度的关系。
（2）了解真空泵、恒温槽及气压计的原理，并掌握其使用方法。
（3）学会用图解法求所测温度范围内的平均摩尔汽化热及正常沸点。

二、实验材料及仪器

（一）实验材料

无水乙醇（CH_3CH_2OH）AR、去离子水（实验室制备）及其他实验室常用药品。

（二）实验仪器

恒温水槽（HK-1B）、温度控制仪（DCT-2A）、饱和蒸气压教学实验仪（DPCY-2C）、直联旋片式真空泵（2XZ-1）及其他实验室常用仪器。

三、实验原理

一定温度下，在一真空密闭容器中，液体很快和它的蒸气建立起动态平衡。即蒸气分子向液面凝结与液体分子从表面逃逸的速度相等，此时液面上的蒸气压力就是液体在该温度下的饱和蒸气压。

液体的蒸气压与温度存在一定的关系，温度升高，分子运动加剧，因而单位时间内从液面逸出的分子数增多，蒸气压增大。反之，温度降低时，则蒸气压减小。当蒸气压与外界压力相等时，液体便沸腾，此时的温度称为液体的沸点。外压不同时，液体的沸点也不同。当外压为 101 325 Pa 时，液体的沸腾温度称为液体的“正常沸点”。

液体的饱和蒸气压与温度的定量关系可用克劳修斯-克拉贝龙（Clausius-Clapeyron）方程式来表示，即

$$\frac{\mathrm{d}\ln\frac{p}{[p]}}{\mathrm{d}T}=\frac{\Delta H_{\mathrm{m}}}{RT^2} \tag{5-4-1}$$

式中，p 为纯液体在温度 T 时的饱和蒸气压（Pa）；T 为热力学温度（K）；ΔH_{m} 为液体的摩尔汽化热（$\mathrm{J\cdot mol^{-1}}$）；R 为气体常数（$8.314\ \mathrm{J\cdot mol^{-1}\cdot K^{-1}}$）。

在温度变化不大的范围内，可以把 ΔH_{m} 视为常数，当作平均摩尔汽化热。因此，将（5-4-1）式积分得：

$$\lg\frac{p}{[p]}=-\frac{\Delta H_{\mathrm{m}}}{2.303R}\cdot\frac{1}{T}+A \tag{5-4-2}$$

式中，A 为积分常数，与压力的单位有关。由式（5-4-2）可知，在一定温度范围内，测定不同温度下液体的饱和蒸气压 p，以 $\lg(p/[p])$ 对 $1/T$ 绘图，可以得到一直线。由直线的斜率就可以求出实验温度范围内液体的平均摩尔汽化热 ΔH_m。

静态法测定蒸气压的方法：在一定的温度下，让液体沸腾达到气、液平衡后，再测定其饱和蒸气压。其实验测定装置如图 5-4-1 所示。

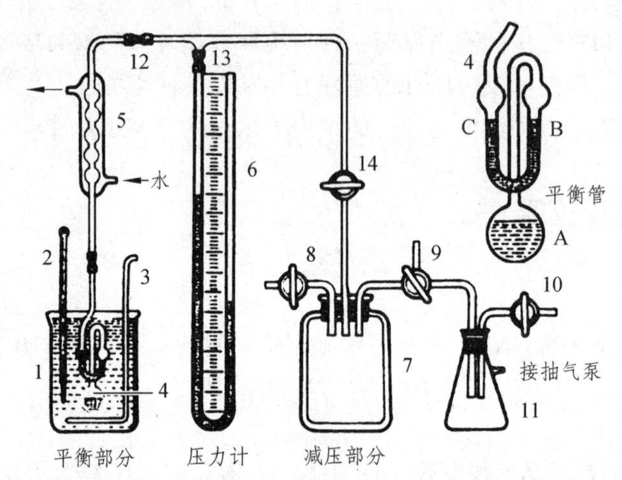

1—烧杯；2—温度计；3—加热器；4—等压管；5—冷凝管；6—压力计；7—稳压瓶；8，9，10，14—阀门；11—负压瓶；12，13—接头。

图 5-4-1 静态法测定蒸气压实验测定装置

动态法测定蒸气压的方法：在不同外界压力下，测定液体的沸点。其实验测定装置如图 5-4-2 所示。

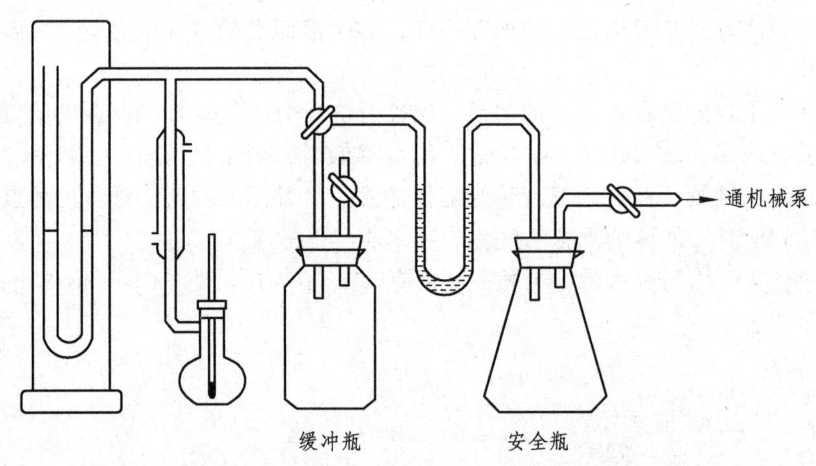

图 5-4-2 动态法测定蒸气压实验测定装置

四、实验步骤

本实验采用静态法测定饱和蒸汽压。

（1）按要求连接、安装和清洁好所有仪器。

（2）检漏。使系统的真空度在 70 kPa 以上保持不漏气，如果漏气，要仔细检查并消除。

（3）装液。在等位计中装入待测液体，分别使 A 球和 B、C 管的两臂充入 1/2～2/3 的待测液体（见图 5-4-1）。

（4）在冷却槽的杜瓦瓶中装入冰、水混合物，接通等位计的冷凝水。

（5）排除 A 球内的空气。

① 调节恒温槽的温度为第一个测定点的温度（稍高于恒温槽内水温 1～2 °C）。

② 待温度稳定后，关闭与大气相通的活塞，打开与真空泵相通的活塞，开动真空泵抽气。待液体沸腾并排尽等位计 A 球内的空气后，关闭与真空泵相通的活塞，再关闭真空泵，停止抽气。

③ 缓慢打开与大气相通的活塞，使系统恢复原状。注：抽气时间不能太长，不可使 B 管中的液体蒸发太多，以免导致实验失败。

（6）测量。

① 打开与真空泵相通的活塞，再次开动真空泵抽气，使液体沸腾后再关闭与真空泵相通的活塞，并关闭真空泵，停止抽气。此时，等位计 B、C 管的右支管液面高于左支管液面。如果相反，则要重新抽气。

② 缓慢打开与大气相通的活塞，向系统内放入空气，以增加系统内的压力，使 B、C 管的两臂液面等高，与此同时记录压力计和恒温槽的读数。注意：此过程一定要小心操作，不可放气太快，使 B、C 管中的液体倒流回 A 球内，导致实验失败。

③ 重复①和②的操作两次。

④ 在操作③完成之后，将恒温槽的温度提升 3～4 °C 并待温度稳定后，重复操作①～③。

⑤ 再重复操作④ 6 次，共计 8 个温度点。

（7）实验完成之后，用电吹风排尽等位计中的所有液体，以备下次实验使用。

五、数据记录

（1）记录引用的数据，注明来源、单位等（见表 5-4-1）

表 5-4-1　试剂的实验参数

药品	分子式	分子量	含量/%	密度/g · cm^{-3}	沸点/°C	折射率	汽化热/kJ · mol^{-1}
乙醇	CH_3CH_2OH	46.07	≥99.7%	0.789～0.791	78.3	1.359	38.58

（2）记录实验数据（见表 5-4-2）。

表 5-4-2　实验数据

实验室温度：20.2 °C							大气压：84 kPa	
温度			系统的真空度				乙醇的饱和蒸气压（p/Pa）	
摄氏温度 t/°C	开氏温度 T/K	$\frac{1}{T}/10^{-3}K^{-1}$	E_1	E_2	E_3	$E_{平均}$	$p=p_{大}-E_{平均}$	$\lg(p/[p])$
25.29	298.44	3.35	78 290	78 370	78 360	78 340	5 919.74	3.77
29.05	302.20	3.31	76 920	76 880	76 860	76 886.67	7 373.07	3.87
33.04	306.19	3.27	75 030	74 900	74 870	74 933.33	9 326.40	3.97

续表

摄氏温度 t/°C	开氏温度 T/K	$\frac{1}{T}/10^{-3}K^{-1}$	E_1	E_2	E_3	$E_{平均}$	$p=p_{大}-E_{平均}$	lg（$p/[p]$）
37.00	310.15	3.22	72 740	72 500	72 510	72 583.33	11 676.40	4.07
41.01	314.16	3.18	70 090	69 840	69 960	69 963.33	14 296.40	4.16
45.01	318.16	3.14	66 410	66 310	66 420	66 380	17 879.74	4.25
48.99	322.14	3.10	63 120	62 840	62 560	62 840	21 419.74	4.33
53.00	326.15	3.07	58 360	57 960	57 200	57 840	26 419.74	4.42
☆“$p_{大}$”为实验条件下的大气压								

六、数据处理

（1）按表 5-4-2 中所列的各项目处理实验数据。

（2）以 lg（$p/[p]$）对 $1/T$ 绘图，如图 5-4-3 所示。

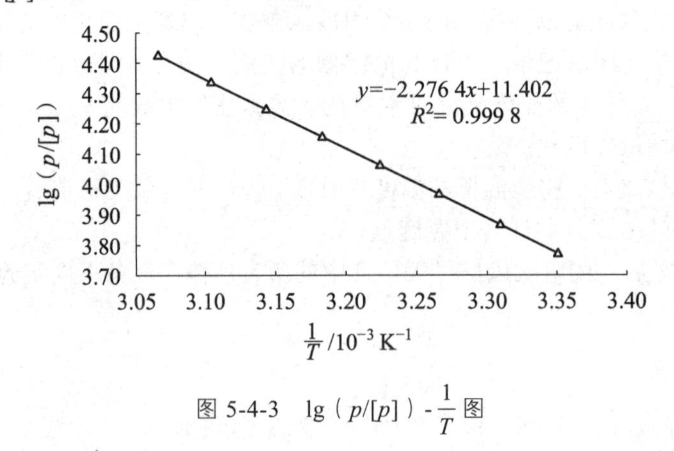

图 5-4-3　lg（$p/[p]$）- $\frac{1}{T}$ 图

（3）从直线上或从直线方程中求出斜率，进而求出被测液体在实验温度范围内的汽化热 ΔH_m。

斜率：$m= -2.276\ 4\times10^3$ K

由式（5-4-2）可得：$m= -\Delta H_m/(2.303R)$

变换公式：$-\Delta H_m/(2.303R) = -2.276\ 4\times10^3$ K

$$\Delta H_m= 2.276\ 4\times10^3\ K\times2.303R$$
$$= 2.276\ 4\times10^3\ K\times2.303\times8.314\ J\cdot mol^{-1}\cdot K^{-1}$$
$$= 43.59\times10^3\ J\cdot mol^{-1}$$

（4）误差计算。

误差=[（实验值-文献值）/文献值]×100%

$=[(43.59\times10^3-38.58\times10^3)/38.58\times10^3]\times100\%$

=1.30%

七、思考题

（1）本实验的误差分析应从哪几个方面来考虑？

（2）还有哪种方法可以用来测定液体的饱和蒸气压？

（3）无水乙醇的纯度会影响实验结果吗？

（4）无水乙醇的液面上有空气时会影响结果吗？

实验五　溶液中的吸附作用和表面张力的测定——最大气泡法

一、实验目的

（1）理解表面张力、表面能的物理意义。
（2）了解气液界面的吸附作用，计算表面层被吸附分子的截面面积。
（3）掌握最大气泡法测定溶液表面张力的原理和技术。

二、实验材料及仪器

（一）实验材料

正丁醇[$CH_3(CH_2)_2CH_2OH$]AR、蒸馏水（实验室制备）及其他实验室常用药品。

（二）实验仪器

超级恒温器（CS501）、最大气泡法测定表面张力教学实验仪（DMPY-2C）。

三、基本原理

（一）表面张力

表面张力是指在相表面的切面上，垂直作用于表面上任意单位长度切线的表面紧缩力，单位符号为 N/m。由于表面张力的存在，任何物质都有缩小其表面积的自发趋势，如图 5-5-1 所示。

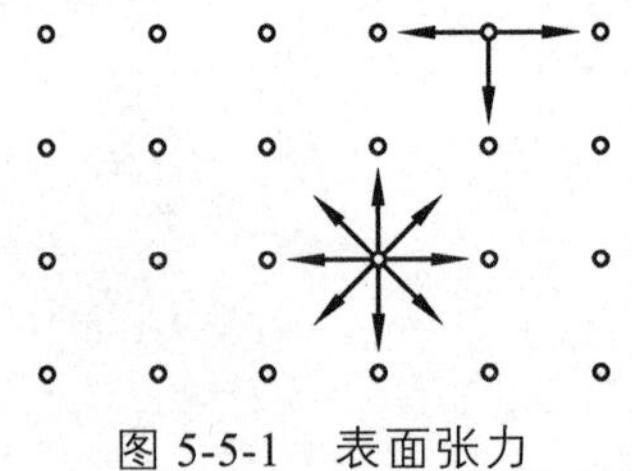

图 5-5-1　表面张力

对于纯液体来说，由于其表面层的组成和内部层的组成相同。因此，纯液体降低表面能（表面张力）的途径是尽可能地缩小其表面积。

对于溶液来说，当加入溶质时，液体的表面张力会发生变化，有的会使溶液的表面张力比纯溶剂的高，有的则会使溶液的表面张力降低。于是溶质在表面的浓度与在溶液本体中的浓度不同，这就是溶液的表面吸附现象。

溶液表面的吸附情况如图 5-5-2 所示。

当浓度很小时，分子平躺在液面上，如图 5-5-2（a）所示；当浓度增大时，分子的排列如图 5-5-2（b）所示；当浓度增加到一定程度时，被吸附的分子占据了所有的表面，形成饱和吸附层，如图 5-5-2（c）所示。

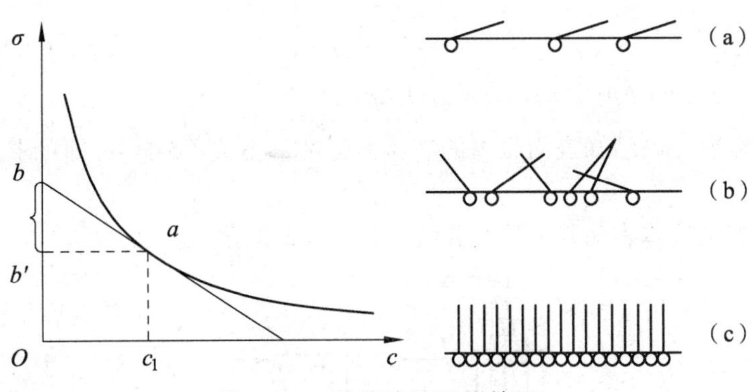

图 5-5-2　溶液表面吸附情况

（二）吉布斯（Gibbs）吸附公式

在指定温度和压力下，吸附与溶液的表面张力及溶液的浓度有如下关系：

$$\Gamma=-\frac{c}{RT}\left(\frac{\mathrm{d}\sigma}{\mathrm{d}c}\right)_T \tag{5-5-1}$$

式中，Γ 为表面超量（mol/m^2），或称为“吸附量”，为溶液的表面张力（N/m 或 J/m^2）；c 为溶液的物质的量浓度（mol/m^3），T 为热力学温度（K）；R 为气体常数（$8.314\ J\cdot mol^{-1}\cdot K^{-1}$）。

（三）朗缪尔（Langmuir）吸附等温式

$$\frac{c}{\Gamma}=\frac{c}{\Gamma_\infty}+\frac{1}{K\Gamma_\infty} \tag{5-5-2}$$

式中，Γ_∞为饱和吸附量（mol/m^2）；K 为经验常数。

假若在饱和吸附情况下，在气-液界面上铺满一单分子层被测物质时，则可以利用下式求得被测物质的横截面面积 S_0：

$$S_0=\frac{1}{\Gamma_\infty L} \tag{5-5-3}$$

式中，L 为阿伏伽德罗常数（6.02×10^{23} 个/mol）。

（四）毛细管中液体附加压力的计算

气泡从毛细管中逸出时所需的最大压力（Δp）可以由实验仪器测出，其关系为

$$p_{最大}=p_{大气}-p_{系统}=\Delta p（附加压力）$$

设：毛细管的半径为 r，则气泡由毛细管口逸出时受到向下的总压力为

$$\pi r^2 p_{最大}=\pi r^2\Delta p=\pi r^2\times（2\sigma/r）=2\pi r\sigma$$

$$\sigma=（r/2）\Delta p$$

如果用同一根毛细管对两种具有不同表面张力（$\sigma_{待测}$和 $\sigma_{已知}$）的液体进行测量时，则有：

$$\sigma_{待测}=（r/2）\Delta p_{待测}$$

$$\sigma_{已知}=（r/2）\Delta p_{已知}$$

两式相除得

$$\sigma_{待测}=(\Delta p_{待测}/\Delta p_{已知})\sigma_{已知}=K\Delta p_{待测} \tag{5-5-4}$$

式中，K 为仪器常数。以已知表面张力的液体为标准，由式（5-5-4）即可求出其他液体的表面张力 $\sigma_{待测}$。

最大气泡法测定液体表面张力的实验装置如图 5-5-3 所示。

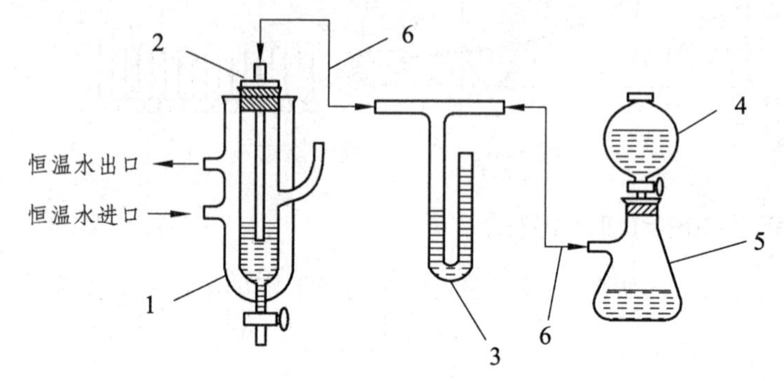

1—恒温套管；2—毛细管（r 为 0.15 ~ 0.2 mm）；3—U 形压力计（内装水）；4—分液漏斗；5—吸滤瓶；6—连接橡皮管。

图 5-5-3 最大气泡法测定液体表面张力的实验装置

四、实验内容及步骤

（1）按要求清洁好所有仪器。

（2）按仪器使用说明安装好所有部件，并把恒温槽的温度调到 30.0 °C。

（3）用刻度移液管分别移取 0.2、0.5、1.0、1.5、2.0、2.5、3.0、4.0 mL 的正丁醇于容量瓶中，用蒸馏水配制成 100 mL 的溶液。

（4）蒸馏水附加压力（Δp 已知）的测定。

① 在双层分液漏斗中装入蒸馏水（安装要垂直，不能漏液），接通恒温水进行恒温，待温度达到实验所要求的温度并稳定后进行下面的操作。

② 调节双层分液漏斗中液面的高度，使之与毛细管的顶端刚好相切。

③ 打开滴液漏斗以降低系统的压力，控制滴液速度，使气泡从毛细管中逸出，且速度为 5 ~ 10 s/个。

④ 记录表面张力仪的显示值（由小到大）的最大值，连续记录三次读数。

（5）不同浓度的正丁醇溶液附加压力（Δp 待测）的测定。

重复步骤（4）的操作，只是把蒸馏水换成待测的正丁醇溶液（测定前要用待测溶液淌洗双层分液漏斗 2 ~ 3 次）。

（6）测量完后，整理和清洁好所有仪器。

五、数据记录

（1）记录引用的数据，注明来源、单位等（见表 5-5-1）。

（2）记录实验数据，注明实验条件、时间等（见表 5-5-2）。

表 5-5-1　与实验相关的参考数据

药品	分子式	分子量	密度/（g/cm^3）	含量/%
正丁醇	$CH_3(CH_2)_2CH_2OH$	74.12	0.808 ~ 0.811	≥99.0
水的表面张力：（30 °C）$\sigma_{水}= 71.18\times10^{-3}$ N/m				

表 5-5-2　实验数据及初步处理

实验室温度	T=23.2 °C	大气压力	p=84 kPa		实验温度	T=30.0 °C
样品序号	正丁醇的体积/mL	摩尔浓度 $c/10^3\text{mol}\cdot\text{m}^{-3}$	Δp/Pa			$\sigma=K\cdot\Delta p_{平均}$ $K=\sigma_{水}/\Delta p_{水}$
			1	2	3	$\Delta p_{平均}$
0	0	0.000 0	792	793	794	793	
1	0.2	0.021 8	719	720	721	720	
2	0.5	0.054 6	681	682	683	682	
3	1	0.109 1	616	615	614	615	
4	1.5	0.163 7	573	569	577	573	
5	2	0.218 3	515	513	517	515	
6	2.5	0.272 9	475	476	477	476	
7	3	0.327 4	451	454	454	453	
8	4	0.436 6	402	405	390	399	

六、数据处理

（1）由式（5-5-4）计算出不同浓度待测溶液的表面张力，列在表 5-5-2 中的最后一列。

（2）用计算机绘出 σ-c 曲线，并求出解析式，如图 5-5-4 所示。

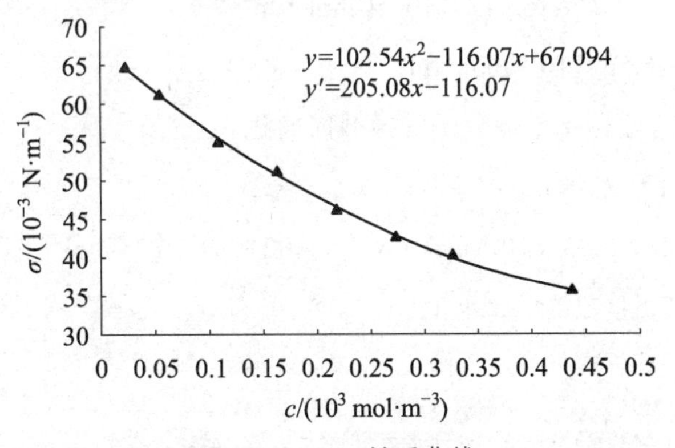

图 5-5-4　σ-c 关系曲线

（3）利用解析式的导数式求出已知各点的切线的斜率，列于表 5-5-3 中。

（4）由式（5-5-1）计算出各浓度下的吸附量（Γ），列于表 5-5-3 中。

（5）计算出各浓度下的（c/Γ）值，列于表 5-5-3 中。

（6）用计算机绘出（c/Γ）-c 直线，如图 5-5-5 所示。

表 5-5-3　数据处理

实验序号	正丁醇的体积 /mL	摩尔浓度 $/10^3 mol \cdot m^{-3}$	$(d\sigma/dc)_T = y'/10^{-3}$	$\Gamma/10^{-3}\ mol \cdot m^{-2}$	$(c/\Gamma)\ /10^3\ m^{-1}$
0	0	0.000 0			
1	0.2	0.021 8	−111.593 2	0.001 0	22.585 5
2	0.5	0.054 6	−104.878 0	0.002 3	24.031 6
3	1	0.109 1	−93.686 1	0.004 1	26.902 5
4	1.5	0.163 7	−82.494 1	0.005 4	30.552 4
5	2	0.218 3	−71.302 1	0.006 2	35.348 0
6	2.5	0.272 9	−60.110 2	0.006 5	41.929 5
7	3	0.327 4	−48.918 2	0.006 4	51.522 5
8	4	0.436 6	−26.534 3	0.004 6	94.986 2

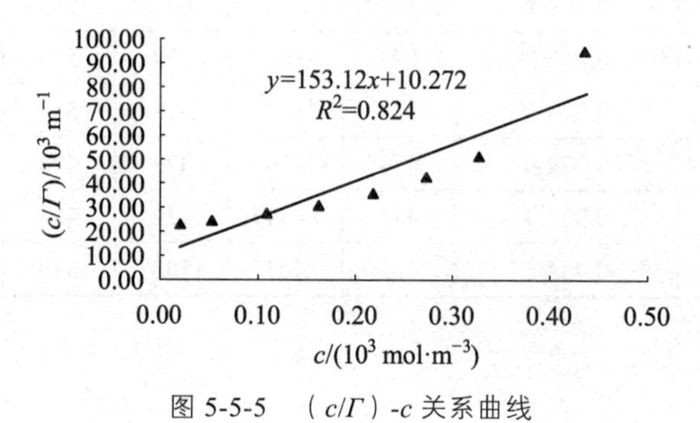

图 5-5-5　（c/Γ）-c 关系曲线

（7）由（c/Γ）-c 直线的斜率求出饱和吸附量 Γ_∞。

$$斜率= 1/\Gamma_\infty=153.12\times10^3\ (mol \cdot m^{-2})^{-1}$$

$$\Gamma_\infty= 6.53\times10^{-6}\ mol \cdot m^{-2}$$

（8）由式（5-5-3）计算正丁醇分子的横截面面积 S_0。

$$S_0=1/(\Gamma_\infty\times L)$$

$$=1/(6.53\times10^{-6}\ mol \cdot m^{-2}\times6.02\times10^{23}\ 个 \cdot mol^{-1})$$

$$=2.54\times10^{-19}\ m^2 \cdot 个^{-1}$$

七、思考题

（1）毛细管管口为何要刚好与液面相切？
（2）毛细管不干净将会对实验带来什么影响？
（3）最大气泡法测定表面张力时为什么要读最大压力差？
（4）如果气泡逸出很快，或几个气泡一齐逸出，对实验结果有无影响？

实验六　氨基甲酸铵分解反应标准平衡常数的测定

一、实验目的

（1）掌握一种测定系统平衡压力的方法——等压法。

（2）测定不同温度下氨基甲酸铵的分解压力。

（3）计算相应温度下该分解反应的标准平衡常数、标准摩尔反应焓变 $\Delta_r H_m^\theta$、标准摩尔反应吉布斯函数变 $\Delta_r G_m^\theta$ 及标准摩尔反应熵变 $\Delta_r S_m^\theta$。

（4）掌握真空泵、恒温水浴、大气压计的使用。

二、实验材料与仪器

实验装置一套（见图 5-6-1），氨基甲酸铵（自制）。

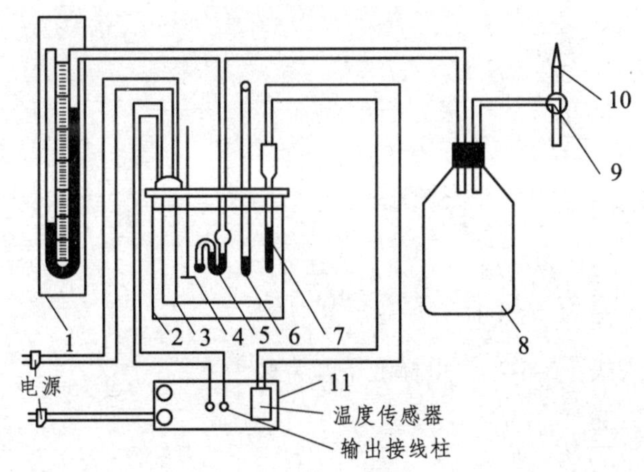

1—U 形压差计；2—玻璃钢水浴；3—加热器；4—搅拌器；5—等压计；6—温度计；7—感温元件；8—缓冲瓶；9—三通旋塞；10—毛细管；11—温度指示控制仪（背面示意）。

图 5-6-1　氨基甲酸铵分解平衡常数测定实验装置

三、实验原理

氨基甲酸铵是合成尿素的中间体，白色固体，很不稳定，加热时按下式分解：

$$NH_2COONH_4(s) \Leftrightarrow 2NH_3(g) + CO_2(g) \tag{5-6-1}$$

根据化学势判据，分解达到平衡时，反应的标准平衡常数 K^θ 为

$$K^\theta = \left\{\frac{p_{NH_3(g)}}{p^\theta}\right\}^2 \cdot \left\{\frac{P_{CO_2}}{p^\theta}\right\} = P_{NH_{3(g)}}^2 \cdot P_{CO_2}(p^\theta)^{-\Sigma v_B} = K_p(p^\theta)^{-\Sigma v_B} \tag{5-6-2}$$

其中：

$$K_p = p_{NH_3(g)}^2 \cdot p_{CO_2} \qquad (5\text{-}6\text{-}3)$$

式中，$p_{NH_3(g)}$、$p_{CO_2(g)}$分别为平衡系统中 NH_3（g）和 CO_2（g）的平衡分压；$\sum v_B$为反应式中各气体物质计量系数之和，产物的v_B为正，反应物的v_B为负。

因为一定温度下，固体物质的蒸气压具有定值，与固体的量无关，因此，平衡系统中氨基甲酸铵的分压$p_{NH_2COONH_4(s)}$是常数，与平衡常数合并，故在式（5-6-2）中不出现。

因为温度不高时，固体物质氨基甲酸铵的分压：

$$p_{NH_2COONH_4(s)} \ll p_{NH_3(g)}$$

$$p_{NH_2COONH_4(s)} \ll p_{CO_2(g)}$$

系统的总压等于 NH_3 和 CO_2 的分压之和，即

$$p_{总} = p_{NH_3(g)} + p_{CO_2(g)} \qquad (5\text{-}6\text{-}4)$$

从化学反应计量式可知，1 mol NH_2COONH_4（s）分解生成 2 mol NH_3（g）和 1 mol CO_2（g），则

$$p_{NH_3(g)} = \frac{2}{3} p_{总}$$

$$p_{CO_2(g)} = \frac{1}{3} p_{总}$$

将上述关系代入式（5-6-3）:

$$K_p = \left(\frac{2}{3} p_{总}\right)^2 \cdot \left(\frac{1}{3} p_{总}\right) = \frac{4}{27} p_{总}{}^3 \qquad (5\text{-}6\text{-}5)$$

将式（5-6-5）代入式（5-6-2），得标准平衡常数为

$$K^\theta = \frac{4}{27} p_{总}{}^3 (p^\theta)^{-3} \qquad (5\text{-}6\text{-}6)$$

因此，化学反应达到平衡时，测量系统的总压强 $p_{总}$，由 $p_{总}$计算出 K_p，进而计算出标准平衡常数 K^θ。

由化学反应等压方程可知，标准平衡常数与温度的关系为

$$\left(\frac{\partial \ln K^\theta}{\partial T}\right)_P = \frac{\Delta_r H_m^\theta}{RT^2} \qquad (5\text{-}6\text{-}7)$$

式中，T为绝对温度，K；当温度在不太大的范围内变化时，可视为常数。对式（5-6-7）进行不定积分得：

$$\ln K^\theta = -\frac{\Delta_r H_m^\theta}{R} \cdot \frac{1}{T} + C' \qquad (5\text{-}6\text{-}8)$$

或

$$\lg K^\theta = -\frac{\Delta_r H_m^\theta}{2.303R} \cdot \frac{1}{T} + C \qquad (5\text{-}6\text{-}9)$$

式中，C和C'为积分常数。

用 $\ln K^\theta$ 对 $\frac{1}{T}$ 作图，得一直线，如图 5-6-2 所示，由斜率可计算出：

$$\Delta_r H_m^\theta = -mR$$

$$\Delta_r G_m^\theta = -RT\ln K^\theta$$

$$\Delta_r S_m^\theta = \frac{\Delta_r H_m^\theta - \Delta_r G_m^\theta}{T}$$

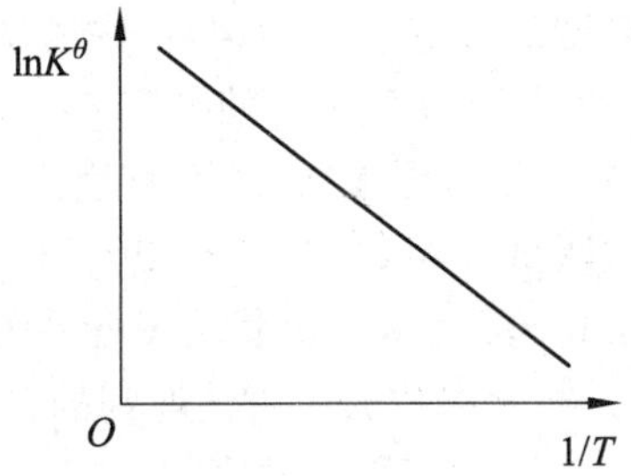

图 5-6-2　$\ln K^\theta$-$1/T$ 图

四、实验内容与步骤

（一）检　漏

检查并确认装有药品的等压管已经与系统连接好，旋转三通旋塞使系统与真空系统接通，启动真空泵，能将系统压力减小到 700 mmHg（约 93 kPa）真空度，可认为系统密闭性良好。注意：开关真空泵时，都要与大气相通，否则关的时候，容易倒吸。

（二）调　温

调整温度指示控制仪，控制恒温水浴的温度在 25.00 °C 左右，恒温 15 min。

温度控制仪的使用方法：

（1）温度控制仪液晶面板上左边是目标温度，右边是当前温度（有误差，根据温度计温度确定）。

例如：当前温度是 20 °C，温度计温度是 18 °C，误差是 2 °C，如果要升高到温度 25 °C，那么调节目标温度为 27 °C。

（2）调节温度。

① 先设置十位，十位只能增加不能减小，如果要减小，需一直增大到下一个循环。

② 再移位到个位，设定好个位温度。

③ 还可移位到小数点后边，停止或者再按一下设置即可。

④ 然后按加热，运行。

（三）检纯及测量

在真空泵运行的状态下，使系统与真空系统连通抽气，约 15 min 后，旋转旋塞，使系统与真空系统隔开，再缓缓调节旋塞，使空气经毛细管进入系统（给系统增压），直至连接小玻璃泡的等压计的 U 形管两壁中的汞面平齐，立即关闭旋塞。观察汞面高度变化，这个过程往往经过 3 ~ 4 次调节，每次调节完成后观察 2 ~ 3 min。若汞面发生变化，则继续调节，大约 10 min 达到平衡，若等压计中汞面保持 5 min 不变，则同时读取 U 形压差计上的汞高差、恒温槽温度、大气压。

注意事项：同时读三个数据，即温度，指温度计温度，精确到小数点后 1 位；压力差；大气压。

在真空泵运行且未与大气相通的状态下，再旋转旋塞将系统与真空系统接通，继续排气 5 min，按上述方法重新测定 25 °C 时的分解压力，如果两次测量结果相差 2 mmHg（约 266.5 Pa）汞柱，可以进行第二个温度（30 °C）下分解压力的测定。

夏天，室温高于 25 °C 时，从高于室温 1 °C 开始测量。

每隔 5 °C 测量一组数据，共测量 6 组数据（25、30、35、40、45、50 °C）。每调整到一个新的温度，温度都要恒定 10 min，然后从毛细管缓慢向系统放入空气，使等压计 U 形管两壁汞高差平齐且保持 5 min 不变，再读取数据，将读取到的数据记入表 5-6-1 中。

注意事项：30 °C 及以后每一个温度不需要抽真空。

五、实验记录

将实验数据记录后填入表 5-6-1 中。

表 5-6-1　实验记录表

温　度		大气压 P_0/Pa	汞柱高度		
t/°C	T/K		左支汞高 H_L/mmHg	右支汞高 H_R/mmHg	汞高差 ΔH/mmHg
25.5	298.5	101.95×10^3	364.04	315.10	679.14
25.8	298.8	101.95×10^3	366.08	314.07	680.15
30.0	303.0	101.93×10^3	339.57	301.84	641.41
34.9	307.9	101.93×10^3	312.04	265.13	577.17
39.9	312.9	101.92×10^3	274.30	229.44	503.74
45.0	318.0	101.97×10^3	226.38	186.61	412.99
49.9	322.9	101.94×10^3	164.17	129.50	293.67

注：根据实验仪器的不同，压差也可以用帕斯卡表示。1 mmHg=133.28 Pa。

六、数据处理

（1）校正汞高和汞高差，计算平衡压力（大气压-汞高差）。

温度校正：温度会影响汞的密度和刻度标尺的长度，考虑这两个因素后得：

$$P_0 = P_t\left(1-\frac{0.1819\times10^3-18.4\times10^{-6}}{1+0.1819\times10^{-3}t}\times t\right)\approx P_t(1-0.000\,163t)$$

式中，0.181 9×10^{-3}为汞的体积膨胀系数；18.4×10^{-6}为黄铜的线膨胀系数。

（2）计算平衡常数。

（3）以 $\ln K^{\theta}$ 对 $\dfrac{1}{T}$ 作图，由斜率求 $\Delta_r H_m^{\theta}$。

（4）计算 25 °C 或 30 °C 时的 $\Delta_r G_m^{\theta}$、$\Delta_r S_m^{\theta}$。

（5）计算结果记入表 5-6-2。

表 5-6-2　实验数据表

温度			平衡压力		计算结果				
t/°C	T/K	K/T	表观压力 p/kPa	校正压力 p/kPa	10^4K^{θ}	$\ln K^{\theta}$	$\Delta_r H_m^{\theta}$/（kJ·mol^{-1}）	$\Delta_r S_m^{\theta}$/（J·mol^{-1}K^{-1}）	$\Delta_r G_m^{\theta}$/（kJ·mol^{-1}）
25.5	298.5	0.003 35	11.405	11.358	2.170	−8.435	169.8	498.9	20.93
25.8	298.8	0.003 347	11.271	11.223	2.090	−8.471	169.8	498.0	21.04
30.0	303.0	0.003 3	16.416	16.335	6.460	−7.345	169.8	499.5	18.50
34.9	307.9	0.003 248	24.980	24.838	22.70	−6.088	169.8	501.0	15.58
39.9	312.9	0.003 196	34.760	34.534	61.02	−5.099	169.8	500.4	13.27
45.0	318.0	0.003 145	46.909	46.565	149.6	−4.202	169.8	499.2	11.11
49.9	322.9	0.003 097	62.787	62.276	357.8	−3.330	169.8	498.3	8.941

七、思考题

（1）如何检查系统是否漏气？

（2）检纯的依据是什么？

（3）在实验装置中，为什么要安装缓冲瓶和使用毛细管？

（4）如何从压差计测得系统压力？直接读得的汞高为什么需要校正？

实验七　恒温槽的装配和性能测试

一、实验目的

（1）了解恒温槽的原理，初步掌握其装配和调试技术。

（2）掌握水银接点温度计、热敏电阻温度计、继电器、自动平衡记录仪的测量原理和使用方法。

二、实验仪器及设备

恒温槽 1 套：玻璃缸、电动搅拌器、1/10 °C 温度计、电加热器、电接点温度计、继电调压器、热敏电阻温度计、电阻箱、电桥盒、记录仪各一个。

测试装置示意图如图 5-7-1 所示。

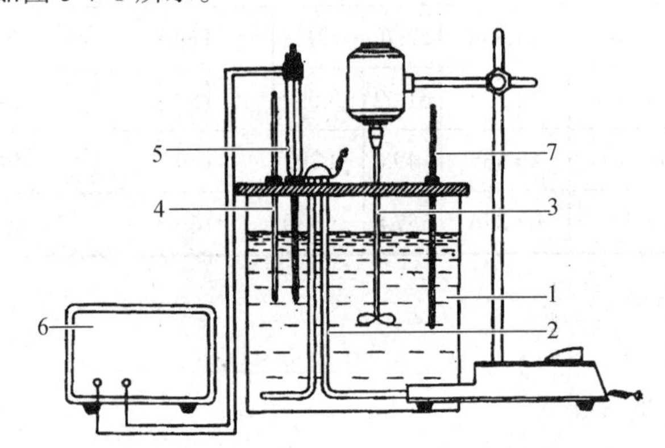

1—浴槽；2—加热器；3—搅拌器；4—温度计；5—感温元件；6—恒温控制器；7—贝克曼温度计。

图 5-7-1　恒温槽实验装置示意图

三、实验原理

许多物理化学实验都需要在恒温条件下进行。想控制被研究体系的某一温度，通常采取两种方法：一种是利用物质相变时温度的恒定性来实现，叫作介质浴，如液氮（−195.9 °C）、冰-水（0 °C）、沸点水（100 °C）、干冰-丙酮（−78.5 °C）、沸点萘（218 °C）等。相变点介质浴的最大优点是装置简单、温度恒定；缺点是对温度的选择有一定限制，无法任意调节。另一种是利用电子调节系统，对加热或制冷器的工作状态进行自动调节，使被控对象处于设定的温度之下。

本实验讨论的恒温水浴就是一种常用的控温装置，它通过继电器、温度调节器（水银接点温度计）和加热器配合工作而达到恒温的目的。其简单恒温原理线路如图 5-7-2 所示。当水槽温度低于设定值时，上部分线路是通路，因此加热器工作，使水槽温度上升；当水槽温度升高到设定值时，温度调节器接通，此时下部分线路为通路，因电磁作用将弹簧片吸下，上部分线路断开，加热器停止加热；当水槽温度低于设定值时，温度调节器断开，下部分线路断路，此时电磁铁失去磁性，弹簧片回到原来的位置，使上部分线路又成为通路。如此反复进行，从而使恒温槽维持在所需恒定的温度。

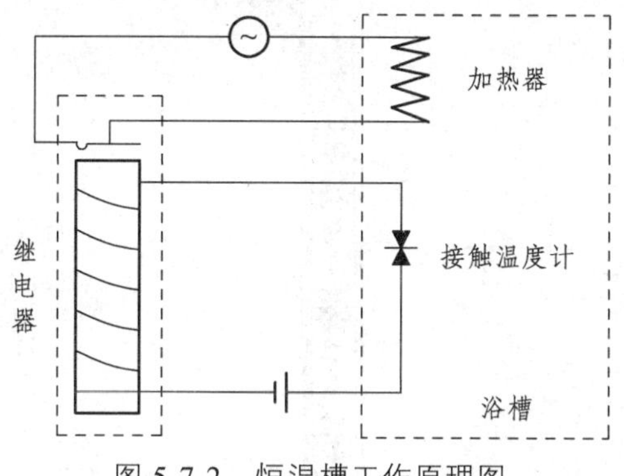

图 5-7-2　恒温槽工作原理图

恒温槽由浴槽、温度计、接点温度计、继电器、加热器、搅拌器等部件组成，如图 5-7-1 所示。为了对恒温槽的性能进行测试，图 5-7-1 中还包括一套热敏电阻测温装置。

（一）浴　槽

浴槽包括容器和液体介质。根据实验要求选择容器大小，一般选择 10 L 或 20 L 的圆形玻璃缸作为容器。若设定温度与室温差距较大时，则应对整个缸体保温，以减少热量传递，提高恒温精度。

恒温槽液体介质根据控温范围选择，如乙醇或乙醇水溶液（−60 ~ 30 °C）、水（0 ~ 100 °C）、甘油或甘油水溶液（80 ~ 160 °C）、石蜡油或硅油（70 ~ 200 °C）。本实验采用去离子水为工作介质，如恒温在 50 °C 以上时，可在水面上加一层液体石蜡，避免水分蒸发。

（二）温度计

观察恒温浴槽的温度可选择 1/10 °C 水银温度计，测量恒温槽灵敏度则采用热敏电阻测温装置。将热敏电阻与 1/10 °C 温度计绑在一起，安装位置应尽量靠近被测系统。

（三）接点温度计（温度调节器）

接点温度计又称接触温度计或水银导电表，如图 5-7-3 所示。它的下半段是水银温度计，上半段是控制指示装置。温度计上部的毛细管内有一根金属丝与上半段的螺母相连，螺母套在一根长螺杆上。顶部是磁性调节帽，当转动磁性调节帽时螺杆转动，可带动螺母和金属丝上下移动，螺母在温度调节指示标尺的位置就是要控制温度的大致温度值。顶部引出的两根导线，分别接在水银温度计和上部金属丝上，这两根导线再与继电器相连。当浴槽温度升高时，水银膨胀上升，与上面的金属丝接触，继电器内线圈通电产生磁场，加热线路弹簧片吸下，加热器停止加热。随着浴槽热量的散失，温度下降，水银收缩并与上面的金属丝脱离，继电器电磁效应消失，弹簧片回到原来的位置，接通加热电路，系统温度回升。如此反复，从而使系统温度得到控制。

需要注意的是，温度调节指示标尺的刻度一般不是很准确，恒温槽温度的设定和测量需要 1/10 °C 温度计来完成。接点温度计是恒温槽的重要部件，其灵敏度对控温精度起到关键作用。

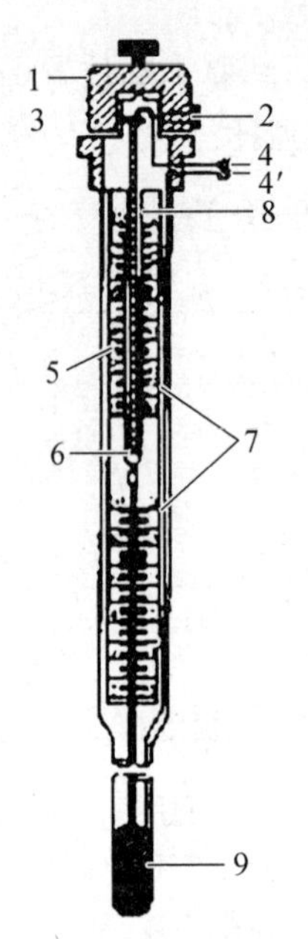

1—调节帽；2—固定螺丝；3—磁铁；4—螺旋杆引出线；4′—水银球引出线；
5—标尺；6—触针；7—刻度板；8—螺旋杆；9—水银球。

图 5-7-3　接触温度计示意图

（四）继电器

继电器与加热器、接点温度计相连，组成温度控制系统。实验室常用的继电器有晶体管继电器和电子管继电器。必须注意的是，晶体管继电器不能在高温下工作，因此不能用于烘箱等高温场合。

（五）加热器

常用的是电加热器。加热器的选择原则是热容量小、导热性能好、功率适当。加热器功率的大小是根据恒温槽的大小和所需控制温度的高低来选择的。通常都需要在加热器前加一个与加热器功率相适应的调压器，这样加热功率可根据需要自由调节。

（六）搅拌器

搅拌器的选择与工作介质的黏度有关，如水、乙醇类黏度较小的工作介质选择功率 40 W 左右的搅拌器。若工作介质黏度或搅拌棒的叶片较大时，应选择功率大一些的搅拌器。

（七）热敏电阻测温装置

热敏电阻测温装置用来对恒温槽的性能进行测试。

四、实验内容及步骤

（一）恒温槽的装配

根据所给元件和仪器，按图 5-7-1 安装恒温槽，接好线路。搅拌器由搅拌器电源控制，电加热器接在调压器提供的插头上，调压器接在控温盒的插头上。电接点温度计连接到控温盒上，由此形成控温闭路，控温盒直接接插座。控温盒兼有温度计和继电器的作用。1/10 °C 水银温度计和热敏电阻温度计固定在一起，热敏电阻温度计连接电桥，电桥连接记录仪，记录仪接插座，并连接计算机。打开计算机中的记录程序。

（二）恒温槽的调试

玻璃缸中加入去离子水，约占总容积的 9/10。打开搅拌器（中速搅拌，4 挡）、控温盒。控温盒已经设置好控制温度为 30 °C，无须再调节。开始可将加热电压调到 200 V 左右，待接近设定温度时，适当降低加热电压。观察控温盒的示数（示数显示为控温温度计的读数），是否在 30 °C 附近。观察 1/10 °C 温度计，示数也应在 30 °C 附近。此时调节电桥，使电桥示数在 0 附近（尽量减小误差，且便于观察）。

（三）温度波动曲线的测定

电桥的读数实时显示在记录仪上，同时在计算机屏幕上绘出曲线。该读数反映了热敏电阻温度计处的温度。由于电阻与温度成正比例关系，而电阻的相对高低又可以用电桥读数来反映，因此记录电桥示数就相当于记录温度。开始记录数据，待数个循环波形稳定后，停止记录。

（四）布局对恒温槽灵敏度的影响

改变各元件间的相互位置，包括水平位置和垂直位置，重复测定温度波动曲线，找出一个合理的最佳布局。

（五）影响温度波动曲线的因素

选定某个布局，分别改变加热电压（加热功率）和搅拌速度，测定温度波动曲线并与未改变条件的温度波动曲线比较。

（六）测定热敏电阻温度计的仪器常数（°C/mV）

停止加热，不停止搅拌，使装置自然降温冷却。一边观察控温盒上的温度示数，一边观察计算机上的电桥示数。在温度下降 0.2 °C 前后，分别记录电桥示数，求出仪器常数。

（七）实验结束

保存数据，整理实验仪器。

五、数据记录及处理要求

1. 热敏电阻温度计仪器常数测量结果

将实验数据填入表 5-7-1 中。

表 5-7-1　热敏电阻仪器常数测定数据记录

起始温度/°C	终止温度/°C	温度变化/°C	电桥变化/mV	仪器常数/（°C/mV）

2. 恒温槽元件最佳布局的实验结果

实验中恒温槽的设定温度为 30 °C，实验中对 6 种不同的恒温槽布局进行灵敏度曲线的测定，将实验数据记入表 5-7-2 中，并分析哪个布局是最佳布局。

表 5-7-2　恒温槽布局图及对应的灵敏度曲线和相关数据

序号	布局图	灵敏度曲线	周期 T/s	灵敏度 T_E/°C
1	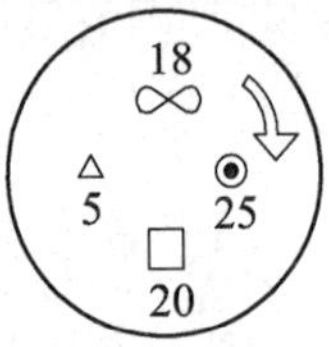 18 ∞ △ 5 ⊙ 25 □ 20			
2	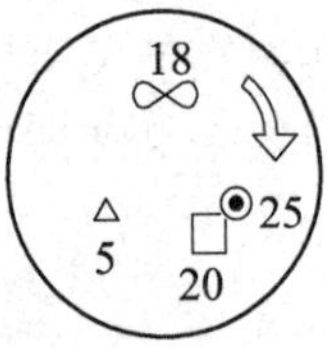 18 ∞ △ 5 □ 20 ⊙ 25			
3	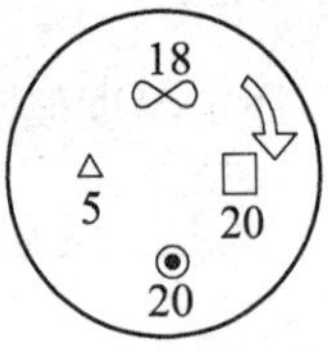 18 ∞ △ 5 □ 20 ⊙ 20			
4	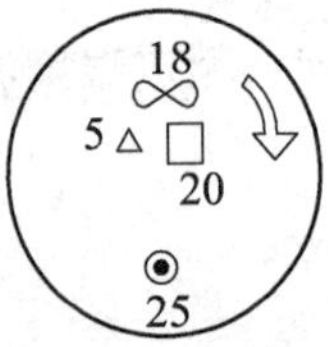 18 ∞ 5 △ □ 20 ⊙ 25			
5	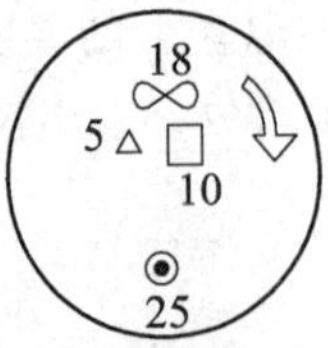 18 ∞ 5 △ □ 10 ⊙ 25			
6	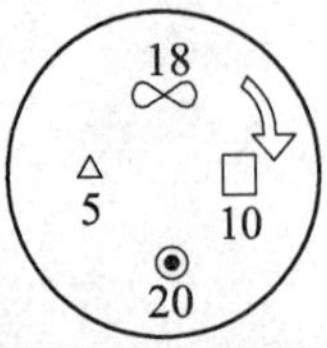 18 ∞ △ 5 □ 10 ⊙ 20			

布局图中各符号的含义如下：∞代表搅拌器；↷代表水流方向；△代表加热器；□代表水银接点温度计；⊙代表热敏电阻温度计。

六、思考题

（1）恒温槽的恒温原理是什么？

（2）恒温槽内各处温度是否相等，为什么？

（3）怎样提高恒温槽的灵敏度？

实验八　黏度法测定高聚物的摩尔质量

一、实验目的

（1）测定多糖聚合物——右旋糖酐的平均分子量。
（2）掌握黏度法测量原理。
（3）掌握三管黏度计（乌贝路德黏度计，简称乌氏黏度计）的使用方法。
（4）熟悉恒温水槽装置及其控温原理。

二、实验材料与仪器

（一）实验仪器

恒温槽一套，乌氏黏度计 1 支，秒表（0.1 s）一个，移液管 2 mL、5 mL、10 mL 各 1 支，烧杯，锥形瓶 100 mL，吸球，容量瓶（50 mL），铁架台。

（二）药品及试剂

右旋糖酐（分析纯）。

三、实验原理

黏度是指液体对流动所表现的阻力，这种力反抗液体中邻接部分的相对移动，因此可看作是一种内摩擦。当相距为 ds 的两个液层以不同速度（v 和 v+dv）移动时，产生的流速梯度为 dv/ds。当建立平衡流动时，维持一定流速所需的力（即液体对流动的阻力）f' 与液层的接触面积 A 以及流速梯度 dv/ds 成正比，即

$$f' = \eta A \frac{\mathrm{d}v}{\mathrm{d}s} \tag{5-8-1}$$

若以 f 表示单位面积液体的黏滞阻力，$f = f'/A$，则

$$f = \eta \left(\frac{\mathrm{d}v}{\mathrm{d}s} \right) \tag{5-8-2}$$

式（5-8-2）称为牛顿黏度定律表示式，其比例常数 η 称为黏度系数，简称黏度，单位符号为 Pa · s。

高聚物在稀溶液中的黏度，主要反映了液体在流动时存在着内摩擦。其中，因溶剂分子之间的内摩擦表现出来的黏度叫作纯溶剂黏度，记作 η_0；此外还有高聚物分子相互之间的内摩擦，以及高分子与溶剂分子之间的内摩擦。三者的总和表现为溶液的黏度 η。在同一温度下，一般来说，$\eta > \eta_0$，相对于溶剂，其溶液黏度增加的分数称为增比黏度，记作 η_{sp}，即

$$\eta_{sp} = \frac{\eta - \eta_0}{\eta_0} \tag{5-8-3}$$

而溶液黏度与纯溶剂黏度的比值称为相对黏度，记作 η_r，即

$$\eta_r = \frac{\eta}{\eta_0} \tag{5-8-4}$$

η_r 也是整个溶液的黏度行为，η_{sp} 则意味着已扣除了溶剂分子之间的内摩擦效应，两者关系为

$$\eta_{sp} = \frac{\eta}{\eta_0} - 1 = \eta_r - 1 \tag{5-8-5}$$

对于高分子溶液，增比黏度 η_{sp} 往往随溶液浓度 c 的增加而增加。为了便于比较，将单位浓度下所显示出的增比浓度，即 η_{sp}/c 称为比黏度，而 $\ln\eta_r/c$ 称为比浓对数黏度。η_r 和 η_{sp} 都是无量纲的量。

为了进一步消除高聚物分子之间的内摩擦效应，必须将溶液浓度无限稀释，使得每个高聚物分子彼此相隔极远，其相互干扰可以忽略不计。这时溶液所呈现出的黏度行为基本上反映了高分子与溶剂分子之间的内摩擦。这一黏度的极限值记为

$$\lim_{c \to 0} \frac{\eta_{sp}}{c} = [\eta] \tag{5-8-6}$$

式中，$[\eta]$称为特性黏度，其值与浓度无关。实验证明，当聚合物、溶剂和温度确定以后，$[\eta]$的数值只与高聚物平均分子量 $\overline{M}$ 有关，它们之间的半经验关系可用 Mark Houwink 方程式表示：

$$[\eta] = K\overline{M}^{\alpha} \tag{5-8-7}$$

式中，K 为比例常数；α 是与分子形状有关的经验常数。它们都与温度、聚合物、溶剂性质有关，在一定的分子量范围内与分子量无关。

α 只能通过其他绝对方法确定，如渗透压法、光散射法等。黏度法只能测定$[\eta]$，求算出 $\overline{M}$ 。

测定液体黏度的方法主要有三类：① 用毛细管黏度计测定液体在毛细管中的流出时间；② 用落球式黏度计测定圆球在液体中的下落速度；③ 用旋转式黏度计测定液体与同心轴圆柱体相对转动的情况。

测定高分子的$[\eta]$时，用毛细管黏度计最方便。当液体在毛细管黏度计内因重力作用而流出时遵守泊肃叶定律：

$$\frac{\eta}{\rho} = \frac{\pi hgr^4 t}{8lV} - m\frac{V}{8\pi lt} \tag{5-8-8}$$

式中，ρ 为液体的密度；l 为毛细管长度；r 为毛细管半径；t 为流出时间；h 为流经毛细管液体的平均液柱高度；g 为重力加速度；V 为流经毛细管的液体体积；m 为与机器的几何形状有关的常数，在 $r/l \ll 1$ 时，可取 m=1。

对某一支指定的黏度计而言，令

$$\frac{\pi hgr^4}{8lV} = \alpha,\ m\frac{V}{8\pi l} = \beta$$

则式（5-8-8）可改写为

$$\frac{\eta}{\rho}=\alpha t-\frac{\beta}{t} \tag{5-8-9}$$

式中，$\beta<1$，当 $t>100$ s 时，等式右边第二项可以忽略。设溶液的密度 ρ 与溶剂密度 ρ_0 近似相等，这样通过测定溶液和溶剂的流出时间 t 和 t_0，就可求算 η_r：

$$\eta_r=\frac{\eta}{\eta_0}=\frac{t}{t_0} \tag{5-8-10}$$

进而可计算得到 η_{sp}、η_{sp}/c 和 $\ln\eta_r/c$ 值。配制一系列不同浓度的溶液分别进行测定，以 η_{sp}/c 和 $\ln\eta_r/c$ 为纵坐标，c 为横坐标作图，得两条直线，分别外推到 $c=0$ 处，其截距即为[η]，代入式（5-8-7），即可得到 $\overline{M}$ 。

四、实验内容及步骤

（一）溶液配制

用分析天平准确称取 1 g 右旋糖酐样品，倒入预先洗净的 50 mL 烧杯中，加入约 30 mL 蒸馏水，在水浴中加热溶解至溶液完全透明，取出自然冷却至室温，再将溶液移至 50 mL 的容量瓶中，并用蒸馏水稀释至刻度。然后用预先洗净并烘干的 3 号砂芯漏斗过滤，装入 100 mL 锥形瓶中备用。

（二）黏度计的洗涤

先将洗液灌入黏度计（见图 5-8-1）内，并使其反复流过毛细管部分。然后将洗液倒入专用瓶中，再顺次用自来水、蒸馏水洗涤干净。容量瓶、移液管也都应仔细洗净。

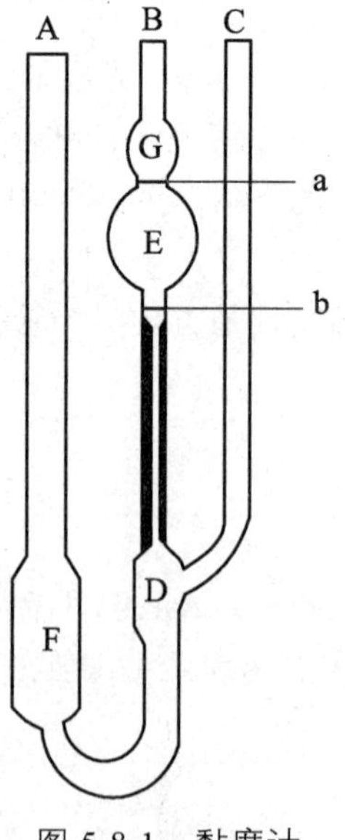

图 5-8-1　黏度计

（三）溶剂流出时间 t_0 的测定

开启恒温水浴，并将黏度计垂直安装在恒温水浴中（G 球及以下部位均浸在水中）。用移液管吸 10 mL 蒸馏水，从 A 管注入黏度计 F 球内，在 C 管和 B 管的上端均套上干燥清洁橡皮管，并用夹子夹住 C 管上的橡皮管下端，使其不通大气。在 B 管的橡皮管口用针筒将水从 F 球经 D 球、毛细管、E 球抽至 G 球中部，取下针筒，同时松开 C 管上夹子，使其通大气。此时溶液顺着毛细管而流下，当液面流经刻度线 a 处时，立刻按下秒表开始计时，至 b 处则停止计时。记下液体流经 a、b 之间所需的时间。重复测定三次，偏差小于 0.2 s，取其平均值，即为 t_0 值。

（四）溶液流出时间的测定

取出黏度计，倾去其中的水，连接到水泵上抽气，同时用移液管吸取已预先恒温好的溶液 10 mL，注入黏度计内，方法同上。安装黏度计，测定溶液的流出时间 t。然后依次加入 2.00、3.00、5.00、7.00 mL 蒸馏水。每次稀释后都要将稀释液抽洗黏度计的 E 球，使黏度计内各处溶液的浓度相等，按同样的方法进行测定。

注：实验时黏度计要保持垂直状态；实验过程中要保证计时的准确性，且三次测量的偏差应小于 0.2 s。

五、数据记录与处理

（1）根据实验对不同浓度的溶液测得相应流出的时间并计算 η_r、η_{sp}、η_{sp}/c 和 $\ln\eta_r/c$，填入表 5-9-1 中。

（2）作 η_{sp}/c-c 和 $\ln\eta_r/c$-c 图，得两直线，外推至 c=0 处，求出[η]。

（3）将[η]值代入式（5-8-7）中，计算 $\overline{M}$ 。

（4）25 °C 时，右旋糖酐水溶液的参数 K=9.22×10^{-2} cm^3 · g^{-1}，α=0.5。

表 5-8-1　实验记录表

被测溶液		流出时间 t/s				η_r	$\ln\eta_r$	η_{sp}	η_{sp}/c	$\ln\eta_r/c$
		1 次	2 次	3 次	平均					
溶剂					t_0=	η_0=				
溶液	$c_1=\frac{10}{12}c_0$									
	$c_2=\frac{2}{3}c_0$									
	$c_3=\frac{1}{2}c_0$									
	$c_1=\frac{2}{5}c_0$									

六、思考题

（1）乌氏黏度计中的支管 C 有什么作用？除去支管 C 是否仍可以测量黏度？

（2）评价黏度法测定高聚物分子量的优缺点，指出影响准确测定结果的因素。

实验九　化学平衡常数及分配系数的测定

一、实验目的

（1）熟悉测定反应的化学平衡常数及分配系数的方法。
（2）掌握通过分配系数求平衡常数的方法。

二、实验材料及仪器

（一）实验材料

0.01 mol/L $Na_2S_2O_3$ 标准溶液，0.1 mol/L KI 溶液，分析纯四氯化碳，碘的四氯化碳饱和溶液，0.1%淀粉溶液。

（二）实验仪器

恒温槽 1 套，250 mL 碘量瓶 3 个，50 mL 移液管，250 mL 锥形瓶 4 个，碱式滴定管 1 支，100 mL 量筒 1 个。

三、实验原理

温度恒定条件下，单质碘（I_2）溶在含有碘离子（I^-）的溶液中时，其中大部分碘会和碘离子反应生成络离子（I_3^-），形成平衡

$$I_2 + I^- \rightleftharpoons I_3^-$$

该反应的平衡常数为

$$K_a = \frac{a_{I_3^-}}{a_{I_2} a_{I^-}} = \frac{c^{\ominus} c_{I_3^-}}{c_{I_2} c_{I^-}} \times \frac{\gamma_{I_3^-}}{\gamma_{I_2} \gamma_{I^-}} \qquad (5\text{-}9\text{-}1)$$

式中，a、c、γ 为活度、浓度和活度系数。

在同一溶液中，I^- 和 I_3^- 所带电荷相等，离子强度相同，由德拜-休克尔公式得

$$\lg \gamma_i = -AZ_i^2 \frac{\sqrt{I}}{1+\sqrt{I}} \qquad (5\text{-}9\text{-}2)$$

溶液比较稀时，$1+\sqrt{I} \approx 1$，式（5-9-2）可整理成德拜-休克尔极限公式：

$$\lg \gamma_i = -AZ_i^2 \sqrt{I} \qquad (5\text{-}9\text{-}3)$$

在 25 °C 的水溶液中，A=0.509 kg · mol$^{-1/2}$，可得 I^- 和 I_3^- 的活度系数：

$$\gamma_{I^-} = \gamma_{I_3^-} \qquad (5\text{-}9\text{-}4)$$

在浓度不大的溶液中：

$$\frac{\gamma_{I_3^-}}{\gamma_{I_2}\gamma_{I^-}} \approx 1 \tag{5-9-5}$$

因此，一定温度下有：

$$K_a = \frac{a_{I_3^-}}{a_{I_2}a_{I^-}} \approx K_c \tag{5-9-6}$$

测定平衡常数时，平衡组成的测定过程中不能破坏动态平衡的条件。因此，在本实验中，当达到上述平衡后，不能直接用硫代硫酸钠标准液来滴定溶液中的 I_2，否则会随着 I_2 的消耗，平衡向左端移动，使 I_3^- 继续分解，最终只能测得溶液中 I_2 和 I_3^- 的总量。

为了在分析过程中保持该动态平衡，在上述溶液中加入四氯化碳（CCl_4），并充分振荡。I^- 和 I_3^- 是离子，不溶于非极性溶剂 CCl_4，在温度一定时，系统中同时建立上述化学平衡及 I_2 在四氯化碳层和水层的分配平衡（分配系数 K_d），如图 5-9-1 所示。

$$K_d = \frac{c_{I_2(CCl_4)}}{c_{I_2(KI)}} \tag{5-9-7}$$

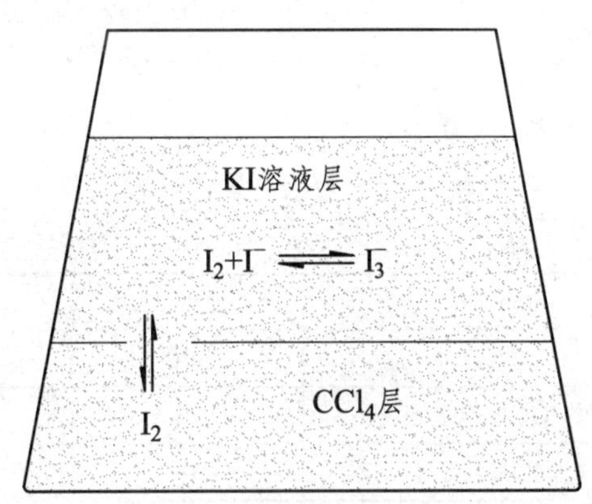

图 5-9-1　碘在水和四氯化碳中的平衡

利用上述两个平衡关系，首先测出没有 I^- 存在时 I_2 在 CCl_4 及水层中的分配系数 K_d，然后让 I_2 在 KI 水溶液和 CCl_4 中分配平衡，再测出 I_2 在 CCl_4 中的浓度，根据测得的分配系数算出 I_2 在 KI 溶液中的浓度。再取上层水溶液分析 I_2 和 I_3^- 的总量。

$$(c_{I_2} + c_{I_3^-})_{水层} - c_{I_2,\,水层} = c_{I_3^-,\,平衡} \tag{5-9-8}$$

由于溶液中 I^- 的总量不变，因此：

$$c_{I^-,\,初始} - c_{I_3^-,\,平衡} = c_{I^-,\,平衡} \tag{5-9-9}$$

然后将平衡后各物质的浓度代入式（5-9-6）中即可求出该温度下的平衡常数 K_c。

测量不同温度的平衡常数 K_c，通过下式可计算 I_3^- 的解离焓。

$$\Delta_r H_m = -\frac{RT_1T_2}{T_2 - T_1}\ln\frac{K_c(T_1)}{K_c(T_2)} \tag{5-9-10}$$

四、实验内容及步骤

（1）按列表要求将溶液配于碘量瓶中，并将数据记录于表 5-9-1 中。

表 5-9-1　配制平衡体系的各溶液用量

单位：mL

编号	I_2的饱和水溶液	0.1 mol/L KI 溶液	0.04 mol/L I_2的CCl_4溶液
1	100	0	25
2	0	100	25

（2）将配好的溶液置于 30 °C 的恒温槽内，每隔 5 min 取出振荡一次，约 0.5 h 后，按表 5-9-2 中数据取样并进行分析。

水层分析时，用 $Na_2S_2O_3$ 滴定，加淀粉溶液作指示剂，然后仔细滴定至蓝色恰好消失。取 CCl_4 层分析时，用洗耳球使移液管较微鼓泡通过水层进入四氯化碳层，以免水进入移液管中。于锥形瓶中加入 10 ~ 15 mL 水，6 滴淀粉溶液，然后将四氯化碳层样放入水层（为增快 I_2 进入水层，可加入 KI）。小心地滴定至水层蓝色消失，四氯化碳不再显示红色。滴定各瓶上、下两层所需的 $Na_2S_2O_3$ 量，记入表 5-9-3 中。

（3）滴定后和未用完的四氯化碳层，皆应倾入回收瓶中。

五、实验数据及其处理

实验数据记入表 5-9-2 和表 5-9-3 中。

表 5-9-2　取样分析记录表

室温：＿＿＿＿气压：＿＿＿＿KI 浓度：＿＿＿＿$Na_2S_2O_3$ 浓度：＿＿＿＿

实验编号		1	2	3
混合液组成/mL	H_2O	200	50	0
	碘的 CCl_4 饱和溶液	25	20	25
	KI 溶液	0	50	100
	CCl_4	0	5	0
分析取样体积/mL	CCl_4 层			
	H_2O 层			

表 5-9-3　实验数据记录表

实验编号			1	2	3
滴定时消耗 $Na_2S_2O_3$ 溶液的体积/mL	CCl_4 层	1			
		2			
		平均			
	H_2O 层	1			
		2			
		平均			
分配系数和平衡常数			K=	K_{c1}=	K_{c2}=

六、思考题

（1）测定平衡常数及分配系数时为什么要求恒温？

（2）配制 1、2、3 瓶溶液时，哪些试剂需要准确计量其体积？

实验十　甲基红离解平衡常数的测定

一、实验目的

（1）学会用分光光度法测定溶液各组分浓度，并由此求出甲基红离解平衡常数。
（2）掌握可见分光光度计的原理和使用方法。

二、实验材料及仪器

（一）仪　器

分光光度计 1 台，pH 计 1 台，容量瓶 100 mL 10 个，烧杯 50 mL 3 个，移液管 10 mL 2 支、25 mL 2 支，量筒 50 mL 1 个。

（二）试　剂

甲基红（AR）、95%酒精、HCl。

三、实验原理

（一）甲基红离解平衡常数及 pK_a 的测定

甲基红又名对二甲氨基邻羧基偶氮苯，是一种弱酸型的染料指示剂，具有酸（HMR）和碱（MR^-）两种形式。其分子式如图 5-10-1 所示。

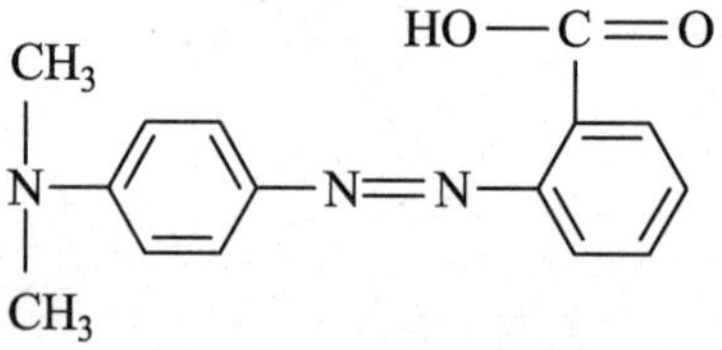

图 5-10-1　甲基红分子式

甲基红在溶液中部分电离，在碱性浴液中呈黄色，在酸性溶液中呈红色。在酸性溶液中它以两种离子形式存在，如图 5-10-2 所示。

可简单地写成：

$$\text{HMR(酸形式)} \rightleftharpoons H^+ + MR^-\text{(碱形式)} \tag{5-10-1}$$

甲基红的电离平衡常数可表示为

$$K_a = \frac{[H^+][MR^-]}{[HMR]} \tag{5-10-2}$$

令 $-\lg K_a = pK_a$，则

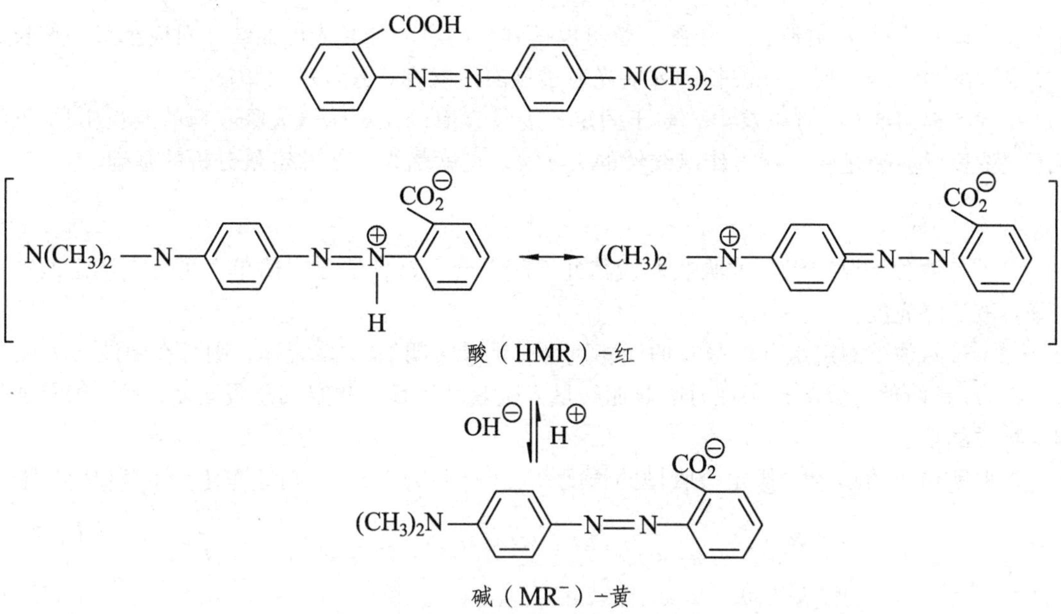

酸（HMR）-红

$OH^{\ominus}$ ⇌ $H^{\oplus}$

碱（MR^{-}）-黄

图 5-10-2　甲基红在溶液中的存在形式

$$pK_a = pH - \lg\frac{[MR^-]}{[HMR]} \tag{5-10-3}$$

由式（5-10-3）可知，只要测定溶液中$[MR^-]/[HMR]$及溶液的 pH 值（用 pH 计测得），即可求得甲基红的 pK_a。

在波长 520 nm 处，甲基红酸式 HMR 对光有最大吸收，碱式吸收较小；在波长 430 nm 处，甲基红碱式 MR^-对光有最大吸收，酸式吸收较小。又根据吸光度的关系式可知：

$$\frac{[MR^-]}{[HMR]} = \frac{A_{430}^{总} \times K_{520}^{HMR} - A_{520}^{总} \times K_{430}^{HMR}}{A_{520}^{总} \times K_{430}^{MR^-} - A_{430}^{总} \times K_{520}^{MR^-}} \tag{5-10-4}$$

由于 HMR 和 MR^-两者在可见光谱范围内具有强的吸收峰，溶液离子强度的变化对它的酸离解平衡常数没有显著影响，而且在简单 CH_3COOH-CH_3COONa 缓冲体系中就很容易使颜色在 pH=4 ~ 6 范围内改变，因此比值$[MR^-]/[HMR]$可用分光光度法测定而求得。

（二）分光光度法

分光光度法是对物质进行定性分析、结构分析和定量分析的一种手段，而且还能测定某些化合物的物化参数，如摩尔质量、配合物的配合比和稳定常数以及酸碱电力常数等。

测定组分浓度的依据是朗伯-比尔定律：

$$A=\varepsilon bc \tag{5-10-5}$$

式中，A 为吸光度；c 为浓度，$mol \cdot L^{-1}$；b 为液层厚度，cm；ε 为摩尔吸光系数（与溶液的性质有关），$L \cdot mol^{-1} \cdot cm^{-1}$。

1. 单组分溶液

在分光光度分析中，将每一种单色光分别依次通过某一溶液，测定溶液对每一种光波的吸光度，以吸光度 A 对波长 λ 作图，就可以得到该物质的分光光度曲线。对应于某一波长有一个最大的吸收峰，用这一波长的入射光通过该溶液就有着最佳的灵敏度。

从式（5-10-5）中可以看出，对于固定长度吸收槽，在对应最大吸收峰的波长（λ）下测定不同浓度 c 的吸光度，就可作出线性的 A-c 线，这就是光度法的定量分析的基础。

2. 混合溶液

（1）若两种被测定组分的吸收曲线彼此不相重合，这种情况很简单，可分别测定两种单组分溶液的吸光度。

（2）若两种被测定组分的吸收曲线相重合，且遵守朗伯-比尔定律，则可在两波长 λ_1 及 λ_2 时（λ_1、λ_2 是两种组分单独存在时吸收曲线最大吸收峰波长）测定其总吸光度，然后换算成被测定物质的浓度。

根据朗伯-比尔定律，假定吸收槽的长度一定（一般为 1 cm），对于单组分 A 和 B 分别有：

$$A_{\lambda}^{\mathrm{A}}=K_{\lambda}^{\mathrm{A}}C^{\mathrm{A}} \tag{5-10-6}$$

$$A_{\lambda}^{\mathrm{B}}=K_{\lambda}^{\mathrm{B}}C^{\mathrm{B}} \tag{5-10-7}$$

设 $A_{\lambda_1}^{\mathrm{A+B}}$ 、$A_{\lambda_2}^{\mathrm{A+B}}$ 分别代表在 λ_1 和 λ_2 的混合溶液的总吸光度，则

$$A_{\lambda_1}^{\mathrm{A+B}}=A_{\lambda_1}^{\mathrm{A}}+A_{\lambda_1}^{\mathrm{B}}=K_{\lambda_1}^{\mathrm{A}}C^{\mathrm{A}}+K_{\lambda_1}^{\mathrm{B}}C^{\mathrm{B}} \tag{5-10-8}$$

$$A_{\lambda_2}^{\mathrm{A+B}}=A_{\lambda_2}^{\mathrm{A}}+A_{\lambda_2}^{\mathrm{B}}=K_{\lambda_2}^{\mathrm{A}}C^{\mathrm{A}}+K_{\lambda_2}^{\mathrm{B}}C^{\mathrm{B}} \tag{5-10-9}$$

此处，$A_{\lambda_1}^{\mathrm{A}}$ 、$A_{\lambda_2}^{\mathrm{A}}$ 、$A_{\lambda_1}^{\mathrm{B}}$ 、$A_{\lambda_2}^{\mathrm{B}}$ 分别代表在 λ_1 及 λ_2 时组分 A 和 B 的吸光度。由式（5-10-8）可得：

$$C^{\mathrm{B}}=\frac{A_{\lambda_1}^{\mathrm{A+B}}-K_{\lambda_1}^{\mathrm{A}}C^{\mathrm{A}}}{K_{\lambda_1}^{\mathrm{B}}} \tag{5-10-10}$$

将式（5-10-10）代入式（5-10-9）得：

$$C^{\mathrm{A}}=\frac{K_{\lambda_1}^{\mathrm{B}}A_{\lambda_2}^{\mathrm{A+B}}-K_{\lambda_2}^{\mathrm{B}}A_{\lambda_1}^{\mathrm{A+B}}}{K_{\lambda_2}^{\mathrm{A}}K_{\lambda_1}^{\mathrm{B}}-K_{\lambda_2}^{\mathrm{B}}K_{\lambda_1}^{\mathrm{A}}} \tag{5-10-11}$$

这些不同的 K 值均可由纯物质求得。也就是说，在各纯物质的最大吸收峰的波长 λ_1、λ_2 时，测定吸光度 A 和浓度 c 的相关性，如果在该波长处符合朗伯-比尔定律，那么 A-c 为直线，直线的斜率为 K 值。$A_{\lambda_1}^{\mathrm{A+B}}$ 、$A_{\lambda_2}^{\mathrm{A+B}}$ 是混合溶液在 λ_1、λ_2 时测得的总吸光度，因此根据式（5-10-10）、式（5-10-11）即可计算混合溶液中组分 A 和组分 B 的浓度。甲基红溶液即为（2）中所述情况。

四、实验内容及步骤

（一）甲基红储备溶液的配制

用研钵将甲基红研细，称取 1 g 甲基红固体溶解于 500 mL 95%酒精中。

（二）甲基红标准溶液的配制

由公用滴定管取出 5 mL 甲基红储备液于 100 mL 容量瓶中，用量筒加入 50 mL 95%酒精溶液，用蒸馏水稀释至刻度，摇匀。储备溶液呈深红色，稀释成标准溶液后颜色变浅。

（三）A 溶液（纯酸式）和 B 溶液（纯碱式）的配制

A 溶液：取 10.00 mL 甲基红标准溶液，加 10 mL 0.1 $mol.L^{-1}$ HCl，再加水稀释至 100 mL，此时溶液 pH 大约为 2，故此时溶液的甲基红以 HMR 形式存在，溶液应呈红色。

B 溶液：取 10.00 mL 甲基红标准溶液，加 25 mL 0.04 $mol.L^{-1}$NaAc，再加水稀释至 100 mL，此时溶液 pH 大约为 8，故此时溶液的甲基红以 MR^-形式存在，溶液应呈黄色。

（四）最高吸收峰的测定

1. A 溶液的最高吸收峰

取两个 1 cm 比色皿，分别装入蒸馏水和 A 溶液，以蒸馏水为参比，在 420 ~ 600 nm 波长之间每隔 20 nm 测一次吸光度；在 500 ~ 540 nm 之间每隔 10 nm 测一次吸光度，以便精确求出最高点的波长。

2. B 溶液的最高吸收峰

取两个 1 cm 比色皿，分别装入蒸馏水和 B 溶液，以蒸馏水为参比，在 410 ~ 530 nm 波长之间每隔 20 nm 测一次吸光度；在 410 ~ 450 nm 之间每隔 10 nm 测一次吸光度，以便精确求出最高点的波长。

操作分光光度计时应注意，每次更换波长都应重新在蒸馏水处调整 T 挡为 100%，然后再切换到 A 挡，测定溶液 A 值。

（五）配制溶液并测定吸光度

按表 5-10-1 ~ 表 5-10-3 分别配制不同浓度的溶液，配制完后分别测得 12 种溶液在 520 nm 及 430 nm 处的吸光度 *A*。

表 5-10-1　不同浓度的以酸式为主的甲基红溶液的配制

溶液编号	A 溶液的体积百分比含量	A 溶液/mL	0.1 $mol.L^{-1}$ HCl/mL
0	100%	20.00	0.00
1	75%	15.00	5.00
2	50%	10.00	10.00
3	25%	5.00	15.00

表 5-10-2　不同浓度的以碱式为主的甲基红溶液的配制

溶液编号	B 溶液的体积百分比含量	B 溶液/mL	0.1 $mol.L^{-1}$ NaAc/mL
4	100%	20.00	0.00
5	75%	15.00	5.00
6	50%	10.00	10.00
7	25%	5.00	15.00

表 5-10-3　不同 pH 下的甲基红溶液

溶液编号	标准溶液/ mL	0.1 mol.L^{-1} HCl/mL	0.04 mol.L^{-1} NaAc/mL
8	10.00	5.00	25.00
9	10.00	10.00	25.00
10	10.00	25.00	25.00
11	10.00	50.00	25.00

注：在测量溶液的吸光度时，一个比色皿要使用多次，在更换溶液时要清洗干净，再换装溶液。

五、数据记录

（1）测定纯酸式甲基红 HMR（A 溶液）和纯碱式甲基红 MR^-（B 溶液）的最高吸收峰，将测定数据填入表 5-10-4 中。

表 5-10-4　纯酸式或纯碱式甲基红最高吸收峰的测定

纯酸式甲基红 HMR（A 溶液）		纯碱式甲基红 MR^-（B 溶液）	
λ/nm	吸光度 A	λ/nm	吸光度 A
420		410	
440		420	
460		430	
480		440	
500		450	
510		470	
520		490	
530		510	
540		530	
560		—	
580		—	
600		—	

（2）测定以酸式为主和以碱式为主的甲基红各溶液的吸光度。将 0 ~ 7 号溶液在波长 520 nm、430 nm 下分别测定吸光度，以蒸馏水为参比溶液，数据记录于表 5-10-5 中。

表 5-10-5　以酸式为主或碱式为主的甲基红溶液最高吸收峰的测定

溶液编号	吸光度 $A_{520}^{总}$	吸光度 $A_{430}^{总}$
0		
1		
2		
3		
4		
5		
6		
7		

（3）测定不同$[MR^-]/[HMR]$值的甲基红溶液的吸光度。将 8 ~ 11 号溶液在波长 520 nm、430 nm 下分别测其吸光度，以蒸馏水为参比溶液，数据记录于表 5-10-6 中，此外用 pH 计分别测定上述 8 ~ 11 号溶液的 pH 并记录于表 5-10-6 中。

表 5-10-6　不同$[MR^-]/[HMR]$值的甲基红溶液吸光度

溶液编号	吸光度 $A_{520}^{总}$	吸光度 $A_{430}^{总}$	pH 值
8			
9			
10			
11			

六、数据处理

（1）用表 5-10-4 中的数据做出 A 溶液和 B 溶液的 A-λ 图，找出甲基红酸式体（HMR）和碱式体（MR^-）的最大吸收波长。

（2）根据 A-λ 图的直线斜率求出 A 溶液和 B 溶液摩尔吸光系数。

（3）甲基红溶液离解平衡常数 pK_a 的计算。先根据表 5-10-6 中的数据计算$[MR^-]/[HMR]$值，再根据实验原理求出甲基红的酸解离平衡常数 pK_a。

七、思考题

（1）为何要先测出最大吸收波长，然后在最大吸收峰处测定吸光度？

（2）为何待测液要配成稀溶液？

（3）用分光光度法进行测定时，为何要用空白溶液校正零点？

第六章 金工实习

金工实习又叫金属加工工艺实习，是一门实践基础课，是学生了解机械加工生产过程、培养实践动手能力和工程素质的必修课。该门实验课程包括车工、铣工、焊接等实验内容，以此来培养学生的动手能力，让学生了解传统的机械制造工艺和现代机械制造技术。

该门课程的实验目的：

（1）了解工业生产中机械零件制造的一般过程，并进行基本操作技能的训练，使学生了解机械零件的常用加工方法、所用主要设备的工作原理、工夹量具的使用以及安全操作技能。

（2）了解机械制造工艺的基本知识和一些新工艺、新技术在机械制造中的应用，了解工业产品制造的全过程。

（3）培养学生的工程意识、动手能力、创新精神，提高综合素质。通过金工实习，使学生养成热爱劳动和理论联系实际的工作作风，拓宽知识视野、增强实践操作能力。

实验一　车工实习（1）

一、实验目的

（1）了解车工实习时的安全事项。

（2）了解金属切削加工的基础知识。

（3）了解现场车床的型号及其数字含义。

（4）了解车床的传动路线。

（5）了解车床各部件的名称并掌握其使用方法。

二、实验仪器及耗材

车床一台、圆柱形木头一个、车刀、大扳手。

三、实验原理

（一）普通车床 C6140 的型号以及数字的含义

C：机床类别代号，用机床的汉语拼音第一个字母来表示，所以车床用汉语拼音“chechuang”的第一个字母“C”来表示。

6：机床组别代号，表示落地及卧式车床组。

1：机床系别代号，1 表示卧式车床。

40：车床主参数代号，表示能车削工件的最大回转直径的 1/10，即最大回转直径为 400 mm。

（二）车床的主要部件名称、作用

（1）主轴变速箱：主要用来安装主轴及主轴变速机构，又称床头箱，通过齿轮传动元件变速后，使主轴输出各种速度。主轴箱内有主换向机构、主变速机构。

（2）进给箱：安装变速机构，增加主轴的变速范围。

（3）光杠：安装做进给运动的变速机构，通过改变手柄位置将主轴的运动分别传递给光杠和丝杠。

（4）丝杠：用于车削螺纹。

（5）刀架：用于安装刀具做纵向、横向、斜向进给运动。

（6）小刀架：控制纵向的微量切削，通过转盘的转动，带动车刀做斜向运动。

（7）中滑板：沿床鞍上的导轨做横向运动，用于横向车削工件及控制背吃刀量。

（8）床鞍：与溜板箱连接，带动刀架沿导轨做纵向运动。

（9）尾架：安装在尾座导轨上，可沿导轨纵向调整其位置。其功用是用顶尖支撑长工件，也可以安装钻头、铰刀等孔加工刀具进行加工。

（10）床身：用于支撑床身各部件，并保证它们的相对位置。

（11）床脚：用于支撑床身各部件，左右床腿分别安装了变速箱和冷却箱。

（三）车床的传动系统

主运动传动系统的传递路线：电机—变速箱—带轮—主轴箱—主轴—工件转动，其切削速度 v 为

$$v=\pi dn/60 \tag{6-1-1}$$

式中，d 为零件直径（mm）；n 为主轴转速（r/min）。

进给运动传动系统的传递路线：电机—变速箱—带轮—主轴箱—换向机构—配换机构—进给箱—光杠或丝杠—溜板箱—刀架—车刀纵横移动。

四、实验内容

1. 教师示范

指导老师示范车床的启停，转速的变换（注意调整时必须在停车状态），进给量的变换，拖板的纵横向手动、自动进给。

2. 学生练习

学生空机练习，熟悉手柄的使用和调整方法。教师巡回指导，解决学生操作时出现的问题。学生重点练习转速的变换，进给量的变换，拖板的纵横向手动、自动进给，大、中、小拖板的进退方向。

五、实验报告

（1）写明实验目的、实验原理、实验内容。
（2）写明使用的车床型号并附上图片和各部位名称。
（3）写明操作实验步骤及注意事项。

六、思考题

（1）说出车床的类型及型号的意义（至少说明两种）。
（2）车床的主要功能及作用是什么？

实验二　车工实习（2）

一、实验目的

（1）了解三爪卡盘的结构特点、刀具的基础知识。
（2）掌握工件、刀具的安装方法及注意事项。
（3）掌握工件外圆、端面的加工方法。
（4）掌握零件的尺寸测量方法。

二、仪器及耗材

车床一台、圆柱形木头一个、车刀、大扳手。

三、实验原理

（一）工件安装

三爪卡盘是车床上应用最广的通用夹具，适合于安装短棒料或盘类零件。三爪卡盘能自动定心，但定心准确度并不太高，为 0.5 ~ 0.15 mm。装夹工件时选用合理、可靠的装夹基准且找正夹牢，装夹时可使用套管。

（二）常用车刀的材料及特点

（1）高速钢：韧性好，能刃磨得较锋利，形状可以制作得很复杂，但其耐热性较差，不能高速切削，所以滚齿刀、拉刀、板牙、丝锥等，常用高速钢来制作。

（2）硬质合金：强度、硬度较高，耐热度高，可以高速切削，但刀具的韧性较差，且较脆，要尽量避免断屑切削，刀具也不能做得很复杂。

（三）车刀的种类和用途

车刀的类型如图 6-2-1 所示。

（1）粗车刀：主要用来切削大量且多余的部分，使工件直径接近需要的尺寸。粗车时表面粗糙度较大，因此车刀尖可研磨成尖锐的刀锋，但刀锋通常有微小的圆度以避免断裂。

（2）精车刀：此刀刃可用油石砺光，以便车出非常光滑的表面光度。一般来说，精车刀的圆鼻比粗车刀大。

（3）圆鼻车刀：可适用许多不同形式的工件，属于常用车刀，磨平顶面时可左右车削，也可用来车削黄铜。此车刀可在肩角上形成圆弧面，也可当精车刀来使用。

（4）切断车刀：只用端部切削工件，此车刀可用来切断材料及车削沟槽。

（5）螺纹车刀（牙刀）：用于车削螺杆或螺帽，依螺纹的形式分 60°或 55°V 形牙刀、29°梯形牙刀、方形牙刀。

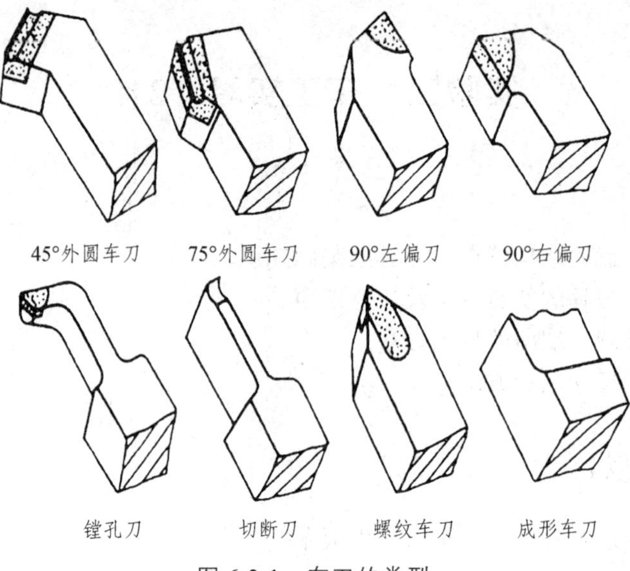

图 6-2-1 车刀的类型

（6）镗孔车刀：用以车削钻过或铸出的孔，使其达至光制尺寸或真直孔面。

（7）侧面车刀或侧车刀：用来车削工件端面，右侧车刀通常用于精车轴的末端，左侧车刀则用来精车肩部的左侧面。

（四）车刀的结构及角度

车刀结构如图 6-2-2 所示。

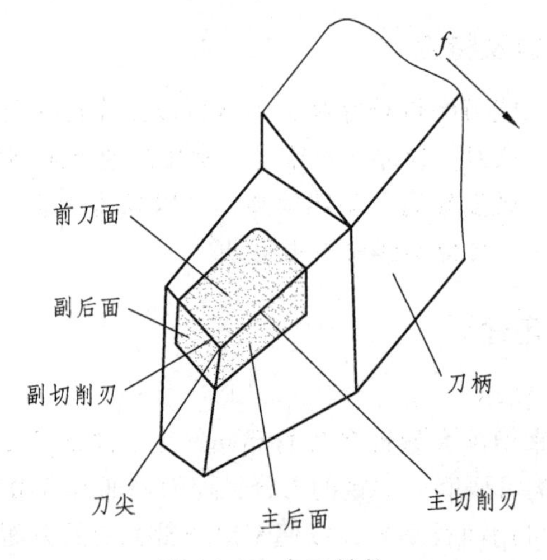

图 6-2-2 车刀结构

（1）刀头：用来切削，故又称切削部分，一般由三面、两刃和一尖组成。

（2）刀体：将车刀固定在刀架或刀座上的部分。

（3）一尖：即刀尖，主切削刃与副切削刃的交点，一般为一小段过度圆弧。

（4）二刃：主切削刃和副切削刃。主切削刃，前刀面与主后面的交线，主要负责切削工件；副切削刃，前刀面与副后面的交线，负责小部分切削工作。

（5）三面：前刀面、主后面和副后面。前刀面，刀具上切屑流过的表面；主后面，与工件加工表面相对的表面；副后面，与工件已加工表面相对的表面。

（6）前角：在正交平面中所测量的，前刀面与基面之间的夹角。

（7）后角：在正交平面中所测量的，主后面与主切削平面之间的夹角。

（8）主偏角：在基面中所测量的，主切削刃在基面上的投影与进给方向的夹角。

（9）副偏角：在基面中所测量的，副切削刃在基面上的投影与进给方向的夹角。

（10）刃倾角：在主切削平面中测量的，主切削刃与基面的夹角。

（五）车刀安装

注意活顶尖的装卸方法，刀具的安放位置、伸出长度，刀尖高低的调整方法及垫片的使用。装卸车刀时要锁紧刀架，使用刀架扳手锁紧时不允许用套管。

（六）端面车削方法

开车端面对刀—向后退出车刀，纵向进刀（调整小刀架手柄刻度和背吃刀量 a_p）—横向车削—退刀—停车—测量。

（七）外圆车削方法

开车—外圆画线—外圆对刀—向右退出车刀—横向进刀（调整中滑板手柄刻度和背吃刀量 a_p）—纵向车削—退刀—停车—测量。

（八）外圆试切方法

开车外圆对刀—向右退出车刀—横向进刀—试切（纵向车削 1～3 mm）—退刀—停车—测量—调整切深—纵向车削—退刀—停车—测量。

（九）游标卡尺的使用

测量零件的直径及长度时，注意进刀时刻度盘所进格数的计算。

（十）安全要求

启动主轴时卡盘钥匙不允许放在卡盘上，不允许用手触摸旋转的零件，不允许用擦布擦拭旋转的零件，不允许过近观察零件加工。

四、实验内容

（1）教师示范：指导老师示范工件的安装、刀具的安装。示范端面、外圆的加工方法，示范试切的方法。

（2）学生模仿：学生模仿操作，指导老师指出其不规范的操作动作。

（3）学生练习：学生进行装刀、装工件练习、外圆、端面车削练习，教师巡回指导。学生重点练习端面、外圆的加工，并试切保证尺寸。

（4）教师示范：指导老师示范零件车削的步骤。

（5）学生练习：学生进行简单零件的加工练习，教师巡回指导。学生重点练习粗、精车的切削用量调整，零件精度的保证，以及编制简单工艺。

五、安全教育

（1）实习时应穿合适的衣服和鞋，女同学应戴工作帽，长发要盘起来。实习时不准戴手套和围巾，不允许穿凉鞋、拖鞋、高跟鞋进入车间。

（2）两人共用一台车床时，只能一人操作（或轮换），并且要注意他人的安全。

（3）车床运转前，各手柄必须推到正确的位置上，低速运行 3 ~ 5 min，确认正常后才能开始工作。车床变换主轴速度时必须停车，否则容易打坏车床齿轮。

（4）工件、刀具必须装夹牢固，卡盘扳手使用完毕后，必须及时取下。

（5）车床开动后不得离开车床，未经允许不得动用其他机床的手柄和开关。

（6）实习时，头部不要离工件太近，手和身体不能靠近正在旋转的工件；车床运转时，不能用量具去测量工件尺寸，不要用手触摸转动中的卡盘或工件表面；摇动手柄时动作要协调，用力要均匀，同时注意掌握好进刀与退刀的方向；不准用手直接清除切屑，清除时要用钩子和刷子。

（7）在车间内不允许打闹，不允许大声喧哗。

（8）工作结束后，及时养护机床，清除切屑，关闭机床电源。

六、实验报告

（1）写明实验目的、实验原理、实验内容。

（2）写明车刀各部位的名称及作用。

（3）写明车刀安装及使用时的注意事项。

七、思考题

（1）说出车刀的类型及各部位名称和作用（至少说明两种）。

（2）车刀的种类及用途是什么？

实验三　铣工实习

一、实验目的

（1）了解铣削加工的特点、加工范围及所能达到的尺寸精度等级和表面粗糙度。

（2）了解常用铣床（包括数控铣床）的种类、型号、组成、运动、调整、操作方法及维护保养。

（3）了解常用铣刀的种类和用途。

（4）了解圆柱形铣刀和端铣刀的安装方法。

（5）了解铣床常用附件的结构和用途。

（6）了解铣削加工时工件安装的方法。

（7）了解铣削方式的种类、特点和选用。

（8）熟悉铣削加工方法。

（9）了解数铣加工原理及方法。

（10）了解齿形加工的概念。

（11）熟悉铣床的操作，能进行平面、垂直面或沟槽的铣削加工。

二、实验仪器设备及耗材

铣床、板材、铣刀、计算机一台。

三、实验原理

（一）铣削的定义

在铣床上用铣刀进行切削加工称为铣削加工。

（二）铣削的特点

铣削切削速度高，而且又是多刃连续切削，所以生产率高。铣削的加工精度为 IT9 ~ IT7，表面粗糙度值 *Ra* 为 6.3 ~ 1.6 μm。

（三）铣削加工的范围

铣床的加工范围很广，可以加工平面、斜面、垂直面、台阶面、各种沟槽和成型面，也可以进行分度工作；有时孔的钻、镗加工，也可在铣床上进行。

（四）顺铣、逆铣及其优缺点

在切削部位刀齿的旋转方向和工件的进给方向相同时称为顺铣，相反时称为逆铣。

逆铣时，每个刀齿的切削厚度是从零增大到最大值。由于铣刀刃口处总有圆弧存在，而不是绝对尖锐的，所以在刀齿接触工件的初期，不能切入工件，而是在工件表面上挤压、滑行，使刀齿与工件之间的摩擦加大，加速了刀具磨损，同时也使表面质量下降。顺铣时，每个刀齿的切削厚度是从最大值减小到零，从而避免了上述缺点。

逆铣时，铣削力上抬工件，而顺铣时，铣削力将工件压向工作台，减小了工件振动的可能性，尤其铣削薄而长的工件时，更为有利。

（五）主运动、进给运动

各种机床进行切削加工时，工件与刀具之间应具有一定的相对运动，即切削运动。根据在切削过程中所起的作用，切削运动可分为主运动和进给运动。在切削过程中，主运动是提供切削可能性的运动，没有这个运动就无法进行切削。在切削过程中，主运动是速度最高、消耗动力最多的一个运动。

（1）铣削时刀具做快速的旋转运动，称之为主运动。

（2）工件做缓慢的直线运动，称之为进给运动。

（六）铣削三要素与计算

1. 铣削速度 v

铣削速度即为铣刀最大直径处的线速度，可用下式表示：

$$v=\pi Dn/60\,000\ (\mathrm{m/s}) \tag{6-3-1}$$

式中，D 为铣刀直径（mm）；n 为铣刀每分钟的转数（r/min）。

2. 进给量

铣削进给量有三种表示方式：

（1）每齿进给量 a_f（mm/z）：铣刀每转过一个刀齿时，工件沿进给方向所移动的距离。

（2）每转进给量 f（mm/r）：铣刀每转一转，工件沿进给方向所移动的距离。

（3）进给速度 v_f（mm/min）：铣刀每转 1 min，工件沿进给方向所移动的距离。

这三种进给量相互关联，但用途有所不同。每齿进给量是进给量选择的依据；每转进给量反映了进给量与铣刀转速之间的对应关系；而每分钟进给量则是调整机床的使用数据。在实际生产中，按每分钟进给量来调整机床进给量的大小。上述三种进给量的关系如下：

$$v_f=f\times n=a_f\cdot z\cdot n \tag{6-3-2}$$

式中，n 为铣刀每分钟转数（r/min）；z 为铣刀齿数。

3. 切削深度

切削深度是指待加工表面与已加工表面之间的距离。选用较小的切削深度和进给量可减小残留面积，使粗糙度 Ra 减小。粗加工时，应选择大的切削深度、合适的进给量、较小的切削速度。精加工时，应选择大的切削速度、合适的切削深度及小的进给量，这样才能获得高的加工精度和表面粗糙度。

（七）铣床的分类

机械加工机床按照用途的不同分为不同的种类，常见的机械加工机床有：车、铣、刨、磨、钻、镗、拉、锯和齿轮加工机床等。在现代机器制造中，铣床约占金属切削机床的25%。铣床的种类很多，常用的是卧式升降台铣床、立式升降台铣床、龙门铣床、数控铣床及工具铣床等。立式铣床的主轴是垂直于水平面的，而卧式铣床的主轴平行于水平面。

1. 卧式升降台铣床

卧式升降台铣床是铣床中应用最多的一种，其主轴是水平放置的，与工作台平行。

2. 立式升降台铣床

与卧式铣床的区别是主轴与工作台台面垂直，有时根据加工需要，可将立铣头（包括主轴）左右扳转一定角度，以便加工斜面等。立式升降台铣床观察、检查和调整铣刀位置等都很方便，又便于装夹硬质合金端铣刀进行高速切削，生产率较高，故应用也很广。

3. 龙门铣床

龙门铣床主要用来加工大型或较重的工件。它可以同时用几个铣头对工件的几个表面进行加工，所以生产率高，适合于成批大量生产。龙门铣床有单轴、双轴、四轴等多种形式。

4. 数控铣床

数控铣床是综合应用了电子、计算机、自动控制、精密测量等新技术而出现的精密、自动化的新型机床。它主要适合于单件和小批量生产，加工表面形状复杂、精度要求高的工件。

（八）铣床型号的含义

（1）在X6132中，字母与数字的含义如下：

X：铣床；

6：卧式铣床；

1：万能升降台铣床；

32：工作台宽度的1/10。

（2）在X5025A中，字母与数字的含义如下：

X：铣床；

5：立式铣床；

0：立式升降台铣床；

25：工作台宽度的1/10；

A：一次重大改进。

立式铣床安装主轴的部分称为铣头。铣头与床身连成整体的，称为整体式立式铣床。其主要特点是刚性好，宜采用较大的切削用量。铣头与床身分成两部分，中间靠转盘相连的，称为回转式立式铣床。其主要特点是根据加工需要，可将铣头主轴相对于工作台台面扳转一定的角度，使用灵活方便，生产中应用较多。

（九）铣床的主要组成部分及其作用

（1）床身：用来固定和支撑铣床上所有部件。其内部安装主轴、主轴变速箱、电气设备及润滑油泵等部件。

（2）主轴：一根空心的阶梯轴，前端内部有锥度为 7∶24 的锥孔，用来安装铣刀刀杆。

（3）悬梁：安装在床身上方的燕尾导轨中，可沿着燕尾导轨移动，以调节位置。在悬梁上可安装支架，用来支承铣刀刀杆的悬伸端，以增加它的刚性。

（4）工作台：可沿转台上面的燕尾导轨移动，带动安装在工作台上的工件做纵向进给运动。

（5）转台：可随横拖板移动，并将工作台在水平面内扳转一个角度（≤45°），以便铣削螺旋槽等工件。没有转台的铣床称为卧式升降台铣床，它不能铣削螺旋槽。

（6）横拖板：可带动转台和工作台沿升降台水平导轨做横向进给运动。

（7）升降台：可沿床身的垂直导轨移动，以调节工作台台面到主轴之间的距离，或者做垂直进给运动。在升降台的内部还装有进给运动电动机和进给变速机构。

（十）铣床的附件

铣床的主要附件有平口钳、回转工作台、分度头、立铣头和万能立铣头等。

1. 平口钳

平口钳主要由底座、钳身、固定钳口、活动钳口、钳口铁以及螺杆组成。它主要用来安装小型较规则的零件，如板块类零件、盘套类零件、轴类零件和小型支架等。

2. 回转工作台

它一般用于较大零件的分度工作和非整圆弧面的加工。

3. 分度头

分度头是能对工件在圆周、水平、垂直、倾斜方向上进行等分或不等分地铣削的铣床附件，可铣四方、六方、齿轮、花键和刻线等。分度头有许多类型，最常见的是万能分度头。

分度头的结构：分度头的基座上装有回转体，回转体内装有主轴。分度头主轴可随回转体在铅垂平面内扳动成水平、垂直或倾斜位置。分度时，摇动分度头手柄，通过蜗轮蜗杆带动分度头主轴旋转即可。

分度头的传动系统：分度头的传动比 i=蜗杆的头数/蜗轮的齿数=1/40。当手柄通过速比为 1∶1 的一对直齿轮带动蜗杆转动一周时，蜗轮只能带动主轴转过 1/40 周。如果工件整个圆周上的等分数 Z 为已知，则每一等分要求分度头主轴转 $1/Z$ 圈。这时，分度手柄所需转的圈数 N 可由下式算出：

$$1:40 = 1/Z:N$$

即
$$N=40/Z \tag{6-3-3}$$

式中，N 为手柄每次分度时的转数；Z 为工件的等分数；40 为分度头的定数，即蜗轮的齿数。

分度头分度方法有简单分度法、角度分度法和差动分度法等。角度分度法是利用分度头主轴轴颈上的刻度来分度的。

简单分度方法：分度时需利用分度盘，分度头常备有两块分度盘，其两面各有许多孔数不同的等分孔圈。

第一块正面各圈孔数为 24、25、28、30、34、37；反面各圈孔数为：38、39、41、42、43。

第二块正面各圈孔数为 46、47、49、51、53、54；反面各圈孔数为：57、58、59、62、66。

例如，铣削六方螺栓时，每铣一个面手柄转数为 $N=40/6=6\frac{4}{6}$（圈），即每加工一面，手柄需转过 $6\frac{4}{6}$ 圈，这 4/6 圈则需通过分度盘来控制。简单分度时，分度盘固定不动。此时应将手柄上的定位销调整到孔数为 6 的倍数（如孔数为 24）的孔圈上。每次加工一面手柄转过 6 周后，再转过 16 孔距（$N=6\frac{16}{24}=6\frac{4}{6}$）即可。

（十一）万能铣头

万能铣头是一种扩大卧式铣床加工范围的附件，铣头的主轴可安装铣刀并可根据加工需要在空间扳转成任意方向。

（十二）铣　刀

铣刀是一种多刃刀具。在铣削时，每个刀刃不像车刀和钻头那样连续地进行工作，而是每转中只参加一次切削，其余大部时间处于停歇状态，因此有利于散热。加上铣刀在切削过程中是多刃切削，因此生产率较高。多数铣刀做成螺旋齿形，是为了在切削过程中减少振动，获得比较高的工件表面粗糙度及延长刀具的使用寿命。

1. 铣刀的种类和用途

铣刀的分类方法很多，这里仅根据铣刀装夹方法的不同分为两大类，即带孔铣刀和带柄铣刀。带孔铣刀多用在卧式铣床上，带柄铣刀多用在立式铣床上。带柄铣刀又分为直柄铣刀和锥柄铣刀。常用的带孔铣刀有圆柱铣刀、圆盘铣刀、角度铣刀、成型铣刀等，常用的带柄铣刀有立铣刀、键槽铣刀、T 形槽铣刀和镶齿端铣刀等。

2. 制作铣刀的材料

常用的铣刀材料有高速钢和硬质合金两种。高速钢是高碳高合金刃具钢，有多种化学成分系列，常用的有钨系高速钢，典型牌号为 W18Cr4V，钨钼系高速钢，典型牌号有 W6Mo5Cr4V2。高速钢的允许工作温度均为 500 ~ 600 °C，它广泛用于制造形状复杂的中速切削刀具，如铣刀、齿轮滚刀、齿轮插刀、麻花钻以及各种成型刀具，其缺点是制造工艺复杂，故价格昂贵。硬质合金不是合金钢，而是粉末冶金材料，它具有比高速钢高得多的硬度，更高的工作温度（800 ~ 900 °C），允许切削速度为 100 ~ 300 m/min，其缺点是抗弯强度和韧性较差。硬质合金又分钨钴类和钨钛类两种。

3. 铣刀的安装

（1）带孔铣刀的安装：在卧式铣床上多使用刀杆安装刀具，刀杆的一端为锥体，装入机床前端的锥体中，并用拉杆螺丝穿过机床主轴将刀杆拉紧。主轴的动力通过锥面和前端的键，带动刀杆旋转。铣刀装在刀杆上尽量靠近主轴的前端，以减少刀杆的变形。

（2）带柄铣刀的安装：常用铣床的主轴一般采用锥度为 7∶24 的内锥孔，而铣刀的锥柄锥度为莫氏锥度。由于两种锥度的规格不同，所以安装时应根据铣刀锥柄尺寸选择合适的过渡锥套。过渡锥套的外锥锥度为 7∶24，与主轴孔相配，内锥与锥柄配合，用拉杆将铣刀及过渡锥套一起拉紧在主轴端部的锥孔内。直柄铣刀直径一般很小，多用弹簧夹头进行安装。

（十三）铣平面

采用圆柱铣刀铣平面，圆柱铣刀有直齿和螺旋齿两种。用螺旋齿圆柱铣刀铣削时，刀齿逐渐切入和切出，切削比较平稳。圆柱铣刀一般只用于铣削水平面。

铣削时一般分为六步。

（1）开车使铣刀旋转，升高工作台使工件和铣刀稍微接触。

（2）纵向退出工件，停车。

（3）先将垂直丝杠刻度盘对准零线，再按铣削深度升高工作台到规定位置。

（4）开车先手动进给，当工件被稍微切入后，可改为自动进给。

（5）铣完一刀后，停车。

（6）退回工作台，测量工件尺寸，并观察表面粗糙度，重复铣削到规定要求。

用端铣刀铣平面多采用镶有硬质合金刀头在立式铣床上铣水平面，也可以在卧式铣床上铣垂直面。

（十四）铣斜面

工件上具有斜面的结构很常见，常用的斜面铣削方法有以下三种。

（1）转动工件：此方法是把工件上被加工的斜面转动到水平位置，垫上相应的角度垫铁夹紧在铣床工作台上。在圆柱和特殊形状的零件上加工斜面时，可利用分度头将工件转成所需位置进行铣削。

（2）转动铣刀：此方法通常在装有立铣头的卧式铣床或立式铣床上进行，将主轴倾斜所需角度，因而可使刀具相对工件倾斜一定角度来铣削斜面。

（3）用角度铣刀铣斜面：对于一些小斜面，可用合适的角度铣刀加工，此方法多用于卧式铣床上。

（十五）铣台阶面

（1）用盘铣刀铣台阶面：在卧式铣床上可以用盘铣刀铣台阶面。

（2）用立铣刀铣台阶面：在立式铣床上可以用立铣刀铣台阶面。

（3）用组合铣刀铣台阶面：如果大批量生产，可以用组合铣刀铣台阶面。

四、实验内容

（1）安装铣刀，固定木板于铣床之上。

（2）打开计算机，先设计要铣的图形，然后生成程序后保存。

（3）铣出图形后取出照相，并附于实验报告中。

五、实验报告

（1）写明实验目的、实验原理、实验内容。

(2)写明车刀各部位的名称及作用。
(3)写明车刀安装及使用时的注意事项。

六、思考题

(1)铣床的类型及型号符号的意义是什么?
(2)铣刀的种类及材料有哪些?
(3)铣床和车床的区别和功能是什么?

实验四　焊接实习

一、实验目的

（1）了解焊接在机械制造中的作用特点和应用。

（2）熟悉焊接的安全技术。

二、实验仪器与耗材

焊机 3 台、焊条数根、钢板材料数块。

三、实验原理

（一）焊　接

焊接是利用原子间的扩散与结合，使分离的金属材料牢固地连接起来，成为一个整体的过程。原子之间的扩散与结合，通常采用加热、加压或两者并用，可以用填充材料（或不用），将金属加热到熔化状态进行焊接。

（二）焊接方法的分类

1. 电弧焊

电弧焊即在电极和焊体之间造成电弧，利用电弧所产生的热量将被焊金属和焊条金属熔化，并形成一种永久接头的过程。

1）手工电弧焊

（1）常用的焊条直径为 3～5 mm，平焊对接可选用较粗焊条，立焊的焊条直径不宜超过 5 mm，仰、横焊的焊条直径不宜超过 4 mm，对于多层焊的第一层焊道，焊条直径不应超过 3.2 mm，以保证根部焊透。

（2）焊接时，焊接电流过小，电弧不稳定，会造成未焊透和夹渣等缺陷，而且生产效率低；焊接电流过大，则焊缝容易产生咬边和焊穿等缺陷。

（3）电弧电压也是工作电压，其大小是由电弧长度来决定的。电弧长，则电弧电压高；电弧短，则电弧电压低。在焊接过程中，电弧不宜过长，否则会出现电弧燃烧不稳定，增加金属飞溅，减少熔深，以及产生咬边等缺陷，而且还会由于空气中氧、氮的侵入，使焊缝产生气孔，故应尽量使用短弧，弧长最好不超过焊条直径。

手工电弧焊具有工艺灵活，适用性强，适用于各种位置、常用钢种、不同厚度的工件，特别是对不规则的焊缝、短焊缝、仰焊缝、高空和狭窄位置的焊接，更显得灵活机动。但其生产效率低，焊接质量受焊工水平的影响，劳动强度大等。

2）埋弧自动焊

埋弧自动焊即在焊剂层下进行的电弧焊。焊丝末端和工件之间产生电弧后，电弧热使周围焊剂熔化，高温下的蒸气将熔化的熔渣排开，形成一个封闭空间，使电弧与外界空气隔绝，电弧在此空间内继续燃烧，焊丝熔化滴落下来与熔化的母材混合成液态金属熔池，电弧不断向前移动，熔池也随之冷却而凝固形成焊缝，密度较轻的熔渣浮在熔池表面，冷却形成渣壳，覆盖焊缝金属。熔化的焊剂对焊缝金属熔池起保护作用。

埋弧自动焊的优点：

（1）生产效率高。因焊接电流大，焊丝熔化快，电弧穿透力强，焊缝熔深大，电弧热量集中利用率高，焊接速度快，故焊接生产率比一般手工焊高 5～10 倍。

（2）焊缝质量好。因自动焊焊接过程稳定，保护可靠，减少了空气对熔池的不利影响，焊缝外观整齐、光洁，消除了手工焊因焊工技术水平和更换焊条而引起的一些缺陷。

（3）节省焊条和电能。由于埋弧焊熔深大，故可以不开坡口或者开小坡口进行焊接，节约焊条和加工坡口及填充坡口所消耗的电能。

（4）焊件变形小。埋弧焊的热量集中，焊接速度快，焊接热影响区小，因此焊接的变形也小。

（5）改善了焊工的劳动条件。埋弧焊无弧光的有害作用，有害气体少，自动化程度高，减轻了劳动强度。

2. 气体保护电弧焊

气体保护电弧焊是采用气体将空气和熔化金属机械地隔开，避免受空气的氧化与氮化的焊接方法。所用的保护气体应不与熔化金属起有害作用，常用的气体有氩气、二氧化碳气体等。

气体保护电弧焊的优点：

（1）它是明弧焊，电弧和熔池清晰可见，便于调整焊接参数，控制焊接质量。

（2）由于保护气体对弧柱的压缩作用，使电弧热量集中，熔池小，结晶块，利于空间位置和薄板焊接。

（3）焊接过程没有熔渣，便于实现机械化、自动化，同样降低了成本，减少了辅助劳动，提高了工效。

（4）采用氩、氦等惰性气体保护，焊接活泼金属时，具有良好的焊接质量。

1）氩弧焊

（1）氩弧焊的原理。

氩弧焊是以氩气作为保护气体的一种电弧焊方法。氩气从焊枪或焊炬的喷嘴中喷出，在焊接区域形成连续封闭的氩气层，对电极和焊接熔池起到机械保护的作用，如图 6-4-1 所示。

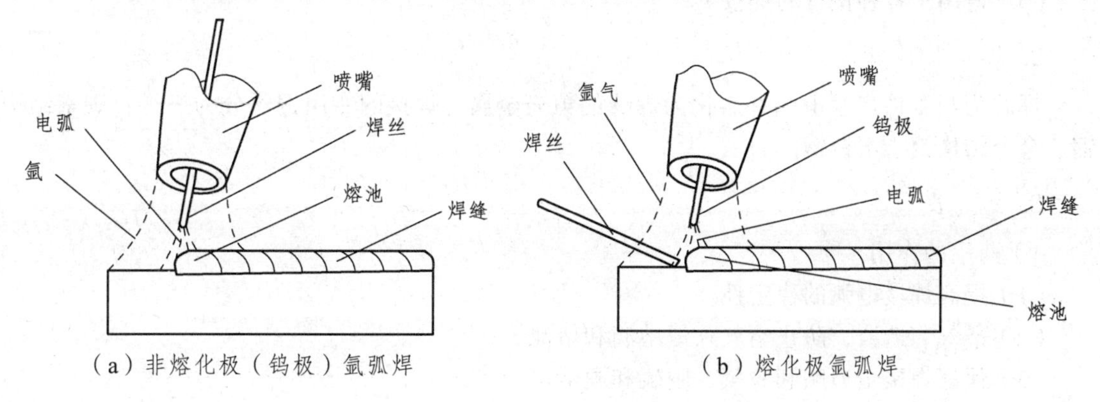

（a）非熔化极（钨极）氩弧焊　　（b）熔化极氩弧焊

图 6-4-1　氩弧焊

（2）氩弧焊的分类。

氩弧焊包括钨极氩弧焊和熔化极氩弧焊，如图 6-4-2 所示。

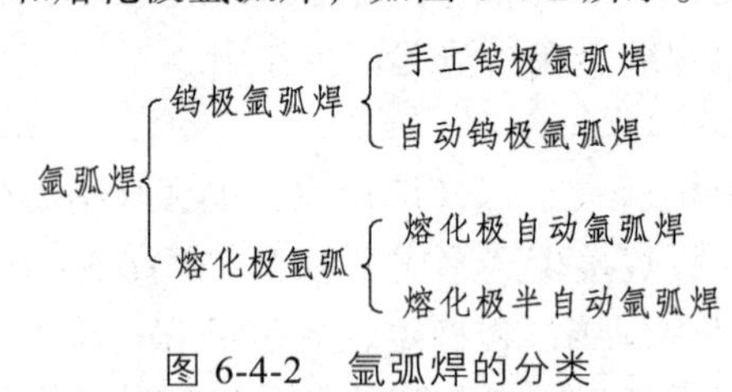

图 6-4-2　氩弧焊的分类

① 钨极氩弧焊：采用高熔点的钨棒作为电极，在氩气的保护下，依靠钨棒和焊件间产生的电弧热，来熔化基本金属及填充焊丝的一种焊接方法。

② 熔化极氩弧焊：采用连续送进的焊丝作电极，在氩气的保护下，依靠焊丝和焊件间产生的电弧热，来熔化基本金属及填充焊丝的一种焊接方法。

2）二氧化碳气体保护焊

二氧化碳（CO_2）气体保护焊是一种先进的焊接方法，有自动和半自动焊接两种。

与其他焊接方法相比，二氧化碳气体保护焊具有以下优点：

（1）生产效率高。采用的电流密度大，熔敷率高，熔深大，没有熔渣，节省了清渣时间。

（2）成本低。

（3）抗裂性好。二氧化碳气体在高温时具有强烈的氧化性，可以减少金属熔池中游离态氢的含量，降低焊后出现冷裂纹的倾向。二氧化碳气体保护焊对锈污敏感性小，焊前对工件的清理要求不高。

（4）二氧化碳气体保护焊多用于低碳钢和低合金钢的焊接。

（三）焊接材料

1. 对电焊条的要求

（1）引弧容易，保证电弧稳定。

（2）药皮熔化应稍慢于药芯，且要均匀。

（3）熔渣密度应小于熔化金属的密度，凝固温度也应低于金属的凝固点。

（4）具有渗透合金和冶金处理的作用。

（5）适用于各种位置的焊接。

2. 焊　芯

焊芯为与工件产生电弧并熔化为焊缝的填充金属。焊接的专用钢丝分为三类：碳素结构钢、合金结构钢、不锈钢。

3. 药　皮

1）药皮的作用

（1）提高焊接电弧的稳定性。

（2）造气、造渣，防止空气入侵熔滴和熔池。

（3）保证焊接金属顺利脱氧、脱硫和脱磷。

（4）向焊缝金属渗入合金元素，提高机械性能。

2）药皮的组成

根据原料的作用特点，药皮可分为稳弧剂、脱氧剂、造渣剂、造气剂、合金剂、黏结剂、增塑剂及稀释剂等。

手工电弧焊焊条药皮分为八种类型，即氧化钛型、氧化钛钙型、钛铁矿型、氧化铁型、纤维素型、低氢型、石墨型、盐基型。

按照药皮的酸碱性，药皮可分为酸性焊条和碱性焊条。酸性焊条即药皮成分中含碱性氧化物较少，这类焊条有氧化钛型、氧化钛钙型、钛铁矿型、氧化铁型、纤维素型等五种。碱性焊条药皮中多含碱性较强的大理石、萤石等。由于这类焊条在焊接时产生的保护气体中含氢量较少，因此又叫低氢型焊条。碱性焊条形成的焊缝，机械性能良好，抗裂性能强，但容易产生气孔。因此，焊接时需采取必要的工艺措施，如焊前烘干焊条，清理焊件的铁锈、油污、水分和采用短弧焊接等。

3）焊条的烘烤

受潮后的焊条工艺性能变坏，而且水分中的氢容易使焊缝产生气孔和裂纹，故焊条在使用前必须烘干。特别是低氢焊条使用前必须按规定烘干，以降低焊缝的含氢量。

（1）碱性低氢性焊条：烘干温度为 380 ~ 420 °C，保温 1 ~ 2 h，然后放在另一个温度为 80 ~ 100 °C 的烘箱内保温，随用随取。

（2）酸性焊条：烘干温度为 150 ~ 200 °C，保温 1 ~ 2 h。

（四）金属材料的可焊性

1. 金属材料的焊接性能

金属材料的焊接性能，又称为可焊性，是指金属材料在一定的工艺条件下通过焊接形成优质接头的性能。金属的可焊性通常分为工艺可焊性和使用可焊性两大类。

（1）工艺可焊性，主要指在一定的焊接条件下，焊接接头中出现各种裂纹及其他缺陷的可能性。

（2）使用可焊性，主要指在一定的焊接工艺条件下，一定金属的焊接接头对使用要求的可靠性，包括焊接接头的机械性能（如强度、塑性、韧性、硬度以及抗裂纹扩展的能力等）和其他特殊性能（如耐热、耐腐蚀、耐低温、抗疲劳等）。

钢的可焊性主要取决于它的化学成分。含碳量越高，可焊性就越差，含碳量小于 0.3%的碳钢、含碳量小于 0.2%的普通低合金钢一般都具有良好的可焊性。

2. 影响焊接接头性能的主要因素

影响焊缝金属的主要因素为焊缝金属的化学成分和固态时的冷却条件。

碳：能提高焊缝金属的强度，但也是焊缝金属热裂纹的敏感元素。

锰：能提高焊缝金属的强度，改善冲击韧性。当含锰量低于 2%时，可以细化晶粒，降低脆性转变温度，并有脱硫作用，降低对热裂纹的敏感性。

硅：能提高焊缝金属的强度，含量不超过 0.25% ~ 0.5%时，对冲击韧性影响不大。它也是良好的脱氧剂。

硫：为杂质，能使焊接性能变坏，是产生热裂纹的敏感元素。

磷：为杂质，含量高会使钢的塑性、韧性下降，并导致焊缝及热影响区产生冷裂纹。

3. 焊接材料的类型

1）低碳钢

低碳钢的焊接性能良好，不需要采用特殊的工艺措施就可以获得优质接头，只有在母材成分不合格（碳量偏高，硫、磷含量过高等）或施工环境恶劣、焊件刚性过大等情况下，才有可能出现焊接裂纹。

2）低合金钢

普通低合金钢是在低碳钢的基础上，通过添加少量金属元素（一般总量在5%以内）以提高其强度或改变其使用性能。

3）奥氏体不锈钢

不锈钢具有优良的化学稳定性和一定的抗腐蚀性能。合金中铬是提高抗腐蚀性能的主要元素，但钢中含铬量大于13%时才具有抗腐蚀性。

奥氏体不锈钢的韧性、塑性都较好，焊前不需预热，焊后不需要热处理，可焊性良好。但若焊接工艺不合理或焊接材料选用不当，会降低抗晶间腐蚀能力并产生热裂纹。

4. 异种钢焊接时存在的主要问题

1）熔合区产生马氏体组织

奥氏体钢与非奥氏体钢焊接接头的破坏，大多数发生在熔合区。这是因为异种钢焊接时尽管焊缝区是奥氏体组织，在非奥氏体母材与奥氏体焊缝的分界面上却出现硬度很高的马氏体组织，在焊接时或使用中很可能形成裂纹。

2）熔合区的碳扩散

异种钢接头在熔合区内还存在合金再分配，特别是碳的扩散。由于碳的扩散，会使熔合区产生碳浓度不均匀，从而导致熔合区的组织和性能不均匀等。

3）异种钢接头的热应力

由于异种钢的热膨胀系数不同（不锈钢的热膨胀系数比低合金钢大30%～50%），异种钢接头熔合区存在较大的应力，这也是大部分异种钢接头破坏的原因之一。

（五）焊接接头的缺陷及防止措施

1. 缺陷的分类

焊接接头缺陷的类型很多，按在接头中的位置可分为外部缺陷和内部缺陷两大类。

（1）外部缺陷：位于接头的表面，用肉眼或低倍放大镜就可看到，如咬边、焊瘤、弧坑、表面气孔和裂纹等。

（2）内部缺陷：位于接头内部，必须通过各种无损检测方法或破坏性实验才能发现。内部缺陷有未焊透、未熔合、夹渣、气孔、裂纹等。

2. 内部缺陷产生的原因及防止措施

1）未焊透

焊接时接头根部未完全熔透的现象叫未焊透。未焊透缺陷不仅降低了焊接接头的机械性能，而且在未焊透处的缺口和端部形成应力集中点，承载后往往会引起裂纹，是一种危险性缺陷。

产生的原因：坡口钝边间隙太小、焊接电流太小、焊条速度过快、坡口角度小、焊条角度不对及电弧偏吹等。

防止措施：合理选用坡口形式、装配间隙并采用正确的焊接工艺等。

2）未熔合

熔焊时，焊道与母材之间或焊道与焊道之间，存在未完全熔化结合的部分，或点焊时母材与母材之间存在未完全熔化结合的部分。

产生的原因：坡口不干净、焊速太快、电流过小或过大、焊条角度不对、电弧偏吹等。

防止措施：正确选用坡口和电流，坡口清理干净，正确操作防止焊偏等。

3）夹渣、夹杂物

夹渣是指焊后残留在焊缝中的溶渣。

夹杂物是指由于焊接冶金反应产生的、焊后残留在焊缝金属中的非金属杂质（如氧化物、硫化物等）。

产生的原因：焊接电流过小，速度过快，熔渣来不及浮起，被焊边缘和各层焊缝清理不干净，基本金属和焊接材料化学成分不当，含硫、磷量较多等。

防止措施：正确选用焊接电流，焊接件的坡口角度不要太小，焊前必须把坡口清理干净。多层焊时必须层层清除焊渣，并合理选择焊条角度和焊接速度等。

4）气　孔

在焊接过程中，由于焊缝内部存在的或外界侵入的气体，在熔池金属凝固之前来不及逃逸出，而残留在焊缝金属内所形成的空穴。按其分布，气孔可分为单个气孔、密集气孔和链状气孔。

产生的原因：焊材未按规定温度烘干，焊条药皮变质脱落、焊芯锈蚀，焊丝清理不干净，手工焊时电流过大，电弧过长；埋弧焊时电压过高或网络电压波动太大；气体保护焊时保护气体纯度低等，均易产生气孔。

气孔的危害：焊缝中存在气孔，既破坏了金属的致密性，又使焊缝有效截面面积减少，降低了机械性能，特别是存在链状气孔时，对弯曲和冲击韧性会有比较明显的降低。

防止措施：不使用药皮开裂、剥落、变质及焊芯锈蚀的焊条，生锈的焊条必须除锈后才能使用。所用焊接材料应按规定温度烘干，坡口及两侧应清理干净，并选用合适的焊接电流、电弧电压和焊接速度。

四、实验内容

（1）先在钢板上熟练使用焊条进行焊接，能够连续焊出 10 cm 长的焊痕，焊痕要求连续且均匀。

（2）将钢管进行焊接，焊接成长方形即可。

（3）将焊接好的钢管进行照相并附于实验报告中。

五、实验报告

（1）写明实验目的、实验原理、实验内容。

（2）写明焊接过程中的注意事项。

六、思考题

（1）说出焊接的种类及作用（至少说明三种）。
（2）焊接接头的缺陷及防止措施有哪些？

PART TWO

无机非金属材料物性测试

第七章 化学成分分析

无机非金属材料，是以某些元素的氧化物、碳化物、氮化物、卤素化合物、硼化物以及硅酸盐、铝酸盐、磷酸盐、硼酸盐等物质组成的材料。材料的化学成分作为组成材料的基础，其组成和含量对材料的性能起着决定性作用，尤其是某些特定成分，往往会决定材料关键性能的优劣。本章通过实验让学生掌握材料中特定成分的测试和分析方法，并了解材料化学成分在材料中的作用及与材料性能的关系。

实验一　原样的采集、粉碎和缩分

一、实验目的

（1）掌握材料采集的原则。

（2）了解矿物材料破碎和粉磨的过程。

（3）掌握常用的缩分方法。

（4）掌握手工干筛法。

二、实验原理

1. 样品采集

抽取试样的过程叫取样（也叫采样），在物理化学性质上应能完全代表总体。从原始样中取得有代表性的分析样品，需要对原始矿样进行多次加工和缩减，每一加工阶段包括粉碎、过筛、混匀、缩分 4 个工序，通常用切乔特公式对矿石进行逐级破碎、逐级缩分，选取有代表性的样品：

$$Q=Kd^2 \tag{7-1-1}$$

式中，Q 为样品的最低可靠质量；K 为根据矿物特性确定的缩分系数，与矿物种类、矿石中元素品位变化和分布均匀性相关，K 值越大，矿物越不均匀，K 值一般为 0.1 ~ 0.5，不同矿物的 K 值见表 7-1-1；d 为样品中最大颗粒的直径（或筛孔直径），mm。切乔特公式的含义，即取样质量应大致与最大颗粒直径的平方成正比，样品每次缩分后的质量不能小于 Kd^2。

表 7-1-1 矿石的缩分系数（K 值）

矿 种	K 值
铁、锰	0.1 ~ 0.2
铜、钼、钨	0.1 ~ 0.5
镍、钴（硫化物）	0.2 ~ 0.5
镍（硅酸盐）、铝土矿（均一的）	0.1 ~ 0.3
铝土矿（非均一的）	0.3 ~ 0.5
铬	0.25 ~ 0.3
铅、锌、锡	0.2
锑、汞	0.1 ~ 0.2
菱镁矿	0.05 ~ 0.1
铌、锆、锂、铯、钪及稀土元素	0.1 ~ 0.5
磷、硫、石英岩、高岭土、黏土、硅酸盐、萤石、滑石、蛇纹石等	0.1 ~ 0.2
明矾、长石、石膏、砷矿、硼矿	0.2
石灰石、白云岩	0.1
重晶石（萤石重晶石、硫化物重晶石、铁重晶石、黏土重晶石）	0.2 ~ 0.5

2. 样品的粉碎

样品的粉碎一般用机械进行。通常先把原始样品经 25 mm 的筛子过筛，对较大的颗粒一般采用颚式粗碎机破碎或人工在钢板上用铁锤击碎（如石灰石样品），如果样品的颗粒直径在 10 mm 以下，可用轧辊式中碎机破碎或人工在钢板上用铁锤击碎。样品经破碎后再进行细磨，细磨则在圆盘磨、球磨、陶瓷磨或行星磨中进行，最后在玛瑙研钵中研细，根据需要再过相应的筛子。

3. 样品的缩分

对大部分样品的分析仅需要很少的样品，因此在分析前必须对样品进行混匀和缩分。常用的缩分方法有以下四种：

1）定点取样法

把大宗试样缩分的最简单的方法是取样铲法，这种方法也叫定点取样法和勺取法，即用小勺插入料堆取出试样。由于不是使全部试样都通过取样器，而且又是在表面取样，该方法容易造成误差。因此需要将样品充分混匀。

2）锥形四分法

将混匀的样品堆成圆锥体，然后用铲子或木板将锥顶压平，使其成为截锥体，通过圆心分成四等份，去掉任一相对等份（见图 7-1-1），再将剩下的两等份堆成圆锥体。如此重复进行，直至缩分至所需的数量为止。

3）方格法

将试样混匀以后摊平为一薄层，并划分为许多小方格，然后用平铲逐格取样，如图 7-1-2 所示。为了保证取样的准确性，必须做到以下几点：一是方格要划匀，二是每格取样量要大致相等。

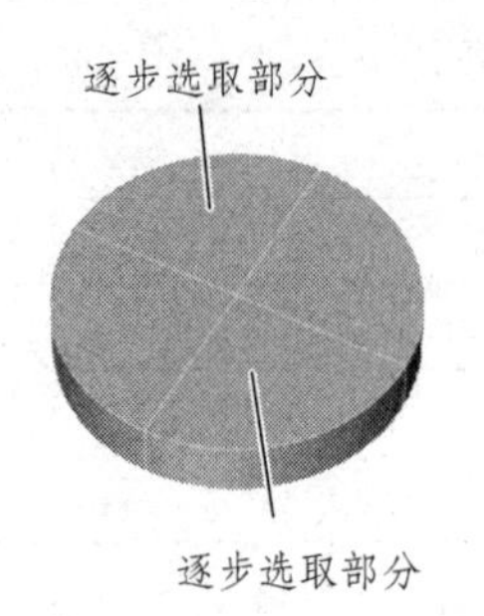

图 7-1-1　锥形四分法

图 7-1-2　方格法

4）分样器缩分法

将样品倒入分样器（见图 7-1-3）中后，样品即从两侧流入两边的样槽内，于是把样品均匀分成两等份。用分样器缩分样品，可不必预先将样品混匀而直接进行缩分。另外，样品的最大粒径不应大于格槽宽度的 1/3 ~ 1/2。

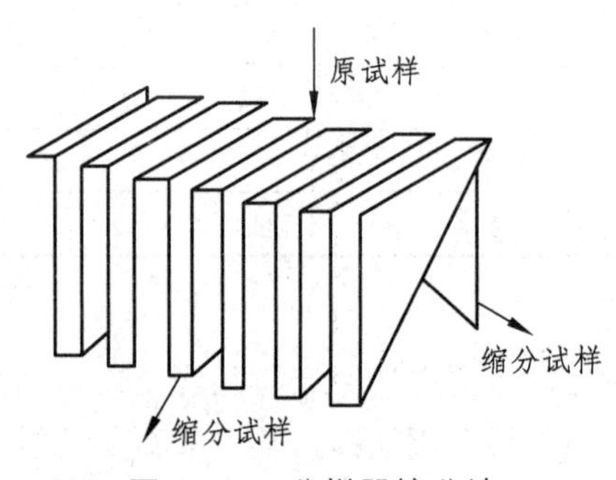

图 7-1-3　分样器缩分法

4. 样品的筛分

筛分法是通过样品标准筛按粒径大小对样品进行分离和测试样品粒径分布的方法。标准筛是由一组不同规格的筛子组成，除筛子直径和深度外，筛孔尺寸是最主要的参数。通常使用目（mesh）来表示筛孔的大小，筛孔目数与尺寸对照表如表 7-1-2 所示，筛孔目数越大，筛孔越小，反之亦然。

表 7-1-2　筛孔目数与尺寸对照表

目数	微米/μm	目数	微米/μm	目数	微米/μm	目数	微米/μm
5	4 000	50	325	200	75	800	18
10	2 000	60	250	250	60	1 000	13
20	850	70	212	300	45	1 250	10
25	710	80	198	350	42	2 000	6.5
30	590	90	160	400	34	2 500	5
35	500	100	150	500	25	6 250	2
40	420	120	125	600	23	10 000	1.3
45	350	150	100	625	20	12 500	1

在实际操作中，根据被测试样的粒径大小及分布范围，选用 5 ~ 6 个不同大小筛孔的筛子

叠放在一起。筛孔较大在上，筛孔较小在下。最上层筛子的顶部有盖，以防止筛分过程中试样的飞扬和损失，最下层筛子的底部有一容器，用于收集最后通过的细粉。被测试样由最上面的一个筛子加入，依次通过各个筛子后即可按粒径大小被分成若干个部分。按操作方法经规定的筛分时间后，小心地取下各个筛子，仔细称重并记录下各个筛子上的筛余量（未通过的物料量），即可求得被测试样以重量计的颗粒粒径分布（频率分布和累积分布）。筛分法主要用于粒径较大的颗粒的测量。一般适用 20 ~ 100 mm 的粒度分布测量。筛分法有干法与湿法两种。测定粒度分布时，一般用干法筛分；湿法可避免很细的颗粒附着在筛孔上面堵塞筛孔。若试样含水较多，特别是颗粒较细的物料，若允许与水混合，颗粒凝聚性较强时最好使用湿法。此外，湿法不受物料温度和大气湿度的影响，还可以改善操作条件，精度比干法筛分高。

三、实验仪器及试剂

球磨机、标准筛一套、电子天平、台秤、破碎锤、取样铲、研钵、磁铁、烘箱、试样等。

四、实验步骤

各种粉体样的制备过程大致如下：

（1）按取样原则在取样地上取具有代表性的试样 20 ~ 50 kg，若为黏土类含水率较高的样品，需置于烘箱内烘干，用破碎锤将其破碎至粒度为 5 ~ 10 mm。

（2）按四分法将其缩分至 5 kg，并使用球磨机进行研磨 30 ~ 50 min，将试样取出，再用四分法将样品缩分至 200 g，若样品中含有铁粉，还需根据使用目的确定是否使用磁铁吸除铁粉。

（3）将试样用研钵进行细磨，并再次缩分至 5 g，再次用研钵研磨至全部通过 200 目筛。筛分样品的方法：用一只手执筛往复摇动，另一只手轻轻拍打，往复摇动和拍打过程中应保持近于水平。拍打速度每分钟约 120 次，每 40 次向同一方向转动 60°，使试样均匀分布在筛网上，直至每分钟通过试样量不超过 0.03 g 为止。

（4）将样品放入称量瓶中置于烘箱中烘干，置于干燥器中保存供分析使用。

五、实验报告要求

（1）简述实验目的、实验内容、实验步骤、实验原理。

（2）比较各种缩分方法。

（3）分析球磨机料球比和球级比对粒径分布的影响。

（4）记录筛分结果，分析筛分样品的粒径分布。

六、注意事项

（1）取样要具有代表性，缩分前需要充分混合。

（2）在破碎、磨细样品前，应对加工设备进行彻底清洁；破碎时应尽量避免样品溅出，如有溅出，需捡回继续粉碎。

（3）使用锰钢制磨盘常会带入铁锰杂质，需要用磁铁去除。

（4）过筛时，如有筛余，应继续研磨至全部样品过筛为止，以免使分析结果失去代表性。

（5）筛分所得粒径分布取决于筛分的时间、筛子的磨损、取样误差等；试验筛应经常保持洁净，筛孔通畅，使用 10 次后要用专门的清洗剂进行清洗；物料会对筛网产生磨损，试验筛每使用 100 次后需重新标定。

七、思考题

（1）如何取样才具有代表性?

（2）原料如何混匀?

（3）影响球磨机效率的因素有哪些?

（4）筛分的影响因素有哪些? 怎么确定试样的平均粒径?

实验二　水泥生料中碳酸钙滴定值测定

一、实验目的

（1）掌握水泥生料中碳酸钙滴定值的目的和意义。

（2）掌握水泥生料碳酸钙滴定的原理和方法。

二、实验原理

在普通硅酸盐水泥生产中，为了对生料质量进行快速、准确地控制，除要测定各氧化物的百分含量外，还需要检验其碳酸钙滴定值的合格率是否符合工艺指标，这是生料质量控制的主要项目之一。由于水泥原料中以碳酸钙为主要成分的石灰石占了80%以上，因此稳定地控制生料中碳酸钙含量，也就很好地稳定了水泥生料的成分。而且碳酸钙含量的测定方法简便快捷，这样就很好地控制了水泥的连续化生产。

水泥生料中的碳酸盐（包括碳酸镁和碳酸钙）均可以与盐酸标准溶液作用，生成相应的盐和碳酸（碳酸又分解为 CO_2 与 H_2O），以酚酞为指示剂，用氢氧化钠标准溶液滴定过剩的盐酸，根据消耗标准氢氧化钠溶液的体积和浓度，计算出生料中碳酸钙的滴定值，反应如下：

$$CaCO_3 + 2HCl = CaCl_2 + H_2O + CO_2\uparrow$$

$$MgCO_3 + 2HCl = MgCl_2 + H_2O + CO_2\uparrow$$

$$NaOH + HCl = NaCl + H_2O$$

三、实验材料及试剂

苯二甲酸氢钾、无水乙醇、10 g/L 的酚酞指示剂溶液、0.250 mol/L 的氢氧化钠标准溶液、0.500 mol/L 的盐酸标准溶液。

四、实验步骤

1. 试剂及配制

（1）10 g/L 的酚酞指示剂溶液：将 1 g 酚酞溶于 100 mL 无水乙醇中。

（2）0.250 mol/L 的氢氧化钠标准溶液：将 100 g 氢氧化钠溶于 10 L 水中，充分摇匀，储存在带胶塞的硬质玻璃瓶或塑料瓶中。

标定方法：准确称取约 1 g 苯二甲酸氢钾，置于 400 mL 烧杯中，加入约 150 mL 新煮沸并已用氢氧化钠溶液中和至酚酞呈微红色的冷水，搅拌使其溶解，然后加入 2 ~ 3 滴 10 g/L 的酚酞指示剂溶液，用配制好的氢氧化钠标准滴定溶液滴定至微红色。

氢氧化钠标准滴定溶液的浓度按下式计算：

$$c_{NaOH} = \frac{m \times 1\,000}{V \times 204.2} \tag{7-2-1}$$

式中，c_{NaOH} 为氢氧化钠标准溶液的浓度，mol/L；m 为苯二甲酸氢钾的质量，g；V 为溶液的体积，L；204.2 为苯二甲酸氢钾的摩尔质量，g/moL。

（3）0.500 mol/L 的盐酸标准溶液：将 420 mL 盐酸注入 9 660 mL 水中，充分摇匀。

标定方法：准确吸取 10.00 mL 配置好的盐酸初始溶液，注入 400 mL 烧杯中，加入约 150 mL 煮沸的蒸馏水和 2 ~ 3 滴 10 g/L 的酚酞指示剂溶液，用已知浓度的氢氧化钠标准溶液滴定至微红色。

盐酸标准滴定溶液的浓度按下式计算：

$$c = \frac{c_1 V_1}{10} \tag{7-2-2}$$

式中，10 为吸取盐酸标准溶液的体积，mL；c 为盐酸标准滴定溶液的浓度，mol/L；c_1 为已知氢氧化钠标准滴定溶液的浓度，mol/L；V_1 为滴定时消耗氢氧化钠标准滴定溶液的体积，mL。

2. 测定步骤

称取约 0.5 g 试样，置于 250 mL 锥形瓶中，用少量水将试样润湿，然后从滴定管中加入 25 mL、0.5 mol/L 的盐酸标准滴定溶液（V_1），用水冲洗瓶口，并用量筒加入 30 mL 水，将锥形瓶放在小电炉上加热，待溶液沸腾后继续在电炉上微沸 1 min 取下，用水冲洗瓶及瓶壁，加 5 滴 10 g/L 的酚酞指示剂溶液，用 0.25 mol/L 的氢氧化钠标准溶液滴定至微红色为止（消耗量为 V_2）。

碳酸钙滴定值按下式计算：

$$CaCO_3\text{滴定值} = \frac{(c_1 V_1 - c_2 V_2) \times 50}{m \times 1\,000} \times 100\% \tag{7-2-3}$$

式中，c_1 为盐酸标准滴定溶液的浓度，mol/L；V_1 为加入盐酸标准溶液的体积，mL；c_2 为氢氧化钠标准溶液的浓度，mol/L；V_2 为滴定时消耗氢氧化钠标准溶液的体积，mL；50 为 $1/2CaCO_3$ 的摩尔质量，g/mol；m 为试样的质量，g。

五、注意事项

（1）所用的酸碱滴定管最好是专供测定碳酸钙滴定值用的滴定管。

（2）为防止溶液在沸腾时溅出，可在锥形瓶中预先加入 10 余粒沸石。

（3）用酸碱中和法测定硅酸盐水泥生料中的碳酸钙滴定值，实验中除了碳酸钙所消耗的酸以外，实际上还包括碳酸镁和少量有机物所消耗的酸，这样计算出来的碳酸钙百分含量称为碳酸钙滴定值。另外，碳酸钙滴定值从理论上讲可以利用分子式 1.789CaO + 2.48MgO 计算出来，但由于生料中部分氧化钙和氧化镁是以不溶于盐酸的盐类存在的，或者采用石膏作为矿化剂，在酸碱滴定时，不能将这部分钙全部测出来，所以实际测定值与理论计算值之间存在一定的差值，在确定碳酸钙滴定值实际控制范围时，要考虑这一因素。

六、思考题

（1）测定水泥生料中碳酸钙滴定值有何意义？

（2）测定水泥生料中的碳酸钙与测定水泥生料中的氧化钙有何不同？

（3）如何利用碳酸钙滴定值控制水泥生料均化效果？

实验三　水泥熟料中氧化钙含量测定

一、实验目的

（1）了解无水甘油-乙醇法测定水泥熟料中游离氧化钙的基本原理。

（2）掌握测定水泥熟料中的游离氧化钙含量的方法。

（3）掌握游离氧化钙对水泥熟料性能的影响。

（4）熟悉游离氧化钙产生的原因及解决办法。

二、实验原理

在水泥熟料的煅烧过程中，由于原料成分、生料性质（配比、细度、均匀度）、煅烧温度、时间和冷却速率等因素的影响，有少量的 CaO 呈游离状态存在，常用 f-CaO 表示。熟料中 f-CaO 含量的多少反映了煅烧过程中化学反应的完全程度。f-CaO 越多，煅烧反应越不完全。经高温煅烧而呈致密状态的 f-CaO 称死烧游离钙，其水化很慢，易引起水泥安定性不良。在生产上 f-CaO 的量是判断熟料质量和整个工艺过程是否完善、热工制度是否稳定的重要指标之一。

水泥熟料中的游离氧化钙可用化学分析方法、显微分析方法和电导法进行分析，工厂常用甘油-乙醇法和电导法进行分析。本实验采用甘油-乙醇法测定水泥熟料中的游离氧化钙含量。

甘油-乙醇法是化学分析方法之一。这种方法准确、可靠，但需进行煮沸回流，耗时较长。

熟料试样与甘油-乙醇溶液混合后，熟料中的石灰与甘油化合（MgO 不与甘油发生反应）生成弱碱性的甘油酸钙，并溶于溶液中，酚酞剂使溶液呈现红色，用苯甲酸（弱酸）乙醇溶液滴定生成的甘油酸钙至溶液褪色。由苯甲酸的消耗量可求出石灰含量。

$$CaO+C_3H_8O_3 \longrightarrow C_3H_6CaO_3+H_2O$$

$$C_3H_6CaO_3+C_6H_5COOH \longrightarrow C_3H_8O_3+Ca(C_6H_5COO)_2$$

在甘油-无水乙醇溶液中加入适量的氯化钡、硝酸锶或硝酸锶与氧化铝的混合物作为催化剂，能促使甘油钙更快地生成。

三、实验仪器及试剂

1. 试剂及配制

（1）含量不低于 99.5%的无水乙醇。

（2）0.01 mol/L 氢氧化钠无水乙醇溶液的配制：将 0.2 g 氢氧化钠溶于 500 mL 无水乙醇中。

（3）甘油-无水乙醇溶液的配制：取 220 mL 甘油倒入 500 mL 烧杯中，在有石棉网的电炉上加热，在不断搅拌下分次加入 30 g 硝酸锶，直至溶解。然后在 160 ~ 170 °C 下加热 2 ~ 3 h（甘油在加热后易变成微黄色，但对实验无影响），将烧杯取下，冷却至 60 ~ 70 °C 后将其倒入 1 L 无水乙醇中，加入 0.05 g 酚酞剂混匀，将 0.01 mol/L 的氢氧化钠无水乙醇溶液中和至微红色，使溶液呈弱碱性，以稳定甘油酸钙。若试剂存放一定时间，吸收了空气中的 CO_2 红色褪去时，必须再用 NaOH 溶液中和至微红色。甘油与游离钙反应比较慢，在甘油-无水乙醇溶液中加入适量的无水硝酸锶可以起到催化作用。

无水氯化钡、无水氯化锶也是有效的催化剂。甘油-无水乙醇溶液中的乙醇是助溶剂，以促进石灰和甘油酸钙溶解。

（4）0.1 mol/L 苯甲酸-无水乙醇标准溶液的配制：将苯甲酸（C_6H_5COOH）置于硅胶干燥器中干燥 24 h 后，称取 12.3 g 溶于 1 L 无水乙醇中，储存在带胶塞（装有硅胶干燥器）的玻璃瓶内。

标定方法：准确称取 0.04 ~ 0.05 g 氧化钙（将高纯试剂碳酸钙在 950 ~ 1 000 °C 下灼烧至恒重），置于 150 mL 干燥的锥形瓶中，加入 15mL 甘油-无水乙醇溶液，装上回流冷凝器，在有石棉网的电炉上加热煮沸，至溶液呈深红色后取下锥形瓶，立即以 0.1 mol/L 的苯甲酸-无水乙醇标准溶液滴定至微红色消失，再将冷凝器装上，继续加热煮沸至红色出现，再取下滴定。如此反复操作，直至再加热 10 min 后不出现为红色为止。

苯甲酸-无水乙醇标准溶液对氧化钙的滴定度按下式计算：

$$T_{CaO}=\frac{m}{V}\times 1\,000 \quad （7\text{-}3\text{-}1）$$

式中，T_{CaO} 为乙醇标准溶液相当于氧化钙的质量，mg/mL；m 为氧化钙的质量，g；V 为滴定时消耗 0.1 mol/L 苯甲酸-无水乙醇标准溶液的总体积，mL。

2. 所需设备

烘箱、电子天平、标准筛、研钵、磁铁、电炉、冷凝回流管、干燥器、锥形瓶、酸式滴定管。

四、实验步骤

1. 试样制备

熟料磨细后，用磁铁吸除样品中的铁屑，然后装入带有磨口塞的广口玻璃瓶中，瓶口应密封。试样质量不得少于 200 g。分析前，将试样混合均匀，以四分法缩减至 25 g，然后取出 5 g 左右放在玛瑙研钵中研磨至全部通过 0.80 mm 筛，再将样品混合均匀，储存在带有磨口塞的小广口瓶中，放在干燥器内保存备用。

2. 分　析

准确称取 0.5 g 试样，置于 150 mL 干燥的锥形瓶中，加入 15 mL 甘油-无水乙醇溶液，摇匀。装上回流冷凝器，在有石棉网的小电炉上加热煮沸 10 min，至溶液呈红色时取下锥形瓶，立即以 0.1 mol/L 的苯甲酸-无水乙醇标准溶液滴定至微红色消失。再将冷凝器装上，继续加热煮沸至微红色出现，再取下滴定。如此反复操作，直至在加热 10 min 后不出现微红色为止。

游离氧化钙的质量分数按下式计算：

$$W_{CaO}=\frac{T_{CaO}V}{1\,000m}\times 100\% \quad （7\text{-}3\text{-}2）$$

式中，W_{CaO} 为氧化钙的质量分数，%；T_{CaO} 为每毫升苯甲酸-无水乙醇标准溶液相当于氧化钙的质量，mg/mL；V 为滴定时消耗 0.1 md/L 苯甲酸-无水乙醇标准溶液的总体积，mL；m 为试样质量，g。

每个试样应分别进行两次测定。当游离氧化钙含量小于 2%时，两次结果的绝对误差应在 0.20%以内，如超出以上范围，必须进行第三次测定，所得测定结果与前两次或任一次测定结果的差值，符合上述规定时，则取其平均值作为测定结果。否则应查找原因，重新按上述规定方法进行测定。

在进行游离氧化钙测定的同时，必须进行空白实验，并对游离氧化钙的测定结果加以校正。

五、影响因素与注意事项

（1）实验所用容器必须干燥，试剂必须是无水的，保存期间应注意密封。

（2）分析游离氧化钙的试样必须充分磨细至全部通过 0.080 mm 筛，熟料中游离氧化钙除分布于中间体外，尚有部分游离氧化钙以矿物的包裹体形式存在，被包裹在矿物晶粒内部。若试样较粗，这部分游离氧化钙将难以与甘油反应，测定时间延长，测定结果准确度偏低。此外，煅烧温度较低的欠烧熟料，游离氧化钙含量较高，但却较易磨细。因此，制备试样时，应把试样全部磨细过筛并混匀，不能只取其中容易磨细的试样进行分析，而把难磨的试样抛去。

（3）甘油-无水乙醇溶液必须用 0.01 mol/L 的 NaOH 溶液中和至微红色（酚酞指示），使溶液呈弱碱性，以稳定甘油酸钙。若试剂存放一定时间，吸收了空气中的 CO_2 等使微红色褪去时，必须再用 NaOH 溶液中和至微红色。

（4）甘油与游离钙反应较慢，在甘油-无水乙醇溶液中加入适量的无水硝酸锶可起到催化作用。

（5）煮沸目的是加速反应，加热温度不宜太高，微沸即可，以防试液飞溅。若在锥形瓶中放入几粒沸石，可减少试液的飞溅。

（6）甘油吸水能力强，煮沸后要抓紧时间进行滴定，防止试剂吸水。煮沸尽可能充分，尽量减少滴定次数。

（7）在工厂的常规控制中，为简化计算，将试样称量固定（如每次称量 0.500 g），而每次配制的苯甲酸无水乙醇标准溶液对氧化钙滴定度 T_{caO} 是已知值。此时，游离氧化钙含量的计算公式便可简化为

$$W_{CaO} = \frac{T_{CaO}V}{1\,000m} \times 100\% = KV \tag{7-3-3}$$

式中，K 为常数。

在新鲜的水泥熟料中，石灰以氧化钙（CaO）状态存在，但在水泥中，部分 CaO 在粉磨过程或储存过程中吸收水汽变成氢氧化钙。用甘油-乙醇法测得的石灰塞，实际上是氧化钙与氢氧化钙的总量。

六、思考题

（1）用甘油-乙醇法所用的试样、试剂、器皿为什么要求无水？

（2）实验过程中，为什么要求加热，并且要求处于沸腾状态？

（3）什么是游离氧化钙？它是如何产生的？
（4）为什么过量的游离氧化钙会引起水泥安定性不良？
（5）游离氧化钙的测定原理是什么？
（6）当熟料游离氧化钙过高时，可能是什么环节有问题？如何解决？

实验四　水泥中三氧化硫含量测定

一、实验目的

（1）了解水泥中三氧化硫测定的目的和意义。

（2）掌握三氧化硫含量对水泥性能的影响。

（3）熟悉三氧化硫测定的原理。

二、实验原理

水泥熟料在粉磨过程中，必须加入适量的石膏起到缓凝的作用。在水泥制造时加入适量石膏可以调节凝结时间，还具有增强、减缩等作用。制造膨胀水泥时，石膏还是一种膨胀组分，赋予水泥以膨胀等性能。石膏与 C_3A 反应形成钙矾石包裹在 C_3A 表面，阻止了其快速水化和闪凝，反应式如下：

$$3CaO \cdot Al_2O_3 + 26H_2O + 3(CaSO_4 \cdot 2H_2O) \longrightarrow 3CaO \cdot Al_2O_3 \cdot 3CaSO_4 \cdot 32H_2O$$

钙矾石的形成吸收了大量结晶水，但如果水泥中含有过量的三氧化硫，水泥水化硬化后发生该反应，则在硬化的水泥体中形成针棒状的钙矾石晶体，造成水泥石的膨胀，引起水泥安定性不良。因此，在水泥生产过程中必须严格控制水泥中的三氧化硫含量。

测定水泥中三氧化硫含量的方法有多种，如硫酸钡质量法、磷酸溶液-氯化亚锡还原-碘量法以及离子交换法等。

1. 硫酸钡质量法的测定原理

用盐酸分解试样，使试样中不同形态的硫全部转变成可溶性的硫酸盐，以氯化钡作沉淀剂，使之生成硫酸钡沉淀。该沉淀的溶解度极小，化学性质非常稳定，经灼烧后称重，再计算得出三氧化硫的含量，反应式如下：

$$Ba^{2+} + SO_4^{2-} = BaSO_4\downarrow \text{（白色）}$$

2. 碘量法的测定原理

水泥中的硫主要以硫酸盐硫（石膏）存在，部分硫存在于硫化钙、硫化亚锰、硫化亚铁等硫化物中。用磷酸溶解水泥试样时，水泥中的硫化物与磷酸发生下列反应，生成磷酸盐和硫化氢气体。

$$3CaS+2H_3PO_4 = Cas(PO_4)_2+3H_2S\uparrow$$

$$3MnS+2H_3PO_4 = Mn_3(PO_4)_2+3H_2S\uparrow$$

$$3FeS+2H_3PO_4 = Fe_3(PO_4)_2+3H_2S\uparrow$$

在有还原剂并加热的条件下，用浓磷酸溶解试样时，不仅硫化物与磷酸发生上述反应，硫酸盐也将与磷酸反应，生成的硫酸与还原剂氯化亚锡发生氧化还原反应，放出硫化氢气体。

$$3CaSO_4+2H_3PO_4 = Ca_3(PO_4)_2+3H_2PO_4$$

$$3H_2SO_4+12SnCl_2 = 6SnCl_4+6SnO_2+3H_2S\uparrow$$

根据碘酸钾溶液（加有碘化钾）在酸性溶液中析出碘的性质，在 H_2S 的吸收液中加入过量的碘酸钾标准溶液，使在溶液酸化时析出碘，并与硫化氢作用，剩余的碘则用硫代硫酸钠回滴，其反应式如下：

$$IO_3^- + 5I^- + 6H^+ = 3I_2+3H_2O$$

$$H_2S+I_2 = 2HI+S$$

$$2Na_2S_2O_3+I_2 = 2NaI+Na_2S_4O_6$$

利用上述反应，先用磷酸处理试样，使水泥中的硫化物生成硫化氢溢出，然后用氯化亚锡-磷酸溶液处理试样，测定试样中的硫酸盐。

3. 离子交换法的测定原理

水泥中的三氧化硫主要来自石膏，在强酸性阳离子交换树脂 R-SO_3·H 的作用下，石膏在水中迅速溶解，离解成 Ca^{2+}和 SO_4^{2-} 迅速与树脂酸性基团的 H^+进行交换，析出 H^+，它与石膏离解所得 SO_4^{2-} 生成硫酸，直至石膏全部溶解，其离子交换反应式为

$$CaSO_4(s) \rightleftharpoons Ca^{2+} + SO_4^{2-} + 2(R\text{-}SO_3 \cdot H) \rightleftharpoons (R\text{-}SO_3)_2 \cdot Ca + 2H^+ + SO_4^{2-}$$

$$CaSO_4 + 2(R\text{-}SO_3 \cdot H) \rightleftharpoons (R\text{-}SO_3)_2 \cdot Ca + H_2SO_4$$

石膏与树脂发生离子交换的同时，水泥中的 C_3S 等矿物发生水解，生成氢氧化钙与硅酸：

$$3CaO \cdot SiO_2 + nH_2O \longrightarrow Ca(OH)_2 + SiO_2 \cdot mH_2O$$

所得 $Ca(OH)_2$ 一部分与树脂发生离子交换；另一部分与 H_2SO_4 作用，生成 $CaSO_4$，再与树脂交换，反应式为

$$Ca(OH)_2 + 2(R\text{-}SO_3 \cdot H) \rightleftharpoons (R\text{-}SO_3)_2 \cdot Ca + 2H_2O$$

$$Ca(OH)_2 + H_2SO_4 \rightleftharpoons CaSO_4 + 2H_2O$$

$$CaSO_4+2(R\text{-}SO_3 \cdot H) \rightleftharpoons (R\text{-}SO_3)_2 \cdot Ca + H_2SO_4$$

熟料矿物水解，当水解产物参与离子交换达到平衡时，并不影响石膏与树脂进行交换生成的 H_2SO_4 量，但使树脂消耗量增加，同时，溶液中硅酸含量的增加，使溶液 pH 值减少，用 NaOH 滴定滤液时，所用指示剂必须与进入溶液的硅酸量相适应。

当石膏全部溶解后，将树脂及残骸滤除，所得的滤液，由于 CaS 等矿物水解的影响，使其中尚含 $Ca(OH)_2$ 和 $CaSO_4$。为使存在于滤液中的 $Ca(OH)_2$ 中和，并使滤液中尚未转化的 $CaSO_4$ 全部转化成等当量的 H_2SO_4，必须在滤除树脂和残渣后的滤液中再加入树脂进行第二次交换，然后滤除树脂，用已知浓度的氢氧化钠标准溶液滴定生成的硫酸，根据消耗氢氧化钠标准溶液的体积（mL），计算试样中三氧化硫的百分含量：

$$2NaOH + H_2SO_4 = Na_2SO_4 + 2H_2O$$

在强酸性阳离子交换树脂中，若为含钠型树脂时，它提供交换的阳离子为 Na^+，与石膏交换的结果将生成 Na_2SO_4，使交换产物 H_2S 的量减少，由 NaOH 溶液滴定酸的 SO_3 含量偏低。强酸性阳离子交换树脂出厂时一般为钠型，所以在使用时需先用酸处理成氢型。用过的树脂

（主要是钙型），可用酸进行再生，使其重新转变成氢型以继续使用。

本实验主要使用硫酸钡质量法和离子交换法测试水泥中氧化钙的含量。

三、实验仪器及试剂

（1）电子天平、磁力搅拌器、高温箱式电阻炉、体积浓度为 1∶1 的盐酸溶液、质量浓度为 10%的氯化钡溶液、质量浓度为 10%的硝酸银溶液等。

（2）电子天平、磁力搅拌器、离子交换树脂、氢氧化钠标准溶液（0.05 mol/L）、1%的酚酞指示剂溶液、H 型 732 苯乙烯强酸性阳离子交换树脂（1×12）或类似性能的树脂等。

（3）其他：烧杯、量筒、快速定性滤纸、过滤漏斗、磁铁、玛瑙研钵等。

四、实验步骤

1. 硫酸钡质量法

（1）取具有代表性的均匀样品，采用四分法缩分至 100 g 左右，经 0.08 mm 筛，用磁铁吸去筛余物中的金属铁，将筛余物经过研磨后使其全部通过 0.08 mm 筛，将样品充分混匀后，装入带有磨口塞的瓶中并密封。

（2）称取约 0.5 g 试样，置于 200 mL 烧杯中，加入 30 ~ 40 mL 水使其分散，加 10 mL 盐酸（体积比为 1∶1），用平头玻璃棒压碎块状物，慢慢地加热溶液，直至水泥完全分解，将溶液加热微沸 5 min。用中速滤纸过滤，用热水洗涤数次，调整滤液体积至 200 mL，煮沸，在搅拌下滴加 10 mL 热的氯化钡溶液，继续煮沸数分钟，然后移至温热处静置 4 h 或过夜（此时溶液体积应保持 200 mL），用慢速滤纸过滤，温水洗涤，直至检验无氯离子为止。

（3）将沉淀及滤纸一并移入已灼烧恒重的瓷坩埚中，灰化后在 800 °C 的炉内灼烧 30 min 取出，坩埚置于干燥器中冷却至室温，称量，反复灼烧，直至恒重。试样中三氧化硫含量按下式计算：

$$SO_3(\%)=\frac{m_1\times 0.343}{m}\times 100\%$$

式中，m_1 为灼烧后沉淀的质量，g；m 为试样的质量，g；0.343 为硫酸钡对三氧化硫的换算系数。

同一试样应分别测定两次，两次结果的绝对误差应在 0.15%以内，如超出允许范围，应在短时间内进行第三次测定。若结果与前两次或任一次分析结果之差符合规定，则取平均值，否则，应查找原因，重新按上述规定进行分析。

2. 离子交换法

（1）水泥试样的制备：同硫酸钡质量法。

（2）交换树脂的处理：将 250 g 732 苯乙烯强酸性阳离子交换树脂（1×12）用 250 mL（95%）乙醇浸泡过夜。然后倾出乙醇，再用水浸泡 6 ~ 8 h。将树脂装入离子交换柱（直径约 5 cm，长约 70 cm）中，用 1 500 mL（3 mol/L）盐酸溶液以 5 mL/min 的流速进行淋洗，然后用蒸馏水逆洗交换柱中的树脂，直至流出液中无氯离子为止（用 1%硝酸银溶液校验）。将树脂倒出，用布氏漏斗抽滤，然后储存于广口瓶中备用。树脂在放置过程中将析出游离酸，会使测定结果偏高，故使用时应再用水清洗数次。

树脂的再次处理，将用过的带有水泥残渣的树脂放入烧杯中，用水冲洗数次以除去水泥残渣。将树脂浸泡在稀盐酸中，当积至一定数量后倾出其中夹带的残渣，再按钠型树脂转变为 H 型树脂的方法进行再生。

（3）准确称取 0.5 g 试样，置于 100 mL 烧杯中（预先放入 2 g 树脂、10 mL 热水及一根封闭的磁力搅拌棒）。摇动烧杯使试样分散，加入 40 mL 沸水，立即置于磁力搅拌器上搅拌 2 min。取下，以快速定性滤纸过滤。用热水洗涤树脂与残渣 2 ~ 3 次（每次洗涤用水不超过 15 mL）。滤液及洗液收集于预先放置 2 g 树脂及一根封闭的磁力搅拌棒的 150 mL 烧杯中。保存滤纸上的树脂，以备再生。

（4）将烧杯再置于磁力搅拌器上搅拌 3 min，取下，以快速定性滤纸将溶液过滤于 300 mL 烧杯中，用热水倾泻洗涤 4 ~ 5 次（尽量不把树脂倾出），保存树脂，供下次分析时第一次交换用。

（5）向溶液中加入 7 ~ 8 滴酚酞指示剂溶液，用 0.05 mol/L 氢氧化钠标准溶液滴定至微红色。

三氧化硫的百分含量按下式计算：

$$SO_3(\%)=\frac{T_{SO_3}V}{m\times 1\,000}\times 100\% \tag{7-4-1}$$

式中，T_{SO_3} 为每毫升氢氧化钠标准溶液相当于三氧化硫的质量，mg/mL；V 为滴定时消耗的氢氧化钠标准溶液的体积，mL；m 为试样的质量，g。

数据处理方法同硫酸钡质量法。

五、注意事项

（1）为了减少共存离子的干扰，沉淀应在稀溶液中及加热煮沸的条件下进行过滤，加入氯化钡溶液后，应煮沸 3 ~ 5 min，并在温热处静置 4 h 或过夜。

（2）在灼烧前应将滤纸充分灰化，若有未燃尽的碳粒存在，将沉淀直接置于高温下灼烧时，可能会有部分硫酸钡被还原成硫化钡，使测定结果偏低。

$$BaSO_4 + 2C \rightleftharpoons BaS + 2CO_2\uparrow$$

（3）为了避免 C_3S 和 C_2S 大量水化，第一次交换时溶液体积不应过大，以 50 mL 为宜。

（4）树脂用量必须严加控制，因为树脂过少时，交换不完全；而树脂过多时，则大大加速 C_3S 和 C_2S 的水化作用，故树脂量以 10 g 为宜。

（5）第一次交换后，过滤洗涤 3 ~ 4 次足够，次数不宜太多，以防止 C_3S 和 C_2S 水化。

（6）当水泥中掺入的是钡石膏或混合石膏时，由于某些硬石膏溶解慢，而离子交换时间较短，以致石膏不能完全提取到溶液中去，使滴定结果偏低；可适当延长搅拌时间，也可适当增加树脂的用量并将试样研磨得更细一些。

（7）若水泥采用氟石膏、盐田石膏或磷石膏作缓凝剂，由于 F^-、Cl^-、PO_4^{3-} 等离子将与 NaOH 反应，会使滴定结果偏高，这时宜采用离子交换分离-EDTA（乙二胺四乙酸）返滴定法或硫酸盐返滴定法。

（8）由于上述各种测定方法的测试原理不同，因而它们的适应性也不同。硫酸铁质量法测量水泥中三氧化硫含量准确、测量范围宽、适应性强；但费时长，不宜作为生产控制例行的分析方法。

六、思考题

（1）用质量法测定水泥中的 SO_3 含量时，为什么要加热和陈化处理？

（2）用质量法测定水泥中的 SO_3 含量时，为什么要将溶液酸度定为 0.2 ~ 0.4 mol/L？

（3）用静态离子交换法测定水泥中的 SO_3 含量时，为什么要在滤除残渣所得的滤液中第二次加入树脂进行交换？

（4）为什么本法不适于含 F^-、Cl^-、PO_4^{3-} 等工业副产品石膏及氟铝酸盐矿物的水泥中 SO_3 含量的测定？

实验五　石灰中二氧化碳含量测定

一、实验目的

（1）了解石灰中二氧化碳测定的目的和意义。

（2）掌握二氧化碳含量对水泥性能的影响。

（3）掌握二氧化碳测定的方法。

二、实验原理

生石灰或生石灰粉中 CO_2 含量指标是为了控制石灰石在煅烧时“欠火”造成产品中未分解完全的碳酸盐增多。CO_2 含量越高，即表示未分解完全的碳酸盐含量越高，则（CaO+MgO）含量相对降低，导致影响石灰的胶结性能。

目前测定矿物中 CO_2 含量较为先进的分析方法为红外碳硫仪器法，化学分析法有气体容量法、酸碱滴定、非水溶液滴定、重量法等几种方法。其中，重量法简单、快速、成本低，是常用于检测矿物中 CO_2 含量的方法。其原理是碳酸盐高温煅烧分解为金属氧化物和 CO_2。化学反应式为

$$MCO_3 = MO + CO_2$$

三、主要仪器

电子天平、高温炉、瓷坩埚、干燥器等。

四、实验步骤

（1）先将坩埚在高温炉中烧至恒重，称取石灰试样 1 g 置于坩埚内，在高温电炉中于 600 °C 灼烧去结合水，然后再将上述试样在 950 ~ 1 000 °C 高温炉中灼烧 1 h，取出稍冷，放在干燥器中冷却至室温称量，如此反复至恒重。

（2）测定结果，按下式计算 CO_2 含量：

$$X_{CO_2} = \frac{m_1 - m_2}{m} \times 100\%$$

式中，X_{CO_2} 为 CO_2 含量，%；m_1 为在（580±20）°C 灼烧后试样的质量，g；m_2 为在 950 ~ 1 000 °C 灼烧后试样的质量，g；m 为石灰试样的质量，g。

五、注意事项

（1）注意坩埚的烧损情况，避免坩埚烧损带来的误差。

（2）样品保存在干燥器中，以减少吸潮对分析的影响。

六、思考题

（1）二氧化碳含量对石灰的哪些性能有影响？

（2）测定石灰中二氧化碳含量的方法还有哪些？其优缺点是什么？

实验六　石灰中氧化镁含量测定

一、实验目的

（1）熟悉石灰中氧化镁含量的测定原理。
（2）掌握石灰中氧化镁含量的测定方法。
（3）掌握游离氧化钙对水泥熟料性能的影响。
（4）熟悉游离氧化钙产生的原因及解决办法。

二、实验原理

石灰中产生胶结性能的成分是有效氧化钙和氧化镁，其含量是评价石灰质量的主要指标（见表 7-6-1）。石灰中的有效氧化钙和氧化镁的含量可以直接测定，也可以通过氧化钙与氧化镁的总量和二氧化碳的含量反映。生石灰有未消化残渣含量的要求；生石灰粉有细度的要求；消石灰粉则还有体积安定性、细度和游离水含量的要求。

表 7-6-1　建筑生石灰、建筑生石灰粉和建筑消石灰粉分级标准

品种	项　目	钙　质			镁　质		
		优等品	一等品	合格品	优等品	等品	合格品
建筑生石灰	CaO+MgO（不小于）/%	90	85	80	85	80	75
	未消化残渣量（5 mm 圆孔筛筛余，不大于）/%	5	10	15	5	10	15
	CO_2 含量（不大于）/%	5	7	9	6	8	10
	产浆量（不小于）/（L/kg）	2.8	2.3	2.0	2.8	2.3	2.0
建筑生石灰粉	CaO+MgO（不小于）/%	85	80	75	80	75	70
	CO_2 含量（不大于）/%	7	9	11	8	10	12
	0.90 mm 筛筛余（不大于）/%	0.2	0.5	1.5	0.2	0.5	1.5
	0.125 mm 筛筛余（不大于）/%	7.0	12.0	18.0	7.0	12.0	18.0
建筑消石灰粉	CaO+MgO（不小于）/%	70	65	60	65	60	55
	游离水/%	0.4～2	0.4～2	0.4～2	0.4～2	0.4～2	0.4～2
	体积安定性	合格	合格	合格	合格	合格	合格
	0.90 mm 筛筛余（不大于）/%	0	0	0.5	0	0	0.5
	0.125 mm 筛筛余（不大于）/%	3	10	15	3	10	15

氧化镁含量是石灰中氧化镁占石灰试样的质量百分数。因为测定有效氧化镁含量很困难，因而现行方法是测定氧化镁的总量。氧化镁测定通常采用络合滴定法测定。该法是将石灰试样在水中用盐酸酸化，使石灰中的氧化钙（CaO）、氧化镁（MgO）、三氧化二铁（Fe_2O_3）和

三氧化二铝（Al_2O_3）离解为 Ca^{2+}、Mg^{2+}、Fe^{3+}和 Al^{3+}离子。然后用络合滴定法进行测定。测定方法与水硬度测定方法相似。即用缓冲溶液将盐酸酸化溶液调节到 pH=10，以铬黑 T 作为指示剂，用 EDTA 标准溶液直接滴定溶液中的 Ca^{2+}和 Mg^{2+}，直至紫红色变蓝绿色为终点，但为避免其他金属离子的干扰，需加入一定量的掩蔽剂。Fe^{3+}、Al^{3+}、Ti^{4+}和 Mn^{4+}用三乙醇胺和酒石酸钾钠进行掩蔽。然后另取一份试样，用缓冲溶液将 pH 调到 12，使溶液中 Mg^{2+}形成 $Mg(OH)_2$沉淀，然后加入指示剂用 EDTA 滴定其中的钙离子，至酒红色变为纯蓝色即为终点。由滴定所用的 EDTA 的体积即可算出水样中钙离子的含量，从而求出 Ca^{2+}浓度。Ca^{2+}和 Mg^{2+}总浓度减去 Ca^{2+}浓度即可得到 Mg^{2+}浓度。

三、实验仪器及试剂

电子天平、烧杯、移液管、滴定管等；EDTA 标准滴定溶液（0.015 mol/L）、盐酸（1∶10）、酒石酸钾钠溶液（100 g/L）、三乙醇胺（1∶2）、铵-氯化铵缓冲溶液（pH=10）、铬黑 T、氢氧化钠溶液（200 g/L）和钙指示剂。

四、实验步骤

（1）准确称取约 0.5 g 石灰试样于 250 mL 烧杯中，加少量水润湿，加入 30 mL 盐酸（1∶10），用表面皿盖住烧杯，于电炉上加热近沸，并保持微沸 8 ~ 10 min。用水冲洗表面皿，冷却后把烧杯内的沉淀及溶液移入 250 mL 容量瓶中，加水至刻度摇匀。

（2）待溶液沉淀后，用移液管吸取 25 mL 试样溶液，放入 400 mL 烧杯中，用水稀释至 200 mL，加入 1 mL 的酒石酸钾钠溶液（100 g/L）、5 mL 三乙醇胺（1∶2）搅拌，然后加入 25 mL 铵-氯化铵缓冲溶液（pH10）及铬黑 T 指示剂，用 EDTA 标准滴定溶液（0.015 mol/L）滴定至溶液由紫红色变蓝绿色为终点（近终点时应缓慢滴定）。记下 EDTA 标准滴定溶液耗用的体积 V_1，此为滴定钙、镁含量。

（3）再从同一容量瓶中用移液管吸取 25 mL 试样溶液，放入 400 mL 烧杯中，用水稀释至 200 mL，加入 5 mL 三乙醇胺（1∶2）、5 mL 氢氧化钠溶液（200 g/L）及适量的钙指示剂，用 EDTA 标准滴定溶液（0.015 mol/L）滴定至溶液由酒红色变为纯蓝色，记下 EDTA 标准滴定溶液耗用的体积 V_2，此为滴定钙的含量。

五、测定结果计算

氧化镁的含量按下式计算：

$$X_{\mathrm{MgO}}=\frac{T_{\mathrm{MgO}}(V_1-V_2)\times 10}{m\times 1\,000}\times 100\% \quad （7\text{-}6\text{-}1）$$

式中，T_{MgO}为每毫升 EDTA 标准滴定溶液相当于氧化镁的质量，mg/mL；V_1为滴定钙、镁含量时消耗 EDTA 标准滴定溶液的体积，mL；V_2为滴定钙时消耗 EDTA 标准滴定溶液的体积，mL；10 为全部试样溶液与所分取试样溶液的体积比；m 为试样的质量，g。

六、注意事项

（1）配合反应进行的速度较慢，故滴定时加入 EDTA 的速度不能太快，室温低时尤为注意。特别是接近终点时，应该逐滴加入，并充分摇匀。

（2）因为铬黑 T 与金属配合形成红色配合物以指示终点。铬黑 T 在 PH 小于 6.3 或大于 11.55 时分别呈紫红色和橙色，只有在 pH 约为 10 时主要以蓝色形式存在，故在测定时溶液的 pH 值应该控制在 10，且指示剂用量不能太多，否则会影响终点的判断。

（3）缓冲溶液调节溶液 pH 是本实验的关键，因此实验过程中需准确调节溶液的 pH。

七、思考题

（1）钙镁离子测定时，溶液中都发生了哪些反应？

（2）为什么钙指示剂在 pH=12 ~ 13 的条件下指示终点？

（3）如何减少钙离子测定过程中的返红现象？

（4）滴定为什么要在缓冲液中进行？如果没有缓冲液，会导致什么现象？

（5）用 EDTA 法测定钙镁离子时，哪些离子的存在有干扰？如何消释？

实验七 石膏结晶水和附着水含量测定

一、实验目的

（1）熟悉结晶水和附着水对石膏性能影响的原因。

（2）了解石膏中结晶水和附着水存在的形式。

（3）掌握石膏中结晶水和附着水的测定方法。

二、实验原理

石膏含水率是影响石膏强度的重要因素，一般认为建筑石膏在含水率>0.5%时，强度会下降至干强度的 60% ~ 70%，所以只强调含水率大于或等于 0.5%时强度下降。测定石膏含水率与强度的关系发现，含水率为 0.1%时，强度下降 20%；含水率为 0.3%时，强度下降 40% ~ 50%；含水率为 1%时，强度下降 60%左右；含水率>5%后，强度基本稳定。

石膏的水分检测主要是检测附着水（或称自由水、游离水）和结晶水，结晶水以中性分子 H_2O 形式存在并参与材料的晶体结构，有固定的配位位置和数量比，如石膏有半水石膏（$CaSO_4 \cdot 1/2H_2O$）和二水石膏（$CaSO_4 \cdot 2H_2O$）。多数结晶水释放温度是在 200 ~ 500 °C。石膏结晶水一般在 230 °C 释放，因此本实验采用在该温度加热测定石膏样品的结晶水含量。结晶水脱除后原有的晶体结构即被破坏。从化学组成方面看，并没有发生本质变化，化学性质也无太大改变，但物理性质将有很大变化。附着水由于粉体粒径小，比表面积较大，比表面能也高，在范德华力和静电力的作用下很容易吸附中性水分子，在粉体表面形成一层吸附水膜，另外，许多细小的初级粒子因表面能作用而凝聚在一起，初级粒子间的间隙形成毛细管，在水面张力作用下，由于毛细管凝聚而增加吸附水量。粉体吸附水量不定，除随外界温度、湿度变化而变化外，还与粉体粒径及其表面性质有关，粒径越细，粉体表面极性越大，对水的吸附量也就越大。附着水脱出和吸附是可逆的。将已干燥好的样品放在空气中又会重新吸附空气中的水分。在称量干燥样品时发现称量过程中样品质量会渐渐增加，特别是对一些吸湿能力很强的样品更明显，所以干燥好的待称量样品必须放在干燥器中且称量速度尽可能地快。石膏附着水一般在 105 °C 就会全部去除，但由于石膏结晶水在 120 °C 就开始释放，所以一般在 45 ℃ 测试石膏的附着水含量。

从应用角度来说，附着水分含量过大，会给储存及运输造成极大不便，同时这样大的含水量还会给应用水泥缓凝剂、石膏建材等造成极大不便，使用时必须进行二次处理。脱硫建筑石膏的各种性能与其内部半水石膏、可溶性无水石膏和残存二水石膏三相的比例有关，如凝结时间，在很大程度上受脱硫石膏中残存二水石膏含量的影响。不管是结晶水还是附着水，对于石膏行业都是有必要检测的。

三、实验仪器及试剂

烘箱或高温炉：温度能控制在（230±5）°C；电子天平；带盖称量瓶或配有盖子抗热振性

好的坩埚；干燥器：盛有硅胶；0.2 mm 孔径方孔筛。

四、实验步骤

（1）称取 100 g 石膏，充分混匀，全部通过孔径为 0.2 mm 的方孔筛。

（2）放在一个封闭的容器中，铺成最大厚度为 10 mm 的均匀层，静置 18 ~ 24 h，容器中的温度为（20±2）°C，相对湿度为 65%±5%。

（3）试样在 45 °C 的烘箱内加热 1 h，取出，放入干燥器中冷至室温，称量。

（4）如此反复加热、冷却、称量，直至恒重 m_1（有效烘干时间相隔 1 h 的两次连续称重之差不超过 0.2 g 时，即可认为恒重）。每次称重之前在干燥器中冷却至室温，并保存在密封的瓶子中。

（5）准确称取上述干燥试样 2 g，放入已干燥至恒重的带有磨口塞的称量瓶中。

（6）在（230±5）°C 的烘箱或高温炉内加热 45 min（加热过程中称量瓶应敞开盖）。

（7）用坩埚钳将称量瓶取出，盖上磨口塞（但不应盖得太紧），放入干燥器中于室温下冷却 15 min，将磨口塞紧密盖好，称量。

（8）再将称量瓶敞开盖放入烘箱内于同样的温度下加热 30 min，取出，放入干燥器中于室温下冷却 15 min。

（9）如此反复加热、冷却、称量，直至恒重 m_2。

（10）再重复测定一次。

五、测定结果计算

附着水的质量百分数按下式计算：

$$W_{附着水} = \frac{100 - m_1}{100} \times 100\% \tag{7-7-1}$$

结晶水的质量百分数按下式计算：

$$W_{结晶水} = \frac{2 - m_2}{2} \times 100\% \tag{7-7-2}$$

两次测定结果之差不应大于 0.15%。

六、注意事项

（1）石膏附着水和结晶水的测定与温度密切相关，应正确控制加热条件。

（2）附着水、结晶水的测定与石膏保存和外界湿度相关，所以注意保存的环境。

（3）容量瓶一定要先在相同的条件下加热至恒重。

七、思考题

（1）含水率影响石膏的什么性能？

（2）石膏中结晶水和附着水存在的形式及测定方法是什么？

实验八　玻璃配合料中碳酸钠成分分析

一、实验目的

（1）掌握玻璃原料中水分的测定方法。

（2）了解原料水分的质量控制方法。

（3）掌握配合料中 Na_2CO_3 的化学分析方法。

二、实验原理

制造普通玻璃的原料是纯碱、石灰石和石英。普通玻璃化学氧化物的组成为 $Na_2O \cdot CaO \cdot 6SiO_2$，主要成分是二氧化硅。生产时，把原料粉碎，按适当的比例混合后，放入玻璃窑中加强热。原料熔融后发生了较复杂的物理变化和化学变化，其中主要反应如下：

$$Na_2CO_3+SiO_2 \longrightarrow Na_2SiO_3+CO_2\uparrow$$

$$CaCO_3+SiO_2 \longrightarrow CaSiO_3+CO_2\uparrow$$

在制造玻璃的过程中，如果加入某些金属氧化物，还可以制成有色玻璃。例如，加入 Co_2O_3（氧化钴）后的玻璃呈蓝色，加入 Cu_2O 后的玻璃呈红色。我们看到的普通玻璃，一般都呈淡绿色，这是因为原料中混有二价铁的缘故。

玻璃原料中水分主要是附着水，一般在 120 °C 就会全部去除。因此，玻璃原料中水分含量用加热法测定。配合料中 Na_2CO_3 含量的测定使用盐酸滴定法，反应方程式为

$$Na_2CO_3+2HCl \longrightarrow 2NaCl+CO_2\uparrow+H_2O$$

三、实验仪器及试剂

电子天平、0.5 mol/L 盐酸标准滴定溶液、1 g/L 甲基橙指示剂、三角瓶、酸式滴定管、称量瓶等。

四、实验步骤

1. 附着水分的测定

（1）称取试样 2 g，置于已烘至恒重的称量瓶中，去盖，于 105～110 °C 的烘箱中干燥约 2 h，由干燥箱中取出，加盖，置于干燥器中冷却 20 min，称量。如此反复干燥，直至恒重 m_1。

（2）结果计算。

水分百分含量按下式计算：

$$W=\frac{2-m_1}{2}\times 100\% \qquad (7\text{-}8\text{-}1)$$

2. 碳酸钠含量的测定

（1）减量法精确称取试样 1 g，放入 300 mL 三角瓶中，用已煮沸除尽二氧化碳的热水 50 mL 溶解，冷至室温，加入甲基橙 2 滴，用 0.5 mol/L 盐酸标准滴定溶液滴定至溶液刚成微红色为终点。

（2）结果计算。

碳酸钠含量按下式计算：

$$W_{Na_2CO_3}=\frac{V\times C\times m_{Na_2CO_3}}{1\times 1\,000}\times 100\%$$

式中，V 为盐酸标准溶液消耗的体积，mL；C 为盐酸标准溶液浓度。

五、注意事项

（1）配合料要放置在干燥容器中，防止吸湿变为 $NaHCO_3$。

（2）实验用水一定要除尽二氧化碳，防止 Na_2CO_3 吸收 CO_2 变为 $NaHCO_3$。

六、思考题

（1）为什么玻璃原料测定水分时要反复烘干、称重直至恒重？

（2）是否需将残留在滴定管尖嘴内的液体挤入三角瓶中，为什么？

（3）如果溶液中含有 $NaHCO_3$，如何排除 $NaHCO_3$ 的干扰？

第八章 物理性能的测试与表征

无机非金属材料的物理性能包括密度、吸水率、孔隙率、粒度、粒径分布、白度、光泽度、透光度、表面张力等性质。本章介绍了物理性能的测试方法，通过这部分实验让学生掌握材料的物理性能的测试方法及相关测试仪器的使用，并能够初步分析材料相关物理性能与制品理化性能之间的关系。

实验一　密度、吸水率及气孔率测试

一、实验目的

（1）掌握显气孔率、闭口气孔率、真气孔率、吸水率、体积密度的测定原理和测定方法。

（2）熟悉体积密度与真密度的不同物理概念。

（3）了解气孔率、吸水率和体积密度与陶瓷制品理化性能的关系。

二、实验原理

材料的密度是材料最基本的属性之一，是进行其他许多物理性能测试如颗粒粒径测试的基础数据。材料的吸水率、气孔率是材料结构特征的标志，对材料的性能和质量有重要的影响。在材料研究中，吸水率、气孔率的测定是对制品质量进行检定的最常用的方法之一。

材料的密度可分为真密度、体积密度、表观密度、堆积密度。

1. 真密度

真密度是指材料在绝对密实状态下单位体积的质量，即去除内部孔隙或者颗粒间的空隙后的密度，按下式计算：

$$\rho_t = \frac{m}{V} \tag{8-1-1}$$

式中，ρ_t 为材料的密度，g/cm^3；m 为材料的质量（干燥至恒重），g；V 为材料在绝对密实状态下的体积，cm^3。如果进行充分细粉碎，真密度的测定可采用浸液法和气体容积法进行测定。

浸液法是将粉末浸入易于润湿颗粒表面的浸液中，测定其所排除液体的体积。此法必须真空脱气以完全排除气泡。真空脱气操作有加热法（煮沸）和减压法，或两法同时并用。浸液法有比重瓶法和悬吊法。浸液的条件如下：① 不溶解试样；② 容易润湿试样的颗粒表面，因而，一般可以用有机溶剂类；③ 沸点为 100 °C 以上，在低蒸气压、高真空度下脱气时要减少发泡所引起的粉末飞散和浸液损失。对无机粉体来讲，符合上述条件的浸液可以采用二甲苯和煤油等。其中，比重瓶法具有仪器简单、操作方便、结果可靠等优点。

气体容积法是以气体取代液体测定所排出的体积。此法排除了浸液法对试样溶解的可能性，具有不损坏试样的优点。但测定时受温度的影响，需注意漏气问题。气体容积法分为定容积法与不定容积法。定容积法：对预先给定的一定容积进行压缩或膨胀，测定其压力变化。然后求密闭容器的体积，可从装入试样时与不装试样时之差，求得试样的体积。由于只用流体压力计测定压力，所以很简单，但不易使水银面正确地对齐标线。不定容积法：为了省去对齐标线的麻烦，把水银储存球位置固定在上、下两处。因为压缩或膨胀的体积并不恒定，所以读取流体压力计读数时，同时也测定粉体真密度。基于阿基米德原理（浸于液体中的试样所受到的浮力等于该试样排开的液体的质量），将待测粉末浸入对其润湿而不溶解的浸液中，抽真空除气泡，求出粉末试样从已知容量的容器中排出已知密度的液体，就可计算粉末的真密度。计算公式如下：

$$\rho_t = \frac{m_s - m_0}{(m_1 - m_0) - (m_{s1} - m_s)} \rho_l$$

式中，m_0 为比重瓶的质量，g；m_s 为比重瓶和试样的质量，g；m_{s1} 为比重瓶、试样和液体的质量，g；m_1 为比重瓶和液体的质量，g；ρ_l 为实验温度下浸液密度，g/cm^3；ρ_t 为试样真密度，g/cm^3。

除了钢铁、玻璃等少数材料外，绝大多数材料内部都有一些孔隙。在测定有孔隙材料（如砖、石等）的密度时，应把材料磨成细粉，材料磨得越细，测得的密实体积数值就越精确。另外，工程上还经常用到比重的概念，比重又称相对密度，是用材料的质量与同体积水（4 °C）的质量的比值表示，无量纲，其值与材料密度相同（g/cm^3）。

2. 体积密度

体积密度是指干燥制品的质量与其总体积之比（包括材料实际体积和全部开口、闭口气孔所占体积），即制品单位体积（表观体积）的质量，单位用 g/cm^3 来表示。此单位体积包含材料的实体体积和空隙体积，所以体积密度的大小取决于真密度和气孔率，其数值低于真密度。对于规则几何形状的块状多孔材料，可以直接测量其外形几何尺寸，求出其体积，再称其干燥质量而求出体积密度，单位与密度相同。对于不规则几何形状的多孔固体，也可采用排液法测其体积，但要求所有液体不能渗透进材料内部的孔隙。常用方法是将一些有机合成膜物质涂覆被测试样表面，封闭其开口孔隙。但如花岗石、大理石等粗略看似乎质地紧密，但实际内部含有很多孔隙，这类材料表面亲水性很强，浸泡一定时间后水可以进入石材内部置换出内部空气并完全充满其内部孔隙，此时，也可以采用浸液法测其体积密度。

$$\rho_b = \frac{m_1}{m_3 - m_2} \rho_l$$

式中，m_1 为干燥试样的质量，g；m_2 为饱和试样的表观质量，g；m_3 为饱和试样在空气中的质量，g；ρ_l 为实验温度下浸液的密度，g/cm^3；ρ_b 为试样体积密度，g/cm^3。

体积密度也是表征制品致密程度的主要指标，密度较高时，可减少外部浸入介质（液相或气相）对制品作用的总面积。体积密度直观地反映出制品的致密程度。对耐火材料来说，密度较高时可以提高其使用寿命，所以致密化是提高耐火材料质量的重要途径。

3. 表观密度

表观密度表示单位体积（包括材料实际体积和闭口气孔所占体积）物质颗粒的干质量，也称视密度。

4. 堆积密度

堆积密度是指一定粒级的颗粒的单位体积堆积体的质量。此单位体积堆积体内包括颗粒实体的体积、颗粒内气孔与颗粒间空隙的体积。粉体质量除以此体积，所得的值即为堆积密度。

陶瓷制品或多或少含有大小不同、形状不一的气孔。浸渍时能被液体填充的气孔或与大气相通的气孔称为开口气孔；浸渍时不能被液体填充的气孔或不与大气相通的气孔称为闭口气孔。陶瓷体中所有开口气孔的体积与其总体积之比值称为显气孔率或开口气孔率；陶瓷体中所有闭口气孔的体积与其总体积之比值称为闭口气孔率。陶瓷体中固体材料，开口气孔及闭口气孔的体积总和称为总体积。陶瓷体中所有开口气孔所吸收的水的质量与干燥材料的质量之比值称为吸水率。陶瓷体中所有开口气孔和闭口气孔的体积与其总体积之比值称为真气孔率。

由于真气孔率的测定比较复杂，一般只测定显气孔率，在生产中通常用吸水率来反映陶瓷产品的显气孔率。测定陶瓷原料与坯体烧成后的气孔率与吸水率，可以确定其烧结温度与烧结范围，从而制定烧成曲线。陶瓷材料的机械强度、化学稳定性和热稳定性等与其气孔率有密切关系。要使陶瓷制品的气孔率等于零也许是非常困难，甚至是不可能的。但是从配料与工艺上可以采取措施提高陶瓷制品的致密度，从而使气孔率降到最低限度。陶瓷的气孔率和吸水率通常也采用浸液法进行测定。

用浸液法测定时，真气孔率 P_t、显气孔率 P_a、闭口气孔率 P_0 和吸水率可分别表述如下：

$$\text{真气孔率：}\ P_t = \frac{\rho_t - \rho_b}{\rho_t} \times 100\%$$

$$\text{显气孔率：}\ P_a = \frac{m_3 - m_1}{m_3 - m_2} \times 100\%$$

$$\text{闭口气孔率：}\ P_0 = P_t - P_a$$

$$\text{吸水率：}\ W_a = \frac{m_3 - m_1}{m_1} \times 100\%$$

式中，m_1 为干燥试样的质量，g；m_2 为饱和试样的表观质量，g；m_3 为饱和试样在空气中的质量，g；ρ_t 为材料的真密度，g/cm^3；ρ_b 为材料的体积密度，g/cm^3。

材料的气孔结构与原料的种类、粒度分布、黏结剂的品种、配用量以及制造过程的各种条件有密切关系，即使制品的气孔率相同，气孔的大小和不同孔径的气孔多少也会有很大差距，导致制品或半成品的性能有明显差别，所以材料织构还必须用孔径分布来表示。

三、实验仪器

液体静力天平（见图 8-1-1）、普通天平（感量 0.01 g）、烘箱、抽真空装置（见图 8-1-2）、带有溢流管的烧杯、煮沸用器皿、毛刷、镊子、吊篮、小毛巾、三脚架。

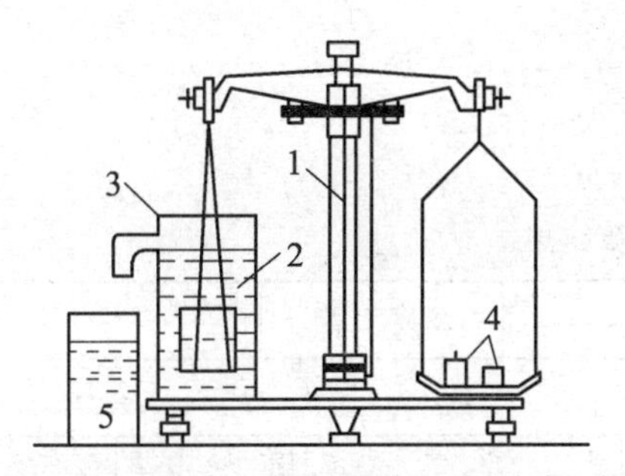

1—天平；2—试样；3—有溢流孔的金属（玻璃）容器；
4—砝码；5—接溢流出液体的容器。

图 8-1-1　液体静力天平

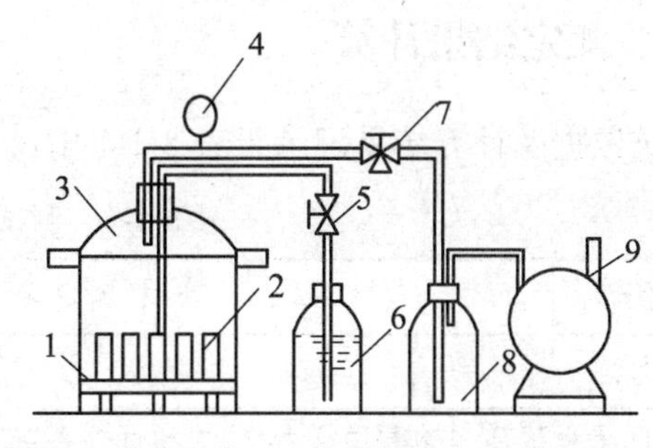

1—载物架；2—块状试样；3—真空干燥器；4—真空计；5—旋塞阀；
6—冲液瓶；7—三通旋塞阀；8—缓冲瓶；9—真空泵。

图 8-1-2　抽真空装置

四、实验步骤

（1）浸液法测定块体试样的体积密度、气孔率、吸水率。

① 刷净试样表面灰尘，放入电热烘箱中于 105 ~ 110 °C 下烘干 2 h 或在允许的更高温度下烘干至恒重，并于干燥器中自然冷却至室温。称量试样的质量 m_1，精确至 0.01 g。试样干燥至最后两次称量之差不大于前一次的 0.1%即为恒重。

② 试样浸渍：把试样放入容器内，并置于抽真空装置中，抽真空至其剩余压力小于 20 mmHg（2 666.44 Pa）。试样在此真空度下保持 5 min，然后在 5 min 内缓慢地注入供试样吸收的液体（工业用水或工业纯有机液体），直至试样完全淹没。再保持抽真空 5 min，停止抽气，将容器取出在空气中静置 30 min，使试样充分饱和。

③ 饱和试样表观质量测定：将饱和试样迅速移至带溢流管容器的浸液中，当浸液完全淹没试样后，将试样吊在天平的挂钩上称量，得饱和试样的表观质量 m_2，精确至 0. 01 g。表观质量（apparent mass）是指饱和试样的质量减去被排除液体的质量，即相当于饱和试样悬挂在液体中的质量。

④ 饱和试样质量测定：从浸液中取出试样，用饱和了液体的毛巾小心地擦去试样表面多余的液滴（但不能把气孔中的液体吸出）。迅速称量饱和试样在空气中的质量 m_3，精确至 0.01 g。

⑤ 浸渍液体密度测试：测定在实验温度下所用的浸渍液体的密度，可采用液体静力称量法、液体比重天平法、液体比重计法，精确至 0.001 g/cm^3。

（2）煮沸法测定吸水率。

取样方法同上，按如下方法测定：

① 将恒重的试样竖放在盛有蒸馏水的煮沸容器内，试样互不接触，保持液面高出试样 50 mm。

② 煮沸和浸泡方法如下：

a. 卫生陶瓷、陶瓷砖在加热蒸馏水至沸腾后保持 2 h，然后停止加热。卫生陶瓷在原蒸馏水中浸泡 20 h；陶瓷砖在原蒸馏水中浸泡 4 h。

b. 建筑琉璃制品在蒸馏水中浸泡 24 h 后在原蒸馏水中煮沸 3 h。

③ 取出试样后用拧干的湿毛巾擦去试样表面的附着水，然后分别称量每块试样的质量。

五、测定结果计算

测试数据及计算结果记录于表 8-1-1 中。

表 8-1-1　测试数据及计算结果

试样名称			测定者			测定日期		
试样处理								
试样编号	干燥试样质量 m_1	饱和试样表观质量 m_2	饱和试样在空气中的质量 m_3	吸水率/%	显气孔率/%	真气孔率/%	闭口气孔率/%	体积密度/（g/cm^3）

实验误差要求如下：

同一实验室、同一实验方法、同一块试样的复验误差不允许超过：显气孔率，0.5%；吸水率，0.3%；体积密度，0.02 g/cm^3；真气孔率，0.5%。

不同实验室、同一实验方法、同一块试样的复验误差不允许超过：显气孔率，1.0%；吸水率，0.6%；体积密度，0.04 g/cm^3；真气孔率，1.0%。

六、注意事项

（1）制备试样时一定要检查试样有无裂纹等缺陷。

（2）称取饱吸液体试样在空气中的质量时，用毛巾抹去表面液体，操作必须前后一致。

（3）要经常检查天平零点以保证称重的准确性。

七、思考题

（1）真密度、体积密度、真气孔率、显气孔率、闭口气孔率和吸水率的含义是什么？

（2）影响材料气孔率的因素是什么？

（3）烧成质量与吸水率、气孔率的关系是什么？

（4）测定真密度的意义是什么？

（5）比重瓶法测定真密度的原理是什么？

实验二　BET 吸附法测定粉体比表面积

一、实验目的

（1）了解 BET 吸附理论（Brunner、Emmett、Teller 三人提出的理论）及其公式的应用。

（2）掌握 ST-08 比表面积测定仪的工作原理及测定方法。

（3）正确分析实验结果的合理性。

二、实验原理

1. BET 吸附理论

固体与气体接触时，气体分子碰撞固体并可在固体表面停留一定的时间，这种现象称为吸附。吸附过程按作用力的性质可分为物理吸附和化学吸附。化学吸附时吸附剂（固体）与吸附质（气体）之间发生电子转移，而物理吸附时不发生这种电子转移。

BET 吸附法的理论基础是多分子层的吸附理论。其基本假设是：在物理吸附中，吸附质与吸附剂之间的作用力是范德华力，而吸附质分子之间的作用力也是范德华力。所以，当气相中的吸附质分子被吸附在多孔固体表面之后，它们还可能从气相中吸附其他同类分子，所以吸附是多层的；吸附平衡是动态平衡，第二层及以后各层分子的吸附热等于气体的液化热。根据此假设推导的 BET 方程式如下：

$$\frac{P}{V(P_0-P)}=\frac{1}{V_m C}+\frac{C-1}{V_m C}\times\frac{P}{P_0} \tag{8-2-1}$$

式中，P 为吸附平衡时吸附质气体的压力；P_0 为吸附平衡温度下吸附质的饱和蒸气压；V 为平衡时固体样品的吸附量（标准状态下）；V_m 为以单分子层覆盖固体表面所需的气体量（标准状态下）；C 为与温度、吸附热和催化热有关的常数。

通过实验可测得一系列的 P 和 V，根据 BET 方程求得 V_m，则吸附剂的比表面积 S 可用下式计算：

$$S=n_\lambda\delta=\frac{V_m N_A \delta}{22\,400W} \tag{8-2-2}$$

式中，n_λ 为以单分子层覆盖 1 g 固体表面所需吸附质的分子数；δ 为 1 个吸附质分子的截面面积（$Å^2$）；N_A 为阿伏伽德罗常数（6.022×10^{23}）；W 为固体吸附剂的质量，g。

若以 N_2 作吸附质，在液氮温度时，1 个分子在吸附剂表面所占有的面积为 $16.2Å^2$，则固体吸附剂的比表面积为

$$S=4.36\frac{V_m}{W} \tag{8-2-3}$$

这样，只要测出固体吸附剂质量 W，就可计算粉体试样的比表面积 S（m^2/kg）。

2. 吸附方法概述

以 BET 等温吸附理论为基础来测定比表面积的方法有两种：一种是静态吸附法，另一种是动态吸附法。静态吸附法是将吸附质与吸附剂放在一起达到平衡后测定吸附量。吸附量根据测定方法的不同，又可分为容量法与质量法两种。容量法是根据吸附质在吸附前后的压力、体积和温度，计算在不同压力下的气体吸附量。质量法是通过测量暴露于气体或蒸汽中的固体试样的质量增加直接观测被吸附气体的量，往往用石英弹簧的伸长长度来测量其吸附量。静态吸附对真空度要求高，仪器设备较复杂，但测量精度高。

动态吸附法是使吸附质在指定的温度及压力下通过定量的固体吸附剂，达到平衡时，吸附剂所增加的即为被吸附量。然后改变压力重复测试，求得吸附量与压力的关系，再作图计算。一般说来，动态吸附法的准确度不如静态吸附法，但动态吸附法的仪器简单、操作简便，在一些实验中仍有应用。

目前，国际、国内测量粉体比表面积常用的方法是容量法。在容量法测定仪中，传统的装置是 Emmett 表面积测定仪。该仪器以氮气作为吸附质，在液态氮（-195 °C）的条件下进行吸附，并用氦气校准仪器中不产生吸附的“死空间”的容积，对已称出质量的粉体试样加热并抽真空脱气后，即可引入氮气在低温下吸附，精确测量吸附质在吸附前后的压力、体积和温度，计算在不同相对压力下的气体吸附量，通过作图即可求出单分子层吸附质的量，然后就可以求出粉体试样的比表面积。一般认为，氮吸附法是当前测量粉体物料比表面积的标准方法，如图 8-2-1 所示。

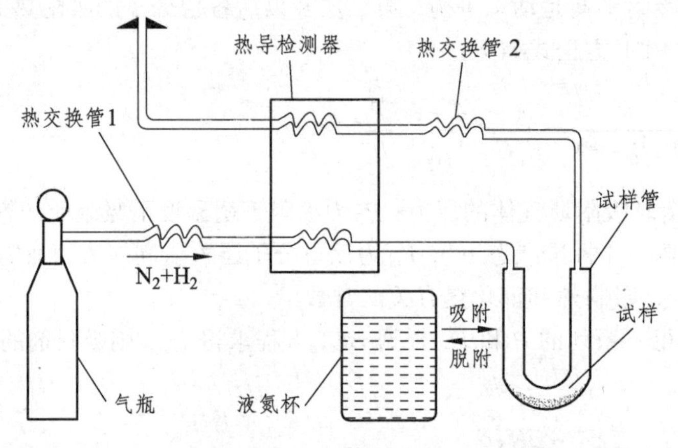

图 8-2-1　氮吸附法原理

随着气体色谱技术中的连续流动法用于气体吸附法来测定细粉末的表面积，出现了 Nelson 和 Eggertsson 比表面积仪，改进后的 Ellis、Forrest 和 Howe 比表面积仪，ST-03 比表面积仪及改进后的 ST-08 比表面积仪。这些仪器的工作过程基本上是相同的，将一个已知组成的氮氦混合气流过样品，并流经一个与记录式电位计相连的热传导电池。当样品在液氮中被冷却时，样品从流动气相中吸附氮气，这时记录图上出现一个吸附峰，而当达到平衡以后，记录笔回到原来的位置。移去冷却剂会得到一个脱附值，其面积与吸附峰相等而方向相反，这两个峰的面积均可用于测量被吸附的氮。通过计算脱附峰（或吸附峰）的面积就可求出粉体试样的比表面积。这种连续流动法比传统的 BET 法好，其特点为：不需要易破碎的复杂的玻璃器皿，不需要高真空系统，可自动得到持久保存的记录，快速而简便，不需要做“死空间”的修正。

3. 仪器工作原理

本实验的测试仪器是ST-08比表面积测定仪。该仪器是根据BET理论及Nelson气相色谱原理采用对比法研制而成的，其气路流程如图8-2-2所示。仪器用氮气作吸附气，氢气（H_2）和氦气（He）作载气，按一定比例（H_2、He与N_2的体积之比均为4∶1）混装在高压气瓶内。当混合气通过样品管，装有样品的样品管浸入液氮中时，混合气中的氮气被样品表面吸附，当样品表面吸附氮气达到饱和时，撤去液氮，样品管由低温升至室温，样品吸附的氮气受热脱附（解吸），随着载气流经热导检测器的测量室，电桥产生不平衡信号，利用热导池参比臂与测量臂电位差，在计算机屏幕（或记录仪）上可产生一脱附峰，经计算机计算出脱附峰的面积，就可算出被测样品的表面积值。

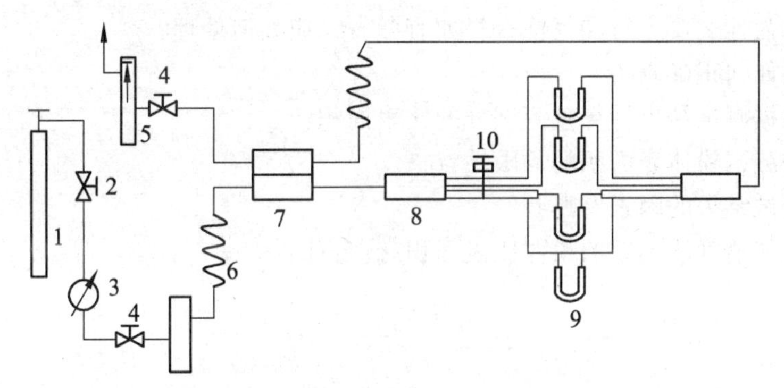

1—气瓶；2—稳压阀；3—压力表；4—针阀；5—流量计；6—温度调节管；7—热导池；8—混合器；9—样品管；10—锥形阀。

图8-2-2　ST-08比表面积测定仪气路流程

ST-08比表面积测定仪是目前国内比较先进的比表面积测定仪。由于利用计算机对测试数据进行处理，可准确、快速地给出被测粉体试样的比表面积；测量时间仅30 min；测量精度±3%；测量范围为0.1 ~ 1 000 m^2/g；能同时测量4个样品（其中一个为标准样品）。

三、实验仪器

ST-08比表面积测定仪、分析天平、试样管。

四、实验步骤

（1）称量两只样品管质量，向一只样品管中装填一定量经过干燥处理的样品，另一只样品管中装入已知比表面积的样品，并称其质量，立即装到仪器上。

（2）打开载气气瓶，使低压表指示0.5 MPa，打开仪器上的稳压阀，调节左、右侧流量计阀，使其流量指示达到45 mm。

（3）打开电源开关，调节粗调旋钮，加上桥电流100 mA。

（4）启动比表面积计算软件，设置计算参数和显示参数。

（5）按下“基线观察开始”菜单，调节仪器上的“粗调”“细调”旋钮，使基线靠近 0 mV，使数字显示在 5～10，待数字显示稳定后，基线观察结束。

（6）从液氮罐中取液氮于液氮杯中，将样品管依次浸入液氮杯中，观察吸附过程。

（7）按“脱附分析开始”菜单，将标准样品管下的液氮杯移开，立即换为温水杯，开始脱附，当脱附峰的白色基线出现后，脱附过程结束。

（8）用同样的步骤可依次完成被测样品的脱附过程分析。当最后一个样品分析完成后，会显示分析结果，并打印。

（9）当分析结束后，点击“退出系统”菜单，实验结束。

五、思考题

（1）透气法测定粉体比表面积的原理是什么？

（2）测试前为什么要进行漏气检查？如有漏气，应如何处理？

（3）试料层如何正确制备？

（4）如何根据测试结果计算被测试样的比表面积？

（5）透气法测试粉体表面积的局限性？

（6）影响测试结果的因素有哪些？

（7）吸附法与透气法测定的粉体比表面积有何不同？

实验三　细度、粒径和粒径分布测定

一、实验目的

（1）掌握水泥细度对水泥性能的影响。

（2）熟悉水泥细度测定的目的、意义和方法。

（3）了解筛析法测量粉体粒度分布的原理和方法。

（4）根据筛析法数据绘制粒度累积分布曲线和频率分布曲线。

（5）掌握粒径的概念及表示方法。

二、实验原理

1. 水泥细度测定

水泥细度就是水泥的分散度，是水泥制造单位用来做日常检查和控制水泥质量的重要参数。水泥的细度要控制在一个合理的范围内，以保证水泥具有良好的性能。水泥过细会引起水泥比表面积增加，增大水泥需水量，降低水泥性能，增大电耗和水泥的生产成本。水泥过粗也会影响水泥的性能，如凝结时间、水化速度和力学性能。因此，水泥的细度必须合理地控制。

水泥细度的检验方法有筛析法、比表面积测定法、颗粒平均直径与颗粒组成的测定等方法。实验按照国家标准《水泥细度检验方法　筛析法》（GB/T 1345—2005）进行。筛析法检验有负压筛法、水筛法和手工干筛法三种。当负压筛法与水筛法或手工干筛法测定的结果出现争议时，以负压筛法为准。在没有负压筛析仪和水筛的情况下，允许用手工干筛法测定。本实验用手工干筛法测定水泥细度。

2. 粉体粒径分布测定

粒度分布通常是指某一粒径或某一粒径范围的颗粒在整个粉体中占多大的比例。颗粒的粒度、粒度分布及形状能显著影响粉末及其产品的性质和用途。例如，水泥的凝结时间、强度与其细度有关；陶瓷原料和坯釉料的粒度及粒度分布影响着许多工艺性能和理化性能；磨料的粒度及粒度分布决定其质量等级等。为了掌握生产线的工作情况和产品是否合格，在生产过程中必须按时取样并对产品进行粒度分布检验，同时粉碎和分级也需要测量粒度。

粒度的测定方法有多种，常用的有筛析法、沉降法、激光法、小孔通过法、吸附法等。筛析法是最简单也是应用最早和最广泛的粒度测定方法，本实验用这种方法测定粉体的粒度分布。

筛析法是让一定质量的粉体试样通过一系列不同筛孔的标准筛，将其分离成若干个粒级，分别称重，求得以质量百分数表示的粒度分布。通过绘制累积粒度特性曲线，还可得到累积产率 50%时的平均粒度。

3. 粒　径

粒径就是颗粒直径。众所周知，对于三维实体，只有圆球体才有直径，其他形状的几何体是没有直径的，组成粉体的颗粒又绝大多数不是圆球体，而是各种各样不规则形状的，如片状、针状、多棱状等。这些复杂形状的颗粒从理论上讲是不能直接用直径这个概念来表示它的大小的。而在实际工作中，直径是描述一个颗粒大小的最直观、最简单的一个量，因此，在粒度测试的实践中引入了等效粒径这个概念。等效粒径是指当一个颗粒的某一物理特性与同质的球形颗粒相同或相近时，就用该球形颗粒的直径来代表这个实际颗粒的直径。这个球形颗粒的粒径就是该实际颗粒的等效粒径。等效粒径具体有如下几种：等效体积径、等效沉降径、等效投影面积径和等效电阻径。表示粒度特性的几个关键指标：*D*50（中位径：50%的颗粒超过此值）、*D*97、平均粒径和最频粒径（是频率分布曲线的最高点对应的粒径值）。粒度的测试方法包括沉降法、筛分法、电阻法、显微图像法和激光法。目前，通常采用激光粒度分布仪直接测量颗粒的粒度，该实验对粒度的检测不作详细介绍。

三、实验仪器

标准筛一套、电子天平一台。

四、实验步骤

1. 手工干筛法测量水泥细度

（1）称取水泥试样 50 g 倒入符合《水泥物理检验仪器标准筛》（GB 3350.7）要求的干筛内（80 μm 筛）。

（2）用一只手执筛往复摇动，另一只手轻轻拍打，拍打速度每分钟约 120 次，每 40 次向同一方向转动 60°，使试样均匀分布在筛网上，直至每分钟通过的试样量不超过 0.05 g 为止。

（3）水泥试样筛余百分数按下式计算：

$$F=\frac{R_{\mathrm{s}}}{W}\times 100\% \tag{8-3-1}$$

式中，F 为水泥试样的筛余百分数，%；R_{s} 为水泥筛余物的质量，g；W 为水泥试样的质量，g。结果计算至 0.1%。

2. 粉体粒度分布测定

（1）将已烘干的试样物料混合均匀，用四分法缩分取样，称取 100 g 样品。

（2）将标准筛按孔径由大至小的顺序叠好，并装上筛底，将称好的试样倒入最上层筛子，加上筛盖，安装在振筛机上。

（3）按照细度测定法进行筛分。

（4）分别称量各筛上和底盘中的试样质量，记录数据。

（5）最后要检查各层筛面质量总和与原试样质量之差，若误差超过 2%时，需重新进行实验。

（6）数据记录于表 8-3-1 中。

表 8-3-1　实验数据

标准筛		筛上物质	分级质量	筛上累积	筛下累积
筛目	筛孔尺寸/mm	质量/g	百分率/%	百分率/%	百分率/%

（7）数据处理。

$$\text{实验误差}=\frac{\text{试样质量}-\text{筛析总质量}}{\text{试样质量}}\times 100\%$$

若误差不超过 2%，此时可把所损失的质量加在最细粒级中；若误差超过 2%，应另取试样，重新进行实验。

绘制曲线：利用实验结果，在直角毫米坐标纸上绘图表示颗粒群粒径的分布状态（也可 Excel 作图）。

五、注意事项

（1）试验筛必须经常保持洁净，筛孔通畅。如其筛孔被水泥堵塞影响筛余量时，可用弱酸浸泡，用毛刷轻轻地刷洗，用清水冲净，晾干。

（2）对物料进行筛分时，物料颗粒的物理性质（如表面积、含水量等）对筛分效率有较大的影响，因此在实验前应对试样进行处理，使之达到实验的要求。

（3）筛分所测得的颗粒大小分布还取决于下列因素：筛子某表面的几何形状（如开口面积/总面积）、筛孔的偏差、筛子的磨损；物料颗粒位于某一筛孔处的概率与粉末颗粒大小分布、筛面上颗粒的数量、摇动筛子的方法、筛分的持续时间等。不同筛子和不同操作都对实验结果有影响。因此，实验前应仔细检查设备的状态，按要求进行实验操作。

（4）取样误差、试样筛分时的丢失量、筛分后称量的误差也使实验产生误差，实验时应注意这三个环节。

六、思考题

（1）分析水泥细度对水泥性能和生产成本的影响。

（2）水泥的细度对水泥的水化有何影响？表征水泥细度的方法有哪些？

（3）由粒度分布曲线如何判断试样的分布情况？

（4）由粒度分布曲线确定试样的平均径（中位径及最频粒径）是多少？

实验四　白度、光泽度及透光度测定

一、实验目的

（1）了解白度、光泽度、透光度的概念。
（2）了解造成白度测量误差的原因和影响白度的因素。
（3）掌握白度的测定原理及测定方法。
（4）了解影响光泽度的因素和提高釉面光泽度的措施。
（5）了解影响透光度的因素。
（6）掌握透光度的测定原理及测定方法。
（7）掌握光泽度的测定原理及测定方法。

二、实验原理

各种物体对投射在它上面的光，有发生选择性反射和选择性吸收的作用。不同的物体对各种不同波长的光的反射、吸收及透过程度不同，反射方向也不同，因此产生了各种物体不同颜色（不同白度）、不同光泽度及不同的透光度。

1. 白　度

白度主要指距离理想白色的程度。在日用陶瓷器白度测定方法规定的条件下，测定照射光逐一经过主波长为 620 nm、520 nm、420 nm 三片滤光片滤光后，试样对标准白板的相对漫反射率，按规定的公式计算，所得的结果为日用陶瓷器的白度。光线束从 45°角投射在试样上，而在法线方向由硒光电池接收试样漫反射的光通量，试样越白，光电池接收的光通量就越大，输出的光电流也越大，试样的白度与硒光电池输出的光电流成直线关系，如图 8-4-1 所示。

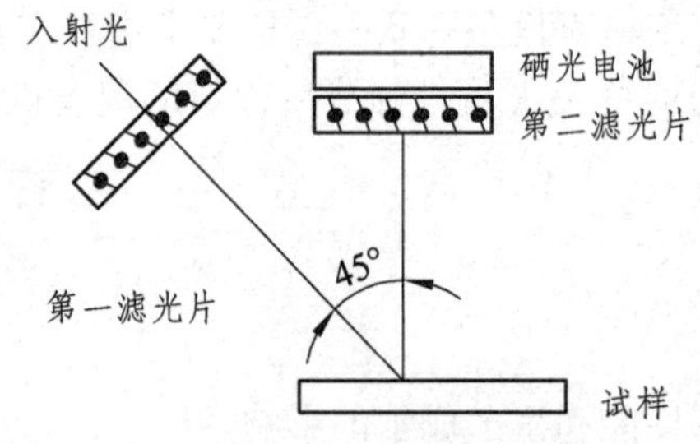

图 8-4-1　光电白度计光路图

陶瓷产品的釉层一般是厚度为 0.1 mm，有一定色彩并混有少许晶体和气孔的玻璃。釉与坯的反应层一般无清晰、平整的界面，往往是釉层与坯体交混在一起的模糊层，反应层之下则为气孔、晶体和多种玻璃相互组成的坯体，它通常也有一定的色彩。

若釉上表面是平整的，一束平行光投射到釉面上，接收器接收的光由以下几部分组成：釉上表面反射的光；釉层散射的光；经釉层两次吸收在反应层漫反射的光；透入坯体引起的散射光。各部分光作用在接收器上的相对强度，其数据为：上表面反射光约占 7%，反应层漫反射光约占 75%，其余约为 20%。

不同型号的仪器，其光源（强度及其光谱分布）、滤色片、投射和接收方式、接收器以及数据处理等在设计上是有差异的。因此，用不同型号的仪器来测定陶瓷产品的白度，即使对同一样品的同一部位进行测量，想获得相同（允许误差 1%）的结果，可能性很小。如两台白度测定仪其他条件完全相同，只是一台光线垂直入射，45°反射（接收），另一台光线 45°入射，垂直反射（接收）。这样就釉的上表面反射这一因素来估算，就可能导致两台机器的结果相差 0.5%以上。

可见，陶瓷产品釉面光学性质复杂，是使不同型号仪器测试结果相差较大的一个重要原因。

2. 光泽度

釉面的光泽度是评定制品外观质量的一个重要指标，它是釉面对可见光反射能力的表征。釉面光泽度主要取决于釉层折射率和釉面平滑度。当釉的折射率高且釉面光滑时，光线以镜面反射为主，光泽度就高；反之，以漫反射为主，光泽度就差。釉的组成、表面张力、黏度以及工艺制度是影响釉层折射率和釉面平滑度的主要因素。

光泽度是物体表面的一种性能。受光照射时，由于瓷器釉表面状态不同，导致镜面反射的强弱不同，从而导致光泽度不同。测定瓷器釉表面的光泽度一般采用光电光泽计，即用硒光电池测量照射在釉表面镜面反射方向的反光量，并规定折射率 n_b=1.567 的黑色玻璃的反光量为 100%，即把黑色玻璃镜面反射极小的反光量作为 100%（实际上黑色玻璃的镜面反射反光量＜1%）。将被测瓷片的反光能力与此黑色玻璃的反光能力相比较，得到的数据即为该瓷器的光泽度。由于瓷器釉表面的反光能力比黑色玻璃强，所以瓷器釉表面的光泽度往往大于 100%。

3. 透光度

透光性是透明的氧化物陶瓷、工艺瓷、单相氧化物陶瓷的重要质量指标。测定陶瓷材料的透光性对科研和生产都十分重要。测定瓷器的透光度一般采用光电透光度仪，由变压器和稳压电源供给灯泡（4 V/3 W），电流使灯泡发出一定强度的光，通过透镜变为平行光，此平行光经光栅垂直照射到硒光电池上，产生光电流 I_0，由检流计检定。当此平行光垂直照射到试样上时，透过试样的光再射到硒光电池上产生光电流，由检流计检定。透过试样的光产生的光电流 I 与入射光产生的光电流 I_0 之比的百分数即为瓷器的相对透光度。

三、实验仪器

WSD-Ⅲ型白度计、SS-92 型光电光泽计、77C-1 型透光度仪。

四、实验步骤

1. 试样处理

被测粉体样一般都要烘干（水分含量高会降低白度），含水率不大于 0.2%，对于黏土矿物，如高岭土、膨润土含水率可放宽到 1.5%。这些黏土矿物测试前均需研磨并过 0.106 nm 筛孔的筛子后备用。对于非粉末样品，如白色陶瓷、纸张等可以不烘干而直接测量。

2. 制　样

取已处理过的粉末试样放入压样器中，压制成表面平整、无纹理、无瑕点、无污点的试样样板，以备测量。对于白色板状陶瓷及纸张等试样，可选取中间部位直接测量。

3. 白度测定

（1）调零：将标准黑筒放在测试台上，对准光孔，调节数显仪表的指示值使其为 0。

（2）调满度：将标准白板放在测试台上，对准光孔，调节数显仪表的指示值使其为 100。

（3）将试样放在测试台上，数显仪表的读数窗将显示该试样的测试值，记下该值。

（4）数据处理与分析。

R457 白度（蓝光白度），主要用于纸张、塑料行业：$W_r=0.925Z+1.16$。

GB 5950 白度，用于建筑材料行业：$W_j=Y+400x-1\,000y+205.5$。式中，Y 为白度仪中显示的 Y 读数值；$x=X/(X+Y+Z)$；$y=Y/(X+Y+Z)$。

4. 光泽度测定

（1）仪器安装：将读数器安放在固定的平台上，连接读数器和测头灯管的导线，接上电源，拨开读数器上的电源开关，用擦镜纸将标准板表面灰尘擦净，然后将测头安放在标准盒的边框内。

（2）调零：将参数调节旋钮反时针方向旋到零位，然后转动读数器上的调零旋钮，使光点对准标准尺的零位。

（3）调节标准板参数：连接测头硒光电池与读数器的导线，旋转读数器上参数调节旋钮，使光点在标度尺上对准标准板的规定参数。

（4）测量：将测头移放到经擦镜纸擦净的试样表面规定的部位，这时读数器光点在标度尺上所对准的刻度即为测定的光泽度。

5. 透光度测定

（1）接通电源：把仪器后面的电源插入 220 V 交流电源插座上，按下开关，指示灯亮。

（2）检流计校零：接通电源后，先打开电流计开关，此时检流计光点发亮，光点应正对标尺零位，否则需旋转检流计下方旋钮调整。

（3）调满度 100：选择量程开关为×10 挡，把满度调整旋钮反时针旋到头时，按下电源开关，然后旋动满度调整旋钮，调整仪器读数，使检流计光点指在标尺的 100 处。

（4）测定相对透光度：拉动仪器右侧拉钮，抽出试样盒，将待测试样放入试样盒中，关紧试样盒，即可在检流计上读取相对透光度数值。当检流计标尺读数小于 10 时，应把量程开关再按下，即调到×1 挡，再读取读数。注意：×1 挡的满度值等于×10 挡满度值的 1/10。

五、测定结果计算

1. 白度测定和计算（见表 8-4-1）

表 8-4-1　白度数据

试样名称		测定人		测定日期	
试样处理					
编号	白度值 1	白度值 2	白度值 3	白度值 4	备注

2. 光泽度测定和计算（见表 8-4-2）

表 8-4-2　光泽度数据

试样名称		测定人		测定日期	
试样处理					
编号	试样面积/mm^2	光泽度		备注	

3. 透光度测定和计算（见表 8-4-3）

表 8-4-3　透光度数据

试样名称		测定人		测定日期	
试样处理					
编号	试样厚度/cm	相对透光度/%		备　注	

六、注意事项

（1）要求试样显见面测试处必须清洁、平整、光滑、无彩饰、无裂纹及其他伤痕。

（2）制备标准白板的优级氧化镁，必须保存于密闭的玻璃器皿中，使用过的氧化镁粉不得回收再用。

（3）白度低于 50 者习惯上不称白而称灰，不属于本实验范围。

（4）测定光泽度的标准板，每年至少应校正一次，如达不到规定的参数值，则应换用新的标准板。

（5）光泽计的透镜和标准板上的灰尘只能用擦镜纸或洁净的软纸轻揩，以防擦毛、损伤影响读数。

（6）测量透光度试样为长方形（20 mm×25 mm）或圆形（直径 20 mm），厚度为 2 mm、1.5 mm、1 mm、0.5 mm。四种不同规格的薄片应从同一部位切取，要求平整、光洁、研磨后烘干，加工方法可参照反光显微镜磨光片方法进行，也可用同一试片边磨边测，由厚到薄，但一定要烘干，以精确测量厚度。

七、思考题

（1）为什么白度测定结果与目测结果顺序不一致？如何统一起来？

（2）如何计算白度才合理？

（3）如何准确地测定白度、光泽度、透光度？造成不准确的因素是什么？

实验五　综合热分析

一、实验目的

（1）了解热重分析的仪器装置及实验技术。

（2）了解差热分析的仪器装置及实验技术。

（3）熟悉综合热分析的特点。

（4）掌握热重曲线和差热分析曲线的分析方法。

二、实验原理

热分析是在程序控制温度下，测量物质的物理性质与温度之间关系的一类技术，即测量物质在加热过程中发生相变或物理化学变化时的质量、温度、能量和尺寸等一系列变化的热谱图，是物理化学分析的基本方法之一。热分析方法的种类是多种多样的，根据国际热分析协会（ICTA）的归纳和分类，目前的热分析方法共分为 9 类 17 种，在这些热分析技术中，热重法（Thermogravimetry，TG）、差热分析（Differential Thermal Analysis，DTA）、差示扫描量热法（Differential Scanning Calorimetry，DSC）和热机械分析（Thermomechanical Analysis，TMA）应用得最为广泛。对同一物质来说，上述几方面的变化可以同时产生，也可能只是产生其中之一。

1. 差热分析

差热分析是在温度程序的控制下，测量物质的温度与参比物的温度差和温度关系的一种技术。其原理是：在相同的加热条件下对试样加热或冷却，若试样中不发生任何热效应，试样的温度和参比物的温度相等，两者温差为零。若试样发生吸热效应，试样的温度将滞后于参比物的温度，此时两者的温差不为零，并在 DTA 曲线上出现一个吸热峰；若试样发生放热效应，试样的温度将超前于参比物的温度，此时两者的温差也不为零，并在 DTA 曲线上出现一个放热峰。根据记录的曲线，就可以测出反应开始的起始温度，反应峰所对应的温度（峰位置），峰的面积就和产生的热效应值对应。通过这些信息，就可以对物质进行定性和定量分析。

从差热图上可清晰地看到差热峰的数目、位置、方向、宽度、高度、对称性以及峰面积等。如图 8-5-1 为一实际的放热峰，反应起始点为 A，温度为 T_i，B 为峰顶，温度为 T_m，主要反应结束于此，但反应全部终止实际是 C，温度为 T_f。BD 为峰高，表示试样与参比物之间最大温差。ABC 所包围的面积称为峰面积。峰的数目表示物质发生物理化学变化的次数；峰的位置表示物质发生变化的转化温度；峰的方向表明体系发生热效应的正负性；峰面积说明热效应的大小，相同条件下，峰面积大的表示热效应也大。在相同的测定条件下，许多物质的热谱图具有特征性，即一定的物质就有一定的差热峰的数目、位置、方向、峰温等，所以，可通过与已知的热谱图的比较来鉴别样品的种类、相变温度、热效应等物理化学性质。

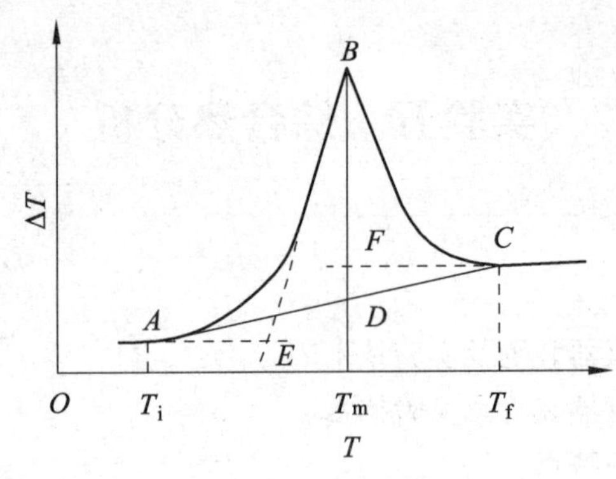

图 8-5-1 DTA 曲线

2. 差示扫描量热分析

差示扫描量热分析也是用参比物和试样进行比较，但是两者的重要差别在于 DSC 的参比物和试样各由一个单独的微型加热室加热。当试样按程序升温时，控制系统根据试样和参比物的温差信号来调节加热器的功率输出，使试样和参比物在整个实验过程中（不论有无热效应发生）始终保持温度一致，即两者的温差为零。所记录的是试样和参比物之间的功率差随温度的变化曲线，称为 DSC 曲线。DSC 和 DTA 一样可以用来测量转变温度、转变时间和热效应峰或谷。其峰或谷的面积与试样转变时吸收或放出的热量成正比。如图 8-5-2 所示，其纵坐标是试样与参比物的功率差 dH/dt，也称作热流率，单位为毫瓦（mW），横坐标为温度 T 或时间 t。在 DSC 与 DTA 曲线中，峰谷所表示的含义不同。在 DTA 曲线中，吸热效应用谷（负峰）来表示，放热效应用正向峰来表示；在 DSC 曲线中，吸热效应用凸起正向的峰表示，热焓增加，放热效应用凹下的谷（负峰）表示，热焓减少。

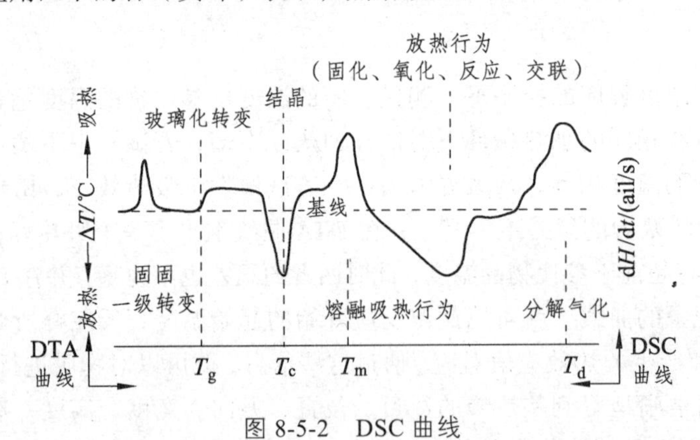

图 8-5-2 DSC 曲线

3. 热重分析

热重分析法就是在程序温度的控制下，借助热天平获得试样的质量随温度变化关系的信息。它的适用范围很广，研究的对象包括金属、陶瓷、橡胶、塑料、玻璃以及其他一些有机和无机材料。它可以进行吸附、裂解、氧化还原的研究，耐热性、热稳定性、热分解及其产物的分析，汽化、升华及反应动力学的研究。由热重法测得的记录为热重曲线或称 TG 曲线，其横坐标表示温度或时间，纵坐标表示质量。曲线的起伏表示质量的增加或减少。平台部分表示试样的质量在此温度区间是稳定的。热重法仅能反映物质在受热条件下的质量变化，由它获得的信息有一定的局限性。此法受到许多因素的影响，是在一些限定条件下获得的结果，这些条件包括仪器、实验条件和试样因素等。因此，获得的信息又带有一定的经验性。如果利用其他一些分析方法进行配合实验，将对测试结果的解释更有帮助。

热重分析的结果用热重曲线或微熵热重曲线表示，如图 8-5-3 所示。在热重实验中，试样质量 W 作为温度 T 的函数被连续地记录下来，TG 曲线表示加热过程中样品失重累积量，为积分型曲线。微熵热重（Derivative Thermogravimetry，DTG）曲线是 TG 曲线对温度的一阶导数，如图 8-5-3 中虚线所示，即质量变化率，dW/dT。DTG 能精确反映出起始反应温度、最大反应速率温度和反应终止温度，能更清楚地区分相继发生的热重变化反应。其曲线峰面积精确地对应着变化了的样品质量，能方便地为反应动力学计算提供反应速率（dW/dt）数据。

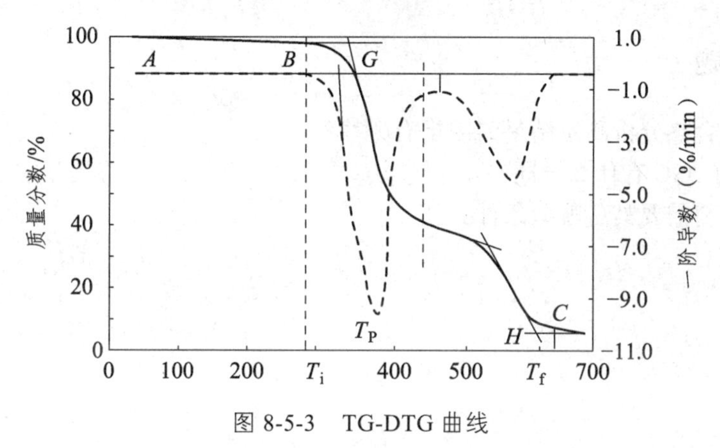

图 8-5-3　TG-DTG 曲线

DTA、DSC、TG 等各种单功能的热分析仪若相互组装在一起，就可以变成多功能的综合热分析仪，如 DSC-TG、DTA-TG 等。综合热分析仪的优点是在完全相同的实验条件下，即在同一次实验中可以获得多种信息，这样有助于比较顺利地得出符合实际的判断。

三、实验仪器

综合热分析仪 STA409PC。

四、实验步骤

（1）打开仪器电源预热 30 min，同时打开恒温水浴。然后打开保护气和吹扫气阀门。

（2）打开仪器样品室，放入参比物（空坩埚）和空试样坩埚，将热天平清零。

（3）在空试样坩埚内装入样品，关闭样品室。

（4）打开程序文件，输入有关的实验信息，如样品（文件）名称及质量、实验方式（基线、样品或样品+基线）、温度、加热速率、保温时间、吹扫气供气方式等。确认无误后开始实验。

（5）实验过程中或完成后均可打开分析软件对实验曲线进行分析、测定。实验曲线可打印输出或作为图片文件输出，实验数据也可作为数据文件输出。

（6）实验完成后待温度降至 80 °C 以下方可关闭全部电源和气源。

五、注意事项

（1）必须严格按照仪器的操作规程操作仪器。

（2）实验用气体调压输出气压建议小于或等于 0.1 MPa，不能大于 0.5 MPa。

（3）样品盘和样品池不能用手直接拿，放样时要小心用镊子平整地将样品盘放入样品池，不要让镊子针尖碰到传感器表面。

（4）样品量不能太大，以不超过坩埚容积的 1/3 为好（约 10 mg）。对于要密封的样品，在密封时要在其坩埚上表面用针尖刺一小眼。

（5）实验结束，待样品温度在低于 200 °C 时才可打开炉子，取出样品坩埚。

六、思考题

（1）影响综合热分析测定结果的因素有哪些?

（2）DTA 和 DSC 有什么异同?

（3）参比材料需要具备哪些条件?

实验六　表面张力和接触角测定

一、实验目的

（1）了解测定表面张力的原理和方法。
（2）熟悉影响表面张力的主要因素。
（3）熟悉接触角的定义及特点。
（4）掌握最大气泡法测量表面张力的方法。

二、实验原理

1. 表面张力

在液体中，每个质点周围都存在一个力场，在液体内部，质点力场是对称的，但处于表面层的质点，只受到液体内部质点的引力作用，结果使得表面有向内收缩的趋势。对一滴液体来说，它总是趋向于收缩成球形，以降低表面能。为了抵抗表面收缩所需加在该表面上的单位长度上的力称为表面张力，其单位符号为 N/m。因此，表面张力的物理意义是扩张表面单位长度所需要的力。表面张力的方向与表面相切。表面张力的测定方法有最大拉力法、滴重法和最大气泡压力法。

最大拉力法是采用天平的扭力丝、臂相连的下部开口的薄壁铂圆筒或铂金环，与溶体或液体面接触时，由于溶体或液体的表面张力，铂圆筒或铂拉环被拉下，然后立即在天平的另一臂的秤盘内加上砝码或扭转扭力丝增加扭力。把铂圆筒或铂金环向上拉引，表面张力即为薄壁圆筒接触溶液或液体表面至拉引离开所需的力（此时溶体或液体对铂圆筒或铂金环的润湿角为零度）。

滴重法是当溶滴自管口滴落时，溶滴的大小与溶体的密度和表面张力有关。溶体在顺漏斗孔悬挂在管口上时，当溶滴的重量超过它的表面张力时，就滴下，通过炉管及下端开口孔落到金属容器中，待冷却后称量，然后根据滴重、溶滴半径、溶滴体积等计算溶体的表面张力。

最大气泡压力法是从浸入液面下的毛细管鼓出气泡时，高于外压的附加压力以克服气泡的表面张力。

如图 8-6-1 所示，被测液体装于测定管中，使玻璃管下端毛细管面与液面相切。打开抽气瓶的活塞缓缓放水抽气，测定管中的压力 P 逐渐减小，毛细管压力 P 就会将管中液面压至管口，形成气泡的曲率半径由大到小，直至恰好等于毛细管半径时，最大附加压力与液面曲率半径的关系如下：

$$\Delta P_{\max} = \frac{2\sigma}{R} \qquad (8\text{-}6\text{-}1)$$

当 R 与毛细管半径 r 相同时，ΔP 最大，$\sigma=\Delta PR/2$。最大压力差可用 U 形压力计中最大液柱差Δh 来表示：

$$\Delta P_{\max} = \rho g \Delta h \qquad (8\text{-}6\text{-}2)$$

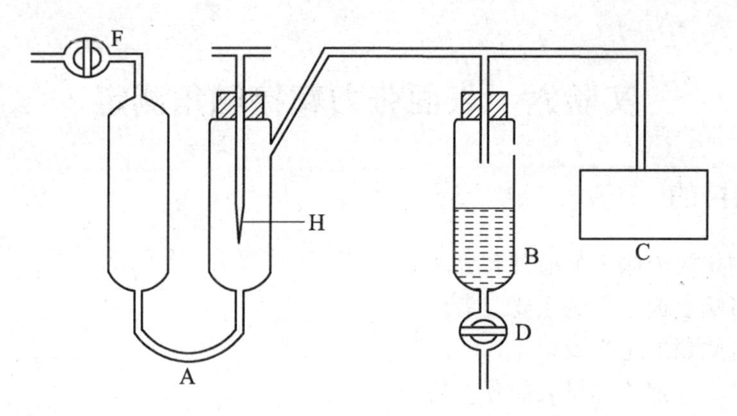

图 8-6-1 最大气泡压力法装置图

气泡内所受压力：

$$P_i = P_{大气压} - P_{max}$$

$$\sigma = (r/2)g\Delta h = K'\Delta h \quad (8\text{-}6\text{-}3)$$

式中，K'为仪器常数，可以用已知表面张力的物质测定。

2. 接触角

接触角是指在固、液、气三相交界处，自固-液界面经过液体内部到气-液界面之间的夹角，如图 8-6-2 所示。液体在固体材料表面上的接触角，是衡量该液体对材料表面润湿性能的重要参数。通过接触角的测量，可以获得材料表面固-液、固-气界面相互作用的许多信息。接触角测量技术不仅可用于常见的表征材料的表面性能，而且接触角测量技术在石油工业、浮选工业、医药材料、芯片产业、低表面能无毒防污材料、油墨、化妆品、农药、印染、造纸、织物整理、洗涤剂、喷涂、污水处理等领域有着重要的应用。

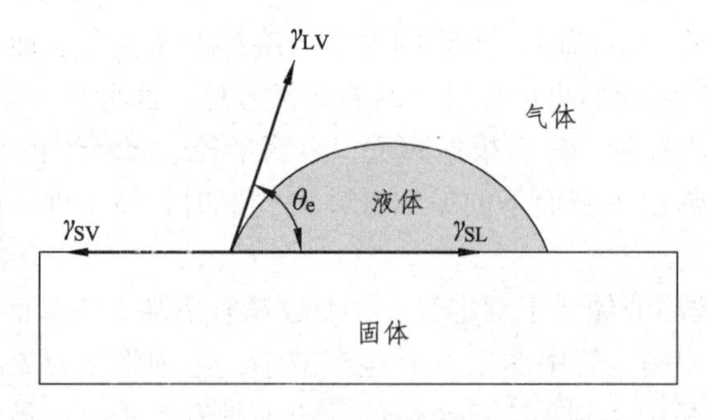

图 8-6-2 接触角

若接触角 θ=0，固体表面完全润湿；θ<90°，则固体表面是亲水性的，即液体较易润湿固体，其角越小，表示润湿性越好；θ=90°，是固体润湿与否的分界线；若 θ>90°，则固体表面是疏水性的，即液体不容易润湿固体，容易在表面上移动；θ=180°，固体完全不润湿。润湿过程与体系的界面张力有关。一滴液体落在水平固体表面上（见图 8-6-2），当达到平衡时，形成的接触角与各界面张力之间符合杨氏公式：

$$\gamma_{SV} = \gamma_{SL} + \gamma_{LV} \cdot \cos\theta_e \quad (8\text{-}6\text{-}4)$$

接触角的测试方法通常有两种：一种为外形图像分析方法；另一种为称重法。后者通常采用润湿天平或渗透法接触角仪。但目前应用最广泛、测值最直接与准确的还是外形图像分析方法。外形图像分析法的原理：将液滴滴于固体样品表面，通过显微镜头与相机获得液滴的外形图像，再运用数字图像处理和一些算法将图像中的液滴的接触角计算出来。

本实验仪要求使用最大气泡压力法测定待测液体试样的实际表面张力 σ。

三、实验仪器及试剂

最大泡压法表面张力仪 1 套、吸耳球 1 个、移液管（50 mL 1 支、1 mL 1 支）、烧杯（500 mL，1 个）、温度计 1 支、正丁醇（AR）、蒸馏水。

四、实验步骤

1. 仪器准备与检漏

将表面张力仪容器和毛细管洗净、烘干。在恒温条件下将一定量的蒸馏水注入表面张力仪中，调节液面，使毛细管口恰好与液面相切。打开抽气瓶活塞，使体系内的压力降低，当 U 形管测压计两端液面出现一定高度差时，关闭抽气瓶活塞，若 2 ~ 3 min 内，压差计的压差不变，则说明体系不漏气，可以进行实验。

2. 仪器常数的测量

打开抽气瓶活塞，调节抽气速度，使气泡由毛细管尖端呈单泡逸出，且每个气泡形成的时间为 5 ~ 10 s。当气泡刚脱离管端的一瞬间，压差计显示最大压差时，记录最大压力差，连续读取三次，取其平均值。再从手册中查出实验温度时水的表面张力 σ，则仪器常数 $K'=\sigma_{水}/\Delta h_{最大}$。

3. 表面张力随溶液浓度变化的测定

用移液管分别移取 0.050 mL、0.150 mL、0.300 mL、0.600 mL、0.900 mL、1.500 mL、2.500 mL、3.500 mL 和 4.500 mL 正丁醇，移入 9 个 50 mL 的容量瓶，配制成一定浓度的正丁醇溶液。然后由稀到浓依次移取一定量的正丁醇溶液，按照步骤 2 所述，置于表面张力仪中测定某浓度下正丁醇溶液的表面张力。随着正丁醇浓度的增加，测得的表面张力几乎不再随浓度发生变化。

五、测定结果计算

计算仪器常数 K'和不同浓度正丁醇溶液的表面张力 σ，绘制 σ-c 曲线。温度 t=25.5 °C，$\Delta h_{最大}$=0.069 5 m，$\sigma_{水}$=71.82×10^{-3} N/m。所以 K'=1.033 4×10^{-2} N/m。正丁醇密度 ρ=0.809 7 g/mL，相对分子量 M=74.12 g/mol。

由 $\sigma=K'\Delta h_{最大}$和 $c=\rho V/(50\times10^{-3}L\cdot M)$ 进行计算，利用仪器常数 K'可计算不同浓度正丁醇溶液的表面张力，实验数据记录于表 8-6-1 中。

表 8-6-1　实验数据

V/mL	c/（mol/L）	Δh_1/cm	Δh_2/cm	Δh_3/cm	$\Delta h_{平均值}$/cm
0.050					
0.150					
0.300					
0.600					
0.900					
1.500					
2.500					
3.500					
4.500					

六、注意事项

（1）所用毛细管必须干净、干燥，应保持垂直，其管口刚好与液面相切。

（2）仪器系统不能漏气。

（3）读取压力计的压差时，应取气泡单个逸出时的最大压力差，气泡溢出速度不能太快。

七、思考题

（1）毛细管尖端为何必须调节得恰与液面相切？否则对实验有何影响？

（2）最大气泡法测定表面张力时为什么要读取最大压力差？如果气泡逸出得很快，或几个气泡一起逸出，对实验结果有无影响？

实验七　水泥原料易磨性测试

一、实验目的

掌握水泥原料易磨系数的测定原理和方法。

二、实验原理

物料的易磨性是表示物料被粉磨的难易程度的一种物理性质。物料的易磨性与物料的强度、硬度、密度、结构的均匀性、含水量、黏性、裂痕、表面形状等许多因素有关。物料的易磨性一般采用相对易磨系数来表示。

将标准砂与被测物料在同样的磨制设备中磨制同样的时间，分别测定其比表面积，两种被粉磨物料的比表面积值之比即为物料的相对易磨系数。计算公式如下：

$$K_m = S_0 / S_s \tag{8-7-1}$$

式中，K_m 为物料的相对易磨系数；S_0 为被测物料经过粉磨 t 时间后的比表面积；S_s 为标准砂经过粉磨 t 时间后的比表面积。

几种典型物料的相对易磨系数如表 8-7-1 所示。

表 8-7-1　几种典型物料的相对易磨系数

物料名称	K_m
立窑熟料	1.12
硬质石灰石	1.27
中硬石灰石	1.50
软质石灰石	1.70

相对易磨系数越大，物料越容易粉磨，磨机的产量越高且磨得较细。

因为易磨系数的测定比较简单，所以还有不少水泥企业及其他有关行业采用这种方法。

三、实验仪器及试剂

试验小球磨机、颚式破碎机、电子秤、比表面积仪、标准砂和水泥原料。

四、实验步骤

（1）取 500 ~ 2 000 g 标准砂，用试验小磨将其磨细，用比表面积仪测定磨后标准砂的比表面积，至比表面积为 300 m^2/kg 左右，记为 S_s，并记录其粉磨时间 t。

（2）将 500 ~ 2 000 g 水泥原料破碎成粒度 7 mm 以下的颗粒。

（3）将破碎后的水泥原料装入试验小磨中，磨制时间 t 与标准砂相同。

（4）用比表面积仪测定磨后水泥原料的比表面积 S_0。

五、实验数据结果与分析

将实验数据记录于表 8-7-2 中。

表 8-7-2　易磨系数实验记录

原料名称	磨料量/g	磨制时间 t/min	比表面积/（m^2/kg）	易磨系数 K_m
标准砂			S_s=	$K_m=S_0/S_s$=
水泥原料			S_0=	

六、思考题

（1）什么是粉磨的平衡状态？如何调整使粉磨过程达到平衡状态？

（2）为什么待测料要预先粉碎成一定的粒度试样？

第九章 水泥的制备及性能测试

本章介绍了硅酸盐水泥的制备工艺原理、工艺过程和关键性能的测试方法。硅酸盐水泥的制备分为三个阶段：石灰质原料、黏土质原料与少量校正原料经破碎后，根据硅酸盐水泥熟料的率值进行配料、磨细成为成分合适、质量均匀的生料，称为生料制备；生料在窑炉内煅烧至部分熔融所得到的以硅酸钙为主要成分的硅酸盐水泥熟料，称为熟料煅烧；熟料加适量石膏共同磨细成为水泥，称为水泥粉磨。通过本章实验让学生了解水泥的配料计算方法，掌握硅酸盐水泥的制备工艺和关键性能的测试方法。

实验一　硅酸盐水泥的制备

一、实验目的

（1）掌握硅酸盐水泥的制备工艺原理及工艺过程。

（2）了解配料的计算方法。

二、实验原理

水泥是粉状水硬性无机胶凝材料，加水搅拌后成浆体，能在空气中硬化或在水中硬化，并能把砂、石等材料牢固地胶结在一起。早期石灰与火山灰的混合物与现代的石灰火山灰水泥很相似，用它胶结碎石制成的混凝土，硬化后不但强度较高，而且还能抵抗淡水或含盐水的侵蚀。长期以来，它作为一种重要的胶凝材料，广泛应用于土木建筑、水利、国防等工程。

水泥按用途及性能分为通用水泥、专用水泥和特性水泥；按其主要水硬性物质名称分为硅酸盐水泥、铝硅酸盐水泥、硫铝酸盐水泥、铁铝酸盐水泥、磷酸盐水泥和以火山灰或潜在水硬性材料及其他活性材料为主要组分的水泥；按主要技术特性又分为快硬性、水化热、抗硫酸盐性、膨胀性和耐高温性水泥。

凡以硅酸钙为主的硅酸盐水泥熟料，5%以下的石灰石或粒化高炉矿渣，适量石膏磨细制成的水硬性胶凝材料，统称为硅酸盐水泥（Portland Cement）。硅酸盐水泥分为两种类型，不掺加混合材料的称为Ⅰ型硅酸盐水泥，代号 P·Ⅰ；掺加不超过水泥质量 5%的石灰石或粒化高炉矿渣混合材料的称为Ⅱ型硅酸盐水泥，代号 P·Ⅱ。硅酸盐水泥的优点为凝结硬化快，早期强度及后期强度高，适用于有较强要求的混凝土，冬季施工混凝土，地上、地下重要结构的高强混凝土和预应力混凝土工程；抗冻性好，适用于严寒地区水位升降范围内遭受反复冻融循环的混凝土工程；水化热大，不宜用于大体积混凝土工程，但可用于低温季节或冬季施工；抗碳化性能好，适用于空气中 CO_2 浓度较高的环境，如铸造车间等；干缩小，可用于干燥环境下的混凝土工程；耐磨性好，可用于路面与地面工程。但其耐腐蚀性差，不宜用于经常与流动淡水或硫酸盐等腐蚀介质接触的工程，也不宜用于经常与海水、矿物水等腐蚀介质接触的工程；耐热性差，不宜用于有耐热要求的混凝土工程。

硅酸盐水泥的主要化学成分为氧化钙、二氧化硅、三氧化二铁、三氧化二铝。硅酸盐水泥的主要矿物：硅酸三钙（$3CaO \cdot SiO_2$，简式 C_3S）、硅酸二钙（$2CaO \cdot SiO_2$，简式 C_2S）、铝酸三钙（$3CaO \cdot Al_2O_3$，简式 C_3A）、铁铝酸四钙（$4CaO \cdot Al_2O_3 \cdot Fe_2O_3$，简式 C_4AF）。硅酸盐类水泥是以石灰石和黏土为主要原料，经破碎、配料、磨细制成生料，然后煨入水泥窑中煅烧成熟料，再将熟料加适量石膏（有时还掺加混合材料或外加剂）磨细而成。水泥生产按生料制备方法不同，可分为干法（包括半干法）与湿法（包括半湿法）两种。

1. 干法生产

将原料同时烘干并粉磨，或先烘干经粉磨成生料粉后煨入干法窑内煅烧成熟料的方法。但也有将生料粉加入适量水制成生料球，送入窑内煅烧成熟料的方法，称之为半干法，它仍属干法生产的一种。

新型干法水泥生产线指采用窑外分解新工艺生产的水泥。其生产以悬浮预热器和窑外分解技术为核心，采用新型原料、燃料均化和节能粉磨技术及装备，全线采用计算机集散控制，实现水泥生产过程的自动化和高效、优质、低耗、环保。该技术的优点：传热迅速，热效率高，单位容积较湿法水泥产量大、热耗低。

2. 湿法生产

将原料加水粉磨成生料浆后，煨入湿法窑煅烧成熟料的方法。也有将湿法制备的生料浆脱水后，制成生料块入窑煅烧成熟料的方法，称为半湿法，它仍属湿法生产的一种。

干法生产的主要优点是热耗低（如带有预热器的干法窑熟料热耗为 3 140 ~ 3 768 J/kg），缺点是生料成分不易均匀、车间扬尘大、电耗较高。湿法生产具有操作简单、生料成分容易控制、产品质量好、料浆输送方便、车间扬尘少等优点，缺点是热耗高（熟料热耗通常为 5 234 ~ 6 490 J/kg）。

水泥的生产，一般可分生料制备、熟料煅烧和水泥制成三个工序，整个生产过程可概括为“两磨一烧”，即生料粉磨、熟料烧制和水泥粉磨。具体来说，硅酸盐水泥的制备分为三个阶段：石灰质原料、黏土质原料与少量校正原料经破碎后，根据硅酸盐水泥熟料的比例进行配料、磨细成为成分合适、质量均匀的生料，称为生料制备；生料在窑炉内煅烧至部分熔融所得到的以硅酸钙为主要成分的硅酸盐水泥熟料，称为熟料煅烧；熟料加适量石英共同磨细成为水泥，称为水泥粉磨。水泥加水拌成的浆体，起初具有可塑性和流动性，随着水泥与水发生一系列物理化学反应——水化反应的不断进行，浆体逐渐失去流动能力，转变成为具有一定强度及其他性能的固体。

三、实验仪器及试剂

实验原料：$CaCO_3$、SiO_2、Al_2O_3、Fe_2O_3。

实验仪器：水泥试验磨、高铝坩埚、高温炉、烘干箱、电子天平。

四、实验步骤

1. 生料的配料、粉磨与成型

（1）生料的配料计算：根据硅酸盐水泥熟料的比例和所用原料的化学成分就可以进行生料配料的计算。本实验以制得 2 500 g 硅酸盐水泥熟料来计算各种原料的用量（要求计算到小数点后一位），并列出配料单（该实验的配料见表 9-1-1）。

表 9-1-1 配料单

SM（n）	*IM*（p）	*KH*	$CaCO_3$/g	SiO_2/g	Al_2O_3/g	Fe_2O_3/g
2.3	1.7	0.96	1 757.8	310.2	83.6	48.4

（2）生料的粉磨：首先将实验用原料干燥，并根据配料单称取各种原料（精确到 0.1 g）。然后将粉状原料充分混合成均匀的配合料，即先将配合料中难熔原料如石英砂先置入研钵中研磨，再将其他原料加入混合均匀。

（3）生料的成型：加入合适的水分，将配合料在水泥胶砂振实台上用长方形试模振动成型，经振动成型后的试条放入烘干箱内烘干 2 ~ 3 h。

2. 水泥熟料的烧结

（1）根据生料的化学成分、熟料固相反应、液相烧结的机理与烧结过程的特点，制定出合理的烧成温度制度，确定最高煅烧温度及范围（烧结参数见表 9-1-2）。

表 9-1-2 烧结参数

升温速率	烧结温度	恒温时间
4.26 °C/min	1 280 °C	60 min

（2）将试条放入高铝坩埚中，装入高温电炉内。

（3）按照电炉操作规程进行操作，按升温曲线进行烧结。

3. 水泥的粉磨

首先将煅烧后的硅酸盐水泥熟料与石膏按一定的比例进行配料并称量（精确到 0.1 g）。然后将熟料与石膏混合放入水泥试验磨中研磨 40 ~ 60 min，制成合格的水泥。

五、思考题

（1）什么是熟料的三率值？它对水泥的性能有何影响？

（2）讨论分析硅酸盐水泥的水化机理及水化过程的特点。

（3）熟料煅烧制度对熟料质量有何影响？

实验二　水泥水化热的测定

一、实验目的

（1）了解用直接法测定水泥水化热的基本原理。

（2）掌握直接法测定水泥水化热的方法。

二、实验原理

水泥和水后发生一系列物理与化学变化，并在与水反应的过程中放出大量的热，称为水化热，以焦/克（J/g）表示。水泥的水化热和放热速率都直接关系到混凝土的工程质量。由于混凝土的热导率低，水泥的水化热较易积聚，从而引起大体积混凝土工程内外有几十摄氏度的温差和巨大温度应力，致使混凝土开裂，腐蚀加速。为了保证大体积混凝土工程质量，必须将所用水泥的水化热控制在一定范围内。因此，水泥的水化热测试对水泥生产、使用、理论研究都是非常重要的，尤其是对大坝水泥，水化热的控制更是必不可少的。测试水泥水化热的方法较多，常用的有直接法和间接法。本实验采用直接法测定水泥的水化热。

水泥胶砂加水后，即发生水化反应，放出水化热。将胶砂置于热量计中，在热量计周围温度不变的条件下，直接测定热量计内水泥胶砂温度的变化，计算热量计内积蓄和散失热量的总和，从而求得水泥水化 7 天龄期的水化热。

三、实验仪器及试剂

测量水泥水化热所用的仪器及装置如图 9-2-1 所示。

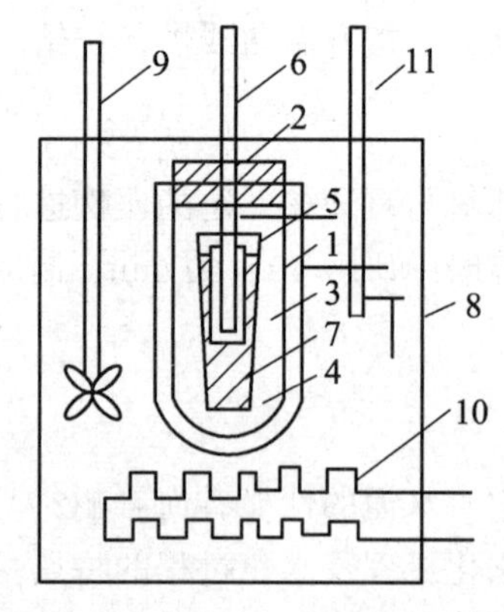

1—保温瓶；2—软木塞；3—玻璃套管；4—锥形圆筒；5—塑料薄膜；6—温度计；
7—水泥胶砂；8—恒温水槽；9—搅拌器；10—电热丝；11—水槽温度计。

图 9-2-1　直接法水化热装置示意图

（1）温度计：用标准温度计进行校核。

（2）软木塞盖：为防止热量计的软木塞渗水或吸水，其上、下表面及周围应用蜡涂封。

较大孔洞可先用胶泥堵封，然后再涂蜡。封蜡前先将软木塞中心钻一个插温度计用的小孔并称重，底面封蜡后再称其质量以求得蜡重，然后在小孔中插入温度计。温度计插入的深度应比热量计中心稍低一些，离软木塞底面约 12 cm，最后再用蜡封软木塞上表面以及与温度计间的空隙。

（3）套管：温度计在插入水泥胶砂中时，必须先插入一端封口的薄玻璃套管或铜套管，其内径较温度计大约 2 mm，长约 12 cm，以免温度计与水泥胶砂直接接触。

（4）保温瓶、软木塞、截锥形圆筒、温度计等均需编号并称重，每个热量计的部件不宜互换，否则需重新计算热量的平均热容量。

（5）水泥试样应充分拌匀，通过 0.9 mm 孔筛。标准砂应符合国标要求。实验用水必须是洁净的淡水。

四、实验步骤

1. 热量计的平均热容量 C 的计算

$$C=0.084\times g/2+0.882\times g_1/2+0.048g_2+0.397g_3+3.303g_4+1.670g_5+1.942V \quad (9\text{-}2\text{-}1)$$

式中，C 为不装水泥胶砂时热量计的热容量，J/°C；g 为保温瓶重，g；g_1 为软木塞重，g；g_2 为玻璃管重（如用铜管时，系数改为 0.095），g；g_3 为铜截锥形圆筒重（如用白铁皮制时，系数改为 0.46），g；g_4 为软木塞底面的蜡重，g；g_5 为塑料薄膜重，g；V 为温度计伸入热量计的体积，cm^3；1.924 为玻璃的容积比热容，J/（cm^3·°C）；其他各系数分别为所用材料的比热容，J/g·°C。

2. 热量计散热常数 K 的测定

实验前热量计各部件应预先在（20±2）°C 下恒温 24 h，首先在截锥形圆筒上面盖一块 16 cm×16 cm 中心带有圆孔的塑料薄膜，边缘向下折，用橡皮筋箍紧，移入热量计中，用漏斗向圆筒内注入 550 mL 温度约 45 °C 的温水，然后用备好的、插有温度计（带有玻璃或铜套管）的软木塞盖紧。在保温瓶与软木塞之间用蜡或胶泥密封以防止渗水，然后将热量计垂直固定于恒温水槽内进行实验。恒温水槽内的水温应始终保持在（20.0±0.1）°C，实验开始经 6 h 测定第一次温度 T_1（一般为 35 °C 左右），经 44 h 后测定第二次温度 T_2（一般为 21 °C 左右）。热量计散热常数 K 按下式计算：

$$K=(C+W)\frac{\lg\Delta T_1-\lg\Delta T_2}{0.434\Delta t} \quad (9\text{-}2\text{-}2)$$

式中，K 为散热常数，J/（h·°C）；W 为水量或热当量，J/°C；$W=mc$，m 为水的质量，g；c 为水的比热容，c=1 J/（g·°C）；C 为热量计的平均热容量，J/°C；ΔT_1 为实验开始 6 h 后热量计与恒温水槽的温度差，°C；ΔT_2 为实验开始 44 h 后热量计与恒温水槽的温度差，°C；Δt 为自 T_1 到 T_2 时所经过的时间，h。

3. 水泥胶砂水化热的测定

（1）为了保证热量计温度均匀，应采用胶砂进行实验。砂子采用中国 ISO 标准砂，水泥与砂子的配比根据水泥品种与标号选定，配比的选择宜参照表 9-2-1；胶砂在实验过程中，温度最高值应在 30 - 38 °C 范围内（即比恒温水槽的温度高 10 ~ 18 °C）。实验中胶砂温度的最大上升值小于 10 °C 或大于 18 °C，则必须改变配比，重新进行实验。

表 9-2-1　水泥品种与标准砂

水泥品种	水泥与砂子配比	
	425 等级	525 等级
硅酸盐大坝水泥、普通硅酸盐大坝水泥、硅酸盐水泥、普通硅酸盐水泥、抗硫酸盐水泥	1∶2.5	1∶3.0
矿渣大坝水泥、粉煤灰大坝水泥、矿渣硅酸盐水泥、火山灰质硅酸盐水泥、粉煤灰硅酸盐水泥	1∶1.5	1∶2.0

（2）胶砂的加水量：以水泥净浆的标准稠度（%）加系数 B（%）作为水泥用水量（%）。B 值根据胶砂配比而不同，如表 9-2-2 所示。胶砂的加水量为胶砂配比中水泥的质量乘以水泥用水量（%），即按下式计算：

$$W=G(P+B) \tag{9-2-3}$$

式中，W 为胶砂加水量，mL；G 为胶砂中水泥的质量，g；P 为水泥标准稠度加水量，%；B 为系数。

表 9-2-2　胶砂配比与 B 值

胶砂配比	1∶1.0	1∶1.5	1∶2.0	1∶2.5	1∶3.0	1∶3.5
B/%	0	0.5	1.0	3.0	5.0	6.0

（3）实验前，水泥、砂子、水等材料和热量计各部件均应预先在（20±2）°C 下恒温几小时。实验时，水泥与砂子干混合物总质量为 800 g，按选择的胶砂配比，计算水泥与标准砂用量。分别称量后，倒入拌和锅内干拌 1 min，移入已用湿布擦过的拌和锅内，按表 9-2-2 规定计算的胶砂加水量加水。湿拌 3 min 后，迅速将胶砂装入内壁已衬有牛皮纸衬注的截锥形圆筒内，粘在锅和勺上的胶砂用小块棉花擦净，一起放入截锥形圆筒中，并在胶砂中心钻一深约 12 cm 的孔，放入玻璃管或铜管以备插入温度计。然后盖上中心带有圆孔的塑料薄膜，用橡皮筋捆紧，将其置于热量计中，用插有温度计的软木塞盖紧。从加水时间起至软木塞盖紧应在 5 min 内完成，至 7 min 时（自加水时间算起），记录初始温度及时间。再在软木塞与热量计接缝之间封蜡或胶泥，封好后即将热量计放于恒温水槽中加以固定。水槽内水面应高出软木塞顶面 2 cm（注：牛皮纸衬的热容量可忽略不计）。

（4）热量计放入恒温水槽后，在温度上升的过程中，应每小时记录温度一次；在温度下降过程中，改为每 2 h 记录温度一次，温度继续下降或变化不大时改为 4 h 或 8 h 记录一次。实验进行到七昼夜时为止。

五、实验数据结果与分析

（1）根据所记录各时间与水泥胶砂的对应温度，以时间为横坐标（1 cm 为 5 h），温度为纵坐标（1 cm 为 1 °C）作图，并画出 20 °C 时水槽温度的恒温线。

恒温线与胶砂温度曲线间总面积（恒温线以上的面积为正面积，恒温线以下的面积为负面积）$\Sigma F_{0\text{-}x}$（h · °C）可按下列计算方法求得。

① 用求积仪求得。

② 把恒温线与胶砂温度曲线间的面积按几何形状划分为较小的三角形、抛物线、梯形面积 F_1、F_2、F_3 ···（h · °C）等分别计算，然后将其相加，因为 1 cm^2 等于 5 h · °C，所以总面积乘 5 即得 $\Sigma F_{0\text{-}x}$（h · °C）。

③ 近似矩形法。参照图 9-2-2，以 5 h（1 cm）作为一个计算单位，并作为矩形的宽度。矩形的长度（温度值）是通过面积补偿确定的。如图 9-2-2 所示，在补偿的面积中间选一点，这一点如能使一个计算单位的画实线面积与空白面积相等，那么这一点的高度便可作为矩形的长度，然后与宽度相乘即得矩形面积。将每一个矩形面积相加，再乘以 5，即得 $\Sigma F_{0\text{-}x}$（h · °C）的数值。

④ 用电子仪器自动记录和计算。

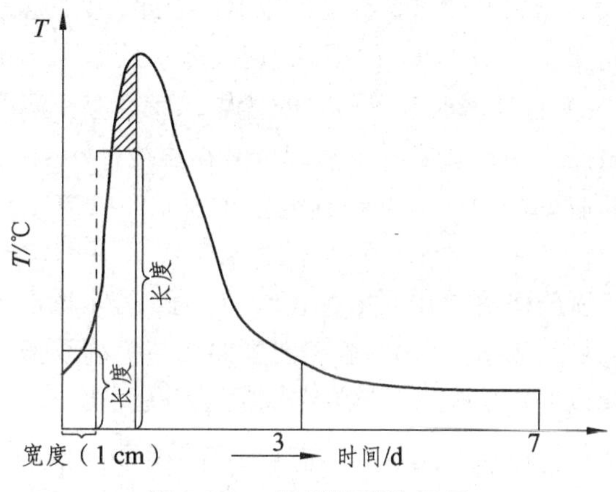

图 9-2-2　近似矩形法图例

（2）根据水泥与砂子质量、水量及热量计平均热容量 C，按下式计算装水泥胶砂后热量计的热容量 C_p（J/ °C）。

$$C_p=(0.840\times\text{水泥质量})+(0.840\times\text{砂质量})+(4.180\times\text{水质量})+C \quad (9\text{-}2\text{-}4)$$

（3）在一定龄期 x 时，水泥水化放出的总热量为热量计中积蓄热量和散失热量的总和 Q_x（J），按下式求得：

$$Q_x = C_p(t_x - t_0) + K\sum F_{0\text{-}x} \quad (9\text{-}2\text{-}5)$$

式中，Q_x 为装水泥胶砂后热量计的热容量，J/ °C；t_x 为水泥胶砂在龄期为 x 小时的温度，°C；t_0 为水泥胶砂的初始温度，°C；K 为热量计的散热常数，J/（h · °C）；$\sum F_{0\text{-}x}$ 为在 0 ~ 7 h 恒温水槽温度直线与胶砂温度曲线间的面积，h · °C。

（4）在一定龄期 x 时，水泥水化 q_x（J/g）按下式计算：

$$q_x = \frac{Q_x}{G} \quad (9\text{-}2\text{-}6)$$

式中，Q_x 为龄期为 x 时，水泥放出的总热量，J；G 为试验用水泥质量，g。

（5）水泥水化热实验结果必须采取两次实验的平均值并取整数，两次结果相差应小于 12.6 J/g。

（6）根据 GB/T 2022 规定，水泥水化 7 天龄期的水化热，可以测定水泥水化 3 天龄期的水化热，推算 7 天的水化热，但实验结果有争议时，以实测 7 天的方法为准。

六、影响因素与注意事项

（1）热量计散热常数 K 是从约 35 °C 降温至 21 °C，始末温差约 14 °C 的条件下测得的，K 值随始末温度的不同而异。为使 K 值能符合热量计在实测水化热过程中的散热情况，应保证胶砂最高温度值达 30 ~ 38 °C，使胶砂最高温度与恒温水槽水温 20 °C 相差（14±4）°C。为此，应根据水泥品种与标号按表 9-2-1 选择不同的胶砂比，调节水泥用量，以调整水泥水化放出的总热量。

（2）自胶砂拌水起至第 7 min 时的胶砂初始温度 T_0 应严格控制。初始温度太低，胶砂最高温度可能达不到 30 °C；初始温度太高，胶砂最高温度有可能超过 38 °C，容易造成实验返工。胶砂初始温度 T_0 主要受实验材料及热量计温度的影响。因此，实验前，水泥、标准砂、拌和水及热量计各部件均应预先在（20±2）°C 下恒温，使胶砂初始温度 T_0 尽量接近恒温水槽温度。

胶砂初始温度 T_0 规定为自加水时起 7 min 时读取，而且应使温度计能正确表示出水泥胶砂的温度。这一点在实验操作中往往容易被忽视，常在温度计刚插入就读取初始温度 T_0，使 T_0 读数不能正确表示当时胶砂的温度。如果 T_0 读数相差 0.5 ~ 1 °C，计算所得的水化热就可能相差 4.18 J/g 左右。

（3）恒温水槽温度必须严格控制在（20.0±0.1）°C 内，若水槽温度控制不严，会带来较大的误差。水化热中的 $F_{0\text{-}x}$ 是代表 0 ~ 1 h 内胶砂温度曲线与恒温水槽温度线之间的总面积。实验结果中恒温水槽温度线以 20 °C 画出。若恒温水槽实际温度比 20 °C 高 0.1 °C，则画出的 $F_{0\text{-}x}$ 要比实际的胶砂温度曲线与水槽温度线之间的面积大 $0.1\times\frac{x}{5}$（cm^2），即相当于增大 $0.1\times\frac{x}{5}\times 5=0.1x$（h·°C），计算出的水泥 7 天水化热要比实际水化热偏低 8.4 J/g 左右；反之，若恒温水槽实际温度为 19.9 °C 时，算出的 7 天水化热要比实际水化热偏低 8.4 J/g 左右。据此，若恒温水槽水温经常为（20±2）°C，则算得的 7 天水化热值的误差就可高达 16.8 J/g 左右。

（4）热量计及恒温水槽所使用的温度计都需经过校正，尤其需要确定两者之间的相对关系。如果热量计的温度计与水槽温度计存在 0.1 °C 误差时，与上述情况一样，将使 7 天的 $F_{0\text{-}166}$ 值相差 168×0.1 h·°C，计算的 7 天水化热将相差 8.4 J/g 左右。

（5）$F_{0\text{-}x}$ 面积的计算应很细致，若用划分小方块方法计算 $F_{0\text{-}x}$，小块面积越小，计算结果越正确。计算上 $F_{0\text{-}x}$ 值相差 5 ~ 10 h·°C 计算的水化热将相差 4.2 J/g 左右。

（6）热量计散热常数 K 测定得正确与否，将直接影响水泥水化热的计算结果。如果测得的 K 值与实际相差 4.2 J/（h·°C），算得 7 天水化热就可能相差 8.4 J/g 左右。因此，热量计散热常数务必严格按照 GB/T 2022 标准的有关规定准确测定。

（7）实验操作中必须注意将水泥胶砂搅拌均匀，并保证热量计严密封口，以防漏水。

七、思考题

（1）影响水泥水化热的因素有哪些？

（2）水化热的高低对水泥的使用有什么影响？

（3）除直接法外还有什么方法可以测定水泥的水化热？这些不同方法的区别和优缺点是什么？

实验三　水泥水化速率测定

一、实验目的

（1）了解水泥水化速率的测定原理。

（2）掌握水泥水化速率的测定方法。

二、实验原理

水泥水化速率测定的有硬化水泥中的水、作为水化物组成的化学结合水（以 OH^-或中性水分子形式存在，通过化学键或氢键与其他元素连接）和存在于孔隙中的非化学结合水。在一定温度、湿度条件下，化学结合水的量随水化物的增多而增多，即随水化程度的提高而增多。因此，可以通过硬化水泥与完全水化水泥的化学结合水量计算出硬化水泥的水化程度。

硬化水泥中的结合水，在高温灼烧条件下将完全脱去，利用这种性质，采用灼烧方法可以测出硬化水泥中的化学结合水量。由于硬化水泥的烧失量除化学结合水外，还包括非化学结合水和新鲜水泥中的烧失量，在进行硬化水泥的灼烧实验之前，必须事先除去试样中的非化学结合水，并测出新鲜水泥的烧失量。将已脱去非化学结合水的硬化水泥试样置于 950 °C左右的高温炉中灼烧至恒重，测出试样烧失量，它与新鲜水泥烧失量之差即为水泥化学结合水量。

用降低水蒸气压力或升高温度的方法，可将硬化水泥中的非化学结合水排除。由于钙矾石在水化初期已大量形成，且在 70 °C 以下已大量脱水，用升温干燥的方法将使化学结合水量测定值偏低，对早期化学结合水量影响尤为明显，因此，采用减压干燥为宜。减压干燥方法一般是把干冰干燥（D 干燥）方法看作是标准方法。在缺乏干冰干燥实验条件时，也可采用真空干燥器减压以除去非化学结合水（不能全部除去），只要真空度和抽真空时间等实验条件相对稳定，由此测得的水化程度仍有较好的可比性。本实验采用真空干燥器减压。

三、实验仪器及试剂

1. 实验仪器

分析天平、真空干燥器、高温炉、玛瑙研体、标准筛一套、养护器（玻璃干燥器内装入苏打石灰，以吸去养护器内空气中的二氧化碳，同时装入一定量的水，使养护器内相对湿度维持在 90%以上）。

2. 实验材料

水泥试样应充分拌匀，通过 0.9 mm 方孔筛，并记录筛余物；无水乙醇、丙酮或乙醛、蒸馏水。

四、实验步骤

1. 新鲜水泥烧失量的测定

称取约 1 g（准确至 0.000 2 g）预先烘干至恒重的水泥试样，置于已灼烧失重的瓷坩埚中，将盖斜置于坩埚上，放在高温炉内从低温开始逐渐升高温度，在 950 ~ 1 000 °C 的温度下灼烧 15 ~ 20 min，取出坩埚，置于干燥器中冷却至室温，称重。如此反复灼烧，直至恒重，水泥烧失量按下式计算：

$$L=\frac{G_1-G_2}{G_1} \qquad (9\text{-}3\text{-}1)$$

式中，L 为烧失量，%；G_1 为灼烧前试样的质量，g；G_2 为灼烧后试样的质量，g。

2. 硬化水泥试样的制备与养护

称取水泥试样 10 g，用滴管加入 5 mL 蒸储水调制成净浆（水灰比 0.5），将净浆装入内壁预先涂蜡的玻璃试管中（涂蜡是为了以后打碎试管时易于将玻璃和水泥石分开），放入养护器中养护，养护器温度必须维持在（20±3）°C。

3. 非化学结合水的分离

当硬化水泥养护到规定龄期时，打碎试管，取出已硬化的水泥试样，并用铁锤将水泥试样敲碎，加入 10 ~ 20 mL 无水乙醇，以终止水化，在玛瑙研钵中将试样磨细至全部通过 0.080 mm 的筛，用快速滤纸过滤，将水泥残渣再用无水乙醇洗涤 2 次，每次 10 ~ 15 mL，最后用丙酮或乙酸 10 ~ 15 mL 洗涤试样，过滤后将试样移入 50 °C 烘箱烘干 2 ~ 3 h，然后移入真空干燥器中，在 1.33×10^{-2} ~ 2.13×10^{-2} MPa（100 ~ 160 mmHg）下抽空 4 ~ 6 h（中间用玻璃棒搅拌试样一次），取出试样，置于干燥器中保存备用。

4. 化学结合水的测定

（1）准确称取经上述干燥处理后的硬化水泥试样 1 ~ 2 g（准确至 0.000 2 g），置于已灼烧恒重的瓷坩埚中，按第 1 步灼烧至恒重。

（2）水泥化学结合水量为单位质量干燥水泥所结合的水量，以干燥水泥质量的百分数表示。化学结合水量按下式计算：

$$x_1=\frac{G_1-G_2}{G_2}\times(100-L)-L \qquad (9\text{-}3\text{-}2)$$

式中，x_1 为硬化水泥化学结合水量，%；G_1 为硬化水泥灼烧前的试样量，g；G_2 为干燥硬化水泥灼烧后的试样量，g；L 为新鲜水泥的烧失量，%。

（3）取三个试样做平行实验，取其中两个最接近的结果，算出算术平均值作为检验结果。

5. 完全水化水泥试样的制备

将水泥反复调水、养护、粉碎、再调水、养护。此法可使水泥达到完全水化，当最后两次测得的化学结合水量不变时，说明水泥已达到完全水化的程度。一般情况下，有 5 次调水就能达到完全水化。

五、测定结果计算

（1）按上述测出完全水化水泥的化学结合水量。

（2）按下式计算出硬化水泥的水化程度：

$$K=x_1/x_2\times100\% \tag{9-3-3}$$

式中，K 为硬化水泥某一龄期的水化程度，%；x_1 为硬化水泥某一龄期的化学结合水量，%；x_2 为硬化水泥完全水化时的化学结合水量，%。

六、影响因素及注意事项

（1）硬化水泥中非化学结合水的干燥处理控制不当时，将影响化学结合水量测定的结果。硬化水泥在干燥后保留水量的多少，取决于试样的龄期、水泥的水化速率、水灰比和干燥条件。在不同条件下干燥时，保留的相对水量列于表 9-3-1 中，表中数据是以在无水过氯酸镁和四水过氯酸镁的混合物上干燥后的保留水量为 1 计算的。

表 9-3-1　不同干燥条件下保留的相对水量

干燥剂	25 °C 时的蒸气压/$\times10^{-6}$ MPa	在硬化硅酸盐水泥中保留水量的相对值	干燥剂	25 °C 时的蒸气压/$\times10^{-6}$ MPa	在硬化硅酸盐水泥中保留水量的相对值
$Mg(ClO_4)_2\cdot2H_2O$-$4H_2O$	1.07	1.0	−79 °C 的冰	0.06	0.9
P_2O_5	0.002	0.8	50 °C 加热		1.2
浓 H_2SO_4	0.40	1.0	105 °C 加热		0.9

由于没有一定的蒸气压能将凝胶水与化学结合水分开，加热至 105 °C 时，一些结晶水也会失去。因此，将硬化水泥中的水大体划分为非蒸发水和可蒸发水两类。样品在−79 °C 的干冰-酒精干燥条件下达到平衡时，能保留下来的水称为非蒸发水，不能保留下来的水则称为可蒸发水。非蒸发水可作为化学结合水的量度，但这是近似的，因为在此干燥条件下，钙矾石、六方晶系的水化铝酸钙以及水化硅酸钙中结合力较弱的部分结晶水都将脱去，使化学结合水量偏低。

本实验在 1.33×10^{-2} ~ 2.13×10^{-2} MPa 的条件下进行真空干燥，使钙矾石等的结晶水不受破坏，但凝胶水却不能全部排出，然而，利用在此干燥条件下水泥石中保留的水量来计算水化程度时，其结果仍有较好的可比性。

根据实验数据：1 体积水泥水化后可生成 2.2 体积水化物凝胶；凝胶水体积占凝胶实体积的 28%；化学结合水占水泥质量的 23%。

设实验用新鲜水泥实体积为 V，水泥密度为 γ，硬化水泥水化程度为 K，在 1.33×10^{-2} ~ 2.13×10^{-2} MPa 下真空干燥后残留于水化物凝胶中的凝胶水与原凝胶水之比值为 D。则硬化水泥中生成凝胶实体积为 $2.2KV$，完全水化水泥中生成凝胶实体积为 $2.2V$。干燥后硬化水泥石保留水分 G_h 为

$$G_h=\text{化学结合水}+\text{残留凝胶水}=0.23KV\gamma+0.28\times2.2KVD$$

干燥后完全水化水泥石中保留水分 G 为

$$G=\text{化学结合水}+\text{残留凝胶水}=0.23V\gamma+0.28\times2.2VD$$

$$\frac{G_{\mathrm{h}}}{G}=\frac{KV(0.23\gamma+0.28\times2.2D)}{V(0.23\gamma+0.28\times2.2D)}=K$$

（2）在整个实验过程中应防止试样受热碳化。硬化水泥中有 $Ca(OH)_2$，在一定湿度条件下，它与空气中的 CO_2 作用生成 $CaCO_3$ 和 H_2O，使化学结合水减少。为了防止 CO_2 对试样的影响，试样养护器中应装入苏打石灰，以吸除空气中的 CO_2。

（3）在做新鲜水泥的烧失量和硬化水泥的化学结合水量实验时，灼烧温度必须保持在 950 ~ 1 000 °C，灼烧时间应控制相同（一般为 15 ~ 20 min），所用的坩埚必须恒重，否则将影响测定结果的精度。

七、思考题

（1）简述化学结合水和非化学结合水测试温度选择的依据。

（2）如何确定水泥完全水化？

（3）实验过程中水泥碳化试样的原理是什么？如何防止试样碳化？

实验四　水泥岩相分析

一、实验目的

（1）了解硅酸盐水泥熟料矿物的岩相特征及影响这些岩相特征的一般工艺因素。

（2）掌握光片制作和浸蚀基本操作。

（3）学会在显微镜上测定矿物粒度及百分含量的方法。

二、实验原理

普通硅酸盐水泥熟料及其结构不仅直接关系到水泥质量优劣的评定，而且关系到原料、粉磨、均化、烧成、冷却等整个工艺流程是否合理。因此对水泥熟料进行矿物组成及显微结构分析显得尤为重要。

普通硅酸盐水泥中的主要物相组分有 A 矿、B 矿、中间体（铁相和铝相），次要成分主要是游离氧化钙（f-CaO）和氧化镁。

A 矿又名阿里特，是含有少量 MgO、Al_2O_3 和 Fe_2O_3 的硅酸三钙 $3CaO \cdot SiO_3$（C_3S）固溶体，在正常的普通水泥熟料中其含量一般大于 50%。A 矿的常见外形有以下几种：① 六角板状和柱状，在燃烧温度高、冷却速度较快的高质量熟料中较常见。② 长柱状，这种晶体在一维方向上伸得特别长，切面上长宽比在 3 以上。这种形态的 A 矿往往在中间相特别多的熟料中，尤其是在铁含量高的熔融水泥熟料和碱性钢渣中较为多见。③ 针状，在三维的一个方向特别长，两个方向特别短，往往呈凤尾状排列，一般在强还原气氛下存在大量液相时快速生长而成。④ 含有大量包裹物的 A 矿，当煅烧含有燧石结构时，特别是含石灰时存在。⑤ 熔蚀严重的 A 矿，由于 A 矿晶体很大，没有完整的棱角，因而形成像蚕食桑叶形状。在凹缺口旁边有时还出现 B 矿，这种 A 矿的形成往往是因为酸性较强的液相，在慢冷的条件下对 A 矿熔蚀的结果。⑥ 具有 B 矿花环的 A 矿，在 A 矿晶体周围有一圈极小的 B 矿，这种 B 矿是熟料在慢冷过程中由 A 矿分解而成的。

B 矿又名贝里特，是含有少量 Fe_2O_3、Al_2O_3、R_2O 等微量组分的硅酸二钙 $2CaO \cdot SiO_2$（C_2S）固溶体。在正常的普通硅酸盐水泥熟料中其含量为 10% ~ 30%，有时远远超出此范围。B 矿的常见外形有以下几种：① 表面光滑的圆粒 B 矿，在正常情况下，B 矿均呈圆粒状，像是圆形的石灰石颗粒的假晶。这种没有条纹的 B 矿是由氧化物直接化合而成的原始产物，在冷却过程中也没有发生晶型的转变。② 具有各种交叉条纹的 B 矿，它是由几组结晶方位彼此不同的薄片交叉连生而成的。细交叉条纹的 B 矿经常在煅烧温度较高、冷却速度较快的高质量熟料中出现；粗交叉条纹的 B 矿出现在煅烧温度较高、冷却速度较慢的熟料中。③ 麻面状 B 矿，这种 B 矿表面有许多小麻点，有时还呈规则的定向排列。它们是在 B 矿液体形成后离析出来的结晶成分（主要是 A 矿，其次是铁相）。④ 脑状 B 矿，其表面有许多龟裂纹，貌似脑子，故得此名。它们是由于冷却速度较快，由引力作用所引起的裂纹。⑤ 骨骼状 B 矿，这种 B 矿面积较小，排列成肋骨状，多是在 Ca^{2+}浓度较低的高温液相中溶解后冷却再结晶的产物。⑥ 树叶状 B 矿，一种单瓣的，而且互相靠得很近的树叶状的结构。这种 B 矿，往往是在含有大量液相，尤其是在高铝氧率的熟料中或在还原气氛的熟料中容易看到。

中间相（体），填充在 A 矿和 B 矿中间的物质总称为中间相，其成分主要有铝相、铁相及组成不定的玻璃质和碱质化合物。中间相的含量在正常的普通硅酸盐水泥熟料中占 20%左右。① 铁相（C 矿）又名才利特，是 C_2F 和 C_6A_2F 的边界固溶体，主要成分有铁铝酸四钙，因其反射光下有较强的反光能力，呈现白色，故又名白色中间相，常呈叶片状、柱状、圆粒状或其他不规则状，属斜方晶系。② 铝相等轴晶系，普通硅酸盐水泥熟料中的铝相是成分相当于铝酸三钙的化合物，在反光镜下由于其反射能力弱，呈现灰色，故名黑色中间相。熟料中黑色中间相的外形有以下几种：点滴状，多数存在于快冷的高质量熟料中；长条状，多数存在于碱含量较高的熟料中；矩形，存在于铝含量高、冷却速度慢的熟料中；片状，常存在于慢冷熟料中（或用煤过多烧出的熟料）。

次要成分，主要有游离氧化钙（f-CaO）和方镁石。两者都是水泥中的有害成分。① 游离氧化钙（f-CaO）呈圆粒状，晶体较大，为 10 ~ 20 μm，往往聚集成堆分布，这是由于 $CaCO_3$ 加热分解出来未化合的氧化钙。二次游离氧化钙是由于慢冷和还原气氛使 A 矿分解而成的，它们结晶非常细小，在立窑熟料中常见，在回转窑中罕见。② 方镁石是水泥熟料中呈游离状态的 MgO，在反光镜下颇易观察，其特点是：突起高，边缘有一黑边，一般呈三角形、四边形等多角形，适当关小视场光栅，则呈粉红色。

孔，任何正常水泥熟料中都含有很多孔，在埋铸试样时孔被埋铸材（树脂、硫黄等）所填充。由于埋铸材反射能力不同，孔会反射得亮些或暗些，但都成光滑的和没有结构的表面。在反光镜下，未被填充的孔呈黑色。升降镜筒时，孔的边界有放大或缩小的现象。也有孔只有部分被埋铸材填充，或者可能含有气泡，这时呈圆的黑点。在磨平过程中，研磨剂也会抹到孔中，在显微镜下呈漫反射，而且着上研磨剂的颜色，氧化铝为白色，氧化铬为绿色。

三、实验仪器及试剂

实验仪器：磨片机、磨片玻璃板、抛光机、抛光板、金相显微镜、鹿皮、电吹风、铁锤、光片模具、电炉、瓷坩埚、机油、油刷。

实验试剂：水泥熟料光片、抛光粉、无水乙醇、100# ~ 1 000#金刚砂（SiC）、硫黄粉、滤纸、浸蚀剂（1%硝酸酒精溶液）、蒸馏水、1%氢氧化钾溶液。

四、实验步骤

1. 水泥熟料光片的制备

（1）将光片模具内薄薄涂一层机油。

（2）用铁锤将水泥熟料敲成小块（3 ~ 5 mm），取 3 ~ 5 粒均匀分散置于光片模具底部。

（3）将盛有硫黄粉的瓷坩埚放在电炉上加热至硫黄熔融。

（4）将熔融硫黄倒入光片模具中（注意勿冲乱原来矿粒位置），待硫黄冷却凝固后，脱模出来即成光片。

（5）将脱模后的光片在玻璃板和磨片机上用金刚砂加水进行粗磨、中磨、细磨，至光片表面平整，磨痕细而均匀为止。

（6）将磨好的光片在抛光机或抛光板上用抛光粉加滴无水乙醇反复抛光以除去表面磨痕，使之光滑如镜，无明显擦痕，在300倍镜下可见矿物大致轮廓，则光片制成。

2. 光片的浸蚀

在水泥熟料光片的表面，在抛光过程中常形成一层非晶质薄膜覆盖其上。薄膜的厚度为数埃到数十埃。这种薄膜填充于矿物的解理、裂隙和晶粒之间的空隙中，使矿物连成一片，以致看不出晶粒内部的构造与晶粒的界限，在用各种不同的一定浓度的化学试剂与矿物抛光面接触时，将产生破坏光面的反应，首先将非晶质薄膜溶解掉，接着是晶粒边界被腐蚀及矿物表面的反应，使光片内矿物和熟料的显微结构呈现出来，并使矿物着色及溶蚀产生沉淀。在浸蚀过程中，要注意浸蚀剂种类、浓度和浸蚀时间的选择。

普通硅酸盐水泥熟料常用的浸蚀剂和浸蚀条件如表9-4-1所示。

表9-4-1 常用硅酸盐水泥熟料浸蚀剂和浸蚀条件

编号	浸蚀剂名称	浸蚀条件	显形的矿物特征
1	无	不浸蚀，直接观察	方镁石：突起较高，周围有一黑边，呈粉红色； 金属铁：反射率高，呈亮白色
2	蒸馏水	20°C、3 s	游离氧化钙：呈彩色； 黑色中间相：呈蓝色、棕色、灰色
3	1%氯化铵水溶液	20°C、3～5 s	A矿：呈蓝色，少数呈浅棕色； B矿：呈浅棕色； 游离氧化钙：呈彩色麻面； 氧化钙：受轻微浸蚀； 黑色中间相：呈灰黑色 白色中间相：呈不受侵蚀
4	1%硝酸酒精溶液	20°C、3 s	A矿：呈深棕色； B矿：呈黄褐色； 游离氧化钙：受轻微浸蚀； 黑色中间相：呈深灰色
5	10%氢氧化钾水溶液	20°C、15 s	黑色中间相（包括高铁玻璃相）：呈棕色、蓝色； 白色中间相：不受浸蚀
6	10%硫酸镁水溶液	20°C、3 s后用蒸馏水和酒精各洗5次	A矿：呈天蓝色； B矿及其他矿物：不受浸蚀

3. 水泥熟料的鉴定

（1）将熟料光片放在显微镜下观察，如光面已风化变为模糊不清，则应重新抛光。注意区别矿物的孔洞。

（2）光片不浸蚀，直接在显微镜上观察金属铁和方镁石晶体。金属若来自熟料，则呈圆粒状分布于熟料内；若来自机械混入，则呈多角形，填充于裂隙或孔洞内。金属铁反射率较强，呈亮白色。方镁石晶体呈圆粒状或多角形，其硬度大，突起高，周围有小黑边，呈粉红色。

（3）用蒸馏水浸蚀光片 2～3 min，可见到粉红色圆粒状游离氧化钙，有的成堆聚集，有的成包裹体存在于 A 矿中，有的成细分散状态，还可见到呈蓝色或棕色的黑色中间相 C_3A，它们呈点滴状、片状或点线状等。

（4）用 1%硝酸酒精溶液浸蚀 2～3 s，在显微镜下观察 A 矿、B 矿，浸蚀适中时，A 矿呈深棕色，为板状、柱状的白形晶；B 矿呈黄褐色，粒状，有时有双晶纹；白色中间相呈亮黄白色，若浸蚀过度，必须重新抛光再进行浸蚀。

4. 矿物颗粒直径分析测定

（1）选择有代表性的颗粒。

（2）移动光片或转动目镜，使欲测的颗粒直径对准目镜尺，读出与颗粒直径相当的刻度格数，再乘以目镜微尺每小格的实际长度，即得出矿物颗粒的直径的大小。

（3）分别测定指定的水泥熟料光片中 A 矿、B 矿的颗粒。如遇形状不规则颗粒，粒径大小可取平均值表示，若长短大小悬殊，如针状或长柱状晶体，以长宽表示。对每一种颗粒尺寸的测量，需进行数十次测量时要记录其最大、最小以及颗粒级配情况。

5. 矿物百分含量的测定

先测定该矿物所占面积（在某一区域内）的百分数，由于试片的厚度均匀（注意：光片中各矿物的厚度是假定为相同的），所以，面积百分数与体积百分数成正比。然后，再乘以矿物的密度，换算成百分数。随着现代科学技术的发展，测定矿物的百分含量的方法也越来越先进，如电动求积仪、电子计算机、面积法、油浸法、直线法、计点法。但是在科研和生产的实际工作中，广大科技工作者更多的还是采用简便的目估方法。

1）面积法

用带有网格板的目镜，观察视域中各矿物所占的方格数，记录下来，然后将薄片或光片再移动一个位置，连续测定，直至光片或薄片全部（或某一区域）测完为止，将同一矿物所占的方格数相加与总的表面积相比，以百分数表示便是该矿物的面积百分数。根据面积百分数与体积百分数成正比的原理，体积百分数的计算公式如下：

$$V=\frac{\rho}{\Sigma\rho}\times 100\% \tag{9-4-1}$$

式中，V 为欲测矿物的体积百分数，%；$\Sigma\rho$ 为试样中各种矿物格子数总和；ρ 为欲测矿物在各视域中所占格子数总和。

2）目估法

用已知百分数的标准图册来进行比较，估计矿物的百分含量。

百分数标准图册的制作原理：将一个圆形的纸分别剪取 1%、2%…10%、20%…，并剪成各种形状贴在与原来圆形纸同样大小的圆内即成。

与面积法相同，根据面积百分数与体积百分数成正比的原理，将体积百分数换算成质量百分数。其公式如下：

$$D_1=\frac{d_1V_1}{d_1V_1+d_2V_2+\ldots+d_nV_n} \tag{9-4-2}$$

式中，D_1 为相 1 的质量百分数；d_1、d_2、d_n 为相 1、相 2、相 n 的密度；V_1、V_2、V_n 为相 1、相 2、相 n 的百分数。

可用目估法测定指定的水泥熟料光片中 A 矿、B 矿的百分含量。

五、测定结果计算

实验结果记录于表 9-4-2 中。

表 9-4-2　实验数据

<table>
<tr><td rowspan="2">熟料名称</td><td colspan="8">观察结果</td></tr>
<tr><td>A 矿</td><td>B 矿</td><td>黑色中间相</td><td>白色中间相</td><td>f-CaO</td><td>方镁石</td><td>孔洞</td><td>其他</td></tr>
<tr><td></td><td></td><td></td><td></td><td></td><td></td><td></td><td></td><td></td></tr>
<tr><td></td><td></td><td></td><td></td><td></td><td></td><td></td><td></td><td></td></tr>
<tr><td></td><td></td><td></td><td></td><td></td><td></td><td></td><td></td><td></td></tr>
<tr><td rowspan="2">视域
编号</td><td colspan="8">矿物体积分数</td></tr>
<tr><td colspan="2">A 矿</td><td colspan="2">B 矿</td><td colspan="2">中间体</td><td>f-CaO</td><td>其他</td></tr>
<tr><td>1
2
3
4
5
…</td><td colspan="2"></td><td colspan="2"></td><td colspan="2"></td><td></td><td></td></tr>
<tr><td>平均</td><td colspan="2"></td><td colspan="2"></td><td colspan="2"></td><td></td><td></td></tr>
</table>

六、思考题

（1）如何利用显微镜鉴定硅酸盐水泥熟料中的主要物相？

（2）为什么矿物的面积百分数与体积百分数成正比？

（3）慢冷、还原气氛的熟料矿物各有何特征？

第十章 混凝土的制备及性能测试

混凝土是以水泥、水、细骨料、粗骨料，必要时掺入化学外加剂和矿物质混合材料，按适当比例配合，经过均匀拌制、密实成型及养护硬化而成的人工石材。本章介绍了普通混凝土配合比设计及拌和工艺，静态力学性能、受压徐变和抗压疲劳变形的测定方法。通过本章实验的学习，学生可以熟练掌握混凝土配合比设计和拌和工艺流程，掌握混凝土静态力学性能、受压徐变和抗压疲劳变形的测定方法。

实验一 普通混凝土配合比设计及拌和实验

一、实验目的

（1）掌握混凝土配合比设计的原理、步骤。

（2）能够熟练进行混凝土配合比设计。

（3）掌握普通混凝土混合料的实验室拌和方法。

二、实验原理

1. 普通混凝土配合比设计

混凝土配合比设计是根据工程要求、结构形式、施工条件和采用的原材料，确定经济合理的混凝土组分，即粗细集料、水、水泥、掺合料和外加剂的比例。

混凝土配合比设计的基本要求是保证工程结构设计所要求的强度等级要求；混凝土混合料应当满足施工要求的工作性；满足载荷特性以及气候环境特征对工程结构提出的抗疲劳、抗冻、抗渗、抗侵蚀等耐久性能要求；同时满足经济性原则。

混凝土配合比设计的三个基本参数是水灰比、单位用水量和砂率。

（1）水灰比（W/C）是指单位混凝土拌和物中，水与水泥的质量之比，它对塑性混凝土的强度发展起着决定性作用。

（2）单位用水量是指每立方米混凝土中水量的多少，它直接影响混凝土的流动性、黏聚性、保水性和混凝土的密实度、强度。

（3）砂率是指砂在集料（砂、石）中所占的比例，即砂质量与砂、石总质量之比。合理计算与选择砂率，就是要求能够使砂、石、水泥浆互相填充，保证混凝土的流动性、黏聚性、保水性等，既能使混凝土达到最大的密实度，又能使水泥用量降为最低。因此，砂率的确定，除进行计算外，还需进行必要的实验调整，从而确定最佳砂率，即单位水量和水泥用量减到最少，而混凝土拌和物具有最好的工作性能。

三个基本参数确定的原则是在满足混凝土强度和耐久性要求的基础上，决定混凝土的水灰比；在满足混凝土混合料工作性要求的基础上，按粗骨料种类和规格决定混凝土的单位用水量；以填充粗骨料空隙后略有富余的原则来决定砂率。

混凝土配合比设计以计算 1 m^3 混凝土中各材料用量为基准，计算时，骨料以干燥状态（粗骨料含水率＜0.2%，细骨料含水率＜0.5%）为基准，如需要以饱和面干状态的骨料为基准进行计算，应当相应作出调整。计算混凝土的体积和表观密度时，混凝土外加剂的体积和质量可忽略不计（掺量甚微）。

2. 混凝土拌和

（1）拌制混凝土的原材料应符合技术要求，并与实际施工材料相同，在拌和前材料的温度应与室温相同，宜保持在（20±5）°C，水泥如有结块，应过 0.9 mm 筛后方可使用。

（2）配料时以质量计，称量精度要求：砂、石为±0.5%，水、水泥及外加剂为±0.3%。

（3）砂、石骨料质量以干燥状态为基准。

（4）在计算配合比的基础上进行试拌。计算水胶比宜保持不变，并应通过调整配合比其他参数使混凝土拌和物性能符合设计和施工要求，然后修正计算配合比，提出试拌配合比。

（5）在试拌配合比的基础上应进行混凝土强度实验，并应符合下列规定：

① 应采用三个不同的配合比，其中一个应为确定的试拌配合比，另外两个配合比的水胶比宜较试拌配合比分别增加和减少 0.05；用水量应与试拌配合比相同；砂率可分别增加和减少 1%；

② 进行混凝土强度实验时，拌和物性能应符合设计和施工要求。

③ 进行混凝土强度实验时，每个配合比应至少制作一组试件，并应标准养护到 28 天或设计规定龄期时试压。

三、实验仪器及试剂

混凝土搅拌机、台秤、量筒、天平、拌铲与拌板等。

四、实验步骤

1. 确定水胶比

（1）当混凝土强度等级小于 C60 时，混凝土水胶比宜按下式计算：

$$W/B=\frac{\alpha_a f_b}{f_{cu,0}+\alpha_a\alpha_b f_b} \tag{10-1-1}$$

式中，W/B 为混凝土水胶比；α_a、α_b 为回归系数，按表 10-1-1 的规定取值；f_b 为胶凝材料 28 天胶砂抗压强度，MPa，可实测，且实验方法应按现行《水泥胶砂强度检验方法（ISO 法）》（GB/T 17671—2021）执行，也可按规定计算。

表 10-1-1　回归系数（α_a、α_b）取值

回归系数	碎石	卵石
α_a	0.53	0.49
α_b	0.20	0.13

（2）回归系数（α_a、α_b）宜按下列规定确定：

① 根据工程所使用的原材料，通过实验建立的水胶比与混凝土强度关系式来确定。

② 当不具备上述实验统计资料时，可按表 10-1-1 选用。

（3）当胶凝材料 28 天胶砂抗压强度值（f_b）无实测值时，可按下式计算：

$$f_b = \gamma_f \gamma_s f_{ce} \tag{10-1-2}$$

式中，γ_f、γ_s 为粉煤灰影响系数和粒化高炉矿渣粉影响系数，可按表 10-1-2 选用；f_{ce} 为水泥 28 天胶砂抗压强度，MPa，可实测，也可按规定计算。

表 10-1-2　粉煤灰影响系数（γ_f）和粒化高炉矿渣粉影响系数（γ_s）

掺量/%	粉煤灰影响系数 γ_f	粒化高炉矿渣粉影响系数 γ_s
0	1.00	1.00
10	0.85 ~ 0.95	1.00
20	0.75 ~ 0.85	0.95 ~ 1.00
30	0.65 ~ 0.75	0.90 ~ 1.00
40	0.55 ~ 0.65	0.80 ~ 0.90
50	—	0.70 ~ 0.85

（4）当水泥 28 天胶砂抗压强度（f_{ce}）无实测值时，可按下式计算：

$$f_{ce} = \gamma_c f_{ce,g} \tag{10-1-3}$$

式中，γ_c 为水泥强度等级值的富余系数，可按实际统计资料确定，当缺乏实际统计资料时，也可按表 10-1-3 选用；$f_{ce,g}$ 为水泥强度等级值，MPa。

表 10-1-3　水泥强度等级值的富余系数（γ_c）

水泥强度等级	32.5	42.5	52.5
富余系数	1.12	1.16	1.10

2. 确定用水量和外加剂用量

（1）每立方米干硬性或塑性混凝土的用水量（m_{W0}）应符合下列规定：

① 混凝土水胶比在 0.40 ~ 0.80 时，可按表 10-1-4 和表 10-1-5 选取。

表 10-1-4　干硬性混凝土的用水量　　单位：kg/m³

拌和物稠度		卵石最大公称粒径			碎石最大公称粒径		
项目	指标	10.0 mm	20.0 mm	40.0 mm	16.0 mm	20.0 mm	40.0 mm
维勃稠度	16 ~ 20 s	175	160	145	180	170	155
	11 ~ 15 s	180	165	150	185	175	160
	5 ~ 10 s	185	170	155	190	180	165

表 10-1-5　塑性混凝土的用水量　　单位：kg/m³

拌和物稠度		卵石最大公称粒径				碎石最大公称粒径			
项目	指标	10.0 mm	20.0 mm	31.5 mm	40.0 mm	16.0 mm	20.0 mm	31.5 mm	40.0 mm
维勃稠度	10 ~ 30 mm	190	170	160	150	200	185	175	165
	35 ~ 50 mm	200	180	170	160	210	195	185	175
	55 ~ 70 mm	210	190	180	170	220	205	195	185
	75 ~ 90 mm	215	195	185	175	230	215	205	195

② 混凝土水胶比小于 0.40 时，可通过实验确定。

（2）掺外加剂时，每立方米流动性或大流动性混凝土的用水量（m_{W0}）可按下式计算。

$$m_W = m'_{W0}(1-\beta) \tag{10-1-4}$$

式中，m_{W0} 为计算配合比每立方米混凝土的用水量，kg/m³；m'_{W0} 为未掺外加剂时推定的满足实际坍落度要求的每立方米混凝土的用水量，kg/m²，以表 10-1-5 中 90 mm 坍落度的用水量为基础，按每增大 20 mm 坍落度相应增加 5 kg/m³ 用水量来计算，当坍落度增大到 180 mm 以上时，随坍落度相应增加的用水量可减少；β 为外加剂的减水率，%，应经混凝土实验确定。

（3）每立方米混凝土中外加剂用量（m_{a0}）应按下式计算。

$$m_{a0} = m_{b0}\beta_a \tag{10-1-5}$$

式中，m_{a0} 为计算配合比每立方米混凝土中外加剂用量，kg/m³；m_{b0} 为计算配合比每立方米混凝土中胶凝材料用量，kg/m³；β_a 为外加剂掺量，%，应经混凝土实验确定。

3. 确定胶凝材料、矿物掺合料和水泥用量

（1）每立方米混凝土的胶凝材料用量（m_{b0}）应按下式计算，并应进行试拌调整，在拌和物性能满足的情况下，取经济合理的胶凝材料用量。

$$m_{b0} = \frac{m_{W0}}{W/B} \tag{10-1-6}$$

式中，m_{b0} 为计算配合比每立方米混凝土中胶凝材料用量，kg/m³；m_{W0} 为计算配合比每立方米混凝土的用水量，kg/m³；W/B 为混凝土水胶比。

（2）每立方米混凝土的矿物掺合料用量（m_{f0}）应按下式计算：

$$m_{f0} = m_{b0}\beta_f \tag{10-1-7}$$

式中，m_{f0} 为计算配合比每立方米混凝土中矿物掺合料用量，kg/m³；β_f 为矿物掺合料掺量，%。

（3）每立方米混凝土的水泥用量（m_{c0}）应按下式计算：

$$m_{c0} = m_{b0} - m_{f0} \tag{10-1-8}$$

式中，m_{c0} 为计算配合比每立方米混凝土中水泥用量，kg/m³。

4. 确定砂率

（1）砂率（β_s）应根据骨料的技术指标、混凝土拌和物性能和施工要求，参考既有历史资料确定。

（2）当缺乏砂率的历史资料时，混凝土砂率的确定应符合下列规定：

① 坍落度小于 10 mm 的混凝土，其砂率应经实验确定。

② 坍落度为 10 ~ 60 mm 的混凝土，其砂率可根据粗骨料品种、最大公称粒径及水胶比按表 10-1-6 选取。

③ 坍落度大于 60 mm 的混凝土，其砂率可经实验确定，也可在表 10-1-6 的基础上，按坍落度每增大 20 mm 砂率增大 1%的幅度予以调整。

表 10-1-6　混凝土的砂率　　单位：%

水胶比	卵石最大公称粒径			碎石最大公称粒径		
	10.0 mm	20.0 mm	40.0 mm	16.0 mm	20.0 mm	40.0 mm
0.40	26 ~ 32	25 ~ 31	24 ~ 30	30 ~ 35	29 ~ 34	27 ~ 32
0.50	30 ~ 35	29 ~ 34	28 ~ 33	33 ~ 38	32 ~ 37	30 ~ 35
0.60	33 ~ 38	32 ~ 37	31 ~ 36	36 ~ 41	35 ~ 40	33 ~ 38
0.70	36 ~ 41	35 ~ 40	34 ~ 39	39 ~ 44	38 ~ 43	36 ~ 41

5. 确定粗、细骨料用量

（1）当采用质量法计算混凝土配合比时，粗、细骨料用量和砂率应按下式计算。

$$m_{f0}+m_{c0}+m_{g0}+m_{s0}+m_{w0}=m_{cp} \tag{10-1-9}$$

$$\beta_s=\frac{m_{s0}}{m_{g0}+m_{s0}}\times 100\% \tag{10-1-10}$$

式中，m_{g0} 为计算配合比每立方米混凝土的粗骨料用量，kg/m^3；m_{s0} 为计算配合比每立方米混凝土的细骨料用量，kg/m^3；β_s 为砂率，%；m_{cp} 为每立方米混凝土拌和物的假定质量，kg，可取 2 350 ~ 2 450 kg/m^3。

（2）当采用体积法计算混凝土配合比时，砂率的计算公式与质量法相同，粗、细骨料用量应按下式计算：

$$\frac{m_{c0}}{\rho_c}+\frac{m_{f0}}{\rho_f}+\frac{m_{g0}}{\rho_g}+\frac{m_{s0}}{\rho_s}+\frac{m_{w0}}{\rho_w}+0.01\alpha=1 \tag{10-1-11}$$

式中，ρ_c 为水泥密度，kg/m^3，可按《水泥密度测定方法》（GB/T 208—2014）测定，也可取 2 900 ~ 3 100 kg/m^3；ρ_f 为矿物掺合料密度，kg/m^3，可按《水泥密度测定方法》（GB/T 208—2014）测定；ρ_g 为粗骨料的表观密度，kg/m^3，应按《普通混凝土用砂、石及检验方法标准》（JGJ 52—2006）测定；ρ_s 为细骨料的表观密度，kg/m^3，应按《普通混凝土用砂、石及检验方法标准》（JGJ 52—2006）测定；ρ_w 为水的密度，kg/m^3，可取 1 000 kg/m^3；α 为混凝土的含气量百分数，在不使用引气剂或引气型外加剂时，α 可取 1。

6. 普通混凝土混合料拌和

1）人工拌和

（1）按所定配合比称取各材料用量。每组材料的用量根据粗骨料最大粒径按表 10-1-7 选用。

表 10-1-7 拌和材料用量

试件尺寸/（mm×mm×mm）	骨料最大粒径/mm	制模每组用料/kg
100×100×100	26.5	9
150×150×150	37.5	30
200×200×200	53.0	65

（2）将拌板和拌铲用湿布润湿后，把称好的砂倒在铁拌板上，然后加水泥，用铲自拌板一端翻拌至另一端，如此重复，拌至颜色均匀，再加入石子翻拌混合均匀。

（3）将干混合料堆成堆，在中间作一凹槽，将已称量好的水倒一半左右在凹槽中，仔细翻拌，注意勿使水流出。然后再加入剩余的水，继续翻拌，其间每翻拌一次，用拌铲在拌和物上铲切一次，直至均匀为止。

（4）拌和时力求动作敏捷，拌和时间自加水时算起，应符合标准规定，拌和物体积为 30 L 时拌 4 ~ 5 min，30-50 L 时拌 5 ~ 9 min，51 ~ 75 L 时拌 9 ~ 12 min。

2）机械搅拌

（1）按所定配合比称取各材料用量。每盘混凝土试配的最小搅拌量应符合表 10-1-8 的规定，并不应小于搅拌机公称容量的 1/4 且不应大于搅拌机公称容量。

表 10-1-8 混凝土试配的最小搅拌量

粗骨料最大公称粒径/mm	拌和物量/L
≤31.5	20
40	25

（2）用按配合比称量的水泥、砂、水及少量石子在搅拌机中预拌一次，使水泥砂浆部分黏附在搅拌机的内壁及叶片上，并刮去多余砂浆，以免影响正式搅拌时的配合比。

（3）依次向搅拌机内加入石子、砂和水泥，开动搅拌机干拌均匀后，再将水徐徐加入，全部加料时间不超过 2 min，加完水后再继续搅拌 2 min。

（4）将拌和物自搅拌机卸出，倾倒在铁板上，再经人工拌和 2 ~ 3 次，即可做拌和物的各项性能实验或成型实验。从开始加水起，全部操作必须在 30 min 内完成。

7. 混凝土配合比的调整与确定

（1）配合比调整应符合下列规定。

① 根据混凝土强度实验结果，宜绘制强度和胶水比的线性关系图或插值法确定略大于配制强度对应的胶水比。

② 在试拌配合比的基础上，用水量（m_w）和外加剂用量（m_a）应根据确定的水胶比做调整。

③ 胶凝材料用量（m_b）应以用水量乘以确定的胶水比计算得出。

④ 粗骨料和细骨料用量（m_g 和 m_s）应根据用水量和胶凝材料用量进行调整。

（2）混凝土拌和物表观密度和配合比校正系数的计算应符合下列规定。

① 配合比调整后的混凝土拌和物的表观密度应按下式计算：

$$\rho_{c,c} = m_c + m_f + m_g + m_s + m_w \tag{10-1-12}$$

式中，$\rho_{c,c}$为混凝土拌和物的表观密度计算值，kg/m³；m_c为每立方米混凝土的水泥用量，kg/m³；m_f为每立方米混凝土的矿物掺合料用量，kg/m³；m_g为每立方米混凝土的粗骨料用量，kg/m³；m_s为每立方米混凝土的细骨料用量，kg/m³；m_w为每立方米混凝土的用水量，kg/m³。

② 混凝土配合比校正系数应按下式计算：

$$\delta = \frac{\rho_{c,t}}{\rho_{c,c}} \tag{10-1-13}$$

式中，δ为混凝土配合比校正系数；$\rho_{c,t}$为混凝土拌和物的表观密度实测值，kg/m³。

（3）当混凝土拌和物的表观密度实测值与计算值之差的绝对值不超过计算值的2%时，调整的配合比可保持不变；当两者之差超过2%时，应将配合比中每项材料用量均乘以校正系数（δ）。

8. 普通混凝土试件的成型

（1）制作试件前应将试模清理干净，并在其内壁涂上一层矿物油脂或其他脱模剂。

（2）将配制好的混凝土拌和物装入试模并使其密实。当拌和物坍落度不大于 70 mm，宜用振动台振实，坍落度大于 70 mm 的用捣棒人工捣实。

（3）用振动台振实时，将拌和物一次装满，振动时随时准备添料，振至表面出现水泥浆，没有气泡向上冒为止。用捣棒捣实时，混凝土分两层装入，对于边长 100 mm 的试件每层均匀插捣 12 次；对于边长 150 mm 的试件每层均匀插捣 25 次。振捣结束后，用镘刀将多余料浆刮去并抹平。

（4）采用标准养护的试件成型后应覆盖表面，以防止水分蒸发，并在室温为（20±5）°C 情况下至少静置一昼夜（不超过两昼夜），然后编号拆模。

如属于检验现浇混凝土工程或预制构件中混凝土强度，则可与工程、构件同条件养护，也可用非 28 天龄期测定混凝土强度，以确定混凝土何时能拆模、起吊、施加预应力或承受工程荷载。

（5）拆模后的试件立即放在温度为（20±2）°C，相对湿度 95%以上的标准养护室中养护或不流动的水中养护。试件应放在架上，彼此之间间隔为 1～2 cm，并应避免用水直接冲淋试件。

五、注意事项

（1）温度要求。实验室温度应保持在（20±5）°C，所用材料温度应与实验室温度一致。

（2）配料要求。骨料为±1%，其他材料均为±0.5%。

（3）拌和数量。集料公称最大粒径不大于 31.5 mm 时，拌和物不得少于 20 L；集料公称最大粒径为 40 mm 时，不得少于 25 L。

（4）拌和方法。拌和前润湿铁锹和底板。若采用人工拌和，先称取水泥和砂倒在底板上搅拌均匀，再称出石子一起拌和。将料堆的中心扒开，倒入约一半的水，搅拌均匀后，再倒入剩下的水，继续拌和至均匀。若采用机械拌和，需要用水灰比相同的砂浆润湿搅拌锅。

（5）拌和时间不宜超过 5 min。

六、思考题

（1）什么是混凝土配合比设计？

（2）混凝土配合比设计的重要性和基本要求是什么？

（3）影响混凝土和易性的主要因素有哪些？为什么？

（4）什么是合理砂率？采用合理砂率有何技术及经济意义？

实验二　混凝土静态力学性能实验

一、实验目的

（1）掌握混凝土立方体抗压强度的测定方法。
（2）了解混凝土的强度等级是如何评定的。
（3）掌握棱柱体混凝土试件的轴心抗压强度的测定方法。
（4）掌握混凝土劈裂抗拉强度的测定方法。
（5）掌握混凝土抗折强度的测定方法。
（6）掌握混凝土静力受压弹性模量测定方法。

二、实验原理

强度是混凝土硬化后的主要力学性能，并且与其他性质密切相关。混凝土强度有立方体抗压强度、棱柱体抗压强度、劈裂抗拉强度、抗弯强度和静力受压弹性模量等。其中，立方体抗压强度比较稳定，我国以立方体抗压强度作为混凝土强度的特征值。

混凝土立方体抗压强度标准值是指按照标准方法制作养护的边长为 150 mm 的立方体试件，在标准养护条件[温度（20±2）°C，相对湿度不低于 95%]下，在 28 天龄期用标准实验方法测得的具有 95%保证率的抗压强度。对于属于检验现浇混凝土工程或预制构件中混凝土强度，则可与工程、构件同条件养护，也可用非 28 天龄期测定混凝土强度，以确定混凝土何时能拆模、起吊、施加预应力或承受工程荷载。相同条件下，采用 150 mm×150 mm×300 mm 棱柱体作为标准试件所测得的抗压强度为混凝土轴心抗压强度（f_c）。

混凝土的抗拉强度在混凝土结构设计中是确定其抗裂度的重要指标，有时也用它来间接衡量混凝土与钢筋的黏结强度。利用长条试件作混凝土轴心受拉试件时，往往因偏心受拉而难以测准其抗拉强度，一般采用劈裂法来测定。其方法是在立方体（或圆柱体）试件两个相对的表面上施加均匀分布的压力，使在荷载作用的竖向平面内产生均匀分布的拉伸应力，当拉伸应力达到混凝土极限抗拉强度时，试件将被劈裂破坏，由此可根据力学原理，由破坏荷载除以劈裂面积乘以 $2/\pi$ 求得混凝土的劈裂抗拉强度。

材料单位面积承受弯矩时的极限折断应力，又称抗弯强度、断裂模量。混凝土抗折强度是以 150 mm×150 mm×550 mm 的梁形试件，在标准养护条件下达到规定龄期后（28 天），在净跨 450 mm、双支点荷载作用下的弯拉破坏。只有当断面发生在两个加荷点之间时，才能计算抗折强度，否则该试件的结果无效。

混凝土的静力受压弹性模量简称弹性模量，测定混凝土的弹性模量值是指应力为轴心抗压强度 1/3 时的加荷割线模量，可为结构物变形计算提供依据。

三、实验仪器

仪器设备：振动台、压力试验机、标准养护室[温度为（20±2）°C，相对湿度 95%以上]、劈裂钢垫块（见图 10-2-1）、垫条（见图 10-2-2）、抗折实验装置（见图 10-2-3）、变形测量仪表、支架、试模、钢板尺、卡尺及捣棒等。

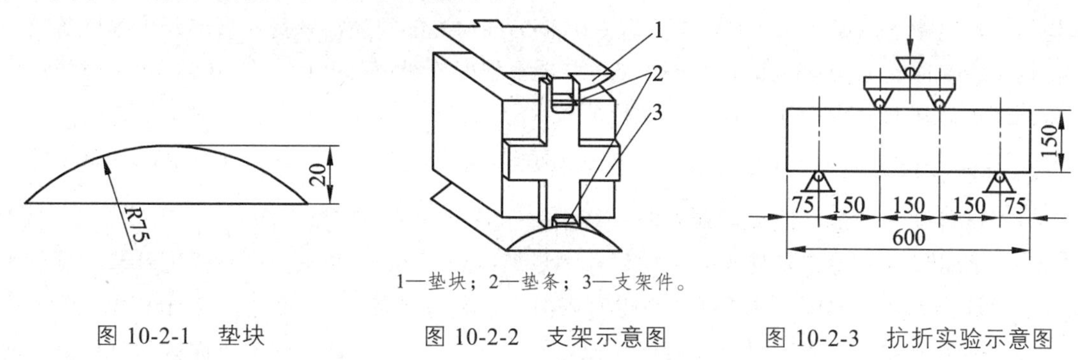

图 10-2-1　垫块　　图 10-2-2　支架示意图　　图 10-2-3　抗折实验示意图

四、实验步骤

1. 抗压强度测定

（1）试件从养护地点取出后应及时进行实验，将试件表面与上下承压面擦拭干净。

（2）测量尺寸并检查其外观：试件尺寸精确至 1 mm，并据此计算试件的承压面积 A，如实测尺寸与公称尺寸之差不超过 1 mm，可按公称尺寸进行计算。试件不得有明显缺损，承压面与相邻面的垂直度偏差应不大于±1°。

（3）将试件安放在试验机下压板或垫板上，试件的中心与试验机下压板中心对准。试件的承压面应与成型时的顶面垂直。

（4）开动试验机，当上压板与试件接近时，调整球座，使接触均衡。

（5）实验过程中应连续而均匀地加荷，加荷速度为：混凝土强度等级＜C30 时，取 0.3 ~ 0.5 MPa/s。混凝土强度等级≥C30 且＜C60 时，取 0.5 ~ 0.8 MPa/s。混凝土强度等级≥C60 时，取 0.8 ~ 1.0 MPa/s。

（6）当试件接近破坏（显示指针不动）而开始急剧变形时，应停止，调整试验机荷载，直至试件破坏，随即记录破坏荷载 F_1。

2. 轴心抗压强度测定

第（1）（2）步与抗压强度测定相同。

（3）将试件直立放置在试验机的下压板或钢垫板上，并使试件轴心与下压板中心对准。

（4）开动试验机，当上压板与试件或钢垫板接近时，调整球座，使接触均衡。

（5）应连续均匀地加荷，不得有冲击。所用加荷速度同混凝土抗压强度测定的规定。

（6）当试件接近破坏（显示指针不动）而开始急剧变形时，应停止，调整试验机荷载，直至试件破坏，随即记录破坏荷载 F_2。

3. 劈裂抗拉强度

第（1）（2）步与抗压强度测定相同。

（3）将试件放在试验机下压板中心位置，劈裂承压面和劈裂面应与试件成型时的顶面垂直。在上、下压板与试件之间各垫以圆弧形垫块及垫条各一条，垫块与垫条应与试件上下面的中心线对准并与成型时的顶面垂直。

（4）开动试验机，当上压板与圆弧形垫块接近时，调整球座，使接触均匀。加荷应连续而均匀，当混凝土强度等级＜C30 时，取 0.02 ~ 0.05 MPa/s 的加荷速度；当混凝土强度等级≥C30 且＜C60 时，取 0.05 ~ 0.08 MPa/s；当混凝土强度等级≥C60 时，取 0.08 ~ 0.10 MPa/s。当试件接近破坏时，应停止，调整试验机荷载，直至试件破坏，随即记录破坏荷载 F_3。

4. 抗折强度

（1）试件从养护地点取出后应及时进行实验，将试件表面擦拭干净。

（2）测量尺寸并检查其外观：试件尺寸测量精确至 1 mm，并据此进行强度计算。试件不得有明显缺损，在长向中部 1/3 区段不得有表面直径超过 5 mm、深度超过 2 mm 的孔洞。

（3）按图 10-2-3 装置试件，安装尺寸偏差不应大于 1 mm。试件的承压面应为试件成型时的侧面。支座及承压面与圆柱的接触面应平稳、均匀，否则应予以垫平。

（4）开动试验机，施加荷载应保持均匀连续。当混凝土强度等级＜C30 时，取 0.02 ~ 0.05 MPa/s 的加荷速度；当混凝土强度等级≥C30 且＜C60 时，取 0.05 ~ 0.08 MPa/s；当混凝土强度等级≥C60 时，取 0.08 ~ 0.10 MPa/s。当试件接近破坏时，应停止，调整试验机荷载，直至试件破坏，然后记录破坏荷载及试件下边缘断裂位置。

5. 静力受压弹性模量

（1）试件从标准养护室中取出后将试件表面与上下承压面擦拭干净。

（2）测量尺寸并检查其外观。试件尺寸测量精确至 1 mm，并依此计算试件的承压面积（A），如实测尺寸与公称尺寸之差不超过 1 mm，则可按公称尺寸计算。试件承压面的不平度应符合要求，承压面与相邻面的垂直度偏差应不大于±1°。

（3）取三个试件测定轴心抗压强度。另三个试件用于测定混凝土的弹性模量。

（4）在测定混凝土弹性模量时，将变形测量仪安装在试件成型时两侧面的中心线上，并对称于试件的两端。标准试件的测量距离采用 150 mm，非标准试件的测量距离应不大于试件高度的 1/2，也不应小于 100 mm 及骨料最大粒径的三倍。

（5）测量仪安装好后，应仔细调整试件在试验机上的位置，使其轴心与下压板的中心线对准。

（6）开动压力试验机，当上压板与试件接近时调整球座，使其接触均衡。

（7）加荷至基准应力为 0.5 MPa 的初始荷载值 F_0，保持恒载 60 s 并在以后的 30 s 内记录每测点的变形读数。应立即连续均匀地加荷至应力为轴心抗拉强度的 1/3 的荷载值，保持恒载 60 s 并在以后的 30 s 内记录每一测点的变形读数。所用加荷速度同混凝土抗压强度测定。

（8）当以上这些变形值之差与它们平均值之比大于 20%时，应重新对中试件后重复步骤（7）的实验。如果无法使其减少到低于 20%时，则此次实验无效。

（9）在确认试件对中符合步骤（8）规定后，以与加荷速度相同的速度卸荷至基准应力 0.5 MPa（F_0），恒载 60 s。然后用同样的加荷和卸荷速度以及 60 s 的保持恒载（F_0 及 F_a）至少进行两次反复预压。在最后一次预压完成后，在基准应力 0.5 MPa（F_0）持荷 60 s 并在以后的 30 s 内记录每一测点的变形读数。再用同样的加荷速度加荷至 F_0，持续 60 s 并在以后的 30 s 内记录每一测点的变形读数。

（10）卸除变形测量仪，以同样的速度加荷至破坏，记录破坏荷载。如果试件的抗压强度与 f_{cp} 中之差超过 f_{cp} 的 20%时，则应在报告中注明。

五、测定结果计算

1. 抗压强度

（1）混凝土抗压强度按下式计算：

$$f_{cc}=\frac{F_1}{A} \tag{10-2-1}$$

式中，f_{cc} 为混凝土立方体试件抗压强度，精确至 0.1 MPa；F_1 为试件破坏荷载，N；A 为试件承压面积，mm^2。

（2）以三个试件测值的算术平均值作为该组试件的强度值（精确至 0.1 MPa）。当三个试件测值中的最大值或最小值中如有一个与中间值的差值超过中间值的 15%，则把最大值与最小值一并舍除，取中间值作为该组试件的强度值。如最大值和最小值之差均超过中间值的 15%，则该组试件的实验结果无效。

（3）混凝土强度等级＜C60 时，非标准试件测得的强度值均应乘以尺寸换算系数，其值对 200 mm×200 mm×200 mm 试件为 1.05，对 100 mm×100 mm×100 mm 试件为 0.95。当混凝土强度等级≥C60 时，宜采用标准试件。使用非标准试件时，尺寸换算系数应由实验确定。

2. 轴心抗压强度

混凝土轴心抗压强度与抗压强度计算式相同，除试件大小不同外，其余条件均与混凝土抗压强度相同。

混凝土强度等级＜C60 时，非标准试件测得的强度值均应乘以尺寸换算系数，其值对 200 mm×200 mm×400 mm 试件为 1.05，对 100 mm×100 mm×300 mm 试件为 0.95。当混凝土强度等级≥C60 时，宜采用标准试件。使用非标准试件时，尺寸换算系数应由实验确定。

3. 劈裂抗拉强度

（1）混凝土劈裂抗拉强度按下式计算：

$$f_{ts}=\frac{2F_1}{\pi A}=0.637\frac{F_3}{A} \tag{10-2-2}$$

式中，f_{ts} 为混凝土劈裂抗拉强度，精确至 0.1 MPa；F_3 为试件破坏荷载，N；A 为试件承压面积，mm^2。

（2）以三个试件测值的算术平均值作为该组试件的强度值（精确至 0.1 MPa）。当三个试件测值中的最大值或最小值中如有一个与中间值的差值超过中间值的 15%，则把最大值与最小值一并舍除，取中间值作为该组试件的强度值。如最大值和最小值之差均超过中间值的 15%，则该组试件的实验结果无效。

（3）采用 100 mm×100 mm×100 mm 非标准试件测得的劈裂抗拉强度值，应乘以尺寸换算系数 0.85。当混凝土强度等级≥C60 时，宜采用标准试件。使用非标准试件时，尺寸换算系数应由实验确定。

4. 抗折强度

（1）若试件下边缘断裂位置处于两个集中荷载作用线之间，则试件的抗折强度按下式计算（精确至 0.1 MPa）：

$$f_{\mathrm{f}} = \frac{Fl}{bh^2} \tag{10-2-3}$$

式中，f_{f}为混凝土抗折强度，MPa；F 为试件破坏荷载，N；l 为支座间跨度，mm；b 为试件截面宽度，mm；h 为试件截面高度，mm。

（2）以三个试件测值的算术平均值作为该组试件的强度值（精确至 0.1 MPa）。当三个试件测值中的最大值或最小值中有一个与中间值的差值超过中间值的 15%，则把最大值与最小值一并舍除，取中间值作为该组试件的强度值；如最大值和最小值之差均超过中间值的 15%，则该组试件的实验结果无效。

（3）三个试件中若有一个折断面位于两个集中荷载之外，则混凝土抗折强度值按另两个试件的实验结果计算。若这两个测值的差值不大于这两个测值的较小值的 15%时，则该组试件的抗折强度值按这两个测值的平均值计算，否则该组试件的实验无效。若有两个试件的下边缘断裂位置位于两个集中荷载作用线之外，则该组试件实验无效。

（4）当试件尺寸为 100 mm×100 mm×100 mm 非标准试件时，取得的抗折强度值应乘以尺寸换算系数 0.85。当混凝土强度等级≥C60 时，宜采用标准试件。使用非标准试件时，尺寸换算系数应由实验确定。

5. 静力受压弹性模量

（1）混凝土的弹性模量按下式计算（计算精确至 100 MPa）：

$$E_{\mathrm{c}} = \frac{F_{\mathrm{a}} - F_0}{A} \times \frac{L}{\Delta n} \tag{10-2-4}$$

式中，E_{c}为混凝土的弹性模量，MPa；F_{a}为应力为 1/3 轴心抗压强度时的荷载，N；F_0为应力为 0.5 MPa 时的初始荷载，N；A 为试件承压面积，mm^2；L 为测量标距，mm。

$$\Delta n = \varepsilon_{\mathrm{a}} - \varepsilon_0 \tag{10-2-5}$$

式中，Δn 为最后一次从 F_0 加荷至 F_{a} 时试件两侧变形的平均值，mm；ε_{a} 为 F_{a} 时试件两侧变形的平均值，mm；ε_0 为 F_0 时试件两侧变形的平均值，mm。

（2）弹性模量按三个试件测量的算术平均值计算。如果其中有一个试件的轴心抗压强度值与用以确定检验控制荷载的轴心抗压强度值相差超过后者的 20%时，则弹性模量值按另两个试件测值的算术平均值计算。如有两个试件超过上述规定时，则此次实验无效。

六、思考题

（1）测定混凝土抗压强度有何作用?

（2）混凝土抗压强度、轴心抗压强度、劈裂抗拉强度和抗折强度是如何评定的?

（3）混凝土抗压强度和混凝土轴心抗压强度有什么区别?

（4）混凝土劈裂抗拉强度与抗拉强度有什么区别？
（5）混凝土劈裂抗拉强度与抗折强度有什么关系？
（6）混凝土静力受压弹性模量测定过程中应注意哪些事项？
（7）静力受压弹性模量测定过程中如何减少实验误差？

实验三　混凝土受压徐变和抗压疲劳变形测定

一、实验目的

（1）了解混凝土受压徐变的测定原理。

（2）掌握混凝土受压徐变的测定方法与步骤。

（3）掌握混凝土抗压疲劳变形实验的测定方法。

二、实验原理

混凝土徐变是混凝土在荷载保持不变的情况下随时间而增长的变形。徐变产生有内部和外部两类因素，自身内部因素有：① 混凝土受力后，水泥石中的胶凝体产生的黏性流动（颗粒间的相对滑动）要延续一个很长的时间；② 骨料和水泥石结合面裂缝的持续发展；③ 混凝土在本身重力作用下发生的塑性变形（类似于土的固结）。外部因素除了时间外，还有：① 应力条件，此应力一般指长期作用在混凝土结构上的应力，如恒载；同时荷载大小也是其中的一个因素。经实验表明，徐变与应力大小有直接关系。应力越大，徐变也越大。实际工程中，如果混凝土构件长期处于不变的高应力状态是比较危险的，对结构安全是不利的。② 加荷龄期。初始加荷时，混凝土的龄期越早，徐变越大。若加强养护，使混凝土尽早结硬或采用蒸汽养护，可减少徐变。③ 周围环境。养护温度越高，湿度越大，水泥水化作用越充分，徐变就越小；试件受荷后，环境温度低，湿度大，徐变就小。④ 混凝土中水泥用量越多，徐变越大；水灰比越大，徐变越大。⑤ 材料质量和级配好，弹性模量高，徐变小。

混凝土的徐变会显著影响结构或构件的受力性能。如局部应力集中可因徐变得到缓和，支座沉陷引起的应力及温度湿度力，也可使徐变得到松弛，这对水泥混凝土结构是有利的。但徐变使结构变形增大对结构不利的方面也不可忽视，如徐变可使受弯构件的挠度增大 2 ~ 3 倍，使长柱的附加偏心距增大，还会导致预应力构件的预应力损失。

混凝土的抗压疲劳性能是混凝土的一项重要性能，通过测定混凝土在等幅重复荷载作用下疲劳累计变形与加载循环次数的关系，反映混凝土的抗压疲劳变形性能。

三、实验仪器及试剂

仪器设备：徐变仪、加荷装置、疲劳试验机、上下钢垫板、微变形测量装置。

试件：① 徐变实验应采用棱柱体试件。试件的尺寸应根据混凝土中骨料的最大粒径按表 10-3-1 选用，长度应为截面边长尺寸的 3 ~ 4 倍。当试件叠放时，应在每叠试件端头的试件和压板之间加装一个未安装应变测量仪表的辅助性混凝土垫块，其截面边长尺寸应与被测试件相同，且长度应至少等于其截面尺寸的一半。每组徐变试件的数量宜为 3 个，其中每个加荷龄期的每组徐变试件应至少为 2 个。对于标准环境中的徐变，试件应在成型后不少于 24 h 且不多于 48 h 时拆模，且在拆模之前，应覆盖试件表面。随后应立即将试件送入标准养护室养护到 7 天龄期（自混凝土搅拌加水开始计时），其中 3 天加载的徐变实验应养护 3 天。养护期间试件不应浸泡于水中。试件养护完成后应移入温度为（20±2）°C、相对湿度为（60±5）%的恒温恒湿室进行徐变实验，直至实验完成。

表 10-3-1　徐变实验试件尺寸选用

骨料最大公称粒径/mm	试件最小边长/mm	试件长度/mm
31.5	100	400
40	150	≥450

② 抗压疲劳变形实验应采用尺寸为 100 mm×100 mm×300 mm 的棱柱体试件。试件应在振动台上成型，每组试件应至少为 6 个，其中 3 个用于测量试件的轴心抗压强度 f_c，其余 3 个用于抗压疲劳变形性能实验。

四、实验步骤

1. 混凝土受压徐变的测定

（1）测头或测点应在实验前 1 天粘好，仪表安装好后应仔细检查，不得有任何松动或异常现象。加荷装置、测力计等也应予以检查。

（2）在即将加荷徐变试件前，应测试同条件养护试件的棱柱体抗压强度。

（3）测头和仪表准备好以后，应将徐变试件放在徐变仪的下压板后，应使试件、加荷装置、测力计及徐变仪的轴线重合，并应再次检查变形测量仪表的调零情况，且应记下初始读数。当采用未密封的徐变试件时，应在将其放在徐变仪上的同时，覆盖参比用收缩试件的端部。

（4）试件放好后，应及时开始加荷。当无特殊要求时，应取徐变应力为所测得的棱柱体抗压强度的 40%。当采用外装仪表或者接触法引伸仪时，应用千斤顶先加压至徐变应力的 20% 进行对中。两侧的变形相差应小于其平均值的 10%，当超出此值时，应松开千斤顶卸荷，进行重新调整后，应再加荷到徐变应力的 20%，并再次检查对中情况。对中完毕后，应立即继续加荷直到徐变应力，应及时读出两边的变形值，并将此时两边变形的平均值作为在徐变荷载下的初始变形值。从对中完毕到测量初始变形值之间的加荷测量时间不得超过 1 min。随后应拧紧承力丝杆上端的螺母，并应松开千斤顶卸荷，且应观察两边变形值的变化情况。此时，试件两侧的读数相差不应超过平均值的 10%，否则应予以调整，调整应在试件持荷的情况下进行，调整过程中所产生的变形增值应计入徐变变形之中。然后再加荷到徐变应力，并应检查两侧变形读数，其总和与加荷前读数相比，误差不应超过 2%；否则应予以补足。

（5）应在加荷后的 1、3、7、14、28、45、60、90、120、150、180、270、360 天测读试件的变形值。

（6）在测读徐变试件的变形读数的同时，应测量同条件放置参比用收缩试件的收缩值。

（7）试件加荷后应定期检查荷载的保持情况，应在加荷后 7、28、60、90 天各校核一次，如荷载变化大于 2%，应予以补足。在使用弹簧式加载架时，可通过施加正确的荷载并拧紧丝杆上的螺帽进行调整。

2. 混凝土抗压疲劳变形实验

（1）全部试件应在标准养护室养护至 28 天龄期后取出，并应在室温（20±5）°C 存放至 3

个月龄期。

（2）试件在龄期达 3 个月时从养护地点取出，先将其中的 3 块按照《普通混凝土力学性能试验方法标准》（GB/T 50081—2002）的规定测定其轴心抗压强度 f_c。

（3）然后对剩下的 3 块试件进行抗压疲劳变形实验。每一试件进行抗压疲劳变形实验前，应先在疲劳试验机上进行静压变形对中，对中时应采用两次对中的方式。首次对中的应力宜取棱柱体抗压强度 f_c 的 20%（荷载可近似取整，kN），第二次对中应力宜取棱柱体抗压强度 f_c 的 40%。对中时，试件两侧变形值之差应小于平均值的 5%，否则应调整试件位置，直至符合对中要求。

（4）抗压疲劳变形实验采用的脉冲频率宜为 4 Hz。实验荷载（见图 10-3-1）的上限应力 σ_{max} 宜取 $0.66f_c$，下限应力 σ_{min} 宜取 $0.1f_c$。有特殊要求时，上限应力和下限应力可根据要求选定。

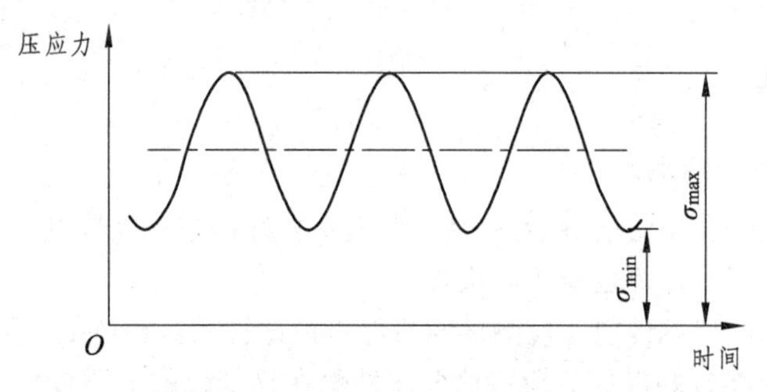

图 10-3-1　实验荷载示意图

（5）抗压疲劳变形实验中，应于每 10^5 次重复加载后，停机测量混凝土棱柱体试件的累积变形。测量应在疲劳试验机停机后 15 s 内完成。应在对测试结果进行记录之后，继续加载进行抗压疲劳变形实验，直到试件破坏为止。若加载至 2×10^6 次，试件仍未破坏，可停止实验。

五、测定结果计算

1. 混凝土受压徐变的测定

（1）徐变应变应按下式计算：

$$\varepsilon_{ct}=\frac{\Delta L_t-\Delta L_0}{L_b}-\varepsilon_t \tag{10-3-1}$$

式中，ε_{ct} 为加荷 t（d）后的徐变应变，mm/m，精确至 0.001 mm/m；ΔL_t 为加荷 t（d）后的总变形值，mm，精确至 0.001 mm；ΔL_0 为加荷时测得的初始变形值，mm，精确至 0.001 mm；L_b 为测量标距，mm，精确到 1 mm；ε_t 为同龄期的收缩值，mm/m，精确至 0.001 mm/m。

（2）徐变度应按下式计算：

$$C_t=\frac{\varepsilon_{ct}}{\delta} \tag{10-3-2}$$

式中，C_t 为加荷 t（d）的混凝土徐变度，MPa^{-1}，计算精确至 1.0×10^{-6} MPa^{-1}；δ 为徐变应力，MPa。

（3）徐变系数应按下列公式计算：

$$\varphi_t = \frac{\varepsilon_{ct}}{\varepsilon_0} \tag{10-3-3}$$

$$\varepsilon_0 = \frac{\Delta L_0}{L_b} \tag{10-3-4}$$

式中，φ_t 为加荷 t（d）的徐变系数；ε_0 为在加荷时测得的初始应变值，mm/m，精确至 0.001 mm/m。

（4）每组应分别以 3 个试件徐变应变（徐变度或徐变系数）的实验结果算术平均值作为该组混凝土试件徐变应变的测定值。

（5）作为供对比用的混凝土徐变值，应采用经过标准养护的混凝土试件，在 28 天龄期时经受 0.4 倍棱柱体抗压强度恒定荷载持续作用 360 天的徐变值。可用测得的 3 年徐变值作为终极徐变值。

2. 混凝土抗压疲劳变形实验

每组应取 3 个试件在相同加载次数时累积变形的算术平均值作为该组混凝土试件在等幅重复荷载下的抗压疲劳变形测定值，精确至 0.001 mm/m。

六、思考题

（1）混凝土受压徐变测定的意义是什么？

（2）混凝土受压徐变测定前应注意的事项有哪些？

（3）混凝土在重复荷载作用下，内部微裂缝和损伤的发展可分为哪几个阶段？

（4）混凝土的疲劳破坏是由什么原因引起的？

第十一章 玻璃的制备及性能测试

玻璃是非晶无机非金属材料混合物，广泛应用于建筑物，用来隔风透光。本章详细介绍了玻璃的制备方法，其制备步骤依次为：组成确定、原料选择、配方计算、配合料制备、熔制和退火。通过本章的学习，学生可以掌握玻璃制备流程和工艺，并根据制备得到的玻璃分析玻璃成分、熔制制度是否合理，此外还可掌握玻璃化学稳定性和烧失量的测试方法。

实验一　玻璃配合料的制备及均匀度测定

一、实验目的

（1）掌握玻璃成分的设计、原料的选择原则。
（2）掌握配方计算及配合料的制备。
（3）了解玻璃配合料均匀度测定的意义。
（4）掌握化学分析法测定配合料均匀度的原理和方法。

二、实验原理

玻璃是非晶无机非金属材料，一般是以多种无机矿物（如石英砂、硼砂、硼酸、重晶石、碳酸钡、石灰石、长石、纯碱等）为主要原料，另外加入少量辅助原料制成的。它的主要成分为二氧化硅和其他氧化物。普通玻璃的化学组成是 Na_2SiO_3、$CaSiO_3$、SiO_2 或 $Na_2O \cdot CaO \cdot 6SiO_2$ 等，主要成分是硅酸盐复盐，是一种无规则结构的非晶态固体，广泛应用于建筑物，用来隔风透光。另外还有混入某些金属氧化物或盐类而显现出颜色的有色玻璃，以及通过物理或化学的方法制得的钢化玻璃等。有时把一些透明的塑料（如聚甲基丙烯酸甲酯）也称作有机玻璃。

1. 玻璃组成的确定

玻璃组成的确定通常不是一件容易的事。首先，要根据产品对性能的要求，依据玻璃性能与组成间的依赖关系来确定哪些氧化物是可能引入的。实质上性能是由玻璃结构决定的，因此对玻璃结构的认识是玻璃组成设计的重要理论基础。通常玻璃的主要组成氧化物为 3 ~ 4 种，它们的总量往往达到 90%。从各氧化物的量理论上讲，可参照多元氧化物系统的相图，特别是已总结出来的玻璃形成图做出初步判断，在此基础上再引入其他改善玻璃性质的必要氧化物，拟定出玻璃的设计组成，然后借助氧化物和玻璃性能间关系的一些经验公式进行玻璃各性能指标的计算，并做进一步调整直至计算的性能指标满足要求，该设计的组成才有可能用于后面的实践。另一个必须考虑的因素是设计的组成是否在工业上可行，如设计的玻璃所需的熔化温度是否是现有工业技术容易达到的，现有的耐火材料是否能抵抗玻璃液的侵蚀，玻璃的料性是否满足成型要求等。在实验室以实验为目的的玻璃组成设计更应该考虑这种可行性，因为玻璃的熔化主要在以硅碳棒或硅钼棒为加热元件的电阻炉中进行，使用的多是氧化铝或石英质耐火材料制成的坩埚，最高温度都不超过 1 600 °C。

以设计一玻璃瓶罐为例，使其化学稳定性和机速比现有玻璃提高，价格降低，其他性能不低于原有玻璃，工艺条件与原来基本相同。

现有玻璃的组成为 SiO_2 72.9%，Al_2O_3 1.6%，CaO 8.8%，B_2O_3 0.4%，BaO 0.5%，Na_2O+K_2O 15.6%，SO_3 0.2%。

按以上目标要求，以现有玻璃为参考，进行组成的调整。

（1）在瓶罐玻璃中，碱金属氧化物（Na_2O、K_2O）对玻璃的化学稳定性影响最大。为了提高设计玻璃的化学稳定性，必须使设计玻璃中的 Na_2O、K_2O 比现有玻璃降低，同时将 SiO_2、Al_2O_3 适当增加，但因熔制条件与现有玻璃应当基本相同，故 Na_2O、K_2O 的降低与 SiO_2、Al_2O_3 的增加不能过多。

（2）由于要求增加机速，设计玻璃的料性应比原有玻璃短，同时考虑到 MgO 对提高化学稳定性有利，而又能防止析晶，为此在设计玻璃中增加了 MgO，并使 MgO+CaO 的含量比原有玻璃中 CaO 的含量增高。

（3）为了降低玻璃的价格，将原有玻璃组成的 B_2O_3、BaO 减去。

（4）采用萤石为助熔剂，并增加澄清剂（芒硝）的用量，以加速玻璃的熔化和澄清。

综合考虑拟定出设计玻璃的组成。玻璃组成对比列于表 11-1-1 中，并与现有玻璃组成进行对比。

表 11-1-1　玻璃组成对比

氧化物组成	SiO_2	Al_2O_3	CaO	MgO	BaO	B_2O_3	Na_2O+K_2O	Fe	SO_3
现有玻璃的组成/%	72.9	1.6	8.8	0	0.5	0.4	15.6	0	0.2/100
设计玻璃的组成/%	73.2	2.0	6.4	4.5	0	0	13.5	0.25	0.25/100.1
氧化物差值	+0.3	+0.4	−0.24	+4.5	−0.5	−0.4	−2.1	+0.25	+0.25/+0.1

通过熔制实验并对所得玻璃的性质进行测试，其他与工业生产相关的指数可按以下经验公式计算。

1）相对机速

$$相对机速=\frac{S-450}{(S-A)+80} \tag{11-1-1}$$

式中，S 为软化温度，即黏度为 $10^{6.65}$ Pa · s 的温度；A 为退火点，即黏度为 10^{12} Pa · s 的温度。

式（11-1-1）必须在同样的生产条件，即同样的成型设备、生产同样的产品和同样的操作下，才能和已知玻璃比较。

2）工作范围指数

$$工作范围指数=S-A \tag{11-1-2}$$

式中，S 为软化温度，即黏度为 $10^{6.65}$ Pa · s 的温度；A 为退火点，即黏度为 10^{12} Pa · s 的温度。

3）析晶指数

$$析晶指数=工作范围指数-160 \quad (11\text{-}1\text{-}3)$$

正数为不析晶，负数为有析晶潜力。即当玻璃在低温供料，成型大尺寸制品或压制成型时，有析晶可能。

4）料滴温度

$$料滴温度=2.63(S-A)+S \quad (11\text{-}1\text{-}4)$$

式中，S 为软化温度，即黏度为 $10^{6.65}$ Pa·s 的温度；A 为退火点，即黏度为 10^{12} Pa·s 的温度。

根据上述实验，测试结果如满足要求，可确定表 11-1-1 中调整后的组成作为新玻璃的组成。

2. 原料的选择

在玻璃的组成确定后，选择合适的原料需考虑以下几点。

1）原料的成分要求

首先，所选原料必须引入设计组成中所列的各氧化物。除实验室制备玻璃时常用一些高纯原料外，多数工业用原料含有一些玻璃设计组成中没有的杂质。对于这些杂质，需根据其对玻璃的性能影响及玻璃产品的种类、应用场合加以区别对待。绝对纯的原料是没有的，一般有一个允许的杂质含量范围。另一方面，原料的化学成分要相对稳定，如原料的化学成分变化较大，则要调整配方，以保证玻璃的化学组成稳定。选择相对稳定的原料供应产地也是确保原料成分稳定的一项措施。

其次，原料的矿物组成对玻璃制备和性能的影响虽然不像陶瓷行业中那么显著，但也发现矿物组成的原料对配合料的熔化速度、气体率、对窑炉的侵蚀等有较大影响，因此原料选择时需综合加以考虑。

2）易于加工处理

目前，一些小型玻璃厂采用粒度合乎要求的粉状原料，而大型玻璃厂仍采用一些大块矿物岩石，此时应选用易于加工进行破碎处理的原料，这样不但可以降低设备投资，而且可以减少生产费用，如选用质量合乎要求的石英砂就较选用砂岩省事得多。条件成熟时宜推广使用组成、粒度等都合乎要求的标准化粉状原料。

3）少用对人体健康和环境有害的原料

轻质原料密度小，容易导致配合料分层，其易飞扬的特点不仅污染环境，还会增加原料损失并导致玻璃成分变化。对人体有害的白砒、铅化合物等应尽量少用，必须使用时应采取措施减少挥发，并注意劳动保护。

4）成本低

在不影响玻璃产品质量的前提下，应尽量采用成本低、就近厂区的原料。如瓶罐玻璃厂制造深色瓶时，可考虑采用就近的含铁量较多的石英砂和石灰石等。

3. 配方的设计

通常将玻璃配合料中的原料按其引入的氧化物在玻璃形成和性能中所起的作用分为主要原料和辅助原料。前者赋予玻璃的基本结构和性能，后者主要是改善玻璃的熔化质量（如助熔剂、澄清剂）或赋予玻璃以特殊光谱特性（如着色剂、乳浊剂）等。

主要原料的用量计算常用比例关系或联立方程式求解，而辅助原料的量通常以主要原料的总量或硅质原料的用量为计算基准，然后按一定的经验比例计算得出。常见辅助原料的参照用量可从有关书籍中查到。

无论是主要原料还是辅助原料，计算时均需考虑其在玻璃熔制过程中的挥发问题。实际上，很难给出一个在各种情况下都适用的补挥发量，因为原来的挥发除与原来的物性有关外，还与玻璃的组成和熔窑的结构及作业制度有关。以下是一些常用玻璃成分挥发量的数据，仅供计算配方时参考。

玻璃中常见易挥发物的挥发量如表 11-1-2 所示。

表 11-1-2　玻璃中常见易挥发物的挥发量

氧化物	挥发占其本身质量分数/%	氧化物	挥发占其本身质量分数/%
Na_2O（由纯碱引入）	3.2	PbO	14
Na_2O（由芒硝引入）	6	B_2O_3	15
K_2O	12	CaF_2	20
ZnO	4		

下面是玻璃配方的计算示例。

玻璃基本组成（质量分数）：Na_2O 22%，CaO 12%，SiO_2 60%，MgO 4%，Al_2O_3 2%。

采用澄清剂：Sb_2O_3 0.2%，$NaNO_3$ 1.2%。

助熔剂：CaF_2 1.03%。

硫酸铜：CuO 3%。

4. 配合料的制备及均匀度测定

将石英砂、纯碱、石灰石、硝酸盐等原料及碎玻璃按确定的比例混合即得玻璃配合料。工厂配合料的制备多是在混料机中进行，实验室则主要是手工混料。配合料的均匀程度，对玻璃的熔制质量（如均匀性）有很大影响。因此，测定配合料的均匀度对玻璃生产有重大意义，这也是防止玻璃产生缺陷的基本措施之一。

混合均匀度是衡量配合料质量的一个重要指标，也是玻璃厂常用的一个生产控制项目。配合料在一定条件下混合后，各种原料成分在各处的含量分布是一个随机现象，与理论含量总有一定的偏差。混合均匀度应该是配合料全组成的混合均匀度，但要测定各种原料的混合均匀度是比较困难的，也没有必要。通常玻璃厂都用测定配合料中纯碱的分布情况来判断配合料的均匀度。这种方法测定简便，并且纯碱是玻璃中的主要熔剂，其分布均匀与否直接关系到熔制制度和质量。尽管不够全面，但却较好地反映了配合料的混合质量。

按照误差理论，对一堆玻璃配合料的几个取样点取样测定其 Na_2CO_3 含量时，其标准离差 S 可用下式表示：

$$S=\sqrt{\sum_{i=1}^{n}(X_i-X)^2/(n-1)} \tag{11-1-5}$$

式中，X_i 为每个试样的 Na_2CO_3 含量；X 为所有试样的 Na_2CO_3 含量的算术平均值。

标准离差表示各个试样的 Na_2CO_3 含量的绝对偏差，但还不足以表示配合料的混合质量。

统计学上用相对离差 C_v=（S/X）×100%来表示偏差，比较确切地反映了 Na_2CO_3 含量在配合料中分布的离散程度。

离散和集中互为反义，所以配合料的集中程度即均匀度为

$$H_s=1-C_v=1-(S/X)\times 100\% \tag{11-1-6}$$

在生产上，纯碱含量允许的波动范围一般为±1%，当配合料中的纯碱含量波动超过这个范围时，即认为配合料均匀度不合格。

配合料均匀度的测定方法很多，有化学分析法、电导法、pNa 电极法、白度法等。本实验采用化学分析法。

三、实验仪器及试剂

仪器设备：标准筛一套、电子天平、磁力搅拌器、电炉、酸式滴定管、称量瓶、容量瓶、三角烧瓶等。

试剂：石英砂、碳酸钙、碳酸镁、氢氧化铝、纯碱、盐酸标准滴定溶液（0.10 mol/L）、甲基橙指示剂溶液（1 g/L）。

四、实验步骤

1. 玻璃成分的设计

要确定玻璃的物理化学性质及工艺性能，并依此选择能形成玻璃的氧化物系统，确定决定玻璃主要性质的氧化物，然后确定各氧化物的含量。玻璃系统一般为三组分或四组分，其主要氧化物的总量往往要达到 90%（质量）。此外，为了改善玻璃的某些性能，还要适当加入一些既不使玻璃的主要性质变坏，同时又使玻璃具有其他必要性质的氧化物。因此，大部分工业玻璃都是五六个组分以上。

本实验给出两种易熔的 Na_2O-CaO-SiO_2 系统玻璃配方，学生可根据自己的要求进行修改。易熔玻璃的成分如表 11-1-3 所示。

表 11-1-3　易熔玻璃成分

配方编号	SiO_2	CaO	MgO	Al_2O_3	Na_2O
1	71.5%	5.5%	1%	3%	19%
2	69.5%	9.5%	3%	3%	15%

2. 原料的选择

在玻璃生产中选择原料是一件重要的工作，不同玻璃制品对原料的要求不尽相同，但有一些共同原则。

（1）原料质量应符合技术要求，原料的品位高、化学成分稳定、水分稳定、颗粒组成均匀、着色矿物（主要是 Fe_2O_3）和难熔矿物（主要是铬铁矿物）要少，便于调整玻璃成分。

（2）适用于熔化和澄清。

（3）对耐火材料的侵蚀小。

玻璃熔制实验所需的原料一般分为工业矿物原料和化工原料。在研制一种新玻璃品种时，为了排除原料中的杂质对玻璃成分波动的影响，尽快找到合适的配方，一般都采用化工原料（化学纯或分析纯，也有用光谱纯）来做实验。本实验选用化工原料。

当实验室研究完成，用化工原料熔制出的新型玻璃已满足各种性能要求时，进行中试和工业性实验。为了适应工业性生产的需要，需采用工业矿物原料进行熔制实验，以观察带入杂质以后对玻璃的影响。

3. 配料计算

根据玻璃成分和所用原料的化学成分进行配合料的计算，如表 11-1-4 所示。在计算时，应认为原料中的气体物质在加热过程中全部分解逸出，而其分解后的氧化物全部转入玻璃成分中。此外，还须考虑各种因素对玻璃成分的影响，如某些氧化物的挥发、损失等。

表 11-1-4　原料（假设成分）成分含量

原料（成分）	石英砂（SiO_2）	碳酸钙（$CaCO_3$）	碳酸镁（$MgCO_3$）	氢氧化铝[$Al(OH)_3$]	纯碱（Na_2CO_3）
含量/%	99.78	99	99.5	99.5	98.8

由于计算每批原料量时，要根据坩埚大小或欲制得玻璃的量（考虑各性能测试所需数量）来确定，本实验以制得 100 g 玻璃液来计算各种原料的用量，在计算每种原料的用量时，要求计算到小数点后两位。

例：欲熔制 100 g 玻璃液所需碳酸镁的净用料量：

$$MgCO_3 \longrightarrow MgO + CO_2\uparrow$$

$$84.32 \qquad 40.32$$

$$x_1 \qquad 1$$

$$x_1 = 84.32 \times 1/40.32 = 2.09\ (g)$$

实际用量：$x = 2.09/99.5\% = 2.10\ (g)$

用类似方法可算出其他原料的用量，然后列出配料单，如表 11-1-5 所示。

表 11-1-5　配料单

原料名称	石英砂	碳酸钙	碳酸镁	氢氧化铝	纯碱	合计
配合料 1						
配合料 2						

4. 配合料的制备

（1）为保证配料的准确性，首先将实验用原料干燥或预先测定含水量。

（2）根据配料单称取各种原料（精确到 0.01 g）。

（3）将粉状原料充分混合成均匀的配合料是保证熔融玻璃液质量的先决条件。为了使混合容易、均匀及防止配合料分层和飞料，先将配合料中难熔原料如石英砂等先置入研钵中（配料量大时使用球磨罐），然后加助熔的纯碱等，预混合 10～15 min，再将其他原料加入混合均匀。

由于本实验为小型实验，配合料量甚小，只能在研钵中研磨混合，所以不考虑加水混合。

5. 均匀度测定

（1）按表 11-1-5 中配合料 1 或 2 称取原料 100 g，在混料机上混合一定时间，在白纸上摊平，在中心及四角分别取样，精确称取 5 份试样，每份约 5 g。

（2）把试样分别放在 200 mL 的烧杯中，加纯水 100 mL，加热，搅拌，使 Na_2CO_3 充分溶解。然后把溶液过滤到容量瓶中，并用热纯水反复冲洗烧杯、滤纸及残渣，直至过滤液呈中性，保证溶液全部转移。待冷却后，加纯水至容量瓶刻度线。

（3）准确移取被测溶液 25 mL 至 250 mL 三角烧瓶中，加 2 ~ 3 滴甲基橙指示剂，用 HCl 标准溶液（0.10 mol/L）滴定至溶液由黄色刚好变为橙色为止，记下读数 V。

（4）按下式计算配合料中 Na_2CO_3 含量：

$$X_{Na_2CO_3} = 52.99MV / G \quad (11\text{-}1\text{-}7)$$

式中，M 为 HCl 标准溶液的当量浓度，mol/L；V 为消耗的 HCI 标准溶液的体积，mL；G 为试样质量，g。

（5）将试样结果记录于表 11-1-6 中，并计算 H_s。

表 11-1-6　化学分析法测定玻璃配合料均匀度记录

试样编号	试样质量/g	C_{HCl}/（mol/L）	V_{HCl}/mL	Na_2CO_3/%
1				
2				
3				
4				
5				
X=		S=		H_s=

五、思考题

（1）为了保证实验结果的准确性，实验中应注意哪些环节？

（2）配合料的均匀度与哪些因素有关？

（3）测定玻璃配合料均匀度的意义是什么？

（4）化学分析法测定玻璃配合料均匀度的原理是什么？

实验二　玻璃熔制实验

一、实验目的

（1）熟悉小型坩埚进行玻璃熔制、玻璃试样的成型方法。

（2）了解熔制玻璃的设备及其测试仪器，掌握其使用方法。

（3）观察熔制温度、保温时间和助熔剂含量对熔化过程的影响。

（4）根据实验结果分析玻璃成分、熔制制度是否合理。

二、实验原理

玻璃材料高温制备中的物理过程主要有原料附着水的蒸发、某些组分的挥发、晶型转变以及某些组分的熔化等。化学过程主要有某些组分加热后排除结晶水、盐类的分解、各组分之间的化学反应及硅酸盐的形成。物理化学过程主要指一些物料间的固相反应，共熔体的产生，各组分间的互相熔融，物料、玻璃液相与炉内气体以及耐火材料之间的相互作用等。玻璃熔制过程中，共熔体的产生、互熔等，要在很高的温度下才显著发生。

将配合料经过高温加热熔化成为均匀、无气泡且符合成型要求的玻璃液的过程称为玻璃的熔制。在工厂，玻璃的熔制是在池炉或坩埚炉中进行的。但在新产品投入生产之前都必须在实验室先进行熔制实验，通过反复的实验和性能测试，掌握影响熔制的各种因素，最后摸索出最佳的玻璃组成和工艺条件，使设计的组成满足使用要求。因此，玻璃的熔制实验在科研和生产过程中都是一个很重要的环节。

玻璃的熔制过程是一个相当复杂的过程，它包括一系列物理的、化学的、物理化学的现象和反应。物理过程是指配合料加热时水分的排除、某些组分的挥发、多晶转变以及单组分的熔化过程。化学过程是指各种盐类被加热后结晶水的排除，盐类的分解，各组分间的互相反应以及硅酸盐的形成等过程。物理化学过程包括物料的固相反应，共熔体的产生，各组分生成物的互熔，玻璃液与炉气之间、玻璃液与耐火材料之间的相互作用等过程。

由于有了这些反应和现象，由各种原料通过机械混合而成的配合料才能变成复杂的、具有一定物理化学性质的熔融玻璃液。应当指出，这些反应和现象在熔制过程中常常不是严格按照某些预定的顺序进行的，而是彼此之间有着相互密切的关系。例如，在硅酸盐形成阶段中伴随着玻璃形成过程，在澄清阶段中同样包含有玻璃液的均化。为便于学习和研究，常可根据熔制过程中的不同实质而分为硅酸盐的形成、玻璃的形成、玻璃液的澄清、玻璃液的均化、玻璃液的冷却 5 个阶段。

纵观玻璃熔制的全过程，就是把合格的配合料加热熔化使之成为合乎成型要求的玻璃液。其实质就是把配合料熔制成玻璃液，把不均质的玻璃液进一步改善成均质的玻璃液，并使之冷却到成型所需要的黏度。因此，也可把玻璃熔制的全过程划分为两个阶段，即配合料的熔融阶段和玻璃液的精炼阶段。

三、实验仪器及试剂

仪器设备：高温电阻炉、退火炉、电子天平、高铝坩埚、研钵、坩埚钳、石棉手套、浇铸玻璃样品的模具等。

试剂：石英砂、碳酸钙、碳酸镁、氢氧化铝、纯碱等。

四、实验步骤

（1）玻璃成分的设计：参照实验一。

（2）配方计算和配合料制备：参照实验一。

（3）熔制。

① 熔制温度的估计。

玻璃成分确定后，为了选择合适的高温炉和便于观察熔制现象。应当估计一下熔制对玻璃形成到砂粒消失这一阶段的熔制温度，可按 Volf 提出的熔化速度常数公式进行估算：

$$\tau = \frac{T_{SiO_2} + T_{Al_2O_3}}{T_{Na_2O} + T_{K_2O} + \frac{1}{2}T_{B_2O_3} + \frac{1}{3}T_{PbO}} \tag{11-2-1}$$

根据 τ 与熔化温度的关系（见表 11-2-1），可大致确定该玻璃的熔制温度。

表 11-2-1　τ 与熔化温度的关系

τ	6.0	5.5	4.3	4.2
T/°C	1 450 ~ 1 460	1 420	1 380 ~ 1 400	1 320 ~ 1 340

② 检查熔制设备，打开电源。

③ 把每种配合料分别装入三只高铝坩埚中。为防止坩埚意外破裂造成电炉损坏，可在浅的耐火匣钵底部中垫以 Al_2O_3 粉，再将坩埚放入匣钵中，然后推入电炉的炉膛。给电炉通电，以 4 ~ 6 °C/min 的升温速度升温到 900 °C。这种加料方法称为“常温加料法”。

④ 在科研和生产中，玻璃熔制一般多采用“高温加料法”。即先将空坩埚放入电炉内，给电炉通电，以 4 ~ 6 °C/min 的升温速度升温到加料温度（900 °C）后，再将配合料装入坩埚，保温 30 min。为了得到较多的玻璃料（样品），必须在此温度下多次加料以充分利用坩埚的容积或减少配合料中低熔点物料的挥发。

⑤ 最后一次加料并保温 1 h 后，从炉中取出两种配合料的坩埚各一只，放入已经加热到 500 ~ 600 °C 的马弗炉中退火。

⑥ 以 3 °C/min 升温速度，继续升温到 1 200 °C，保温 1 h，从炉中取出两种配料的坩埚各一只放入马弗炉中退火。

⑦ 以 3 °C/min 升温速度，继续升温到 1 300 °C，保温 2 h。玻璃保温温度和保温时间因玻璃配方不同而异。本实验的熔制温度在 1 300 ~ 1 450 °C，保温 2 ~ 3 h，使玻璃液完成均化和澄清。对于硼酸酐类等含有高温下产气物质的配合料，升温速度要降低，以防物料溢出。

对于未知熔制温度的新配方玻璃的熔制，可以根据有关文献初步确定玻璃的熔制温度，实验中可在此温度上下 100 °C 的范围内，每隔 20 ~ 30 °C 各取出一只坩埚，据此确定玻璃的熔制温度和保温时间。

⑧ 保温结束后，从炉中取出最后两种配合料的坩埚各一只，放入退火炉中退火，关上退火炉门，保温 10 min，断电，让其自然冷却。

在实验室中，玻璃的成型一般采用“模型浇注法”或“破埚法”。在完成上述熔制后，连同坩埚一起冷却并退火，冷却后再除去坩埚，得到所需要的试样是“破埚法”。将完成熔制的高温玻璃液，倾注入经预热过的金属或耐火材料模具中，然后立即置入预热至 500 ~ 600°C 的马弗炉中，按一定的温度制度缓慢降温则是“模型浇注法”。浇注成一定形状的玻璃可以作理化性能和工艺性能测试用的样品。

⑨ 将最后的坩埚从硅碳棒电炉中取出之后，将电炉的通电电流调至最小，关闭控制器电源，再拉闸停电，让电炉自然降温。

五、实验结果分析

待装有玻璃的坩埚冷却到室温后，用小铁锤尖端敲打坩埚底和内壁，使之裂成两半。研究所得的一半，观察坩埚中心、表面、底部和周壁的硅酸盐形成、玻璃形成、熔透和澄清情况、气泡多少、未熔透颗粒数量、玻璃液表面是否有泡沫、颜色、透明度及玻璃液的其他特征，此外，应仔细研究坩埚壁特别是玻璃液面上的侵蚀特征。实验结果填入表 11-2-2 中。

表 11-2-2　玻璃高温制备实验情况记录分析

项　目		最高熔制温度					
		900 °C		1 200 °C		1 300 °C	
		1 号料	2 号料	1 号料	2 号料	1 号料	2 号料
保温时间							
玻璃熔制情况分析	熔透程度 澄清情况 透明度及颜色 其他特征 坩埚侵蚀情况						
研究结论							

六、注意事项

（1）高温操作时要戴防护面具。

（2）钳坩埚时应注意安全。

七、思考题

（1）在本次实验中，哪些因素影响了玻璃的熔制？为什么会影响？应当如何防止？

（2）玻璃熔制中，有高温加料和常温加料两种，哪一种更优越？

（3）本实验拟定 900°C、1 200°C 和 1 300°C 拿出熔制玻璃的坩埚，这有什么意义？

（4）在实际生产中如何制定玻璃的熔制制度？

（5）玻璃最高熔制温度和均化澄清时间确定的原则是什么？

（6）高温电炉炉膛底部为什么要铺一层氧化铝粉？

实验三　玻璃化学稳定性测定

一、实验目的

（1）了解测定玻璃化学稳定性的意义。

（2）掌握测定玻璃化学稳定性的原理和方法。

二、实验原理

玻璃制品在使用中会受到周围介质（如大气、水、酸、碱、盐类及其他化学物质等）的侵蚀，玻璃抵抗这种侵蚀的能力称为玻璃的化学稳定性。玻璃的化学稳定性是玻璃的一个重要性质，也是衡量玻璃制品质量的重要指标之一。各种用途的玻璃，均要求具有一定的化学稳定性。玻璃化学稳定性的测定方法有大块试样法与粉末法两种：大块试样法是将块状玻璃试样经侵蚀介质侵蚀后，用光学方法测定玻璃表面的侵蚀程度，或者测定其质量损失、析碱量，能较准确获得单位面积玻璃的失重，以表示其化学稳定性，但是这种方法所需的时间较长，所得的结果不够明显；而粉末法用较少的试样即可获得较大的表面积，所需的时间较短，所得的结果较明显，但由于无法正确测得试样的表面积，故结果不及大块试样法准确。通常玻璃纤维、医用玻璃、瓶罐玻璃、平板玻璃采用表面法，光学玻璃、电真空玻璃等采用粉末法。为了能及时控制产品的质量，工厂大多采用粉末法测定，对要求准确度较高时则必须用大块试样法测定。由于两种测定方法的基本原理及步骤相同，故本实验采用粉末法。

根据玻璃制品的用途不同，化学稳定性主要测定玻璃抗水、抗酸或抗碱的程度。各种酸、碱、盐的水溶液对玻璃的侵蚀都是从水对玻璃的侵蚀开始的。水对玻璃作用的第一步是进行离子交换。

$$玻璃\text{-}R^+ + H^+（溶液）\longrightarrow 玻璃\text{-}H^+ + R^+（溶液）$$

$$玻璃\text{-}R^+ + H_3^+O^+（溶液）\longrightarrow 玻璃\text{-}H^+ + R^+（溶液）$$

使玻璃表面脱碱，形成硅酸凝胶膜，进一步侵蚀必须通过这层硅酸膜才能继续进行。这层硅酸膜吸附作用很强，能吸附水解产物阻碍进一步的离子交换，起到保护作用，所以水对玻璃的侵蚀在最初阶段比较显著，以后便逐渐减弱，一定时间以后，侵蚀基本停止。

酸对玻璃侵蚀的机理与水基本相同。但由于酸中 H^+浓度更大，并且酸能与玻璃受侵蚀后生成的水解产物作用，使离子交换速度大大增加，因此，酸对玻璃的侵蚀要比水严重得多，生成的硅酸膜更厚。测定玻璃的耐水性时，用 HCl 溶液滴定中和溶解出来的 ROH，即：

$$HCl + ROH \longrightarrow RCl + H_2O$$

测定玻璃的耐酸性时，用 NaOH 溶液滴定中和侵蚀介质剩余的 HCl，即：

$$NaOH + HCl \longrightarrow NaCl + H_2O$$

由此测定玻璃的碱溶出量。

碱对玻璃的侵蚀比水和酸更严重。碱与玻璃表面的硅酸膜作用，生成可溶性硅酸盐，使水解，反应继续进行，破坏玻璃的网络，使玻璃失重显著增加。碱对玻璃的侵蚀随碱性的增加、时间的持续而加剧。

$$Si(OH)_4 + NaOH \longrightarrow [Si(OH)_3O]^- \cdot Na^+ + H_2O$$

测定玻璃耐碱性主要是测定玻璃受侵蚀后的失重。

三、实验仪器及试剂

仪器设备：恒温水浴锅、烘箱、电子天平、标准筛、回流冷凝器、酸碱滴定管、干燥器、不锈钢研钵、三角烧瓶、量筒等。

试剂：HCl 标准溶液（0.010 mol/L）、NaOH 标准溶液（0.050 mol/L）、甲基红指示剂（0.1%）、酚酞指示剂（1%）。

四、实验步骤

1. 耐水性测定

（1）试样制备：选择无缺陷、表面新鲜的块玻璃，用不锈钢研钵捣碎，过 0.42 mm 和 0.25 mm 的标准筛，取粒度为 0.25 ~ 0.42 mm 的玻璃粉末作试样，摊在光滑的白纸上用磁铁吸去铁屑，吹去细粉末，再将玻璃粉末倒在倾斜的光滑木板（70 cm×50 cm）上，用手轻敲木板的上部边缘，圆粒滚下，扁粒留在木板上弃之。将滚下的圆粒撒在黑纸上借助放大镜、镊子弃去尖角、针状的颗粒，用无水乙醇洗掉粉尘，在 110 °C 的烘箱内烘干 1 h，放入干燥器内备用。

（2）在分析天平上准确称取处理好的试样三份，每份 2 g，倒入洗净、烘干的三个 250 mL 三角烧瓶中，分别注入 50 mL 纯水。另取一只同样的烧瓶，注入 50 mL 纯水，作空白实验。

（3）将恒温水浴锅加足水，通电加热至沸后，把四只烧瓶装上回流冷凝管，放入沸水中，在（98±1）°C 的沸水中保持 1 h。取出置于冷水浴中冷却至室温。

（4）加 2 ~ 3 滴甲基红指示剂，用 0.010 mol/L 的 HCl 溶液滴定至微红色，记录所消耗的 HCl 量 V_1。把实验结果记录在表 11-3-1 中。

表 11-3-1　玻璃耐水性测定记录

试样编号	试样质量/g	C_{HCl}/（mol/L）	V_1/mL	析出 Na_2O/（mg/g 玻璃）
1				
2				
3				
4				
平均析出 Na_2O/（mg/g 玻璃）			水解等级	

（5）按下式计算 Na_2O 的溶出量 A（mg/g 玻璃）：

$$A=30.99(V_1-V_2)M_1/G \tag{11-3-1}$$

式中，A 为 Na_2O 的溶出量，mg/g 玻璃；V_1 为滴定试样所消耗的 HCl 体积，mL；V_2 为滴定空白试样所消耗的 HCl 体积，mL；G 为玻璃试样的质量，g；M_1 为 HCl 标准溶液量浓度，mol/L。

（6）将三份试样的结果取平均值，按表 11-3-2 确定水解等级。

表 11-3-2　玻璃水解等级

水解等级	1	2	3	4	5
析出 Na_2O/（mg/g 玻璃）	0 ~ 0.031	0.031 ~ 0.062	0.062 ~ 0.264	0.264 ~ 0.62	0.62 ~ 1.08

2. 耐酸性测定

耐酸性测定的操作与耐水性相同，只是侵蚀介质改为 50.00 mL HCl 溶液（0.010 mol/L）。滴定时加 2-3 滴酚酞指示剂，用 0.050 mol/L NaOH 标准溶液滴定至无色，按下式计算 Na_2O 溶出量：

$$B=30.99\left(M_1V_1-M_2V_2\right)/G \tag{11-3-2}$$

式中，B 为 Na_2O 溶出量，mg/g 玻璃；M_1、V_1 分别为 HCl、NaOH 的物质的量浓度，mol/L；M_2、V_2 分别为 HCl、NaOH 的体积，mL。

将三个试样的平均值，减去空白实验值即为玻璃的耐酸性。

3. 耐碱性测定

试样制备与耐水性相同。准确称取 5 g 试样三份，放入装有 50 mL NaOH 溶液（2 mol/L）的烧杯中，在（98±1）°C 沸水中煮沸 1 h 后，移入预先恒重的玻璃吸滤坩埚过滤，并用纯水洗至溶液呈中性，烘干后称重，计算每克玻璃的失重（mg/g）。

五、注意事项

（1）用蒸馏水冲洗回流冷凝器管壁及烧瓶壁时，用量不能过多，以免影响滴定时观察指示剂的颜色。

（2）滴定时必须认真仔细，在接近等当点时应勤看颜色、勤记读数。

六、思考题

（1）影响粉末法测定玻璃耐水性准确度的因素主要有哪些？实验中如何减少实验误差？

（2）沸水浴时烧瓶上为什么必须接回流冷凝管？如果不加，测定结果如何？为什么？

（3）测定玻璃的化学稳定性有何意义？

（4）玻璃的化学稳定性与哪些因素有关？

实验四　烧失量测定

一、实验目的

（1）掌握烧失量测定的意义。

（2）掌握烧失量测定的方法。

二、实验原理

烧失量（Loss on Ignition，LOI），即将 105 ~ 110 °C 烘干的原料在 1 000 ~ 1 100 °C 灼烧后失去的重量百分比。原料烧失量的分析有其特殊意义。它表征原料加热分解的气态产物（如 H_2O，CO_2 等）和有机质含量的多少，从而可以判断原料在使用时是否需要预先对其进行煅烧，使原料体积稳定。按照化学分析所得到的成分，可以判断原料的纯度，大致计算出其耐火性能，借助有关相图也可大致计算出其矿物组成。

烧失量是在进行耐火材料的分析时，除主成分氧化物和副成分的含量外，通常还要测定其烧失量。按照化学分析所得到的成分，可以判断原料的纯度，大致计算出其耐火性能，借助有关相图也可大致计算出其矿物组成。

耐火原料的化学成分分析是按专门的方法进行的，国际标准和国家标准中做了规定，近年来化学分析方法不断朝着加快分析速度和提高分析精度的方向发展，如络合物滴定、比色分析、火焰光度法、光谱分析和 X 射线荧光分析等。

烧失量又称灼减量，是指坯料在烧成过程中所排出的结晶水、碳酸盐分解出的 CO_2、硫酸盐分解出的 SO_2 以及有机杂质被排除后物量的损失。相对而言，灼减量大且熔剂含量过多的，烧成偏高的制品的收缩率就越大，还易引起变形、缺陷等。所以要求瓷坯灼减量一般要小于 8%。陶器无严格要求，但也要适当控制，以保持制品外形一致。

三、实验仪器及试剂

电子天平、坩埚、高温炉、玻璃试样等。

四、实验步骤

（1）称取 5.0 g 试样（大块试样需研磨并过 1 mm 筛），并在 105 ~ 110 °C 烘干，并保存在干燥器中。

（2）将坩埚置于 950 °C 的高温炉中灼烧 30 min，取出在干燥器中冷却至室温，称量，反复灼烧至恒重。

（3）精确称取烘干试样 1.0 g，精确到 0.000 1 g。

（4）放入已灼烧至恒重的坩埚中，坩埚盖斜盖，放入未升温的高温炉中，缓慢升温至 950 °C，并保持 30 min。

（5）取出并盖好坩埚盖，在干燥器中冷却至室温，称重，反复灼烧至前后两次质量差小于 0.5 mg，即为恒重。需至少做一次重复实验。

五、测定结果计算

烧失量的质量百分数计算如下：

$$X_{\mathrm{LOI}}=\frac{m-m_1}{m}\times 100\%$$

式中，X_{LOI} 为烧失量的质量百分数，%；m 为试样质量，g；m_1 为灼烧后试样质量，g。

六、注意事项

（1）烧失量的测定结果与加热条件有密切关系，正确控制加热条件是十分必要的。

（2）测定烧失量用的瓷坩埚应洗净后预先在（950±25）°C 的温度下灼烧至恒量。将灼烧后的残渣从坩埚中直接扫出来是不正确的，这会给测定结果造成较大的误差。

（3）加热温度除特殊规定外，一般为（950±25）°C，加热时应从低温升起（低于 400 °C），以免试样中挥发物质因急剧受热猛烈排出而使试样飞溅。

（4）高温操作时要戴防护面具，钳坩埚时应注意安全。

七、思考题

（1）烧失量与哪些因素有关？

（2）如何校正烧失量的准确性和误差？

第十二章 陶瓷的制备及性能测试

陶瓷是以黏土为主要原料以及各种天然矿物经过粉碎混炼、成型和煅烧制得的材料及各种制品。本章不仅介绍了陶瓷的传统制备工艺和性能测试方法，还介绍了目前新型陶瓷常用合成方法和性能表征。通过本章的学习可以培养学生的动手能力和解决实际问题的能力，并将陶瓷工艺理论知识运用到实践中，做到理论联系实际；还可以使学生熟悉陶瓷坯料、釉料配方的生产过程，为以后指导生产和科学研究奠定基础。

实验一　陶瓷烧成综合实验

一、实验目的

（1）掌握陶瓷组成设计及原料配比计算。

（2）了解陶瓷泥料成型设备，掌握陶瓷坯料的制备方法。

（3）观察烧结温度、保温时间和添加剂含量对烧结制度的影响，根据实验结果修订配合料组成。

（4）根据实验结果分析陶瓷成分及烧结制度是否合理。

二、实验原理

1. 坯料配方

根据产品性能要求，选用原料、确定配方及成型方法是常用的配料方法之一。例如，制造日用陶瓷必须选用烧后呈白色的原料（即原料中着色氧化物应尽量少），包括黏土原料，并要求产品具有一定强度；制造化学瓷则要求产品有好的化学稳定性；制造地砖则要求产品有高的耐磨性、低的吸水性；制造电瓷则要求产品有高的机电性能；制造热电偶保护管则要求产品有耐高温、抗热振并有高的传热性；制造火花塞则要求产品有大的高温电阻、高的抗冲强度及低的热膨胀系数。

制定坯料配方，尚缺完善方法，其主要原因是原料成分多变，工艺制度不稳定，影响因素太多，以致对预期效果的预测没有把握。根据理论计算或凭经验摸索，经过多次实验，在既定的各种条件下，均能找到成功配方，条件变化后配方的性能也随之而变。选择原料与确定配方时既要考虑产品性能，还要考虑工艺性能和经济指标，各种文献资料所载成功的经验配方固有参考价值，但不能照搬。因为黏土、瓷土、瓷石均为混合物，长石、石英均含有不同杂质，同时各地原有母岩及形成方式、风化程度不同，其理化工艺性能不尽相同或完全不同，所以选用原料与制定配方只能通过实验来决定。

坯料配方实验方法一般有三轴图法、孤立变量法、示性分析法和综合变量法。三轴图法即三种原料组成图，图中共有 66 个交点和 100 个小三角形，其中由三种原料组成的交点有 36 个，由两种原料组成的交点有 27 个，由一种原料组成的交点有 3 个，如图 12-1-1 所示。

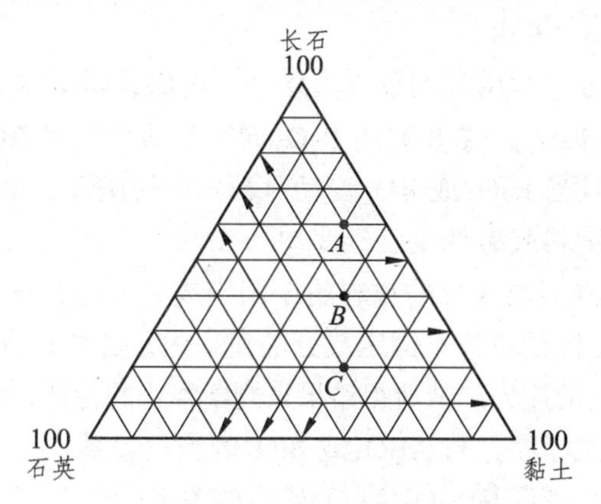

图 12-1-1　黏土-长石-石英三轴图

配料时，先确定该种坯料各种原料的适当范围，初步确定三轴图中几个配方点（配方点可以在交点上，也可以在三角形内），例如，图 12-1-1 中 *A* 点为含长石 50%、石英 20%、黏土 30%；*B* 点为含长石 30%、石英 30%、黏土 40%；*C* 点为含长石 10%、石英 40%、黏土 50%，按照配方点组成进行配料制成试样，测定物理性能，进行比较，优选采用。三轴图不限于黏土-长石-石英三种组成，凡采用三种原料配料做实验的均可利用此图。例如，一般配料中含长石 30%、石英 20%、黏土 50%，而黏土又采用高岭土、强塑性黏土、瘠性黏土三种黏土配合使用，则可绘制一个三种黏土的三轴图，在此图上选定数点做实验，以求出高岭土、强塑性黏土、瘠性黏土的最佳配方。

孤立变量法即变动坯料中一种原料或一种成分，其余原料或成分均保持不变，例如，A、B、C 三种原料，固定 A、B 变动 C，或固定 B、C 变动 A，或固定 A、C 变动 B，最后找出一个最佳配方。

示性分析法则着眼于化学成分和矿物组成的理论配合比。例如，高岭土中常含有长石及石英的混合物，长石中常含有未化合的石英，瓷石中则常含有长石、石英、高岭石、云母等。如配方中的高岭土是指纯净的高岭石，配方中的长石、石英是指极纯的长石及石英，则最好用示性分析法测定各种原料内的高岭石、长石、石英的含量，以便配料时统计计算。

综合变量法即正交实验法，也称多因素筛选法、多因素优选法、大面积撒网法。实验前借助于正交表，科学地安排实验方案，实验后，经过表格运算，分析实验结果，以较少的实验次数找出最佳的配方。

2. 釉料配方

坯料的烧成温度和工艺性能取决于釉料的性能和釉料所用原料的化学成分，是釉料配方的依据。釉层是附着在坯体上的，釉层的酸碱性质、膨胀系数和成型温度必须与坯体的酸碱性质、膨胀系数和烧成温度相适应。

参考测温锥的标准成分进行配料，按照陶瓷的烧成温度配制釉料，可以选择低于坯体烧成温度 4 ~ 5 号测温锥的成分作为釉料配方参考。例如，某坯体在 1 300 °C 时烧成（1 300 °C 的锥号为 SK10 号），而要找到在 SK10 号或 1 300 °C 成熟的釉料，那么这种釉料的釉式应是 SK_{4a}（1 160 °C）。

借助成功的经验进行配料，例如，釉料成熟温度在 1 250 ~ 1 300°C 的釉料配方中的 SiO_2/（$RO+R_2O$）的当量比值在 4 ~ 6 内。

孤立变量法是釉料配方中常用的调节方法之一。例如，固定 $RO+R_2O$ 的当量不变，或令 $RO+R_2O=1$ 而变动 RO_2 或 R_2O_3，或 RO_2 和 R_2O_3 同时变动。当然 $RO+R_2O$ 中的氧化物的种类和相对含量可以变动，而且当 R_2O_3 或 RO_2 变动时釉式中的碱性、中性、酸性三类氧化物之间相对含量实际上已变动，釉料酸碱性也已经变动。

进行釉料配方时，除将不同成分的釉料施于固定成分的坯料试片上以比较其成熟温度的高低外，也可采用坩埚法（将釉粉放于固定成分的坩埚内，在坩埚的烧结温度下使釉粉熔化），以检验釉的流动性和坯釉间的应力。从所得结果来判断釉式的特征，然后按下列内容进行总结：

（1）釉的成熟温度和光泽度，与 Al_2O_3 或 SiO_2 的当量关系。

（2）釉的成熟温度和光泽度与 SiO_2/Al_2O_3 比值的关系。

（3）标准成分的坯料试片结合得最好的釉式（即坯釉间应力最小者），并分析其原因。对于已知坯体膨胀系数（传统陶瓷一般膨胀系数为 6.5×10^{-6} °C^{-1} 左右），也可用加和法计算所配釉料的膨胀系数来调整坯釉之间的适应性。

3. 坯体施釉

坯体的施釉方法很多，如浇釉、喷釉、浸釉、干粉施釉等。浇釉、喷釉在卫生陶瓷、建筑陶瓷上应用较多；浸釉在日用陶瓷上应用较多；干粉施釉是近年来发展起来的一种新型施釉方法，主要应用在瓷砖生产上。施釉前的坯体应经过干燥，否则影响生坯强度及坯体吸釉浆能力，造成烧成后制品的干釉缺陷。手工施釉时应对坯体轻拿轻放，严格控制生釉层厚度，釉层过厚不但造成浪费，而且严重影响坯釉的适应性，造成釉面裂纹或釉面剥落，釉层太薄则易形成干釉弊病。

4. 成型及烧制

生坯入窑前应控制水分在 1.5%左右，水分过高，生坯在窑内由于水分的剧烈蒸发，易形成爆坯。装窑时坯体之间应留有热传导和热流动通道。严格按照坯体实验后所制定的升温制度（升温曲线）升温和烧成。陶瓷坯体随着烧结温度的升高，原子扩散加剧，颗粒间由点接触转变为面接触，坯体表面积减小，孔隙率降低，结构变得致密，机械性能得到提高。

冷却过程一般在炉内自然冷却，制品在 800 °C 以上可以快速冷却，低于 800 °C 由于坯体内质点已完全固定，不能快速冷却。尤其在石英的几个晶型转化点应特别注意，否则易造成风惊，坯体炸裂。

制品烧成后应根据所学陶瓷理论知识分析其产品弊病所产生的原因。

根据产品的使用要求，不同产品釉各有不同的性能。因此，制品需进行理化性能测定。如日用陶瓷应对白度、透明度、强度、热稳定性、化学稳定性、铅镉溶出量等进行测试，陶瓷地砖需对耐磨性进行测试等。

三、实验仪器

电子天平、真空练泥机、球磨机、标准筛一套、泥条机、马弗炉、烘箱等。

四、实验步骤

1. 坯料配方实验

（1）原料准备。

根据产品性能要求，确定所选用的原料，这些原料的化学成分、矿物组成一般是已知的，对原料工艺性能如不完全熟悉，应分别做以下实验。

① 黏土或坯料的可塑性测定。对于传统陶瓷，要求其所用的结合性黏土必须具有高的可塑性（可塑性指数＞15），其坯料的可塑性一般在中塑性以上（可塑性指数＞7）。

② 黏土结合力的测定。黏土结合力的大小对于黏土结合其他瘠性原料的多少和衡量其生坯强度具有直接意义。

③ 泥浆流动性、触变性和吸浆速度的测定。泥浆性能的好坏，将直接影响球磨速度、泥浆输送、储存、压滤和上釉等生产工艺。特别是注浆成型时，将影响浇注品的质量。对于注浆成型，判定其合适的泥浆流动速度最简单的方法是将一根木杆插入泥浆桶中，提起时，泥浆应形成一细线流下，并且这一细线应不断线。

④ 气孔率、吸水率和体积密度的测定。该实验对确定陶瓷材料的烧结温度和烧结范围，制定烧成曲线具有重要意义；陶瓷材料的机械强度、化学稳定性和热稳定性等与气孔率有密切关系。

⑤ 线收缩率和体积收缩率的测定。收缩率的测定对陶瓷产品模型的放大、烧结范围和烧成温度的确定具有决定性意义。

⑥ 干燥灵敏性指数的测定。干燥灵敏性指数的测定，对陶瓷坯体或黏土在干燥过程中的安全性有重要影响，并分为以下三种类型：安全的，指数≤1；较安全的，指数为 1 ~ 2；不安全的，指数≥2。

随着黏土性质、坯料配比及加工方法不同，其干燥灵敏性指数也各异。但测定某一黏土或坯料时，用同种加工方法和相同条件下的干燥灵敏指数，确定其干燥性能仍具有实际意义。

（2）原料加工：将所选用的原料加工成一定粒度的粉料（软质黏土可不加工）。

（3）换算：根据所确定的配方换算为原料组成百分数（示性组成）。

（4）准备：根据示性组成准确称取每个原料的投料量，并确定料、球、水比，称取料、球、水投入球磨罐中进行球磨（注意：在球磨泥浆时，为增加研磨效率、减少泥浆水分，当原料中含有黏土时，则应同时配入电解质；最普通的电解质为 Na_2CO_3 和水玻璃，Na_2CO_3 应未吸潮；水玻璃模数为 2.3 ~ 2.8，其加入量为原料总量的 0.25%）。

（5）加工：符合细度要求后出球磨，搅拌，除铁。根据成型要求对泥浆进行加工。

① 注浆成型：泥浆陈腐后即可进行注浆成型（陈腐 24 h 以上）。

② 塑性成型：泥浆经滤泥、脱水、练泥成为泥段，经陈腐后送入成型室。

③ 半干压成型：泥浆经喷雾干燥成为含有少量水分的粉料（7% ~ 8.5%），然后压力成型。

（6）成型。

对于注浆成型，多适用于异型产品的成型，如卫生陶瓷、日用陶瓷的壶、杯等。其具体操作步骤如下：

① 准备好石膏模，其吸浆面应清理干净并用滑石粉擦一遍。

② 注浆室应保持一定温度，最好为 33 °C，模型应用乳胶带捆绑好，防止漏浆。

③ 模型经注浆口注满浆后，由于石膏模不断吸水，应注意不断添浆。

④ 模型经一段时间的吸浆，坯体达到一定厚度后进行空浆，即把模型反转过来将多余的泥浆倒出，反转的模型需静止一段时间才能起模（应根据室温高低决定起模时间，观察坯体内表面无明亮的水分，呈暗色时起模）。

⑤ 起模后的湿坯体轻轻放置于海绵上晾干。

⑥ 如需黏结，应趁湿坯时用稠泥浆黏结。

⑦ 成型好的坯体应进行湿修和干修。湿修是坯体半干时将注浆口注浆缝割掉；干修是坯体干后用湿海绵（或湿毛巾）将坯体外表面擦光。

⑧ 修好的坯体晾干后准备施釉。

2. 釉料配方实验

（1）按照下列釉式配制此实验所用的釉料：

$$(0.3K_2O、0.7CaO) \longrightarrow 0.7 \sim 1.0Al_2O_3 \cdot 6 \sim 10SiO_2$$

为了便于使用杠杆法则进行釉料配方操作，现将上式图解如下（见图 12-1-2）。

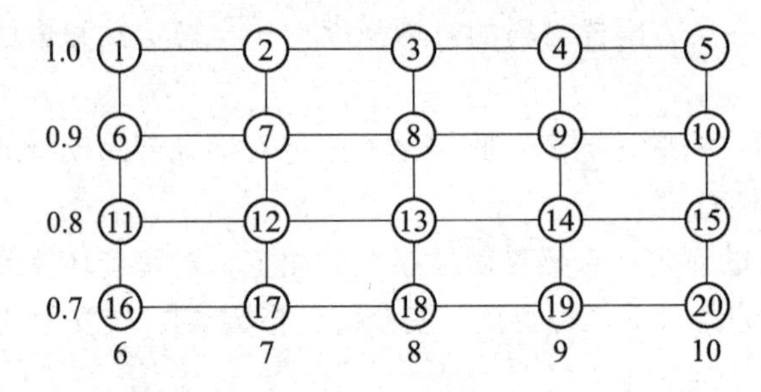

图 12-1-2　釉料配方图解

在此实验中，固定 $RO + R_2O$ 不变，而变动 Al_2O_3 和 SiO_2。以长石、石英、方解石、高岭土等原料配制釉料，原料中的 Fe_2O_3，MgO 含量极小，可略去不计。

（2）计算 1、6、11、16、5、10、15、20 等号的生料配合公式量。

（3）制备 1、5、16、20 等号的釉料（可以一组做一号配方或两组共做一号配方），每号干料需有 0.5 ~ 1 kg，按每号生料配合公式配料，加入适量水及球（料∶球=1∶1.5）到小球磨罐内，磨至要求细度后取出釉浆，通过 100 号筛后静置 3 h，调整至适当密度（按施釉方法而定），然后搅拌均匀待用。

（4）从 1、16 两号釉料配制 6、11 两号釉料；从 5、20 两号釉料配制 10、15 两号釉料；6、11、10、15 每号釉料均需有 0.25 ~ 0.5 kg；2、3、4 号釉料由 1、5 两号釉料配制，每号需有干料 0.1 ~ 0.2 kg；其他号数釉料可按照上述方法配制。

（5）每组制好釉料后即可用浸釉法（或浇釉法、喷釉法）将已确定好的标准成分坯料的试片上釉（施于试片正面）。

（6）剩余釉浆用石膏模吸去水分，并进行干燥，然后将处理过的釉料粉移入已素烧过的固定成分的坩埚内（釉料粉放入量约为坩埚高度的1/2，增烟高2 cm，内径4 cm），经过烧成（确定的坯体烧成温度）、冷却，检查烧成结果。如坩埚面上无破隙，釉面无裂纹，说明坯釉适应性很好，坯釉间无显著应力（即坯釉膨胀系数匹配良好）。否则，则说明坯釉适应性不好。实践证明，釉层厚薄对坯釉适应性有影响，厚釉层比薄釉层更容易出现釉层裂纹或釉层剥离现象。当然釉的高温熔体黏度和表面张力对釉面质量也有影响，如缩釉、橘釉、流釉、针孔及釉面平整光滑等均与釉的高温黏度和表面张力有关。

从釉质量分析，可以找出釉式中 $A1_2O_3$ 当量及 SiO_2 当量与釉料物性之间的关系以及二者比较适当的当量比例，并用已成熟的釉式来验证成熟温度与釉的化学组成是否与理论计算相接近。利用正交实验法配制釉料与坯料配方时相同，在此不另举例。

3. 施　釉

根据使用目的和性能要求选择合适的施釉工艺。

4. 烧　成

根据具体配方设计烧成温度。

观察并测定陶瓷性能（后续实验进行介绍）。

五、测定结果计算

1. 原料的化学成分（%）

将原料的化学成分填入表12-1-1中。

表12-1-1　原料的化学成分

原料名称	SiO_2	$A1_2O_3$	Fe_2O_3	TiO_2	CaO	MgO	灼减	化学式	釉式

2. 计算结果（见表12-1-2）

表12-1-2　图12-2-2中四角釉料配方的计算结果

釉号	生釉料配合公式量	配料单（所用原料的质量）/%
1号		
2号		
3号		
4号		

3. 釉料的配制（见表12-1-3）

表12-1-3　图12-2-2中除四角以外的中间各号釉料的配制

釉号	干重/g	需要四角釉式的质量/%	备注（说明配制每号需用各种釉料的干重）

4. 烧成后的结果（见表 12-1-4）

表 12-1-4　烧成后的结果

烧成温度	________°C	坯式：________________	
釉号	化学式	釉面特征	原因分析

六、注意事项

（1）配料称重时要准确，坯料制备时一定要混匀。

（2）确定配方之前要做必要的调查研究，以使初步确定的配方有一定的合理性。

（3）选定的各种坯料配方，应在同一温度下烧成及使用统一的升温速度（即用统一的升温曲线），才有比较意义。

（4）测定 1、5、16、20 四角号釉浆的干因素时，必须尽量防止误差。在取浆测定干因素时做到准确迅速。

（5）配制中间各号釉料时，注意其计算方法。

（6）各号釉料应放在同一温度下烧成，尤其是采用倒焰窑烧成时更应注意温度的均匀性。

七、思考题

（1）试述影响烧成制度的因素。

（2）试述添加剂对烧成工艺和材料性能的影响。

实验二　线收缩率和体积收缩率的测定

一、实验目的

（1）掌握黏土或坯料干燥及烧成收缩率的测定方法。

（2）为陶瓷制品生产过程中所用工模刀具的放尺率提供依据。

（3）为确定配方、制定干燥制度和烧成制度提供合理的工艺参数依据。

（4）了解黏土或坯料产生干燥和烧成收缩的原因及调节收缩的措施。

二、实验原理

在陶瓷或耐火材料的生产中，在刚成型后的坯体中都含有较高的水分，在坯体煅烧前必须通过干燥过程将自由水除去。但在干燥过程中随着水分的排出，坯体会不断发生干燥收缩而变形，这种变形一般是在形状上向最后一次成型以前的状态扭转，这种变形会影响坯体的造型尺寸的准确性，严重时坯体会开裂；另外，坯体在烧成过程中也会发生收缩变形，为了防止这种现象的发生，就得测定黏土或坯料的干燥收缩和烧成收缩性能。

可塑状态的黏土或坯料在干燥过程中，随着温度的升高和时间的增长，有一个水分不断扩散和蒸发，质量不断减轻，体积和孔隙不断变化的过程。开始加热阶段时间很短，坯体体积基本不变，当升至湿球温度时，干燥速度增至最大时即转入等速干燥阶段，干燥速度固定不变，坯体表面温度也固定不变，坯体体积迅速收缩，这是干燥过程最危险的阶段。到降速阶段，由于体积收缩造成内扩散阻力增大，使干燥速度开始下降，坯体的平均温度开始上升。由等速阶段转为降速阶段的转折点称为临界点，此时坯体的水分即为临界水分。降速阶段坯体体积收缩基本停止。在同一加工方法的条件下，随着坯体性质的不同，它在干燥工程中水分蒸发的速度和收缩速度以及停止收缩时的水分（临界水分）也不同，有的坯料干燥过程中蒸发快，收缩很大，临界水分很低，有的水分干燥时，水分蒸发较慢，收缩较小，临界水分较高，这是坯料的干燥特征。因此测定坯料在干燥过程中的收缩、失重和临界水分，对鉴定坯料的干燥特征，为制定干燥工艺提供依据具有实际意义。在烧成过程中，由于产生一系列物理化学变化如氧化分解、气体挥发、易熔物熔融成液相并填充于颗粒之间，使粒子进一步靠拢，进一步产生线性尺寸收缩与体积收缩。黏土或坯料干燥过程中线性尺寸的变化与原始试样体积之比值称为干燥体积收缩率。烧成过程中体积的变化与干燥试样体积之比值称为烧成体积收缩率。总的体积变化与原始试样体积之比值称为总体积收缩率。分子间内聚力、表面张力等是产生收缩的动力。

黏土或坯料在干燥和烧成过程中所产生的线性尺寸、体积变化与坯料组成、含水量、颗粒形状、粒径大小、黏土矿物类型、有机物含量、成型方法、成型压力方向以及烧成温度气氛等有关。黏土或坯料的干燥收缩对制定干燥工艺制度有极其重要的意义。干燥收缩大，干燥过程中就容易造成开裂变形等缺陷，干燥过程（尤其是等速干燥阶段）就应缓慢平稳。工厂中常根据干燥收缩率确定毛坯、模具及挤泥机出口的尺寸，根据强度的高低选择生坯的运输和装窑方式。线收缩的测定比较简单，对于在干燥过程中易发生变形歪扭的试样，必须测定体积收缩。烧结的试样体积可根据阿基米德原理测定其在水中减轻的质量计算求得。干燥前后的试样体积可根据阿基米德原理测定其在煤油中减轻的质量计算求得。

三、实验仪器及试剂

卡尺（精确至 0.02 mm）、试样压制切制模具、划线工具、烘箱、电炉、玻璃板（400 mm×400 mm×4 mm）、碾棒（铝制或木制）、煤油、蒸馏水、丝绸布。

四、实验步骤

1. 线收缩率测定

（1）试样制备：称取混合粉 1 kg，置于调泥容器中，加水拌和至正常操作状态，充分捏练后，密闭陈腐 24 h 备用，或直接取用生产上真空练泥机挤出的塑性泥料。

（2）把塑性泥料放在铺有显绸布的玻璃板上，上面再盖一层湿绸布，用专用碾棒进行碾滚。碾滚时，注意变换方向，使各方面受力均匀，最后轻轻滚平，用专用模具切成 50 mm×50 mm×8 mm 试块 5 块，小心地置于垫有薄纸的玻璃板上，随即用划线工具在试块的对角线上划上互相垂直相交的长 60 mm 的两根线条记号并编号，记下长度 L。

（3）制备好的试样在室温下阴干 1 ~ 2 天，阴干过程中要注意翻动，不使试样紧贴玻璃板影响收缩。待试样发白后放入烘箱，在 105 ~ 110 °C 下烘干 4 h。冷却后用小刀刮去泥号边缘的突出部分（毛刺），用卡尺或工具显微镜量取记号长度 L_1（精确至 0.02 mm）。

（4）将测量过干燥收缩的试样装入电炉（或生产窑、实验窑）中焙烧（应选择平整的垫板并在垫板上撒上石英砂或 Al_2O_3 粉，或刷上 Al_2O_3 浆），烧成后取出，再用卡尺或工具显微镜量取试块上记号间的长度 L_2（精确至 0.02 mm）。

2. 体积收缩率

（1）试样制备：取经充分捏练后的泥料或取自生产上用的塑性泥料，碾滚成厚 10 mm 的泥块（碾滚方法与线收缩试样相同），切成 25 mm×25 mm×10 mm 的试块 5 块，并编号。

（2）制备好的试样，用天平迅速称量（精确至 0.005 g），然后放入煤油中称取其在煤油中的质量和吸饱煤油后在空气中的质量，而后置于垫有薄纸的玻璃板上阴干 1 ~ 2 天，待试样发白后，放入烘箱中，在 105 ~ 110 °C 下烘干至恒重，冷却后称取其在空气中的质量（精确至 0.002 g）。

（3）把空气中称重后的试样放入真空装置中，在相对真空度不小于 95%的条件下，抽真空 1 h，然后放入煤油中（至浸没试样），再抽真空 1 h，取出称取其在煤油中的质量和吸饱煤油后在空气中的质量（精确至 0.002 g），称量时应抹去试样表面多余的煤油。在没有真空装置的条件下，可把试样放在煤油中 24 h。

（4）将测定过干燥收缩的试样装入电炉中焙烧，烧后取出刷干净，称取其在空气中的质量（精确至 0.005 g），然后放入抽真空装置中。在相对真空度不小于 95%的条件下，抽真空 1 h，放入蒸馏水中（至浸没试样），再抽真空 1 h，取出称取其在水中的质量和吸饱水后在空气中的质量（精确至 0.005 g）。如无真空装置，也可用煮沸法蒸煮 4 h，冷却静置 20 h，然后进行称重。

五、测定结果计算

1. 线收缩率测定（见表 12-2-1）

表 12-2-1　线收缩率测定数据

试样名称			测定人		测定日期		
试样处理							
编号	湿试样记号间距离 L_0/mm	干试样记号间距离 L_1/mm	烧成试样记号间距离 L_2/mm	干燥曲线率/%	烧成收缩率/%	总线收缩率/%	备注

2. 体积收缩率测定（见表 12-2-2）

表 12-2-2　体积收缩率测定数据

试样名称					测定人					测定日期						
试样处理																
编号	湿试样				干试样				烧结试样							
	在空气中质量 G_0/g	在煤油中质量 G_1/g	饱吸煤油质量 G_2/g	体积 V_0/cm^3	在空气中质量 G_3/g	在空气中质量 G_4/g	饱吸煤油质量 G_5/g	体积 V_1/cm^3	在空气中质量 G_6/g	在煤油中质量 G_7/g	饱吸煤油质量 G_8/g	体积 V_2/cm^3	干燥体积收缩率/%	烧成以及收缩率/%	总体积收缩率/%	备注

3. 计　算

（1）体积按下式计算：

$$V_0=\frac{G_1-G_2}{r}\qquad V_1=\frac{G_5-G_4}{r}\qquad V_2=\frac{G_8-G_7}{r}\tag{12-2-1}$$

式中，V_0 为湿试样体积，cm^3；V_1 为干试样体积，cm^3；V_2 为烧结试样体积，cm^3。

（2）干燥体积收缩率按下式计算：

$$\text{干燥体积收缩率（\%）：}\ y_{\mathrm{db}}=\frac{V_0-V_1}{V_0}\times 100\%\tag{12-2-2}$$

（3）烧成体积收缩率按下式计算：

$$\text{烧成体积收缩率（\%）：}\ y_{\mathrm{sb}}=\frac{V_1-V_2}{V_1}\times 100\%\tag{12-2-3}$$

（4）总体积收缩率按下式计算：

$$总体积收缩率（\%）：y_{ab} = \frac{V_0 - V_2}{V_0} \times 100\% \tag{12-2-4}$$

（5）线收缩率按下式计算：

$$干燥线收缩率（\%）：y_{al} = \frac{l_0 - l_1}{l_0} \times 100\% \tag{12-2-5}$$

$$总线收缩率（\%）：y_{sl} = \frac{l_1 - l_2}{l_1} \times 100\% \tag{12-2-6}$$

$$烧成线收缩率（\%）：y_{Al} = \frac{l_0 - l_2}{l_0} \times 100\% \tag{12-2-7}$$

$$总线收缩率（\%）：y_{sl} = \frac{y_{Al} - y_{al}}{100 - y_{al}} \times 100\% \tag{12-2-8}$$

$$烧成线收缩率（\%）：y_{Al} = \frac{100 - y_{al}}{100} y_{sl} + y_{al} \tag{12-2-9}$$

式中，l_0 为湿试样记号间距离，mm；l_1 为干试样记号间距离，mm；l_2 为烧结试样记号间距离，mm。

（6）线收缩率和体积收缩率之间有如下关系：

$$y_1 = \left(1 - \sqrt[3]{1 - \frac{y_b}{100}}\right) \times 100\% \tag{12-2-10}$$

六、注意事项

（1）测定线收缩率的试样应无变形等缺陷，否则应重做。
（2）测定体积收缩率的试样，其边棱角应无碰损等缺陷，否则应重做。
（3）擦干试样上煤油（或水）的操作应前后一致。
（4）试块的湿体积应在成型后 1 h 内进行测试。
（5）试样的成型水分不可过湿，以免收缩过大。
（6）在试样表面刻划记号时，不可用手挪动试样。

七、思考题

（1）测定黏土或坯料的收缩率的目的是什么？
（2）影响黏土或坯料收缩率的因素是什么？
（3）如何降低收缩率？
（4）干燥过程和烧结过程为什么会收缩？其动力是什么？

实验三　陶瓷机械性能测定

一、实验目的

（1）了解影响陶瓷材料抗压、抗折、抗张强度的因素。

（2）掌握陶瓷材料抗压、抗折、抗张强度的测定原理及测定方法。

二、实验原理

陶瓷材料的抗压强度极限以试样单位面积上所能承受的最大压力表征。最大压力即陶瓷材料受到压缩（挤压）力作用而不破损时的最大应力。测定值的准确性除与测试设备有关外，在很大程度上还取决于试样尺寸大小的选择。根据理论与实验，在选择试样尺寸大小时有两个根据：一是试样尺寸增大，存在的缺陷概率也增大，测得的抗压强度值偏低，因此试样尺寸应选小一点，以降低缺陷概率；二是试样两底面与压板之间产生的摩擦力，对试样的横向膨胀起着约束作用，对强度有提高作用，这在理论上称为环箍效应。试样尺寸较大时（主要考虑试样高度），环箍效应相对作用减小，测得的抗压强度偏低，而比较接近真实强度，因此试样尺寸选大一点好，以尽量减小这种摩擦力的影响。考虑到各方面因素，试样尺寸定为 ϕ（20±2）mm×（20±2）mm 的径高比为 1∶1 的圆柱体试样比较合适。粗陶试样则为 ϕ（50±5）mm×（50±5）mm，径高比 1∶1 的圆柱体试样比较合适。

抗折强度是陶瓷制品和陶瓷材料或陶瓷原料的重要力学性质之一，通过这一性能的测定，可以直观地了解制品的强度，为发展新品种、调整配方、改进工艺、提高产品质量提供依据。抗折强度极限是试样受到弯曲力作用到破坏时的最大应力，它是用试样破坏时所受弯曲力矩 M（N·m）与被折断处的截面系数 Z（m^3）之比来表示的。试样尺寸以宽厚比 1∶1 较为合适。

材料的抗折强度一般用简支梁法进行测定，如图 12-3-1 所示。对于均质弹性体，将其试样放在两支点上，然后在两支点间的试样上施加集中载荷时，试样变形或断裂。由材料力学简支梁受力分析可得抗折强度极限用公式如下：

$$R_{\mathrm{f}}=\frac{M}{Z}=\frac{\frac{FL}{4}}{\frac{bh^2}{6}}=\frac{3FL}{2bh^2} \tag{12-3-1}$$

式中，R_{f} 为抗折强度极限，N/m^2；M 为弯曲力矩，N·m；Z 为截面系数，m^3；F 为试样折断时负荷，N；L 为支承刀口间距离，m；b 为试样断口处宽度，m；h 为试样断口处厚度，m。

测定陶瓷材料抗张强度有弯曲法、直接法和径向压缩法等多种方法。目前，径向压缩法是比较先进和科学的方法。根据弹性理论，在陶瓷圆柱体试样的径向平面沿着试样长度 L 施加两个方向相反、均匀分布的集中载荷 F，在承受载荷的径向平面上，将产生与该平面相垂直的左右分离的均匀拉伸应力。当这种应力逐渐增加到一定程度时，试样就沿径向平面劈裂破坏。这是径向压缩引起拉伸的基本原理。用这种方法测定时，试样的抗张强度按下式计算：

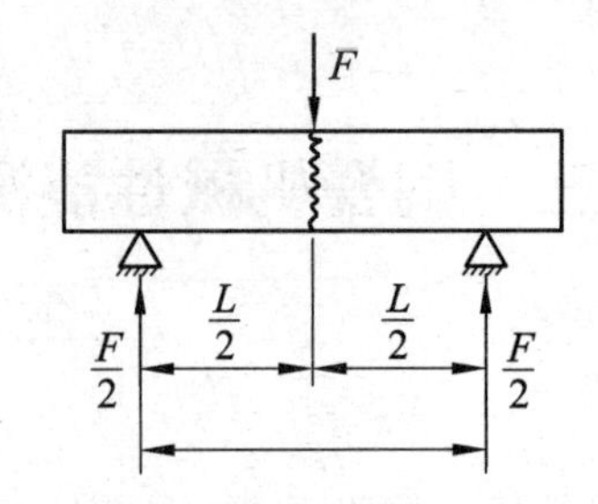

图 12-3-1　小梁试体抗折受力分析

$$\sigma_t=2F/(\pi DL) \qquad (12\text{-}3\text{-}2)$$

式中，σ_t 为试样的抗张强度，N・m²；F 为试样破坏时的压力值，N；D 为圆柱体试样的直径，m；L 为圆柱体试样的长度，m。

三、实验仪器及试剂

万能试验机、磨片机、游标卡尺、陶瓷试样等。

四、实验步骤

（1）试样制备。

① 抗压强度：按生产工艺条件制备直径 ϕ 20 mm、高 20 mm（精陶为直径 ϕ 50 mm、高 50 mm）的规整试样 10 件，试样两底面的磨片机上用 100 号金刚砂磨料研磨平整，试样两底面的不平行度小于 0.10 mm/cm，试样中心线与底面的不垂直度小于 0.20 mm/cm。将试样清洗干净，剔除有可见缺陷的试样，干燥后待用。

② 抗折强度：从 3 件陶瓷制品的平整部位切取宽厚比为 1∶1，长约 120 mm（或 70 mm）试样 5～10 根。对于直接切取试样有困难的实验制品，可以用与制品生产相同的工艺制作试样。试样尺寸为（10±1）mm×（10±1）mm×120 mm。试样必须研磨平整，不允许存在制作造成的明显缺边或裂纹，实验前必须将试样表面的杂质颗粒清除干净。

③ 抗张强度：按生产工艺条件制备直径为 ϕ（20±2）mm，长度 L 为（20±2）mm[粗陶试样直径为 ϕ（50±5）mm，L 为 50±5 mm]的规整圆柱体试样 10～15 件。试样不允许有轴向变形，在试样上选择合适的负载中线，两中心线不平行度小于 0.10 mm/cm，两底面研磨平整，与中心线不垂直度小于 0.20 mm/cm。将试样清洗干净，剔除有明显缺陷和有明显圆度误差的试样干燥后待用。

（2）将电子万能试验机开机预热 15 min。

（3）按照测定需要更换夹具，安装好试样，并将横梁手动移动到实验开始位置处。

（4）启动计算机上的微机万能材料试验机控制系统，输入载荷量程、实验方式、实验速度等相应的实验参数。

（5）联机后将主界面中的“负荷”“位移”清零，然后启动并观察实验过程至实验结束。

（6）记录或保存所测得的实验数据。

（7）关机、清理现场。

五、注意事项

（1）一定要按规定均匀加载，如负荷跳跃式突然增大或加载速度过快，会使测定结果出现较大的误差。

（2）抗压实验时，试样与刀口接触的两面应保持平行，与刀口接触点须平整光滑。

（3）试样安装时，试样表面与刀口接触必须呈紧密状态，而不应受到任何弯曲负荷，否则造成结果误差较大。

（4）利用模型成型试样时，不应使试样在模内阴干，以免由于收缩关系使模颈产生裂纹。

六、思考题

（1）影响抗压强度极限测定的因素是什么？

（2）从陶瓷的抗压强度极限测定值中，我们得到什么启示？

（3）测定陶瓷材料及制品的抗折强度极限的实际意义是什么？试举例说明。

（4）影响抗折强度极限的因素（从结构和工艺方面分析）是什么？

（5）影响抗张强度测定结果的因素是什么？

实验四　干燥灵敏性系数的测定

一、实验目的

（1）了解黏土或坯料在干燥过程中的收缩性质，以便根据不同性质的黏土或坯料而采用不同的干燥制度。

（2）了解黏土或坯料在干燥收缩阶段，在确定的干燥速度下生成裂纹的倾向。

（3）掌握干燥灵敏性系数的测定原理和测定方法。

二、实验原理

黏土或坯料在自然干燥过程中，由于自由水的排除产生收缩和造成孔隙，这种体积收缩和孔隙率之比值称为干燥灵敏性系数或干燥灵敏指数。仅用干燥收缩率并不能表明黏土或坯体在干燥过程中的行为特征，而用干燥体积收缩和干燥状态试样的真孔隙率之比值来表示黏土或坯料在干燥过程中的行为特征更为真切。这个比值越大，说明此种黏土或坯体的干燥灵敏性越大，而生成裂纹的倾向也越大。

干燥灵敏性系数与黏土或坯体的收缩率、可塑性、矿物组成、分速度、被吸附的阳离子的性质和数量等有关。干燥灵敏指数是表征坯体或黏土干燥特征的主要指标之一。根据干燥灵敏指数的大小，可把黏土分为以下三种类型：安全的，干燥灵敏指数≤1；较安全的，干燥灵敏指数为1～2；不安全的，干燥灵敏指数≥2。

随着黏土性质、坯料配比以及加工方法等不同，其干燥灵敏指数也各异。但测定某一黏土或坯料，采用既定加工方法条件下的干燥灵敏指数，鉴定黏土或坯料的干燥性能，仍然具有实际意义。

三、实验仪器及试剂

抽真空装置、电子天平、烘箱、铝制碾棒、切试样工具、玻璃板、丝绸布、搪瓷杯、调泥刀。

四、实验步骤

（1）试样制备：按规定方法进行取样，粉碎的试样约400 g，置于调泥容器中，逐渐加水搅拌至正常操作水分，充分捏练后，盖好陈腐24 h备用。也可直接取用经真空练泥机捏练的泥料。

（2）取制备好或生产上用的塑性泥料500 g，放在铺有湿绸布的玻璃板上，上面再盖上一层湿绸布，用专用铝制碾棒轻缓而有规律地进行碾滚，每碾滚2～3次更换碾滚方向一次，使各方向受力均匀一致，最后用碾棒把泥块表面轻轻碾平，然后用特制的切试样工具切成50 mm×50 mm×10 mm的试块（不少于5块），用专用的脱模工具小心地将试块脱出，置于垫有薄纸的玻璃板上并压平编号。

（3）把制备好的试样当即用天平迅速称取质量，精确至 0.005 g，然后放入火油中，称取在火油中的质量，取出再称其饱吸火油及在空气中的质量，然后放在垫有薄纸的玻璃板上，在温度、湿度变化不大的条件下进行阴干，阴干过程中应注意翻动，以不使试样紧贴玻璃板，妨碍自由收缩，三天以后开始称其质量，以后每隔一天称量一次，至前后两次称量差不大于 0.01 g 为止（称量时应将灰尘等吹去）。

（4）将恒重后的试样放入抽真空设备中，在相对真空度不小于 95%的条件下，抽真空 1 h，然后加入火油（至高出试样 5 cm 为止），再抽真空 1 h（或者直接将恒重后的试样放在火油中浸泡 24 h），取出称取其在火油中的质量和饱吸火油后在空气中的质量（称量时用经火油润湿的绸布抹去多余的火油）。

五、测定结果计算

实验数据填入表 12-4-1 中。

表 12-4-1　干燥灵敏指数测定数据

试样名称					测定人			测定日期		
试样处理								火油相对密度		
编号	湿试样				干试样				干燥灵敏指数 K_η	备注
	空气质量 G_0/g	火油中质量 G_1/g	饱和吸火油在空气中质量 G_2/g	体积 V_0/cm³	空气质量 G_3/g	火油中质量 G_4/g	饱和吸火油在空气中质量 G_5/g	体积 V/cm³		

（1）湿试样体积按下式计算：

$$V_0 = \frac{G_2 - G_1}{r} \tag{12-4-1}$$

（2）干试样体积按下式计算：

$$V = \frac{G_5 - G_4}{r} \tag{12-4-2}$$

（3）干燥灵敏指数按下式计算：

$$K_\eta = \frac{V}{V_0\left(\dfrac{G_0 - G_3}{V_0 - V} - 1\right)} \tag{12-4-3}$$

式中，K_η 为干燥灵敏指数；V_0 为湿试样体积，cm^3；V 为干试样体积，cm^3；G_0 为湿试样在空气中的质量，g；G_3 为风干试样在空气中的质量，g。

干燥灵敏指数的数据应计算精确到小数点后一位。用于计算平均值的数据，与全部数据平均值的绝对误差应不大于±0.1。每次测定需平行测定 5 个试样，用于取平均值的数据应不少于 3 个，其中 2 个以上超过上述误差范围时应重新进行测定。

六、注意事项

（1）碾滚试样时应尽量做到受力均匀一致，试样应放在垫有薄纸的光滑玻璃板上，阴干过程应注意翻动。

（2）取样和制作试样时要做到条件相同。

（3）测量干湿试样体积和质量时一定要力求准确，否则干燥灵敏性系数就不准确。

七、思考题

（1）影响干燥灵敏性系数的因素是什么？

（2）干燥灵敏性系数与可塑性、收缩率等工艺性能有何联系？

（3）测定黏土或坯料的干燥灵敏性系数有何实际意义？

实验五　陶瓷显微硬度测定

一、实验目的

（1）了解无机非金属材料显微硬度测试的意义。

（2）掌握影响无机非金属材料显微硬度的因素。

（3）熟悉显微硬度测试的原理与方法。

二、实验原理

硬度是衡量材料软硬程度的一种力学性能，硬度的测定方法有十几种，按加载方式可分为压入法和刻划法两大类。布氏硬度、洛氏硬度、维氏硬度及显微硬度等属于压入法，莫氏硬度顺序法和锉刀法属于刻划法。硬度值的物理意义随实验方法的不同，其含义不同。如压入法的硬度是材料表面抵抗另一种物体局部压入时所引起的塑性变形能力；刻划法硬度值是材料表面对局部切断破坏的能力，因此一般情况下可以认为硬度是指材料表面抵抗变形或破裂的能力。显微硬度是陶瓷的重要性能，特别是结构陶瓷通常具有高硬度，可用于要求高耐磨性的场合。显微硬度不仅表征陶瓷的使用性能，而且能够反映出坯釉的成分和结构信息，从而为选择和研究陶瓷提供依据。

通常矿物的宏观硬度是按十级标准用莫氏硬度计确定的。莫氏硬度中，每一种硬度高的矿物，都能用其尖刻伤前面的矿物。但因为莫氏硬度的等级很不均衡，通常除用莫氏硬度测定陶瓷釉面硬度外，常用显微硬度计测定陶瓷硬度。显微硬度实验是一种微观的静态实验方法。一般硬度测试的基本原理是：在一定的时间间隔里，施加一定比例的负荷，把一定形状的硬质压头压入所测材料表面，然后测量压痕的深度或大小。习惯上把硬度实验分为两类：宏观硬度和显微硬度。宏观硬度是指采用 9.81 N 以上负荷进行的硬度实验；显微硬度是指采用 9.81 N 或小于 9.81 N 负荷进行的硬度实验。无机非金属材料由于材料硬而脆，不能使用过大的测试负荷，一般采用显微硬度测试表示。显微硬度测试是用努氏金刚石角锥压头或维氏金刚石压头来测量材料表面的硬度。本实验采用维氏硬度显微硬度测试方法。

维氏硬度的测试原理基本与布氏硬度相同，也是根据压痕单位面积上的负荷来计算硬度值，用符号 HV 表示。实验时，用一个相对两面夹角为 136° 的金刚石棱锥压头，在一定负荷作用下压入被测试样表面，保持一定时间后卸除负荷，试样表面压出一个四方锥形的压痕，测量压痕的对角线长度（mm），并计算 HV 值：

$$\mathrm{HV}\ (\mathrm{kg/mm^2}) = P/F = 1.854\,4P/d^2 \qquad (12\text{-}5\text{-}1)$$

式中，P 为负荷，常用的负荷为 5、10、20、30、50、100 kg；d 为压痕对角线长度，mm。

为了精确测量维氏金刚石压痕的对角线长度，压痕必须清晰可见。压痕清晰实际上是衡量试样表面制备质量的一个标准。一般来说，实验负荷越轻，所要求的表面光洁度就越高。当使用 0.981 kN 以下负荷实验时，试样应进行金相抛光。同时，要求测量显微镜所测压痕长度的误差应小于 0.000 5 mm。

负荷 P 的选择应根据试样的厚度和硬度范围而定，如表 12-5-1 所示。

表 12-5-1　实验负荷 P 的选择参照

单位：kg

试样厚度/mm	硬度范围/HV			
	25 ~ 50	50 ~ 100	100 ~ 300	300 ~ 900
0.3 ~ 0.5	—	—	—	5 ~ 10
0.5 ~ 1.0	—	—	5 ~ 10	10 ~ 20
1.0 ~ 2.0	5 ~ 10	5 ~ 10	10 ~ 20	≥20
2.0 ~ 4.0	10 ~ 20	20 ~ 30	20 ~ 50	50 或 100
>4.0	≥20	≥30	50 或 100	50 或 100

三、实验仪器

HV-1000 显微硬度计、试样抛光设备。

四、实验步骤

（1）打开电源开关，指示灯和光源灯亮。

（2）转动物镜、压头转换手柄，使 40 倍物镜处于主体前方位置（光学系统总放大倍率为 400 倍，处于测量状态）。

（3）将标准试块或试样安放在试样台，转动旋轮使试样台上升。眼睛接近测微目镜观察。当试样或试块离物镜下端 2 ~ 3 mm 时，在目镜的视场中心出现明亮光斑，此时应缓慢微量上升，直至在目镜中观察到试样或试块表面的清晰成像。

（4）如果在目镜中观察到的成像呈模糊状或一半清晰一半模糊，则说明光源中心偏离系统光路中心，需调节灯泡的中心位置。如果视场太暗或太亮，可通过操作面板上的软键调节光源的强弱。

（5）如果想观察试样上较大的视场范围，可将物镜压头转换手柄逆时针转至主体前方，此时，光学系统总放大倍数为 100 倍，处于观察状态。注：当转换 10 倍和 40 倍物镜时，聚焦面有微量变化，可微调升降丝杆，聚焦时建议在 40 倍物镜下观察。

（6）将转换手柄逆时针转动，使压头主轴处于主体前方，此时压头顶尖与聚焦好的平面之间的间隙为 0.4 ~ 0.5 mm。当测量不规则的试样时，要小心，防止压头碰及试样，损坏压头。

（7）转动试验力变换手轮，使试验力符合选择要求。转动试验力变换手轮时，应小心缓慢地进行，防止过快产生冲击。

（8）根据实验要求在操作面板上键入试验力延时保荷时间。

（9）按下操作面板上的“启动”键，此时加载试验力，LED 指示灯亮。

（10）试验力施加完毕，延时 LED 亮，数码管显示逆计数时间到，试验力开始卸除，卸荷试验力 LED 亮。在 LED 未灭前，不能转动物镜压头转换手柄，否则会造成仪器损坏。

（11）当卸荷试验力指示灯 LED 灭，显示屏上出现设定的时间时，才可以将转换手柄顺时针转动，使 40 倍物镜处于主体前方。这时就可以在测微目镜中测量对角线长度，根据测量长度查表得到显微维氏和努氏硬度值。

测量显微硬度对压痕的计算方法如下：

$$L=nl \tag{12-5-2}$$

式中，L 为压痕对角线长度，μm；n 为所测压痕的测微目镜鼓轮格数；l 为测微目镜鼓轮最小分度值（40 倍时为 0.5 μm）。

例：在 9.8 N 试验力下测量显微维氏压痕平均对角线长度，鼓轮读数为 99 格：$L=99\times0.5=49.5$（μm）。

查《试验力为 0.009 8 N（1 gf）的显微维氏硬度值表》，从表中查得压痕对角线为 49.5 μm 时显微维氏硬度值为 0.756 8 HV，则 9.8 N（1 kgf）时显微维氏硬度值为

$$0.756\,8\times1\,000=756.8\text{（HV）}$$

注：压痕会由于样品的表面粗糙不平或平整度差异或多或少地发生变形，所以测量对角线应在两个垂直方向上进行，取其算术平均值。

五、测定结果计算

1. 实验结果

实验数据记录入表 12-5-2 中。

表 12-5-2　显微硬度测定记录表

试样名称		测定人		测定时间		
试样处理		室温/°C		相对湿度/%		
试样编号	镜座压痕读数		对角线长度/mm		测微目镜格值	
	左端	右端	测微目镜	实际长度		

2. 显微硬度计算

根据施加的载荷与测量的压痕对角线尺寸，按下式计算显微硬度值：

$$\text{HV}=2F\sin(\alpha/2)/d^2=1\,854.4F/d^2 \tag{12-5-3}$$

式中，HV 为维氏硬度值，kg/mm^2；F 为负荷，kg；d 为压痕对角线的长度，mm；α 为金刚石压锥两相对面之间的夹角。

六、注意事项

（1）试样表面必须清洁，其被测面应安放水平。

（2）金刚石压头和压头轴是仪器非常重要的部分，在操作时要十分小心，不能触及压头。

压头应保持清洁。

（3）工作台移动时必须缓慢而平衡，不能有冲击，以免试样走动。

（4）在定压痕位置时切不可旋动工作台的测微螺杆，以免变动压痕原始位置。

（5）显微硬度计测试环境应防振、防尘、防腐蚀性气体，室温不超过（23±5）°C，相对湿度不大于65%。

（6）如果长期使用测微螺杆，其顶尖会有微量磨损，应定期校准零位。

（7）当试样为细丝、薄片或小件时，可分别用细丝夹持台、薄片夹持台和平口夹持台夹持后，再放在十字试样台上进行实验。如果试件很小无法夹持，则将试件镶嵌抛光后再进行实验。

七、思考题

（1）测定硬度的方法有哪几种？它们有什么局限性？

（2）测定硬度有什么意义？

（3）影响硬度的因素是什么？提高硬度的措施是什么？

（4）为什么不同的操作者测定同一试样的硬度所得到的结果不同？

实验六　固相反应制备 $BaTiO_3$ 粉体

一、实验目的

（1）掌握固相反应法制备陶瓷粉体的原理。

（2）掌握固相反应法制备陶瓷粉体的工艺过程。

（3）了解行星式球磨机的工作原理和使用方法。

二、实验原理

固相反应（solid state reaction）是固体与固体反应生成固体产物的过程，也指固相与气相、固相与液相之间的反应。固相反应的特点：先在界面上（固-固界面、固-液界面、固-气界面等）进行化学反应，形成反应产物层，然后反应物再通过产物层进行扩散迁移，使反应继续进行。低温时固体化学上不活泼，因此固相反应需在高温下进行。由于固体质点（原子、离子、分子）间具有很大的作用力，固态物质的反应活性通常较低，速度较慢，多数情况下，固相反应总是为发生在两种组分界面上的非均相反应。对于颗粒状物料，反应先是通过颗粒间的接触点或面进行，然后反应物通过产物层进行扩散迁移，使反应继续，故固相反应至少应包括界面上的化学反应和物质的扩散迁移两个过程。

固相反应法是一种制备粉体的传统方法，是将金属盐或金属氧化物按一定比例充分混合、研磨后进行煅烧，通过发生固相反应直接制得粉体。高温固相合成的基本原理是：将所需组元的氧化物或盐类，以一定的比例混合研磨，然后在高温下通过相互间扩散、浸润反应合成最终产物。

具体的反应类型有两种：

$$A(s)+B(s) \longrightarrow C(s)$$

$$A(s)+B(s) \longrightarrow C(s)+D(g)$$

通常，高温下的固相反应往往是从 A(s) 和 B(s) 的接触界面开始的，最终产物 C(s) 靠原料组元间的相互扩散反应形成，有的同时还会伴有气相生成。由于固相条件下离子迁移速度较慢，原料的细度、混合均匀程度、加热温度和保温时间都对最终产物的形成具有至关重要的影响。

固相反应法可以生产多种碳化物、硅化物、氮化物和氧化物粉体。由于固相法基于固相反应原理，粉体的化学成分均匀性难以保证，同时由于需要高温煅烧和多次球磨，所制备的粉体具有颗粒尺寸分布较宽、颗粒形状不规则、杂质易于混入等缺点，难以获得高纯、超细、尺寸分布很窄的高质量粉体。但由于该法制备的粉体颗粒无团聚、填充性好、成本低、产量大、制备工艺简单等优点，迄今仍是常用的方法。

目前已开发了多种 $BaTiO_3$ 粉料的合成工艺，如固相反应法、醇盐水解法、共沉淀法、溶胶-凝胶法、水热法等，这些方法各有利弊，其中以固相反应法操作简单、成本最低、工艺最成熟。本实验将使用高温固相法合成 $BaTiO_3$ 粉体。以碳酸钡和二氧化钛为原料，利用固相反

应法制备 $BaTiO_3$ 粉体工艺流程如下：

$BaCO_3$ +TiO_2→球磨→70 °C 烘箱干燥→煅烧→球磨→$BaTiO_3$ 微粉

三、实验仪器及试剂

仪器：电子天平、行星式球磨机、恒温烘箱、高温箱式电炉、瓷坩埚（无釉）、蒸发皿等。

试剂：$BaCO_3$、TiO_2、无水乙醇。

四、实验步骤

（1）根据合成反应方程式：$BaCO_3+TiO_2 \longrightarrow BaTiO_3+CO_2\uparrow$，计算合成 0.1 mol 所需各粉料的质量。

（2）根据计算结果称取所需 $BaCO_3$ 和 TiO_2，装入聚四氟乙烯球磨罐中，用玛瑙球作研磨介质，用无水乙醇作分散剂湿法，球磨 2 h。

（3）将混合料转移至蒸发皿中，置于 70 °C 恒温烘箱烘干。

（4）然后转移到瓷坩埚中置于高温炉中分别于 950 °C、1 050 °C、1 150 °C 煅烧 2 h。当炉温低于 100 °C 时，将料取出，进行球磨，烘干[同步骤（2）和步骤（3）]。得到产物 $BaTiO_3$ 并利用激光粒度仪对产物进行粒度分析，利用 XRD 对产物进行物相分析。

五、思考题

（1）固相合成的煅烧温度是根据什么确定的？

（2）燃烧时如果低于或高于燃烧温度，会出现什么结果？

（3）固相合成作为材料合成的传统，有何优点？有何不足？

实验七　PTC 陶瓷材料的制备

一、实验目的

（1）了解 PTC 效应及 PTC 陶瓷材料的用途。
（2）掌握 PTC 陶瓷材料的制备工艺。
（3）掌握陶瓷材料轧膜成型的方法。

二、实验原理

PTC（Positive Temperature Coefficient，正温度系数）热敏电阻是一种具有温度敏感性的半导体电阻，在一定的温度（居里温度）时，它的电阻值呈阶跃性增高。PTC 陶瓷热敏电阻主要是以钛酸钡为基，通过有目的地掺杂一些化学价较高的元素部分替代晶格中钡离子或钛离子，得到了一定数量自由电子，使其具有较低的电阻及半导特性。

纯的 $BaTiO_3$ 陶瓷是一种良好的绝缘材料，室温下电阻率约为 10^{12} Ω · cm，不具有 PTC 电阻特性。但通过一些途径，可以将 $BaTiO_3$ 陶瓷的电阻率降低到 10^4 Ω · cm 以下，呈现出半导体性质，并且当温度上升到它的居里温度 T_c = 120 °C 左右时，其电阻率将急剧上升，变化达 5 ~ 8 个数量级（见图 12-7-1），这种现象称为 PTC 效应。PTC 钛酸钡陶瓷因其独特的电热物理性能，作为一种重要的基础控制元件，在电子信息、自动控制、生物技术、能源和交通领域都得到了广泛的应用。目前，它已发展成为铁电陶瓷领域的三大应用领域之一，仅次于铁电陶瓷电容器和压电陶瓷。

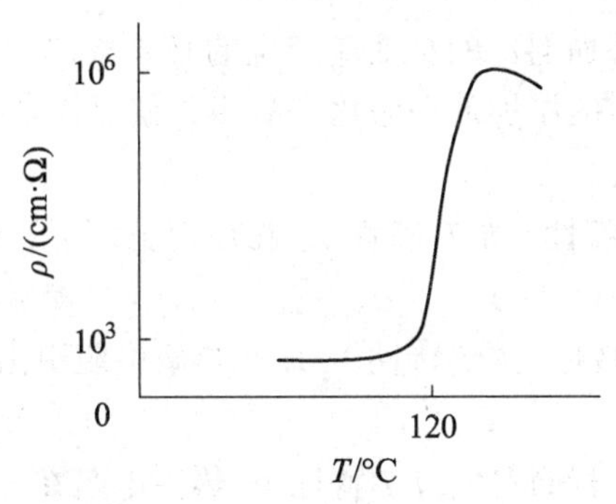

图 12-7-1　PTC 电阻率-温度特征

$BaTiO_3$ 陶瓷是否具有 PTC 效应，完全由其晶粒和晶界的电性能所决定。纯 $BaTiO_3$ 具有较宽的禁带，常温下电子激发很少，其室温下的电阻率为 10^{12} Ω ·cm，已接近绝缘体。将 $BaTiO_3$ 电阻率降到 10^4 Ω · cm 以下，使其成为半导体的过程称为半导化。

$BaTiO_3$ 半导化的途径主要有两方面：一是在还原气氛中烧结，使之产生氧缺位。在强制还原以后，需要在氧化气氛下重新热处理，才能得到较好的 PTC 特性，电阻率为 10^3 Ω · cm。二是掺入施主杂质。施主杂质的选择：离子半径与 Ba^{2+}半径相近，化合价高于二价的离子，如 La^{3+}、Y^{3+}、Ce^{3+}、Dy^{3+}、Sm^{3+}、Ga^{3+}和 Sb^{3+}等置换 Ba^{2+}；或者选取离子半径与 Ti^{4+}半径相近，化合价高于四价的离子，如 Nb^{5+}、Sb^{5+}和 Ta^{5+}置换 Ti^{4+}，可以获得电阻率为 $10^3 \sim 10^5$ Ω·cm 的 N 型半导体。

在 PTC 陶瓷生产中常引入的添加剂及作用如下：

（1）施主掺杂半导化剂：使晶体充分半导化。

（2）居里点移峰剂：将钛酸钡的温度突跳点移到使用要求的温度附近。常用移动元素及其对居里点的移动效应如表 12-7-1 所示。

表 12-7-1 常用移动元素及其对居里点的移动效应

加入元素		取代位置	取代极限/mol%	移动量/°C
等价加入	Pb	A	100	+3.7
	Sr	A	100	−3.7
	Ca	A	21	先+后−
	Zr	B	100	−5.3
	Sn	B	100	−8.0
	SiO_2	B	<0.5	+6
高价加入	La	A	>15	−18
	Y_2O_3	A	>2	+2.5
	Bi	A	0. 6	+18
	Nb	B	14	−26
低价加入	Fe_2O_3	B	>2.5	−40
	Ag_2O	A	>0.2	−25

（3）使晶界适度绝缘的添加剂：PTC 效应产生的必要条件。

（4）形成玻璃相吸收杂质的添加剂：净化主晶格，使晶体半导化得以实现。

PTC 热敏电阻有三大特性：

① 电阻-温度特性（阻温特性，*R-T* 特性）：在规定电压下，PTC 热敏电阻的零功率电阻值与电阻本体温度之间的关系。

② 电压-电流特性（伏安特性，*V-T* 特性）：加在热敏电阻引出端的电压与达到热平衡的稳态条件下的电流之间的关系。

③ 电流-时间特性（电流时间特性，*I-T* 特性）：热敏电阻在施加电压过程中，电流随时间的变化特性。开始加电压瞬间的电流称为起始电流，平衡时的电流称为残余电流。

PTC 热敏电阻主要参数如下：

① 额定零功率电阻 R_{25}：环境温度 25 °C 条件下测得的零功率电阻值。零功率电阻，指在某一温度下测量 PTC 热敏电阻值时，加在 PTC 热敏电阻上的功耗极低，低到因其功耗引起的 PTC 热敏电阻的阻值变化可以忽略不计。

② 最小电阻 $R_{\min}$：PTC 热敏电阻可以具有的最小的零功率电阻值。居里温度对应的 PTC 热敏电阻的电阻 $R_{Tc}=2\times R_{\min}$。

③ 温度系数 α：温度变化导致的电阻的相对变化。温度系数越大，PTC 热敏电阻对温度

变化的反应越灵敏。

$$\alpha = (\lg R_2 - \lg R_1) / (T_2 - T_1) \tag{12-7-1}$$

随着世界电子元件市场不断从传统的消费类电子产品向信息化电子产品转移，迫切要求各种电子元件不断向微小型化、片式化、集成化，并向高精度、高可靠性、低功耗化等方向发展。通信技术的高速发展和 SMT 技术的普及，更进一步促进了电子元件的片式化，其需求不断增加。作为不可缺少的一分子——陶瓷 PTCR 元件，其片式化也势在必行。轧膜成型是一种非常成熟的薄片瓷坯成型工艺，曾大量用以轧制瓷片电容及独石电容、电阻、电路基片等瓷坯，有着易操作、成本低、效率高、劳动强度小、污染小等优点，是适合作为片式 PTC 元件成型的方法之一。

轧膜成型是在粉料中混合一定量的有机黏结剂，通过一对辊子碾压，形成片状坯体的成型工艺（见图 12-7-2）。陶瓷轧膜机主要是由两个相向滚动的轧辊构成，当轧辊转动时，放在轧辊之间的瓷料不断受到挤压，使瓷料中的每个粒子都能均匀地覆盖一薄层有机黏结剂。在轧辊不停地挤压下，泥料中的气泡不断被排除，水分不断被蒸发，最后轧出所需厚度的薄片或薄膜，再由冲片机冲出所需尺寸的坯体。从陶瓷轧膜机的成型过程来看，除了成型出薄膜以外，还起着练泥的作用。轧膜成型常分粗轧和精轧两部分，粗轧的目的是挤去泥料中的气泡及挥发适当的黏结剂，精轧的目的是为控制所需要薄膜尺寸厚度。在众多的陶瓷成型工艺中，轧膜成型是一种成熟的薄片瓷坯成型法，通常用来轧制 0.05 ~ 1 mm 的坯片，该方法制得的膜片厚度均匀、致密光洁，且坯带具有较好的柔韧性。只在厚度和前进方向受压，宽度方向受力较小，坯料和黏结剂不可避免地会出现定向排列，制品干燥和烧结时横向收缩大，易出现变形和开裂，坯体性能也会出现各向异性。

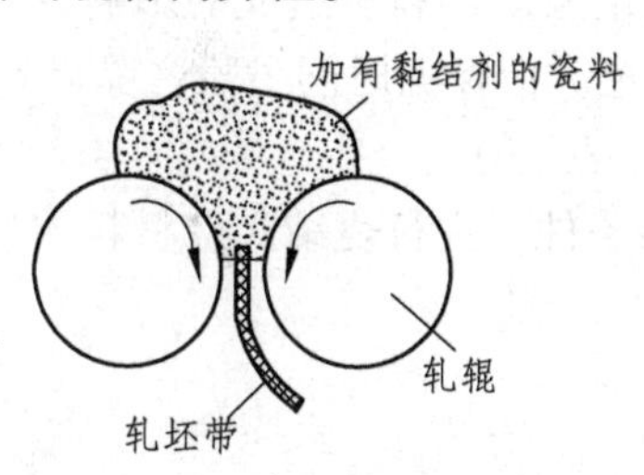

图 12-7-2　轧膜成型示意图

通常轧膜成型陶瓷粉料与有机黏结剂的比为 100∶（25 ~ 30）。有机黏结剂为 PVA 水液（PVA，20%；水，70%；无水乙醇，10%）；此外，外加 15%的甘油作为增塑剂。本实验将通过轧膜成型制备 PTC 陶瓷，其工艺流程如下：

配料→球磨→预烧→球磨→陶瓷粉料+有机黏结剂→混合搅拌→粗轧→精轧→冲片→烧结

烧成工艺条件（烧结温度、保温时间、升降温速度、烧成气氛等）对晶界势垒的建立和势垒高度等会产生强烈的影响，而晶界势垒的高度又将决定着材料的 PTC 特性，所以在制备 PTC 陶瓷材料中，烧成是关键工艺之一。

① 烧结温度：烧结温度对 PTC 陶瓷的半导体化、PTC 特性、耐压特性等有巨大的影响。材料在最佳烧结温度±20°C 温度范围内，才能被充分地半导体化。烧结温度在此温度范围以上，材料就不能半导体化而成为绝缘体，在此温度范围以下则未成瓷，也无使用价值。严格控制 PTC 器件的烧结温度范围，才能建成晶界处的势垒，产生 PTC 特性。

② 升温阶段：轧膜成型制备的坯片含有较多的有机黏结剂和水分，在升温阶段的初期采取较缓的速度可将之排除，即排塑，就是在一定的温度下，除了使在成型过程中所加入的黏结剂全部挥发掉以外，还使坯件具有一定的机械强度。在从 1 150 °C 升至最高烧结温度的高温段，坯片将收缩成瓷，后期晶粒出现并长大，液相的出现（Al、Si 和 Ti 约在 1 240 °C 形成液相）和材料的半导化也主要发生在这一温区，故这一阶段是影响材料性能的关键升温区。常规工艺是在此温区适当地快速升温，避免高温液相未形成均匀分布前晶粒的不均匀长大，减少晶粒生长的差异，提高材料性能。为了获得室温阻值较低的片式 PTCR，升温阶段在液相开始大量出现的温度附近进行一段时间的保温，可进一步降低试样的室温阻值，其原因在于该保温过程有助于物质的快速传递，利于晶粒的均匀长大和施主元素进入晶格，使晶粒充分实现半导化。

③ 降温速度：在烧成阶段的降温期间，空气中的氧气沿着孔隙和晶界渗入陶瓷内部，发生再氧化反应，从而导致阻挡层的建立，使材料具有 PTC 特性。在给定的烧结温度和保温时间条件下，过快或过慢地降温都会影响样品的 PTC 特性。因此，在从烧结温度到 1 000 °C 的降温区间，必须使炉内有充足的氧气，这会有助于晶界的再氧化过程，从而提高 PTC 特性。实验表明，当降温速度过快时，晶界处的再氧化不充分，会影响材料的 PTC 特性，甚至使材料无 PTC 现象。采取高温区间慢降温和低温区间快降温的措施有助于获得较理想的 PTC 特性。

④ 保温时间：在烧结温度下适当地保温能使半导化离子尽可能地置换出主晶相中的钡离子或钛离子，有助于充分实现晶粒半导化、降低室温阻值。但并非保温时间越长越有利，

随着保温时间的进一步延长，虽然电阻温度系数和升阻比均有提高，但材料电阻率将增大，不利于低阻化的实现，此外过分延长保温时间还有可能造成晶粒大小不均匀生长、晶粒粗大、晶界密度减小等类似于烧结温度过高所造成的影响。综合考虑，在保证材料完成半导化的前提下，保温时间应适当缩短。但保温时间过短，晶界处的再氧化过程不充分，PTC 特性较差。

⑤ 烧成气氛：在氧气充足的条件下进行烧结陶瓷材料才具有 PTC 特性。

三、实验仪器及试剂

仪器：箱式电阻炉、球磨机、轧膜成型机、冲片机、恒温烘箱、电子天平、光学显微镜、R-T 测试系统。

试剂：$BaTiO_3$、$Y(NO_3)_3\cdot 6H_2O$、50%硝酸锰溶液、SiO_2、PVA 水溶液、甘油、无水乙醇。

四、实验步骤

（1）配料：按表 12-7-2 所示的配方配置 0.1 mol PTC 混合原料。

表 12-7-2　PTC 陶瓷配方

原料	$BaTiO_3$	$Y(NO_3)_3$	$Mn(NO_3)_2$	SiO_2
mol%	98	0.5	0.07	1.5

（2）先称出 $BaTiO_3$ 和 $Y(NO_3)_3$ 置于球磨罐中，加无水乙醇为助磨剂，球磨 1 h。将球磨罐

中陶瓷浆料倒入干燥皿并放入 70 °C 恒温烘箱干燥 24 h。

（3）预烧：将混合粉料放入箱式电阻炉，以升温速率 5 °C/min 到 1 150 °C，保温 1 h，自然冷却至 100 °C 以下，取出。

（4）加入所需的 SiO_2 和 $Mn(NO_3)_2$，球磨混合 1 h（无水乙醇为助磨剂），将球磨罐中陶瓷浆料倒入干燥皿并放入 70 °C 恒温烘箱干燥 24 h。

（5）成型：将上述陶瓷粉料过 60 目筛，加入约 30%的黏结剂[本实验为 18%的聚乙烯醇（PVA）水溶液]、15%甘油和去离子水，混合均匀后，混炼成塑性料团后置于轧膜机两轧辊间反复轧炼，待达到一定均匀度、致密度、光洁度及柔韧性时取下，膜的厚度为 0.5 mm，将膜坯冲成直径为 10 mm 的圆形薄片。

（6）排塑、烧结：将干燥好的陶瓷坯片放在垫片上在电炉中以 3 °C/min 的升温速率至 500 °C，保温 60 min，再以 5 °C/min 的升温速率升至 1 350 °C，保温 30 min，以降温速率 5 °C/min 降至 1 250 °C，1 °C/min 降至 1 100 °C，保温 30 min，使烧结件充分氧化。

（7）进行体积密度测试和显微结构观察。

（8）在烧结后的瓷片两面丝网印刷银电极浆料，烧渗工艺为 550 °C 时保温 30 min。

（9）进行 *R-T* 特性测试。

五、思考题

（1）在配方中添加 $Y(NO_3)_3$、$Mn(NO_3)_2$ 和 SiO_2 的作用各是什么？

（2）制备 PTC 材料中，在降温过程中为何要在 1 100 °C 时保温 0.5 h？

（3）在制备 PTC 陶瓷过程中，为什么首先要将 $BaTiO_3$ 与 Y_2O_3 进行预烧？

（4）为什么烧成工艺是制备 PTC 材料的关键工艺？

（5）轧膜成型分粗轧和精轧，其主要目的是什么？

实验八 Al_2O_3陶瓷材料的制备

一、实验目的

（1）了解 Al_2O_3 陶瓷材料的特性及用途。

（2）掌握 Al_2O_3 陶瓷材料的制备工艺。

（3）掌握陶瓷热压铸成型工艺。

（4）掌握 DAT-TG 制定的排蜡制度。

二、实验原理

氧化铝陶瓷具有机械强度高、硬度高、耐化学腐蚀、高频介损小、绝缘电阻高和热稳定性好等优良性能，而且其原料来源广泛，价格相对便宜，在电子、机械、纺织、汽车、化工、冶金等领域得到了广泛的应用，它是应用最早、最广泛的工程结构陶瓷之一。

氧化铝为离子键化合物，具有较高的熔点（2 050°C），纯氧化铝陶瓷的烧结温度高达 1 800 ~ 1 900 °C。由于烧成温度高，制备成本高。因此，在保证氧化铝陶瓷使用性能的前提下，有效降低其烧结温度，一直是人们研究的热点之一。在性能允许的前提下，人们常常采用各种方法降低烧结温度。其中以下三种方法应用比较普遍。

（1）尺寸效应。采用超细高纯氧化铝粉体原料，提高反应活性。

（2）采用一些新的烧结方法，降低 Al_2O_3 陶瓷的烧结温度，并且改善其各方面的性能。其中包括热压烧结、热等静压烧结、微波加热烧结、微波等离子体烧结等。普通烧结的动力是表面能，而热压烧结除表面能外，还有晶界滑移和挤压蠕变传质同时作用，总接触面增加极为迅速，传质加快，从而可降低烧成温度和缩短烧成时间。

（3）添加烧结助剂。添加剂一般分为两种：① 与氧化铝基体形成固溶体。TiO_2、Cr_2O_3、Fe_2O_3 和 Mn_2O_3 等变价氧化物，晶格常数与 Al_2O_3 接近。这些添加剂大多含有变价元素，能够与 Al_2O_3 形成不同类型的固溶体，变价作用增加了 Al_2O_3 的晶格缺陷，活化晶格，使基体易于烧结。② 添加剂本身或者添加剂与氧化铝基体之间形成液相。通过液相加强扩散，在较低的温度下，就能使材料实现致密化烧结。常用的烧结助剂有高岭土、SiO_2、MgO、CaO 和 BaO 等。传统体系有 $MgO\text{-}Al_2O_3\text{-}SiO_2$ 系和 $CaO\text{-}Al_2O_3\text{-}SiO_2$ 系。通过加入烧结助剂，除了能够降低 Al_2O_3 陶瓷的烧结温度外，还可以获得希望的显微结构，如细晶结构，片晶结构等。

Al_2O_3 的成型方法主要有干压成型、热压铸成型、注浆成型和注射成型等多种。在电真空和纺织领域用的 Al_2O_3 陶瓷零部件大都采用热压铸成型工艺制造。

热压铸成型是将瓷料和熔化的蜡类搅拌混合均匀成为具有流动性料浆，用压缩空气把加热熔化的料浆压入金属模腔，是料浆在模具内冷却凝固成型的一种方法。热压成型是生产特种陶瓷较为广泛的一种生产工艺，其基本原理是利用石蜡受热熔化和遇冷凝固的特点，将无可塑性的瘠性陶瓷粉料与热石蜡液均匀混合形成可流动的浆料（蜡浆），在一定压力下注入金属模具中成型，冷却待蜡浆凝固后脱模取出成型好的坯体。坯体经适当修整，埋入吸附剂中加热进行排蜡处理，然后再排蜡坯体烧结成最终制品。陶瓷热压铸成型是一种经济的近净尺寸成型技术。它可以成型形状复杂、尺寸精度和表面光洁度高的陶瓷部件，非常适合具有大型、异形尺寸的陶瓷制品。与陶瓷注射成型相比，热压铸成型具有模具损耗小、操作简单及成型压力低等优点。

本实验采用热压铸成型制备95%氧化铝陶瓷。工艺流程如下：

配料→球磨→烘干→蜡浆制备→热压铸成型→排蜡→烧结

工艺要点如下：

（1）球磨：热压注成型用的粉料为干粉料，因此球磨采用干磨。干磨时，加入1% ~ 3%的助磨剂（如油酸），防止颗粒黏结，提高球磨效率。粉料的细度也需进行控制，一般说来，粉料越细，比表面积越大，则需用的石蜡量就越多；细颗粒多，蜡浆的黏度也大，流动性会降低，不利于注入磨具。若颗粒太大，则蜡浆易于沉淀，不稳定。因此，对于粉料来说，最好要有一定的颗粒级配。在工艺上一般控制筛余不大于5%，并要全部通过0.2 mm孔径的筛。实验证明，若能进一步减少大颗粒尺寸，使其不超过60 μm，并尽量减少1 ~ 2 μm的细颗粒，则能制成性能良好的蜡浆和产品。

（2）蜡浆的制备：通常蜡浆石蜡含量为12% ~ 20%。蜡浆粉料的含水量应控制在0.2%以下。粉料在与石蜡混合前需在100 °C烘箱中烘干，以去除水分，否则水分会阻碍粉料与蜡液完全浸润，导致黏度增大，甚至无法调成均匀的浆料。热料倒入蜡浆中，应充分搅拌。

（3）热压铸成型：除泡后的蜡浆倒入热压铸机料桶，在空气压力下将热浆压入冷钢模中，快速冷凝成型。蜡浆的温度通常在65 ~ 85 °C，在一定温度范围内浆温升高则浆料黏度减小，可使浆料易于充满金属模具。浆温若过高，坯体体积收缩加大，表面容易出现凹坑。浆温与坯体大小、形状和厚度有关。形状复杂、大型、薄壁的坯体要用温度高一些的浆料来压注，一般浆温控制在70 ~ 80 °C。模具温度通常为15 ~ 30 °C，成型压力通常为0.4 ~ 0.7 MPa。

（4）排蜡：由于在热压铸成型中含大量的石蜡（12% ~ 20%）作为有机载体，因而烧结前必须将坯体内有机物排除，即进行排蜡。传统的排蜡方法是将成型出的陶瓷坯体埋入疏松惰性的粉料，也称吸附剂，它在高温下稳定，且不易与坯体黏结，一般用煅烧的 Al_2O_3、MgO和 SiO_2 粉料，然后按一定升温速率加热，当达到一定温度时，石蜡开始熔化，并向吸附剂中扩散，随着温度的升高和时间的延长，坯体中有机物逐渐减少直至完全排出。排蜡时升温速率须缓慢，因为坯体受热软化后强度低，易发生变形；另一方面，这一时期坯体内尚未形成气孔通道，挥发的小分子会因无法排除而在坯体内产生较高压力，坯体产生鼓泡、肿胀、开裂、分层、变形等各种缺陷。在排蜡过程中，除了使在成型过程中所加入的黏结剂全部挥发掉以外，还使坯体具有一定的机械强度。因此，制定升温速率和最高温度是排蜡的关键。

三、实验仪器及试剂

仪器：箱式电阻炉、球磨机、真空除泡机、热压铸成型机、恒温烘箱、电子天平、成型模具、密度测试系统、电子万能试验机。

试剂：α-Al_2O_3、$CaCO_3$、SiO_2、黏土、石蜡、油酸。

四、实验步骤

（1）配料：95%氧化铝陶瓷配方如表 12-8-1 所示。

表 12-8-1　95%氧化铝陶瓷配方

原料	Al_2O_3	$CaCO_3$	SiO_2	黏土
质量分数/%	93.5	3.27	1.28	1.95

（2）混料（球磨）：干磨，置于球磨罐中，加入 1%～3%的油酸为助磨剂，球磨 2 h，将球磨好的料放入 120 °C 恒温烘箱干燥 24 h 去除水分。

（3）蜡饼的制备：称取 14%的石蜡，加热熔化成蜡液，将干燥的粉料和 0.5%的表面活性剂加入蜡浆中，充分搅拌，凝固后制成蜡饼待用。

（4）真空除泡：将蜡饼加热熔化成蜡浆，加入少许除泡剂进行真空除泡。

（5）成型：将蜡浆倒入热压铸机中的浆料桶，将模具的进浆口对准注机出浆口，脚踏压缩机阀门，压浆装置的顶杆把模具压紧，同时压缩空气进入浆桶，把浆料压入模内。维持短时间后，停止进浆，把模具打开，将硬化的坯体取出，用小刀削去注浆口注料，修整后得到合格的生坯。

（6）排蜡：将成型出的生坯埋入吸附剂中，以升温速率 5 °C/min 升至 300 °C，保温 30 min，再以升温速率 5 °C/min 升至 1 100 °C，保温 1 h。

（7）烧结：将排蜡好的陶瓷素坯放入坩埚，在电炉中以升温速率 10 °C/min 升至 1 100 °C，再以升温速率 5 °C/min 升至 1 650 °C，保温 1 h。

（8）进行体积密度和抗弯强度测试。

五、思考题

（1）排蜡制度是如何制定的？

（2）排蜡埋粉用的吸附剂通常是什么材料？其作用是什么？

（3）热压铸成型有什么特点？适合成型哪类陶瓷制品？

（4）简述热压铸成型制备 Al_2O_3 的工艺过程。

（5）降低 Al_2O_3 陶瓷烧结温度的主要途径有哪些？

实验九　溶胶-凝胶法制备 TiO_2 薄膜

一、实验目的

（1）熟悉溶胶-凝胶法制备薄膜的基本原理和过程。

（2）了解 TiO_2 薄膜的基本结构、性能及制备方法。

二、实验原理

溶胶-凝胶法（S-G 法）是指无机物或金属醇盐经过溶液、溶胶、凝胶而固化，再经热处理而成的氧化物或其他化合物固体的方法。其初始研究可追溯到 1846 年，Ebelmen 等用 $SiCl_4$ 与乙醇混合后，发现在湿空气中发生水解并形成了凝胶，这一发现当时未引起化学界和材料界的注意。直到 20 世纪 30 年代，Geffcken 等证实用这种方法，可以制备氧化物薄膜，引起了材料科学界的极大兴趣和重视。20 世纪 80 年代以来，溶胶凝胶技术在玻璃、氧化物涂层、功能陶瓷粉料，尤其是传统方法难以制备的复合氧化物材料、高临界温度（T_c）氧化物超导材料的合成中均得到成功的应用。相比于其他方法，溶胶-凝胶法制备薄膜不需要 PVD 和 CVD 那样复杂昂贵的设备，具有工艺简便、设备要求低并适合于大面积制膜，而且薄膜化学组成比较容易控制，能从分子水平上设计、剪裁等特点，特别适用于制备多组元氧化物薄膜材料。溶胶凝胶法制膜的一般工艺过程如下：

$$\text{溶胶}\xrightarrow[\text{浸渍法等}]{\text{旋涂法、喷涂法}}\text{湿涂层}\xrightarrow{\text{干燥}}\text{凝胶膜}\xrightarrow{\text{热处理}}\text{陶瓷薄膜}$$

在溶胶凝胶技术中，陶瓷薄膜制备过程有三个关键环节：① 溶胶制备；② 凝胶形成；③ 凝胶层向陶瓷薄膜的转化。

溶胶（sol）是由液体中分散了尺寸为 1 ~ 100 nm 胶体粒子（基本单元）而形成的体系，凝胶（gel）是由亚微米孔和聚合链相互连接的结实网络而组成的。溶胶（或溶液）的稳定性直接影响均匀程度，在溶液中加入螯合剂（如柠檬酸），通过螯合剂对溶液中阳离子的螯合作用，防止阳离子水解，从而提高了溶液稳定性，改善材料性能。

湿凝胶膜是由固态网络和含液相孔组成的，在干燥过程中，首先凝胶表面覆盖的液相蒸发，固相暴露出来。由于液相润湿固相，液相趋于覆盖固相表面并产生毛细管作用。随着液相不断蒸发，凝胶在毛细管作用下发生收缩，其坚硬程度增大，固态网络变得结实。凝胶强度增加到毛细管作用不能使其收缩时，表面液相弯曲面向凝胶内部推进。凝胶膜在热处理时，在较低温度下薄膜内的微孔倒塌，随着温度升高，薄膜内大孔倒塌。在陶瓷薄膜形成过程中，首先凝胶膜经分解、氧化及固相反应等一系列过程在基片上形成氧化物晶核，表面扩散使核生长形成一系列多晶小岛；多晶岛长大使邻近岛结合形成网络，随着成膜次数增多，填充空洞继续生长，形成连续多晶陶瓷薄膜。这一过程如图 12-9-1 所示。

溶胶-凝胶法中影响薄膜质量的参数很多，主要有以下几个方面：

（1）前驱溶胶的质量。研究显示前驱溶胶的质量对薄膜的致密度、晶格取向、结晶过程等有重大的影响。

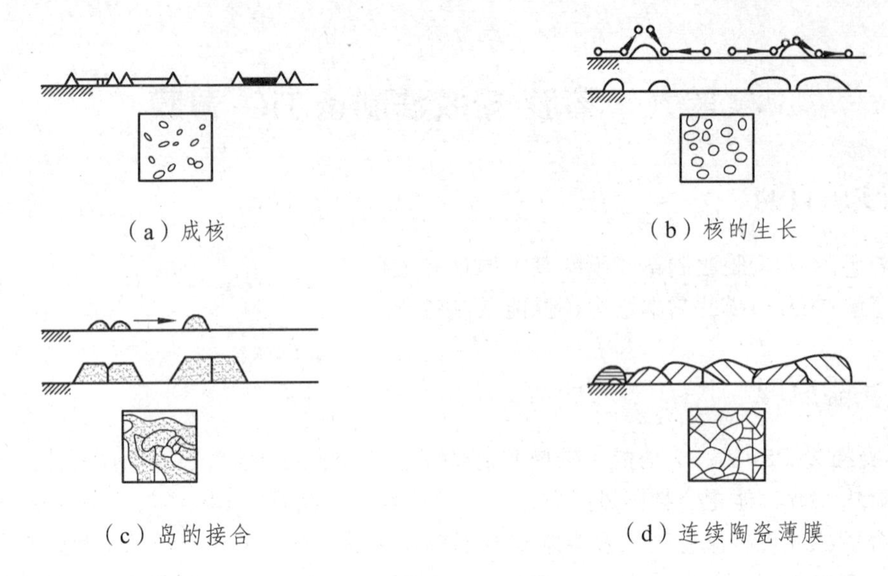

图 12-9-1　陶瓷薄膜的形成过程

（2）络合物的选择。由于不同的络合物（即螯合剂）对溶液中阳离子的螯合作用不同，因而络合物的选择直接影响阳离子的水解速度，从而间接影响了溶胶的稳定性。

（3）前驱溶胶的 pH 值。溶胶的 pH 值也是通过对溶胶中离子的水解速度的影响来影响溶胶质量。

（4）溶剂中水的量。如果水过多，水解很快，溶胶很快就水解掉了；反之，溶胶就很难水解。

（5）溶胶的时效。随着时间的增长，溶胶的黏度逐渐增大，从而使得更容易沉积成较厚的薄膜，最终导致薄膜微观结构的不均一。同时，溶胶的时效还能够对薄膜的表面形貌造成重大影响。

（6）薄膜的厚度。薄膜厚度如果过大，薄膜就在热处理中较易出现裂纹；若厚度过小，则可能影响同相粒子以及各相粒子之间的相互作用，从而影响薄膜的性质。

尽管溶胶-凝胶薄膜工艺已在许多领域获得日益广泛的应用，但目前这种方法仍存在一些问题有待进一步解决。首先，溶胶-凝胶法所用的金属醇盐等有机化合物价格昂贵，使得陶瓷薄膜的生产应用成本较高，因而难以普遍代替有机膜应用于工业生产中。其次，陶瓷薄膜的制备过程时间较长，目前尚缺乏有效方法来缩短制备时间。此外，陶瓷薄膜本身具有脆性，在制取和应用过程中容易发生断裂和损坏，制得的陶瓷薄膜中存在一定的缺陷（如龟裂现象）。

溶胶-凝胶法制备薄膜大体上有三个阶段：溶胶配制、薄膜涂覆和热处理。本实验利用溶胶-凝胶法制备锐钛矿相 TiO_2 薄膜，工艺流程如图 12-9-2 所示。

三、实验仪器及试剂

仪器：电子天平、超声清洗机、磁性搅拌器、恒温烘箱、均胶机、快速热处理炉。

试剂：钛酸四丁酯、乙酰丙酮、无水乙醇、乙酸。

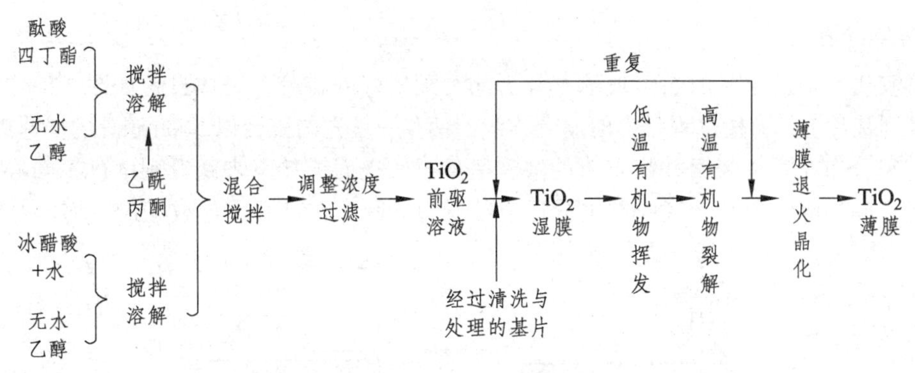

图 12-9-2　工艺流程

四、实验步骤

1. 溶胶配置

钛酸四丁酯与无水乙醇的物质量比为 1∶40，采用钛酸四丁酯[$Ti(OC_4H_9)_4$]为制备 TiO_2 薄膜的前驱体，与水作用发生分级水解，总反应方程可简化为

$$Ti(OC_4H_9)_4 + 4H_2O \longrightarrow Ti(OH)_4 + 4C_4H_9OH$$

水解后胶体粒子进一步缩聚，缓慢地形成溶胶，并能在较长时间内保持稳定。溶胶-凝胶形成过程相当复杂，与水、催化剂、醇溶剂量有很大关系。采用乙醇为溶剂，乙酰丙酮为络合剂，乙酸提供酸性环境，按一定配比将上述原料液相混合，配成黄色透明溶液，室温下充分搅拌，放置一定时间，即可获得稳定的溶胶。

（1）按照物质的量比 1∶2～3 用电子天平分别称量钛酸四丁酯和乙酰丙酮于烧杯 1 中，加入乙醇，搅拌 0.5 h。

（2）将一定量的去离子水、乙酸置于烧杯 2 中，用量与原称量 $Ti(OC_4H_9)_4$ 的物质的量比分别为 3∶1 和 1.5～3∶1，在烧杯 2 中加入与烧杯 1 相同量的乙醇。

（3）将上述两烧杯溶液混合，继续搅拌 1 h。用乙醇调节浓度，再搅拌 1 h，得到最终溶胶前驱体。密封静置 72 h 之后即可涂覆薄膜。

（4）记录溶液配制参数于表 12-9-1 中。

表 12-9-1　样品取样记录表

试剂原料		取量					备注
名称	化学式	g/mL	mol	g/mol	g	mL	
钛酸四丁酯	$Ti(OC_4H_9)_4$						
乙酰丙酮	$C_5H_8O_2$						
乙醇 1	C_2H_5OH						
乙酸	CH_3COOH						
水	H_2O						
乙醇 2	C_2H_5OH						

2. 薄膜涂覆

用均胶机在清洗干净的石英玻璃基片上涂覆配置好的溶胶，具体过程如图 12-9-3 所示。将溶胶滴到基片上，涂覆过程分为时间上连续的两步：首先匀胶台以 500 r/min 的慢速旋转 6 s，使溶胶均匀分布在基片表面并将多余的溶胶甩离衬底表面；接下来跃升到 4 000 r/min 转速下工作 30 s。TiO_2 溶胶吸收空气中的水分迅速转变为凝胶，在基片上形成光滑、均匀的凝胶膜。

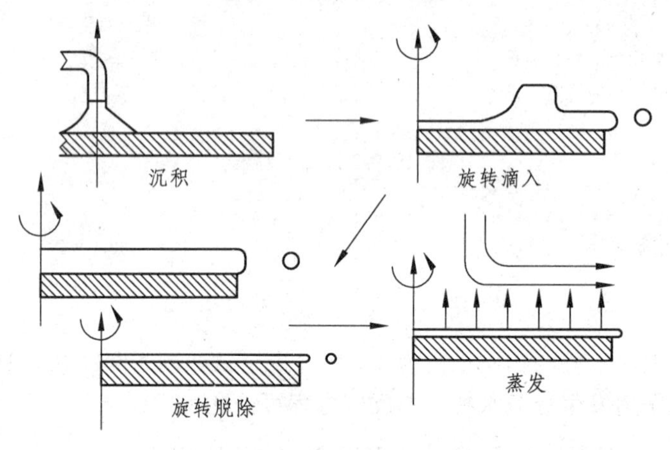

图 12-9-3 旋转涂敷示意图

3. 热处理

对涂覆好的薄膜进行热处理的时候分为三个步骤：

（1）用烘箱在较低温度（80 ~ 150 °C）保温 20 min，使凝胶膜中的溶剂挥发。

（2）用快速热处理炉在 200 ~ 300 °C 保温 5 min，使凝胶膜中的有机成分分解。

（3）用快速热处理炉在结晶温度（450 ~ 500 °C）保温 3 min，使薄膜结晶。

经热处理之后，即得所制备的 TiO_2 薄膜。

4. 样品微结构及性能分析

进行样品物相及结构组成分析（XRD、XPS）、微结构分析（SEM、AFM）、吸收光谱测试。

五、思考题

（1）利用溶胶-凝胶法制备陶瓷粉体与薄膜在制备工艺上有何共性和个性？

（2）本实验中 TiO_2 薄膜以石英玻璃薄膜基底，能否用硅片代替，为什么？

第十三章 石膏和石灰的制备及性能测试

石膏和石灰均是用途广泛的工业材料和建筑材料。本章介绍了石膏和石灰的特点及用途。通过本章的学习，学生可以掌握石膏的成型加工工艺和性能测试方法，并掌握生石灰消化速度及消石灰粉体体积安定性测定方法。

实验一　石膏的成型加工

一、实验目的

（1）掌握石膏模型材料与调制方法。
（2）掌握石膏的特性及加工成型方法。

二、实验原理

石膏是单斜晶系矿物，是主要化学成分为硫酸钙（$CaSO_4$）的水合物。石膏是一种用途广泛的工业材料和建筑材料。石膏加工工艺简单，能耗低，具有轻质、胶凝性好、隔声、隔热、防火、阻燃性能好等许多优良特性，可用于水泥缓凝剂、石膏建筑制品、模型制作、医用食品添加剂、硫酸生产、纸张填料、油漆填料等。

天然二水石膏 $CaSO_4 \cdot 2H_2O$ 又称为生石膏，经过煅烧、磨细可得 β 型半水石膏 $CaSO_4 \cdot 1/2H_2O$，即建筑石膏，又称熟石膏、灰泥。若煅烧温度为 190 °C，可得模型石膏，其细度和白度均比建筑石膏高。若将生石膏在 400 ~ 500 °C 或高于 800 °C 下煅烧，即得地板石膏，其凝结、硬化较慢，但硬化后强度、耐磨性和耐水性均较普通建筑石膏要好。石膏理论组成为 32.5%CaO、46.6%SO_3、20.9%H_2O，成分变化不大，常有黏土、有机质等机械混入物，有时含 SiO_2、Al_2O_3、Fe_2O_3、MgO、Na_2O、CO_2 等杂质。

石膏化学性质稳定，一般所称石膏可泛指石膏和硬石膏两种矿物。石膏为二水硫酸钙（$CaSO_4 \cdot 2H_2O$），晶体为板状，通常呈致密块状或纤维状，白色或灰、红、褐色，玻璃或丝绢光泽，摩氏硬度为 2，解理平行晶面为{010}，密度为 2.3 g/cm^3；硬石膏为无水硫酸钙（$CaSO_4$），组成成分为 41.2% CaO，58.8%SO_3，斜方晶系，晶体为板状，通常呈致密块状或粒状，白灰色，玻璃光泽，摩氏硬度为 3 ~ 3.5，解理平行晶面为{010}，密度为 2.8 ~ 3.0 g/cm^3。两种石膏常伴生产出，在一定的地质作用下又可互相转化。石膏的特征：① 凝结硬化快。② 硬化时体积微膨胀。石灰和水泥等胶凝材料硬化时往往产生收缩，而建筑石膏却略有膨胀（膨胀率约为 1%），这能使石膏制品表面光滑饱满，棱角清晰，干燥时不开裂。③ 硬化后孔隙率较大，表观密度和强度较低。④ 隔热吸声性能良好。⑤ 防火性能良好。遇火时，石膏硬化后的主要成分二水石膏中的结晶水蒸发并吸收热量，制品表面形成蒸汽幕，能有效阻止火的蔓延。⑥ 具有一定的调温调湿性。⑦ 耐水性和抗冻性差。⑧ 加工性能好。石膏制品可锯、可刨、可钉、可打眼。

三、实验仪器及试剂

石膏粉、水、水桶、模具、保鲜膜、胶合板、C 形钳、搅拌用具、刷子等。

四、实验步骤

（1）用夹板在胶合板上围成一个方形区域，用 C 形钳对夹板进行固定，之后将模具放置在围成的方形区域正中间。

（2）将保鲜膜裁成一定大小，在模具拍上水，把保鲜膜敷在模具上。

（3）调制石膏浆，先把所需加水量的水倒入搅拌容器中，再把已称量的建筑石膏倒入其中，静置 1 min，然后用拌和棒在 30 s 内搅拌 30 圈。接着以 3 r/min 的速度搅拌，使料浆保持悬浮状态，然后用勺子搅拌至料浆开始稠化（即当料浆从勺子上慢慢落到浆体表面刚能形成一个圆锥为止）。

（4）一边慢慢搅拌一边把料浆舀入试模中。将试模的前端抬起约 10 mm，再使之落下，如此重复 5 次以排除气泡。当从溢出的料浆判断已经初凝时，用刮平刀刮去溢浆，但不必反复刮抹表面。待石膏浆有一定硬度后，将成型的石膏模翻过来，并迅速取出模具。

（5）打开夹子，撤掉夹板，修补制作好的石膏阴模。修补完成后，待其晾干。

（6）取出晾干的模子，在模型腔上覆上一层保鲜膜和熟石膏粉，步骤同（3）。将石膏浆缓慢倒入模型腔，把表面刮平，挂掉多余的部分。

（7）待石膏有一定硬度时，将做好的石膏模型取出进行修补，将坑洼处用石膏料补平，即得成型石膏模型。

五、注意事项

（1）石膏的混制过程，应先加入水再放入石膏粉，在搅拌过程中要慢慢赶出气泡，并把大的石膏块捏碎。

（2）石膏浆不能太稀，太稀硬化时间太长，并且不利于对石膏进行再处理。太稠也不行，否则硬化太快，模型不容易脱出。所以，调制石膏浆很重要，一般水和石膏粉的调配比例为 1∶1。

（3）在翻模与脱模的时候也很关键，动作要迅速，及时对模型进行修补和修饰，才能做出较好的石膏模型。

六、思考题

（1）说明石膏的性能、特点和加工过程中应注意的问题。

（2）简述模型制作过程中出现的问题及处理方法。

实验二　建筑石膏力学性能及硬度测定

一、实验目的

（1）掌握石膏试件的制备及成型方法。
（2）熟悉石膏力学性能的测定方法。
（3）熟悉石膏硬度的测定原理及方法。
（4）掌握石膏硬度的计算方法。

二、实验原理

生产石膏的原料主要为含硫酸钙的天然石膏（又称生石膏）或含硫酸钙的化工副产品和磷石膏、氟石膏、硼石膏等废渣，其化学式为 $CaSO_4 \cdot 1/2H_2O$，也称半水石膏。将天然石膏在不同的温度下煅烧可得到不同的石膏品种。如将天然石膏在 107 ~ 170 °C 的干燥条件下加热可得建筑石膏。

建筑石膏加水后，首先溶解于水，然后生成二水石膏析出。随着水化的不断进行，生成的二水石膏胶体微粒不断增多，这些微粒比原先更加细小，比表面积很大，吸附着很多的水分；同时浆体中的自由水分由于水化和蒸发而不断减少，浆体的稠度不断增加，胶体微粒间的黏结逐步增强，颗粒间产生摩擦力和黏结力，使浆体逐渐失去可塑性，即浆体逐渐产生凝结。继续水化，胶体转变成晶体。晶体颗粒逐渐长大，使浆体完全失去可塑性，产生强度，即浆体产生了硬化。这一过程不断进行，直至浆体完全干燥，强度不再增加，此时浆体已硬化成人造石材。

建筑石膏的主要性能如下：

（1）凝结硬化快。建筑石膏在加水拌和后，浆体在几分钟内便开始失去可塑性，30 min 内完全失去可塑性而产生强度，大约一星期后完全硬化。为满足施工要求，需要加入缓凝剂，如硼砂、酒石酸钾钠、柠檬酸、聚乙烯醇、石灰活化骨胶或皮胶等。

（2）凝结硬化时体积微膨胀。石膏浆体在凝结硬化初期会产生微膨胀，石膏制品的表面光滑、细腻、尺寸精确、形体饱满、装饰性好。

（3）孔隙率大。建筑石膏在拌和时，为使浆体具有施工要求的可塑性，需加入石膏 60% 的用水量，而建筑石膏水化的理论需水量为 18.6%，所以大量的自由水在蒸发时，在建筑石膏制品内部形成大量的毛细孔隙。其导热系数小，吸声性较好，属于轻质保温材料。

（4）具有一定的调湿性。由于石膏制品内部大量毛细孔隙对空气中的水蒸气具有较强的吸附能力，所以对室内的空气湿度有一定的调节作用。

（5）防火性好。石膏制品在遇火灾时，二水石膏将脱出结晶水，吸热蒸发，并在制品表面形成蒸汽幕和脱水物隔热层，可有效减少火焰对内部结构的危害。建筑石膏制品在防火的同时自身也会遭到损坏，而且石膏制品也不宜长期用于靠近 65 °C 以上高温的部位，以免二水石膏在此温度下失去结晶水，从而失去强度。

（6）耐水性、抗冻性差。建筑石膏硬化体的吸湿性强，吸收的水分会减弱石膏晶粒间的结合力，使强度显著降低；若长期浸水，还会因二水石膏晶体逐渐溶解而导致破坏。石膏制品吸水饱和后受冻，会因孔隙中水分结晶膨胀而破坏。所以，石膏制品的耐水性和抗冻性较差，不宜用于潮湿部位。为提高其耐水性，可加入适量的水泥、矿渣等水硬性材料，也可加入有机防水剂等，可改善石膏制品的孔隙状态或使孔壁具有憎水性。

三、实验仪器及材料

主要设备：抗折试验机、压力试验机、电子天平、成型试模、搅拌容器、拌和棒、石膏硬度计。

主要材料：石膏粉。

四、实验步骤

1. 试件制备前用料的计算

一次调和制备的建筑石膏量，应能填满制作三个试件的试模，并将损耗计算在内。所需料浆的体积为 950 mL，采用标准稠度用水量，用下列两式分别计算出建筑石膏用量和加水量。

（1）建筑石膏用量按下式计算：

$$m_g = \frac{950}{0.4 + (W/P)} \tag{13-2-1}$$

式中，m_g 为建筑石膏质量，g；W/P 为标准稠度用水量，应符合《建筑石膏　净浆物理性能的测定》（GB/T 17669.4）的规定，%。

（2）加水量按下式计算：

$$m_w = m_g \times (W/P) \tag{13-2-2}$$

式中，m_w 为加水量，g。

2. 试件制备及成型

（1）在试模内侧薄薄地涂上一层矿物油，并使连接缝封闭，以防料浆流失。

（2）先把所需加水量的水倒入搅拌容器中，再把已称量的建筑石膏倒入其中，静置 1 min，然后用拌和棒在 30 s 内搅拌 30 圈。接着以 3 r/min 的速度搅拌，使料浆保持悬浮状态，然后用勺子搅拌至料浆开始稠化（即当料浆从勺子上慢慢落到浆体表面刚能形成一个圆锥为止）。

（3）一边慢慢搅拌一边把料浆舀入试模中。将试模的前端抬起约 10 mm，再使之落下，如此重复 5 次以排除气泡。

（4）当从溢出的料浆判断已经初凝时，用刮平刀刮去溢浆，但不必反复刮抹表面。终凝后，在试件表面做上标记，并拆模。

3. 成型后试件的存放

（1）遇水后 2 h 就可做力学性能实验的试件，脱模后存放在实验室环境中。

（2）需要在其他水化龄期后做强度实验的试件，脱模后立即存放于封闭处。在整个水化期间，封闭处空气的温度为（20±2）°C、相对湿度为（90±5）%。每一类建筑石膏试件都应规定试件龄期。

（3）到达规定龄期后，用于测定湿强度的试件应立即进行强度测定。用于测定干强度的试件先在（40±4）°C 的烘箱中干燥至恒重，然后迅速进行强度测定。

（4）每一类存放龄期的试件至少应保存 3 条，用于抗折强度的测定。做完抗折强度测定后得到的不同试件上的 3 块半截试件用于抗压强度测定，另外 3 块半截试件用于石膏硬度测定。

4. 抗折强度的测定

（1）取实验用试件 3 条。将试件置于抗折试验机的两根支撑辊上，试件的成型面应侧立。试件各棱边与各辊保持垂直，并使加荷辊与两根支撑辊保持等距。开动抗折试验机后逐渐增加荷载，最终使试件断裂。

（2）记录试件的断裂荷载值或抗折强度值。

5. 抗压强度的测定

（1）从已做完抗折实验后的不同试件上取 3 块半截试件。

（2）将试件成型面侧立，置于抗压夹具内，并使抗压夹具的中心处于上、下夹板的轴心上，保证上夹板球轴通过试件受压面中心。开动抗压试验机，使试件在开始加荷后 20 ~ 40 s 内破坏。

（3）记录试件破坏时的荷载值。

6. 硬度测定

（1）对已做完抗折实验后的不同试件上的 3 块半截试件进行实验。在试件成型的两个纵向面（即与模具接触的侧面）上测定石膏硬度。

（2）将试件置于硬度计上，并使钢球加载方向与待测面垂直。每个试件的侧面布置 3 点，各点之间的距离为试件长度的 1/4，但最外点应至少距试件边缘 20 mm。先施加 10 N 荷载，然后在 2 s 内把荷载加到 200 N，静置 15 s。移去荷载 15 s 后，测量球痕深度。

五、测定结果计算

1. 抗折强度的计算与评定

（1）抗折强度 R_f 按下式计算：

$$R_f = \frac{6M}{b^3} = 0.002\,34F \qquad (13\text{-}2\text{-}3)$$

式中，R_f 为抗折强度，MPa；F 为断裂荷载，N；M 为弯矩，N · mm；b 为试件方形截面边长，b=40 mm。

（2）R_f 值也可从 JC/T 724 所规定的抗折试验机的标尺中直接读取。

（3）以 3 个试件抗折强度的平均值作为抗折强度值，并精确至 0.05 MPa。

（4）如果所测得的三个 R_f 值与其平均值之差不大于平均值的 15%，则用该平均值作为抗折强度值；如果有一个值与平均值之差大于平均值的 15%，应将此值舍去，以其余两个值计算平均值；如果有一个以上的值与平均值之差大于平均值的 15%，则用三个新试件重做实验。

2. 抗压强度的计算与评定

（1）抗压强度 R_c 按下式计算：

$$R_c = \frac{F}{S} = \frac{F}{2\,500} \tag{13-2-4}$$

式中，R_c 为抗压强度，MPa；F 为破坏荷载，N；S 为试件受压面，$S = 2\,500\ mm^2$。

（2）以 3 个试件抗压强度的平均值作为抗压强度值，并精确至 0.05 MPa。

（3）如果所测得的三个 R_c 值与其平均值之差不大于平均值的 15%，则用该平均值作为试样抗压强度值；如果有一个值与平均值之差大于平均值的 15%，应将此值舍去，以其余两值计算平均值；如果有一个以上的值与平均值之差大于平均值的 15%，则用 3 块新试件重做实验。

3. 石膏硬度的计算与评定

石膏硬度 H 按下式计算：

$$H = \frac{F}{\pi D t} = \frac{200}{\pi \times 10 \times t} = \frac{6.37}{t} \tag{13-2-5}$$

式中，H 为石膏硬度，N/mm^2；t 为球痕的平均深度，mm；F 为荷载，200 N；D 为钢球直径，D=10 mm。

取所测的 18 个深度值的算术平均值作为球痕的平均深度，再按式（13-2-5）计算石膏硬度，精确至 0.1 N/mm^2。球痕显现出明显孔洞的测定值不应计算在内。球痕深度小于 0.159 mm 或大于 1.000 mm 的单个测定值应予以剔除，并且，球痕深度超出 t（1−10%）与 t（1+10%）范围的单个测定值也应予以剔除。

六、思考题

（1）建筑石膏强度的测定时间是如何规定的？

（2）建筑石膏的抗折和抗压强度是如何计算和评定的？

（3）建筑石膏硬度测定的原理是什么？

（4）建筑石膏硬度是如何计算的？

实验三　生石灰消化速度及消石灰粉体体积安定性测定

一、实验目的

（1）了解生石灰的特点及用途。
（2）掌握生石灰消化速度的测试方法。
（3）熟悉消石灰粉体体积安定性测试方法。

二、实验原理

生石灰的主要成分为氧化钙，通常制法为将主要成分为碳酸钙的天然岩石，在高温下煅烧，即可分解生成二氧化碳以及氧化钙（化学式为 CaO，即生石灰，又称云石）。生石灰是采用化学吸收法除去水蒸气的常用干燥剂，也用于钢铁、农药、医药、干燥剂、制革及醇的脱水等，特别适用于膨化食品、香菇、木耳等土特产，以及仪表仪器、医药、服饰、电子电信、皮革、纺织等行业。

生石灰（CaO）与水反应生成氢氧化钙的过程，称为石灰的熟化或消化，与水反应，同时放出大量的热，或吸收潮湿空气中的水分，即成熟石灰[氢氧化钙 $Ca(OH)_2$]，又称“消石灰”。熟石灰在 1 L 水中溶解 1.56 g（20 °C），它的饱和溶液称为“石灰水”，呈碱性，在空气中吸收二氧化碳而成碳酸钙沉淀。石灰熟化时放出大量的热，体积增大 1 ~ 2 倍。煅烧良好、氧化钙含量高的石灰熟化较快，放热量和体积增大也较多。通常可以根据生石灰在消化过程中放出的热量大小和速度来衡量生石灰的纯度和消化速率。

消石灰粉体体积安定性是指水泥在凝结过程中体积变化是否均匀的性能（也适用于水泥）。如果消石灰凝结后产生不均匀的体积变化，即为体积安定性不良，安定性不良会使消石灰制品构件产生膨胀性裂缝，降低建筑物质量，甚至引起严重事故。测定方法可以用试饼法，也可以用雷氏法。试饼法是观察消石灰试饼凝结过程中的外形变化来检验消石灰的体积安定性。雷氏法是测定消石灰浆体在雷氏夹中沸煮后的膨胀值。本实验使用试饼法测消石灰粉体体积安定性。

三、实验仪器及试剂

主要仪器：电子天平、保温瓶（容量 200 mL 以上，上盖用白色橡胶塞，在塞中心钻孔插温度计）、水银温度计（量程 150 °C）、秒表、玻璃量筒、标准筛、蒸发皿、石棉网板、干燥箱。

主要材料：生石灰、消石灰。

四、实验步骤

（1）取生石灰试样约 300 g，全部粉碎通过 5 mm 筛，四分法缩取 50 g，在瓷钵内研细至全部通过 0.90 mm 筛，混匀装入磨口瓶内备用。

对于生石灰粉，直接将试样混匀，四分法缩取 50 g，装入磨口瓶内备用。

（2）检查保温瓶上盖及温度计装置，温度计下端应保证能插入试样中间。在保温瓶中加入（20±1）°C 蒸馏水 20 mL。称取试样 10 g，精确至 0.2 g，倒入保温瓶的水中，立即开动秒表，同时盖上盖，轻轻摇动保温瓶数次，自试样倒入水中时算起，每隔 30 s 读一次温度；临近终点仔细观察，记录达到最高温度及温度开始下降的时间，以达到最高温度所需的时间为消化速度（以 min 计）。

（3）称取消石灰粉试样 100 g，倒入 300 mL 蒸发皿内，加入（20±2）°C 蒸馏水水约 120 mL，在 3 min 内拌和稠浆。一次性浇注于两块石棉网板上，其饼块直径为 50 ~ 70 mm，中心高 8 ~ 10 mm。成饼后在室温下放置 5 min 后，将饼块移至另两块干燥的石棉网板上，然后放入烘箱中加热到 100 ~ 105 °C 烘干 4 h 取出。

五、测定结果计算

（1）记录石灰加水后达到最高温度及温度开始下降的时间，以达到最高温度所需的时间作为消化速度（以 min 计）。

（2）以两次测定结果的算术平均值为结果，计算结果保留小数点后两位。

（3）烘干后饼块用肉眼检查无溃散、裂纹、鼓包为体积安定性合格；若出现 3 种现象中之一者，表示体积安定性不合格。

六、注意事项

每次生石灰实验用量不能太大，太大可能因大量放热和体积膨胀造成烫伤或爆炸的危险；生石灰实验用量也不能太少，太少热量测试误差会较大。

七、思考题

（1）思考生石灰消化过程中体积膨胀、放热量与生石灰纯度之间的关系。

（2）影响消石灰安定性的因素有哪些？如何解决安定性不良？

参考文献

[1] 李文坡. 物理化学实验[M]. 北京：化学工业出版社，2021.
[2] 钟金莲，王燕飞，李勋. 物理化学实验[M]. 北京：中国石化出版社，2020.
[3] 孙尔康，高卫，徐维清，等. 物理化学实验[M]. 南京：南京大学出版社，2022.
[4] 潘湛昌，胡光辉. 物理化学实验[M]. 北京：化学工业出版社，2017.
[5] 王彦生. 材料力学实验[M]. 北京：中国建筑工业出版社，2022.
[6] 高芳清，刘娟. 材料力学基本实验与指导[M]. 北京：机械工业出版社，2020.
[7] 赵增辉，邢明录. 材料力学实验与创新设计[M]. 北京：应急管理出版社，2022.
[8] 邓宗白，陶阳. 材料力学实验与训练[M]. 北京：高等教育出版社，2022.
[9] 葛利玲. 材料科学与工程基础实验教程[M]. 北京：机械工业出版社，2020.
[10] 盖登宇，侯乐干，丁明惠. 材料科学与工程基础实验教程[M]. 哈尔滨：哈尔滨工业大学出版社，2012.
[11] 刘芙，张升才. 材料科学与工程基础实验指导书[M]. 杭州：浙江大学出版社，2011.
[12] 丰平. 材料科学与工程基础实验教程[M]. 北京：国防工业出版社，2014.
[13] 徐广民. 材料力学实验[M]. 成都：西南交通大学出版社，2013.
[14] 潘清林，孙建林. 材料科学与工程实验教程（金属材料分册）[M]. 北京：冶金工业出版社，2011.
[15] 杨蕾，牛文娟. 材料科学基础实验指导书[M]. 北京：冶金工业出版社，2022.
[16] 李琳，马艺函，孙朗，等. 材料科学基础实验[M]. 北京：化学工业出版社，2021.
[17] 李慧. 材料科学基础实验教程[M]. 哈尔滨：哈尔滨工业大学出版社，2011.
[18] 材料研究与测试方法实验编写组. 材料研究与测试方法实验[M]. 武汉：武汉理工大学出版社，2011.
[19] 郭立伟，朱艳，戴鸿滨. 现代材料分析测试方法[M]. 北京：北京大学出版社，2019.
[20] 朱和国，尤泽升，刘吉梓，等. 材料科学研究与测试方法[M]. 5 版. 南京：东南大学出版社，2023.
[21] 范瑞清，杨玉林，刘志彬，等. 材料测试技术与分析方法[M]. 2 版. 哈尔滨：哈尔滨工业大学出版社，2021.
[22] 王涛，赵淑金. 无机非金属材料实验[M]. 北京：化学工业出版社，2011.
[23] 蒋鸿辉，邓义群，杨辉，等. 材料化学和无机非金属材料实验教程[M]. 北京：冶金工业出版社，2018.

[24] 常钧，黄世峰，刘世权. 无机非金属材料工艺与性能测试[M]. 北京：化学工业出版社，2007.

[25] 陈泉水，郑举功，任广元. 无机非金属材料物性测试[M]. 北京：化学工业出版社，2013.

[26] 徐风广，杨凤，于方丽. 无机非金属材料制备及性能测试技术[M]. 上海：华东理工大学出版社，2013.

[27] 吴音，刘蓉翱. 新型无机非金属材料制备与性能测试表征[M]. 北京：清华大学出版社，2016.